Dem Meer, meiner Familie und meinen Freunden gewidmet.
In Erinnerung an Tim Beavan, der gerade die Unterwasserwelt entdeckt hatte.
Andrew Byatt

Für Melinda, Hamish und Will sowie meine Eltern, die mir als Erste die Küste gezeigt haben.
Alastair Fothergill

Für meine Eltern, Peter und Judy, die mich zum ersten Mal im Meer schwimmen ließen.
Martha Holmes

Die Deutsche Bibliothek – CIP-Einheitsaufnahme

Byatt, Andrew:
Unser blauer Planet : eine Naturgeschichte der Meere / Andrew Byatt, Alastair Fothergill und Martha Holmes. Aus dem Engl. von Anna Cavelius und Christoph Neuschäffer. – Köln : vgs, 2002
Einheitssacht.: The blue planet ‹dt.›
ISBN 3-8025-1476-9

Titel der englischen Originalausgabe: The Blue Planet. A natural history of the oceans
First published 2001 by BBC Worldwide Limited
Woodlands, 80 Wood Lane, London W12 0TT

BBC

Redaktion: Susanne George
Lektorat: Marcus Reckewitz
Produktion: Susanne Beeh
Satz: Greiner & Reichel, Köln
Druck: Butler & Tanner Ltd, Frome and London
Printed in Great Britain

ISBN 3-8025-1476-9

Besuchen Sie unsere Homepage:
wwww.vgs.de

Dieses Buch wird begleitend zur BBC-Serie *Unser blauer Planet* veröffentlicht.

Inhalt

1

DER WASSER-PLANET

1.1 WASSERWELT

Vom Weltraum aus betrachtet ist die Erde blau. Wie ein Juwel schwebt sie im tiefschwarzen Nichts. Das Sonnenlicht wird von der riesigen, die Erdkugel umspannenden Wasseroberfläche reflektiert und lässt sie wie einen blauen Edelstein erstrahlen. Die Erde ist im gesamten Sonnensystem der einzige Planet, der über derart große Wassermassen in flüssiger Form verfügt. In der 4600 Millionen Jahre währenden Geschichte des Planeten war das Wasser die Wiege des Lebens. Die frühesten Lebensformen – einfache organische Verbindungen – begannen ihre Evolution im Wasser. Sie schwammen in einer nährstoffreichen, wohl temperierten und nie versiegenden Suppe. Aus diesen ersten Anfängen entwickelte und vervielfältigte sich Leben: Fische, Würmer, Amphibien, Reptilien, Vögel, Säugetiere und Pflanzen haben alle ihren Ursprung im Ozean.

Vorhergehende Seite: Für das Leben auf der Erde sind Ozeane von entscheidender Bedeutung. Sie absorbieren Kohlendioxid aus der Atmosphäre und halten diese kühler, als sie sonst wäre. Ozeane speichern Wärme und sind die Süßwasserquelle für alle Pflanzen und Tiere an Land.

DER BLAUE PLANET

Die Erde stellt wegen der Fülle von Leben in unserem Sonnensystem etwas Besonderes dar. Ein Schlüsselfaktor für die Entwicklung von Leben ist die Entfernung der Erde zur Sonne: 150 Millionen Kilometer. Einige Planeten unseres Sonnensystems, wie Merkur und Venus, liegen näher, andere, wie Pluto, weiter weg. Da die Sonne eine ungeheure Hitze ausstrahlt, hängen die Lebensbedingungen auf einem Planeten von seiner Nähe zu ihr ab. Auf dem 60 Millionen Kilometer von der Sonne entfernten Merkur herrschen Tagestemperaturen von 350 Grad Celsius – heiß genug, um viele Metalle schmelzen zu lassen. Alles Wasser, das es hier einmal gab, ist schon lange verdunstet. Auf dem Pluto, der 5900 Millionen Kilometer von der Sonne entfernt ist, herrscht bei Oberflächentemperaturen von minus 230 Grad Celsius ewiges Eis. Glücklicherweise weist die Erde mildere Oberflächentemperaturen auf. Bisher wurde weder in unserem Sonnensystem noch im Universum ein weiterer Planet mit derart günstigen Lebensbedingungen entdeckt.

Ozeanische Ursprünge

In Folge einer als Urknall bekannten kosmischen Explosion vor ca. 15 Milliarden Jahren entstanden gleichzeitig Raum, Zeit und Materie. Das Universum war geboren. Über 10 Mil-

1

1. Der Planet Erde, aufgenommen von der *Apollo 17*. Auf diesem Bild kann man Afrika, Arabien und die Antarktis erkennen. Der größte Teil der Erdoberfläche ist von Ozeanen bedeckt.

1

liarden Jahre später kondensierte eine interstellare Wolke aus wirbelndem Gas und Staub und begann sich zu erhitzen.

Die große Hitze führte zu atomaren Reaktionen. In ihrem Mittelpunkt baute sich Druck auf: Was wir heute als Sonne kennen, begann zu scheinen. Die junge Sonne übte auf den Rest der Wolke eine immer stärker werdende Gravitation aus, bis sie sich, abgesehen von wenigen Trümmerresten und einigen Gasen, alles einverleibt hatte. Letztere waren weit genug von ihr entfernt und verschmolzen schließlich zu Planeten, einschließlich der Erde. Auf diese Weise, so nimmt man an, entstand vor etwa 4,6 Milliarden Jahren unser Sonnensystem.

Die große Hitze bei der Entstehung der Erde hatte wahrscheinlich zur Folge, dass der gesamte Planet aus geschmolzener Materie bestand. Festere Materie sank in den Erdmittelpunkt, leichtere stieg an die Oberfläche. Als sich der Planet nach und nach abkühlte, bildete diese leichtere Materie eine dünne Kruste. Geschmolzene Lava brach aus den Tiefen hervor, Wasserdampf und andere Gase wurden freigesetzt. Ein Großteil unseres Wassers könnte auch in Form eisbepackter Kometen auf der Erde gelandet sein. Vor über 4000 Millionen Jahren bestand die Erdatmosphäre hauptsächlich aus Wasserdampf. Doch mit der zunehmenden Abkühlung unseres Planeten begann er zu kondensieren und als Regen herabzufallen. Bäche wurden zu Flüssen, und nach und nach füllten sich die tiefer gelegenen Regionen mit Wasser. Das älteste datierbare, durch Wasser geformte Sedimentgestein lässt vermuten, dass diese ersten Meere vor über 3800 Millionen Jahren entstanden.

Heute sind etwas über 70 Prozent der Erdoberfläche mit Wasser bedeckt. Wäre unser Planet glatt wie ein Ball, betrüge die Tiefe seiner Wasserschicht 3,7 Kilometer. Doch die Erde hat eine komplizierte Topographie mit ausgedehnten Senken, den Ozeanbecken, in denen das meiste Wasser des Planeten (beinahe 98 Prozent) gespeichert ist.

1. Orionnebel – die Entstehung einer Galaxie. Ultraviolette Strahlen der vier riesigen jungen Sterne in der Nähe des Nebelmittelpunktes ionisieren die Nebelgase und bringen sie zum Leuchten.

2. In der Erdkruste eingeschlossenes Wasser steigt bei Vulkanausbrüchen in Form von Dampf auf. Einst umhüllt von Wasserdampf, kühlte sich die Erde ab. Der Dampf kondensierte und füllte so die Ozeanbecken.

3. Die salzigen Ozeane sind die Süßwasserquelle für den größten Teil der Welt. Wasser verdunstet, wird in Form von Wolken durch die Atmosphäre transportiert und fällt anderswo als Regen, Hagel oder Schnee nieder.

2

Das Wasser auf der Erde bewegt sich permanent zwischen Ozeanen, Atmosphäre und Festland. Wenn die Sonne die Meeresoberfläche erhitzt, bilden sich durch den in die Atmosphäre aufsteigenden Dunst Wolken. Diese werden vom Wind um den Erdball getragen, bis sie kondensieren und das Wasser als Regen, Schnee oder Hagel herabfällt. Diesen Prozess nennt man Wasserkreislauf. Er ist für das Leben an Land unabdingbar. Ohne ihn würde in weiten Teilen der Welt Dürre herrschen.

3

Die Natur des Wassers

Die besonderen Merkmale des Wassers, einschließlich der Art, wie es sich beim Erhitzen und Abkühlen verändert, machen es zu einem einzigartigen Element. Die meisten Stoffe dehnen sich bei Hitze aus und ziehen sich bei Kälte zusammen. Wasser jedoch verhält sich anders. Friert es, so nimmt es um etwa 9 Prozent an Volumen zu und wird leichter, weshalb Eis schwimmt. Wäre dies nicht der Fall,

DIE ANZIEHUNGSKRAFT DES WASSERS

Ein Wassermolekül besteht aus einem Sauerstoff- und zwei Wasserstoffatomen. Doch die Bindung der drei Atome ist nicht symmetrisch. Diese Eigenschaft macht das Wassermolekül so besonders. Die beiden Wasserstoffatome und das Sauerstoffatom stehen in einem Winkel von 105 Grad zueinander. Diese Anordnung führt dazu, dass das Wasserstoffende leicht positiv und das Sauerstoffende leicht negativ geladen ist. Da sich gegensätzliche Ladungen anziehen, bilden sich Wassermoleküle: Das negative Sauerstoffende eines Moleküls wird vom positiven Wasserstoffende eines benachbarten Moleküls angezogen. Die schwache Bindung bezeichnet man als Wasserstoffbrücke (siehe Zeichnung rechts).

Im gefrorenen Zustand haben die durch Brücken miteinander verbundenen Wassermoleküle eine hexagonale Struktur. Steigt die Temperatur, bewegen sich die Moleküle frei und bilden sowie spalten Wasserstoffbrücken – Eis wird zu Wasser. Steigt die Temperatur weiter, zerbrechen alle Wasserstoffbrücken, und die Flüssigkeit wird zu Wasserdampf.

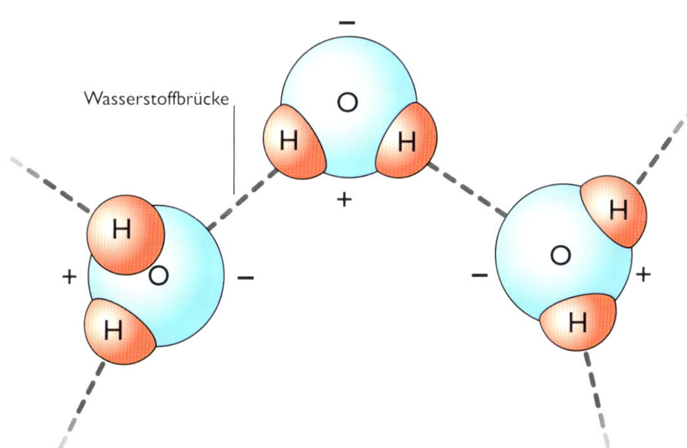

1

würden wir unseren Planeten nicht wieder erkennen. Das Eis in höheren Breitengraden würde auf den Grund von Seen, Meeren und Ozeanen sinken. Durch das darüber liegende Wasser von der Sonnenhitze abgeschirmt, würde es immer weiter zu riesigen Blöcken frieren. Es gäbe keine größeren Meere mehr, sodass das warme Wasser der Tropen auch die Polarregionen nicht mehr erreichen könnte. Die Tropen wären unerträglich heiß, die Pole ewiges Eis und die gemäßigten Breiten meistenteils gefroren.

Wasser vermag weit mehr Stoffe aufzulösen als irgendein anderes Lösungsmittel. Besonders gut löst es Salz. Natriumchlorid besteht beispielsweise aus einem Natriumion und einem Chlorion, beide mit stark gegensätzlicher Ladung. Ohne Wasser bilden die beiden Ionen eine starke Bindung. Es entstehen Salzkristalle. Die schwach geladenen Wassermoleküle werden von den stark geladenen Salzmolekülen angezogen und bilden um sie herum Molekülanhäufungen, wodurch die Bindung zwischen den Ionen schwächer wird. Nach und nach lösen sich die Ionen auf und fließen frei, umgeben von Wassermolekülanhäufungen. Das Salz löst sich auf.

Wasser besitzt eine große Wärmespeicherkapazität. Die Ozeane speichern vor allem im Sommer tagsüber die Wärme der Sonnenstrahlen. Andererseits geben sie in der Nacht und im Winter Wärme ab. Der Prozess des Erwärmens und Abkühlens findet im Wasser bedeutend langsamer als an Land statt. Folglich wirken sich die Ozeane klimatisch ausgleichend auf die Küstenbereiche aus. Darüber hinaus stellen die Ozeanströme sicher, dass die Wärme rund um den Planeten geleitet wird. Wäre die Erde nicht von ausgedehnten Ozeanen bedeckt, würden weltweit am Tage glühend heiße Temperaturen und in der Nacht eisige Kälte herrschen.

Die Bedeutung des Wassers

Dank seiner Eigenschaft als höchst wirksames Lösungsmittel bildet Wasser die Grundlage aller Lebensformen. Es überrascht daher nicht, dass die Körper der meisten Organismen zu über 65 Prozent aus Wasser bestehen, die der meisten Meereslebewesen zu über 80 und einige, wie die der Quallen, sogar bis zu 95 Prozent.

Ebenso wichtig ist die Lösungsfähigkeit des Wassers außerhalb des Körpers. Der Salzgehalt des Wassers entscheidet darüber, welche Tiere darin leben können. Einige Arten können nur in Süßwasser existieren. Viele vertragen jedoch einen höheren Salzgehalt und leben im Meer. Pflanzen und Tiere, die in Wasser mit extrem wechselhaftem Salzgehalt leben, z. B. in Meeresarmen, verfügen über Mechanismen, um die Konzentration ihrer Körperflüssigkeiten regulieren zu können.

Wasser enthält darüber hinaus gelöste Gase, einschließlich Sauerstoff. Der Sauerstoff im Wasser stammt aus zwei Quellen: Zum einen wird er an der Oberfläche aus der Luft absorbiert und zum anderen von Pflanzen als Nebenprodukt der Photosynthese erzeugt. Aus diesem Grund ist Wasser auch für Tiere ein idealer Lebensraum, da sie in ihm mit Sauerstoff versorgt werden. Allerdings nimmt der Gehalt mit steigender Wassertemperatur ab, weshalb tropische Ozeane sauerstoffärmer sind als die der gemäßigten Breiten. Und er sinkt auch mit zunehmender Wassertiefe: Der Gehalt des an der Oberfläche absorbierten Sauerstoffs wird immer geringer, und da in größere Tiefen kein Licht mehr vordringt, ist auch kaum oder gar kein durch Photosynthese produzierter Sauerstoff vorhanden. Wasser in über 500 Metern Tiefe weist dementsprechend nur sehr wenig Sauerstoff auf. Trotzdem können hier einige Krabben- und Fischarten leben, weil sie sich den Bedingungen angepasst haben: Sie sind relativ inaktiv und verbrauchen deshalb weniger Energie, und sie besitzen vergrößerte Kiemen, um möglichst viel Sauerstoff aufnehmen zu können.

LEBENSZEICHEN

Fossile Zeugnisse der ersten bekannten Organismen – ähnlich den heutigen Blaualgen bzw. Cyanobakterien – wurden in 3600 Millionen Jahre altem Gestein gefunden. 1600 Millionen Jahre lang waren diese Einzeller möglicherweise die einzigen lebenden Wesen. Doch dann fanden auf unserem Planeten bedeutsame Veränderungen statt. Zunächst bestand die Atmosphäre vermutlich größtenteils aus Wasserdampf, Methan und Ammoniak. Die in den Ozeanen lebenden Einzeller waren jedoch bereits zur Photosynthese fähig. Ein Nebenprodukt der Photosynthese ist Sauerstoff. Je mehr Sauerstoff verfügbar war, desto mehr veränderte sich die Atmosphäre. Zudem bildete sich die Ozonschicht und schützte das entstehende Leben vor der ultravioletten Strahlung. Damit war der Weg für kompliziertere Lebensformen geebnet. Vor über 600 Millionen Jahren entwickelten sich die ersten mehrzelligen Tiere.

2

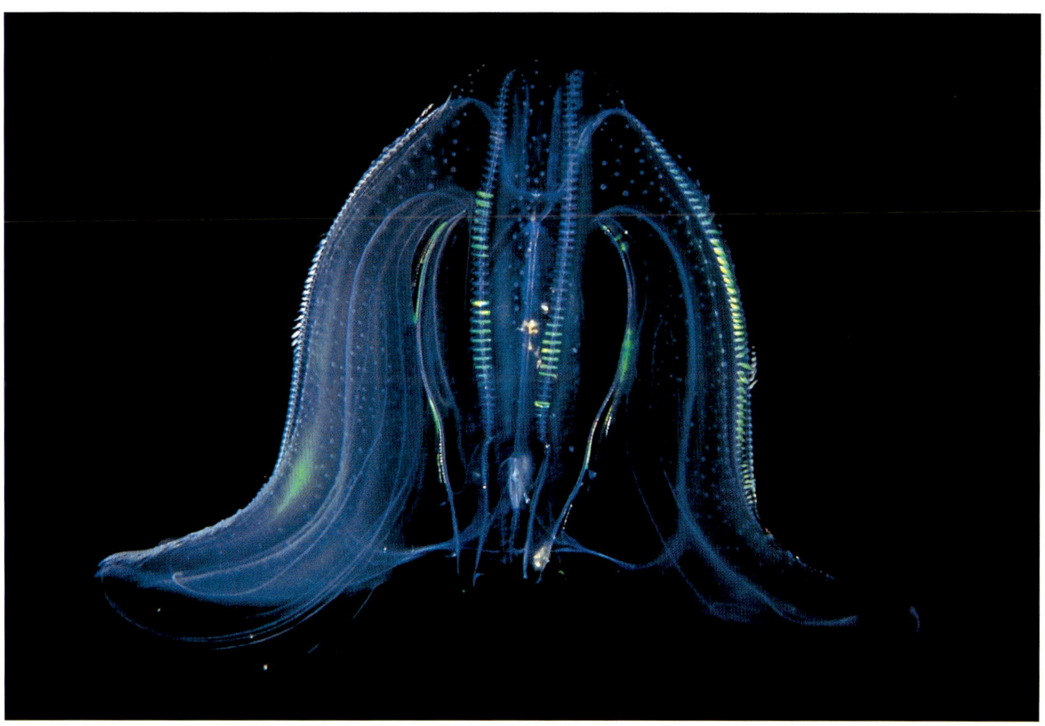

1. Da Eis eine geringere Dichte als flüssiges Wasser hat, schwimmt es. Wäre dies nicht der Fall, wären die Polarmeere komplett zugefroren.

2. Alle Organismen bestehen aus Wasser und sind abhängig von dessen Lösungsfähigkeit. Der Wassergehalt von Quallen beträgt 95 Prozent.

DIE ERFORSCHUNG DER OZEANE

Der früheste Beleg dafür, dass der Mensch am Meer lebte, besteht nicht in archäologischen Bootsfunden, sondern in Bergen von Muscheln, die man auf 40 000 Jahre alten Müllkippen fand. Da nach der letzten Eiszeit der Meeresspiegel stieg, ist es eher unwahrscheinlich, Reste von Booten zu finden. Hergestellt aus Holz, Häuten und Pflanzenfasern, hatten sie nur eine begrenzte Haltbarkeit. Doch zweifelsohne waren sie für das Überleben sehr wichtig. Mit der Zeit machte die Bootstechnik enorme Fortschritte. Die Menschen zogen immer weiter hinaus und eroberten auf ihrer Suche nach unbekanntem Land das offene Meer.

2

2. Die Expedition der *Challenger* im Jahr 1872 war das erste weltweite Unternehmen, das im Dienste der Ozeanographie stand.

1

1. Die Araber bauen noch immer die traditionelle Dau, ein meerestaugliches Schiff, mit dem sie bereits vor mehreren Tausend Jahren den Indischen Ozean überquerten.

Erste Seereisende

Eine der ersten Seereisen dürfte vor mindestens 40 000 Jahren im Zuge der Auswanderung aus Südostasien nach Neuguinea und Australien unternommen worden sein. Auch wenn der Meeresspiegel zu jener Zeit viel niedriger war und die Strecke, die man überwinden musste, wahrscheinlich nur 40 Kilometer betrug, müssen die Schiffe stabiler gewesen sein als jene, die für die Wasserwege im Inland eingesetzt wurden.

Meerestaugliche Schiffe wurden unabhängig voneinander in vielen Teilen der Welt entwickelt. Der europäische Handel auf dem Mittelmeer blühte vor 5000 Jahren auf. Schiffe eröffneten den Menschen auch den Weg nach Westen über den Pazifik, dessen Inseln vor etwa 4000 Jahren besiedelt wurden. Die Araber besaßen ausgedehnte Handelsnetze nach Indien, Arabien und Afrika. Sie wussten schon früh über das System der Monsunwinde über dem Indischen Ozean Bescheid und nutzten die Sterne als Navigationshilfe. So konnten sie weite Strecken auf offenem Wasser zurücklegen.

Die Welt kartographieren

Mitte des letzten Jahrtausends waren die Europäer ebenso begierig nach Handelsrouten wie nach Wissen. Entdecker wurden mit Geldmitteln ausgestattet, um die Ozeane zu kartographieren und Handelswege zu erschließen. Christoph Kolumbus war einer der Ersten, die sich dabei einen Namen machten. Ihm wird die Entdeckung der Neuen Welt im Jahr 1492 zugeschrieben.

3

4

3. Diese Mappa Mundi, eine Weltkarte aus dem Jahr 1459, wurde von einem italienischen Mönch gezeichnet. In den folgenden Jahrzehnten gingen Seefahrer wie Kolumbus und Magellan auf Entdeckungsreise.

4. Die *Johnson Sealink II* ist eines der modernsten Tauchboote, ausgerüstet zur Erforschung der Tiefen des Ozeans.

Der portugiesische Entdecker Ferdinand Magellan lichtete 1519 die Anker zur Umsegelung der Welt, wurde jedoch auf den Philippinen getötet. An seine Stelle trat Juan del Cano, der die Reise vollendete, womit erstmals die Weite des Pazifischen Ozeans dokumentiert wurde. Während die frühen Entdecker die Breitengrade genau bestimmen konnten, hatten sie gleichwohl Schwierigkeiten bei der Berechnung der Längengrade, da es noch keine zuverlässige Uhr gab. Erst 1760, als ein Uhrmacher namens John Harrison seinen Chronometer perfektionierte, war das Problem gelöst. Kurze Zeit später setzte James Cook mit der damals besten Navigationsausrüstung Segel. Auf seinen drei Reisen zwischen 1768 und 1780 kartographierte er den Pazifik und die Ostküste Australiens.

Die Geburt einer Wissenschaft

Das Wissen über die Ozeane wuchs sporadisch. Einen echten Wendepunkt stellte jedoch die *Challenger*-Expedition im Jahr 1872 dar. Unter Führung zweier britischer Biologen umsegelte das Schiff die Erde, wobei eine Reihe wichtiger Entdeckungen gemacht wurden. So fing man mit dem Netz Tiere aus 8000 Metern Tiefe und bewies damit, dass die Tiefen der See nicht unbelebt waren. Der Grundstein der modernen Ozeanographie war gelegt.

Die heutige Ausrüstung hat enorm vom technischen Fortschritt profitiert. Tauchboote, die bemannt oder ferngesteuert eingesetzt werden können, gehören ebenso dazu wie Satelliten, die die Ozeane aus großer Höhe erforschen können. Trotzdem weist unser Wissen nach wie vor beträchtliche Lücken auf. Die Marsoberfläche kennen wir besser als den Großteil des Meeresbodens.

ZUM THEMA

1.1 Wasserwelt
Mittelozeanischer Rücken, S. 24

1.2 Naturgewalten
Winde, S. 31

5.2 Tiere in der Antarktis
Begrenztes Angebot, S. 238

7.4 Leben ohne Sonne
Erforschung des Abyssals, S. 364
Lebensvielfalt, S. 367
Kalte Quellen, S. 370

EIN RIESIGES PUZZLE

Jahrhundertelang glaubten die Menschen, dass die Erde schon immer so ausgesehen habe, wie sie sie kannten. Dabei bemerkte bereits 1596 der flämische Kartenmacher Abraham Ortelius, dass die Küstenlinien Afrikas und Europas wie ein Puzzleteil zu jenen Nord- und Südamerikas auf der anderen Seite des Atlantiks passten, woraus er schloss, dass es einmal einen zusammenhängenden Kontinent gegeben haben könnte. Im Lauf der Jahrhunderte tauchten immer mehr Beweise für diese These auf. So fand man in Afrika sowie in Nord- und Südamerika nicht nur gleiche Kohlevorkommen, sondern auch identische geologische Besonderheiten. Fossilien des ausgestorbenen Reptils *Mesosaurus* wurden sowohl entlang der Westküste Südafrikas als auch an der Ostküste Südamerikas entdeckt. 1912 trug der deutsche Wissenschaftler Alfred Wegener alle Beweise zusammen und entwickelte die Theorie der Kontinentalverschiebung. Er vermutete, dass es einst einen Urkontinent, Pangäa, gab, der im Verlauf der Erdgeschichte auseinander brach und dessen einzelne Teile in ihre heutige Lage drifteten. Zunächst stand man seinen Ideen skeptisch gegenüber, da kein Mechanismus bekannt war, durch den die Kontinentaldrift zustande hätte kommen können. Erst in den späten 1960ern fand man eine Erklärung und akzeptierte seine Theorie.

Mittelozeanischer Rücken

Nach dem Zweiten Weltkrieg revolutionierte der Gebrauch von Sonar die Erforschung des Meeresbodens. Anders als erwartet, entdeckte man keineswegs nur flache Ebenen, sondern gigantische Bergketten, einzelne Berge und tiefe Gräben. Die kartographische Erfassung einer gewaltigen mittelozeanischen Gebirgskette, die sich über alle Ozeanbecken erstreckt und die größte geologische Einheit der Erde darstellt, sollte den Schlüssel zum Verständnis der Kontinentaldrift liefern. Oberhalb der Wasserfläche sind immer nur Bruchstücke zu sehen, und zwar dort, wo die Spitzen der unterseeischen Gebirge Inseln wie die Azoren oder Island bilden.

Als Geologen einen Teil der sich über den Atlantik erstreckenden Kette (Mittelatlantischer Rücken) untersuchten, fanden sie den Beweis dafür, dass sich der Ozeanboden auseinander schob, was Wegeners Theorie unterstützte. Gestein in der Nähe der Rückenmitte war jünger als weiter weg gelegenes. Je weiter sich die Geologen von dem Rücken entfernten, desto mehr übereinander liegende Sedimentschichten fanden sie, was zu der Vermutung Anlass gab, dass das Gestein darunter älter war. Der abschließende Beweis tauchte bei der Untersuchung der Magnetfelder des Gesteins auf. In der Erdgeschichte verändert sich gelegentlich die Polarität der Erde, sodass der magnetische Norden zum Süden hin umschlägt. Magnetische Partikel in geschmolzenem Magma weisen in die neue Richtung. Geologen fanden eine Reihe parallel verlaufender Schichten oder Streifen im Gestein des Mittelatlantischen Rückens, die allesamt einen Wechsel der Erdpolarität anzeigten. Diese Schichten ziehen sich längs des Rückens entlang. Sie entdeckten auch, dass sich diese auf beiden Seiten des Kammes spiegelbildlich gegenüber liegen. Das war der Beleg, dass sich die Kontinente auseinander bewegten.

1. Eine vereinfachte Darstellung der bekannten lithosphärischen Platten mit ihrer jeweiligen Bewegungsrichtung.

2. Die Anden bildeten sich, als sich die Nazca-Platte unter die südamerikanische Platte schob. Die leichtere Materie der Nazca-Platte drang beim Schmelzen in Form ausbrechender Vulkane in den Anden an die Oberfläche.

DIE UNTERTEILUNG DER ERDE IN LITHOSPHÄRISCHE PLATTEN

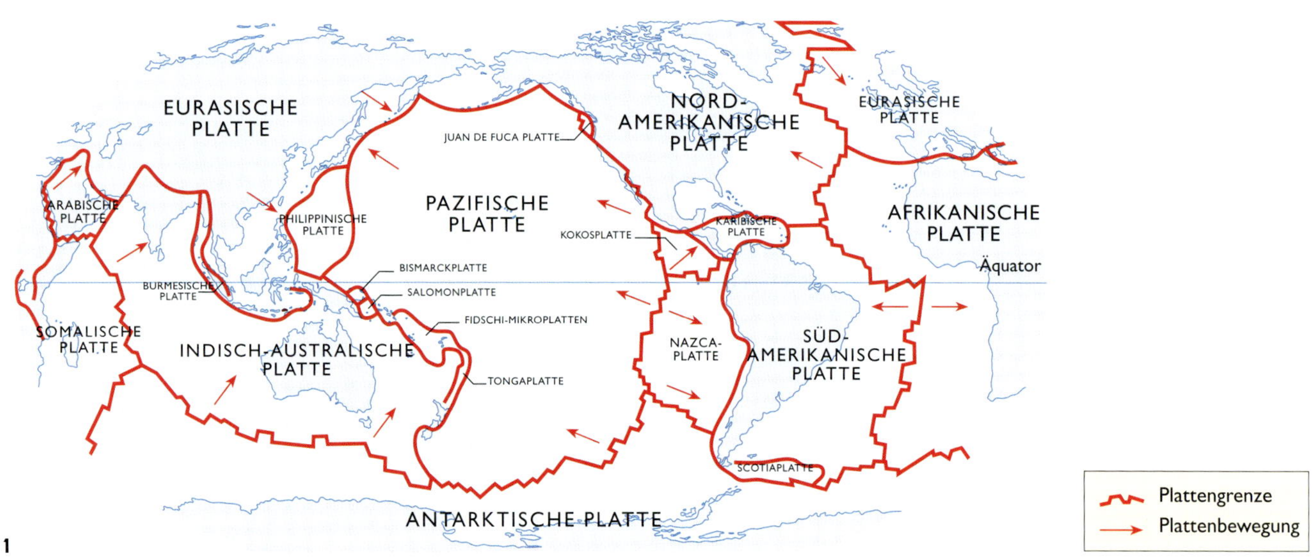

1

Plattentektonik

Heute weiß man, dass die Erdoberfläche in 13 Haupt- und einige kleinere Platten unterteilt werden kann, die alle auf einer teilweise geschmolzenen Schicht des darunter liegenden Erdmantels schwimmen. Auf einigen Platten liegen Kontinente, andere sind rein ozeanisch. Die Kontinenttragenden sind verantwortlich für die Kontinentalverschiebung. Die Kontinente bewegen sich genauso schnell, wie sich die Platten bewegen – 2 Zentimeter pro Jahr im Atlantik und 18 Zentimeter pro Jahr im östlichen Pazifik. Man geht davon aus, dass Ströme im flüssigen Magma des darunter liegenden Erdmantels die Verschiebung verursachen. Wo ein Strom aufsteigt, bricht Magma durch die Kruste des Mittelozeanischen Rückens. Wo er nach unten durch den Erdmantel verläuft, zeigt eine Platte je nach ihrer Beschaffenheit eine von zwei möglichen Reaktionen:

Platten mit 50 bis 100 Kilometer Dicke bestehen aus der Erdoberflächenkruste und einem Teil des oberen Erdmantels, die beide aus Gestein sind. Der Krustenanteil variiert. Die kontinentale Kruste, also Land, ist dicker (30 bis 40 Kilometer), hat aber eine geringere Dichte als die ozeanische Kruste (die nur 6 Kilometer dick ist). Dieser Dichteunterschied erklärt auch die Existenz der Ozeane selbst. Die dichtere ozeanische Kruste bewegt sich weiter unten im flüssigen Magma des Erdmantels als die leichtere kontinentale Kruste. Wasser strömt aufgrund der Schwerkraft in die weiter unten gelegenen Regionen und bildet so die Ozeane.

Stößt eine ozeanische Platte mit einer kontinentalen zusammen, schiebt sich die dichtere ozeanische Platte darunter. In dieser Zone – der so genannten Subduktionszone – entstehen tiefe Ozeangräben. Entlang dem Kontinentalrand entwickelt sich Vulkanaktivität. Am besten zeigt sich dies im Ostpazifik. Der sich ausdehnende Ostpazifische Rücken

2

1

1. Blick aus dem All auf die westliche Seite des Himalaja. Als sich der indische Subkontinent (links) nach Norden Richtung Tibet (rechts) schob, wölbte sich das Land dazwischen auf. So entstand die höchste Gebirgskette der Welt.

2. Der letzte Urkontinent war Pangäa. Vor etwa 200 Millionen Jahren begann er aufgrund der Kontinentalverschiebung zu zerbrechen. Noch heute bewegen sich die Kontinente.

3. Rechts: Die Sedimentablagerungen an einer großen Flussmündung ziehen sich in Fächerform über mehrere Kilometer durch den Ozean. Dieses Bild zeigt den Flussfächer des Mississippi.

schiebt die Nazca-Platte gegen Südamerika. Diese ozeanische Platte wird unter die leichtere südamerikanische Platte gepresst. Die kontinentale Kruste Südamerikas wölbt sich unter dem Druck und bildet die Anden. Da die am wenigsten dichte Materie der Nazca-Platte schmilzt, steigt sie auf und bricht in Form von Vulkanen aus.

Wenn hingegen zwei Kontinentalplatten kollidieren, wird keine von beiden in den Erdmantel gedrückt. Es entsteht ein ungeheurer Druck, Gestein verformt sich und riesige Gebirgsketten werden nach oben gedrückt.

Pangäa zerbricht

Die Kontinente bewegen sich seit mehreren Hundert Millionen Jahren. Sie kollidierten zur Bildung von Urkontinenten, die dann wieder auseinander brachen. Der letzte existierende Urkontinent war Pangäa. Er wurde von einem einzigen Urozean namens Panthalassa umgeben, dem Vorläufer des Pazifischen Ozeans. Es gab auch einen flachen tropischen Ozean, das so genannte Tethysmeer.

Vor etwa 220 Millionen Jahren begann Pangäa zu zerbrechen. Nordamerika trennte sich von den noch zusammenhängenden Kontinenten Südamerika und Afrika. So entstand eine Lücke, der Beginn des nordatlantischen Ozeans. Die Trennlinie markierte den Anfang des Mittelatlantischen Rückens. Als sich der Riss weitete, bildeten sich zwei riesige Kontinente: Laurasien im Norden mit Nordamerika und Eurasien sowie Gondwanaland im Süden mit Südamerika, Afrika, Indien, Australien und der Antarktis.

Vor etwa 170 Millionen Jahren begann Gondwanaland zu zerbrechen. Südamerika und Afrika bewegten sich nach Nordosten, während Indien nach Norden driftete. 35 Millionen Jahre später brachen Südamerika und Afrika auseinander und ließen den südatlantischen Ozean entstehen. Als sich der Atlantik weiter ausdehnte, begann Panthalassa, also der heutige Pazifik, zu schrumpfen – ein Prozess, der nach wie vor anhält. Das Thetysmeer wurde nach und nach durch die Nordwärtsbewegung Afrikas und des heutigen Südeuropas abgeschlossen. Indien erreichte schließlich Asien. Der Mittelindische Ozeanrücken dehnte sich aus, bis er Australien und die Antarktis voneinander trennte. Er treibt heute noch Australien in den Norden.

PANGÄA ZERFÄLLT

Vor 225 Millionen Jahren

Vor 130 Millionen Jahren

Vor 80 Millionen Jahren

Heute

2

BLICKE AUFS MEER

Weltweit bestimmt die Plattentektonik die Topographie der Erdkruste. Das trifft für die kontinentale Kruste (Land) ebenso zu wie auf die ozeanische Kruste (Ozeanboden). Es bedeutet auch, dass weltweit unter Wasser sehr ähnliche Gegebenheiten vorherrschen. Im weitesten Sinn kann man zwei Zonen unterscheiden: die Ränder des Kontinents und den Ozeanboden.

Die kontinentalen Ränder

Der Meeresspiegel liegt heute weit höher als vor 15 000 bis 20 000 Jahren, weshalb die Ränder aller kontinentalen Krusten überflutet sind. So entstanden ausgedehnte, neue, seichte Lebensräume unter Wasser, ideal für die Besiedlung durch Pflanzen und Tiere. Obwohl diese Festlandsockel nur 8 Prozent aller Ozeane ausmachen, konzentriert sich hier der Großteil des marinen Lebens.

Festlandsockel sind nahezu eben und in der Regel 150 Meter tief (die mögliche Bandbreite der Wassertiefe reicht von 120 bis 400 Meter), doch unterscheiden sie sich wesentlich in der Weite. Einige Festlandsockel sind sehr kurz, weil eine ozeanische Platte gegen den Rand der kontinentalen Kruste stößt und sie zusammendrückt. Der Pazifikrand Südamerikas beispielsweise hat einen Festlandsockel von nur einem Kilometer. Der Großteil des kontinentalen Randes wurde bei der Bildung der Andenkette zusammengepresst. Für die Pazifikküste sind überwiegend kurze Festlandsockel mit aktiven Vulkanen und Erdbebengebieten charakteristisch. Im Gegensatz dazu sind die atlantischen Festlandsockel breiter und nicht vulkanisch. Der Atlantische Ozean dehnt sich zwar aus, und auf den vier getrennten Platten liegen Afrika, Südamerika, Nordamerika und Eurasien. Doch weil an den Rändern des Atlantiks keine ozeanische Platte unter eine kontinentale gepresst wird, gibt es an seiner Peripherie auch keine Vulkane oder Erdbeben.

Den unter Wasser liegenden Rand aller

3

Kontinente nennt man Kontinentalabhang. Er erstreckt sich steil nach unten von etwa 150 Meter bis auf 3000 Meter. Tiefe Schluchten durchziehen ihn, von denen viele durch Flusssedimente ausgehöhlt wurden. Die Ablagerungen sinken den Abhang entlang nach unten in die Schluchten und bilden an deren Grund riesige fächerförmige Strukturen, die zu einer großen Sedimentschicht, dem so genannten Schüttkegel, verschmelzen. Der Gangesfächer ist der beeindruckendste. Er hat eine etwa 2500 Kilometer über die Kante des kontinentalen Abhangs hinausreichende gigantische kegelförmige Ausdehnung und erreicht eine Tiefe von 5000 Metern.

Der Ozeanboden

Am Grunde des kontinentalen Abhangs und unterhalb des Schüttkegels liegt das Gestein des Ozeanbodens. Hier endet die kontinentale Kruste, und die ozeanische beginnt. Weiter draußen im Meer ist ein Großteil des Meeresbodens unter einer schlickähnlichen Decke begraben. Sie stammt nicht vom Land, sondern von toten Pflanzen und Tieren, die nach unten sinken. Diese ausgedehnten, meist ebenen Bereiche nennt man Abyssal.

Abyssalebenen sind jedoch gespickt mit Meeresvulkanen, die, wenn sie bis zu den oberen Wasserschichten reichen, in einem ansonsten unbelebten Ozean wichtige Oasen des marinen Lebens darstellen. Ragen sie aus dem Wasser heraus, bilden sie Vulkaninseln wie die Galapagosinseln oder die Hawaii-Inseln. Eine andere Besonderheit der Abyssalebenen sind die Guyots – untermeerische Berge mit merkwürdig abgeflachten Gipfeln. Da es sich bei ihnen um erloschene Vulkane handelt, ist es wahrscheinlich, dass ihre Spitzen erodierten, als sie zu Inseln wurden.

Gräben sind ebenfalls eine interessante Besonderheit der Tiefsee. Dort, wo eine ozeanische Platte mit einer kontinentalen kollidiert und in den Erdmantel absinkt, stürzen ihre Wände in phänomenale Tiefen hinab. Die meisten Ozeangräben findet man an der Pazifikkante, da die ozeanischen Platten, die

1

LICHT IM MEER

Einer der Gründe für die Vielzahl von Lebensformen in den Ozeanen besteht darin, dass Meerwasser größtenteils lichtdurchlässig ist. Pflanzen brauchen Licht. Könnte das Licht nicht die Oberfläche durchdringen, würde im Ozean nur eine dünne Schicht mit Leben existieren. Menge und Art des eindringenden Lichts hängen von der Wasserqualität ab. Trübes Wasser an einer Flussmündung lässt weniger Licht durch als klares Wasser im offenen Meer.

Je nach Einfallswinkel werden zwischen 3 und 30 Prozent der Sonnenstrahlen von der Meeresoberfläche reflektiert. Das eindringende Licht wird vom Meerwasser teilweise absorbiert. Objekte beispielsweise, die an der Oberfläche rot sind, sehen in der Tiefe grau oder schwarz aus. Aus diesem Grund arbeiten Unterwasserfotografen mit künstlichem Licht. Ihre Bilder wären sonst meistens blau, da blaue Lichtwellen am weitesten ins Wasser eindringen.

den Pazifik bilden, entlang ihrer Peripherie unter die kontinentalen Platten gepresst werden. Der Grund des tiefsten Grabens, des Marianengrabens im Westpazifik, liegt in 11 Kilometer Tiefe. In ihn könnte man den Mount Everest versenken, und sein Gipfel läge immer noch 2000 Meter unter der Wasseroberfläche.

Die Abyssalebenen steigen kaum wahrnehmbar in Richtung des Mittelozeanischen Rücken an. In der Nähe des Rücken gibt es weniger Sedimente, da das Gestein jünger ist. Am Rücken selbst wandelt sich die Natur des Meeresbodens komplett. Trennen sich zwei ozeanische Platten voneinander, entsteht in der Mitte eine Lücke oder ein Tal. In dieser so genannten Zentralspalte entwickelt sich eine ganz neue Welt. Meerwasser sickert durch die Sprünge und Risse der zerbrochenen Kruste, erwärmt sich am heißen Gestein darunter auf etwa 350 Grad Celsius und wird aus heißen Tiefseequellen oder Hydrothermalquellen wieder herausgepresst. In dem austretenden Wasser sind Mineralien, vor allem Sulfide (Eisensulfid), aufgelöst. Kommt dieses mineralhaltige heiße Wasser in Kontakt mit kälterem Meereswasser, kühlt es rasch ab, und die Mineralien erstarren. Es bilden sich Schornsteine aus erstarrten Mineralien mit schwarzem „Rauch" oder Eisensulfidpartikeln, die oben austreten. Diese hydrothermalen Schlote stellen eines der wenigen Habitate auf der Erde dar, in denen Leben nicht von Sonnenenergie abhängig ist.

1. Die Galapagosinseln sind unterseeische Vulkane, die als Landmasse aus dem Meer herausragen.

Der Meeresspiegel ist seit der letzten Eiszeit als Folge des Abschmelzens der arktischen Eiskappen um 120 Meter gestiegen.

1.2 NATURGEWALTEN

Wir schwimmen, segeln und surfen. Wir bauen Sandburgen am Strand und stellen uns auf Dünen, um uns vom Wind das Haar zerzausen zu lassen. Wir fahren Ski auf Schnee, angeln in Flüssen und trinken reines Quellwasser, ohne darüber nachzudenken. Wir genießen die sommerliche Wärme und die winterliche Kälte. Kurz, wir betrachten Salzwasser, Süßwasser und den Wechsel der Jahreszeiten als Selbstverständlichkeiten. Doch sind sie alle das Ergebnis der Erdumdrehung und des Kreisens um einen besonderen Stern: die Sonne. Trotz ihrer Entfernung von fast 150 Millionen Kilometern ist sie das größte Wärmekraftwerk unseres Planeten. Die Sonne lässt alle Winde entstehen, sie treibt die Meeresströmungen an, kontrolliert unser Klima, und gemeinsam mit dem Mond beeinflusst sie die Gezeiten. Fast das gesamte Leben an Land und im Meer ist direkt oder indirekt von ihr abhängig.

SONNENKRAFT

Rund 30 Prozent der Sonnenenergie, die die Erde erreicht, werden sofort reflektiert. Den übrigen Teil absorbieren die Atmosphäre und die Erdoberfläche. Diese Energie versorgt den Planeten und, besonders wichtig, die Ozeane.

Winde

In jener Zeit, als Segeln die einzige Möglichkeit war, einen Ozean zu überqueren, wussten die Seeleute genau, dass man sich auf dem Weg von Europa nach Amerika nach Süden wenden musste, um sich von den Nordostwinden nach Westen über den Atlantik treiben zu lassen. Diese Winde waren so zuverlässig und wurden so oft genutzt, dass man sie Passatwinde nannte. Um zurückzukehren, mussten die Seeleute dann nach Norden hoch zum Golfstrom segeln, um die Westwinde zu erreichen, die sie zurück nach Europa trugen.

Winde werden durch die Sonnenwärme angetrieben. Der Großteil dieser Energie wird in den Tropen absorbiert. Hier treffen die Sonnenstrahlen im rechten Winkel auf die Atmosphäre, was sich in zweierlei Hinsicht auswirkt: Zum einen werden weniger Strahlen reflek-

1. Unser Wetter wird von Sonnenwärme bestimmt. Sie verursacht Verdunstung und Wolkenbildung und lässt durch erwärmende Luft Winde entstehen, die wiederum Wolken und Meeresströme antreiben.

1

1. Die Hauptwinde der Welt sind beständig. Sie entstehen durch heiße aufsteigende Luft und kühlere Luft, die nachströmt, um sie zu ersetzen.

2. Zwischen den äquatorialen Passatwinden liegt eine Region, in der die Luft nur langsam aufsteigt und die Winde schwach sind. Die Kalmen sind ruhige Wassergürtel, die früher von Seglern gefürchtet wurden.

3. Wo Wind ist, sind auch Wellen: je stärker der Wind und je länger er auf das Meer einwirkt, desto größer die Welle.

WELTWEITE WINDSYSTEME

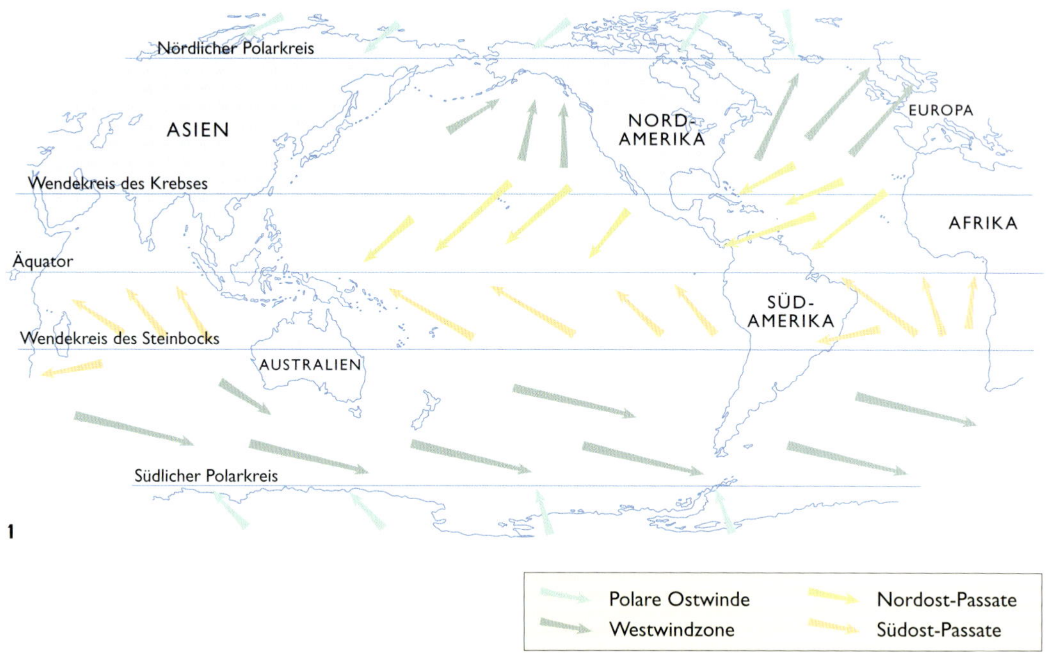

1

HURRIKANE

Wenn sich in Bereichen tropischer Ozeane, wo die Wassertemperatur auf über 27 Grad Celsius steigen kann, die Luft erhitzt, verliert sie an Dichte und steigt spiralförmig auf, wobei sie noch mehr Luft mit sich nach oben zieht. (Das Bild rechts zeigt den Hurrikan „Bonnie", der im September 1992 auftrat.) Die aufsteigende Luft ist mit Feuchtigkeit angereichert, die beim Erreichen größerer Höhen abkühlt, kondensiert und dabei Wärme freisetzt. Die Energie dieser Wärme beschleunigt die Luftgeschwindigkeit und lässt Wirbelwinde entstehen. Im Mittelpunkt der unter Hochdruck stehenden, sich schnell bewegenden und mit Wolken angefüllten Spirale befindet sich ein kleines, ruhiges Tiefdruckgebiet. Über dem Ozean wird der entstehende Hurrikan mit Energie aus der warmen, feuchten und aufsteigenden Luft versorgt. Auf diese Weise nehmen Geschwindigkeit und Stärke zu.

Der Hurrikan „Gilbert", der 1988 über den Golf von Mexiko fegte, war mit einem Durchmesser von 1500 Kilometern ein wahrer Gigant. Auch wenn er sich mit nur 20 km/h fortbewegte, betrug die Windgeschwindigkeit im Zentrum über 320 km/h. Einmal über Land, verliert ein Hurrikan an Kraft. Er wird nicht länger vom warmen Ozean versorgt, und die höhere Reibung über Land bricht die Spirale auf.

2

3

tiert, zum anderen ist die Entfernung, die die Strahlen durch die Atmosphäre zurücklegen müssen, um auf die Erdoberfläche zu treffen, kürzer. Da sich die Luft am Äquator erwärmt, verliert sie an Dichte und steigt auf. Um die Lücke zu füllen, die darunter entsteht, strömt angrenzende Luft ein. Auf diese Weise bilden sich Winde: die so genannten Passatwinde.

Doch die Passatwinde in der nördlichen Hemisphäre wehen nicht einfach nach Süden und die in der südlichen Hemisphäre entsprechend nach Norden, sondern beide bewegen sich auch leicht in westliche Richtung. Diese durch die Erdumdrehung verursachte Wirkung machte sie für die Seeleute in der Vergangenheit so nützlich. Die Corioliskraft (benannt nach dem französischen Wissenschaftler, der sie als Erster beschrieb) ist bei allen beweglichen Körpern auf der Erdoberfläche wirksam. In der nördlichen Hemisphäre bewegen sie sich leicht rechts herum, in der südlichen nach links. Stellen Sie sich vor, Sie stehen am Nordpol und werfen einen Ball zu jemandem auf dem Äquator. Sie selbst drehen sich nur langsam. Der Mensch am Äquator hingegen bewegt sich mit etwa 1500 Stundenkilometern. Wenn der Ball am Äquator auftrifft, hat sich der Mensch am Äquator von seinem Ausgangspunkt aus nach links bewegt, was den Anschein erweckt, als habe der Ball, anstatt geradeaus zu fliegen, eine Rechtskurve beschrieben. Im Alltag ist die Corioliskraft nicht wahrnehmbar, doch sie hat tief greifende Auswirkungen auf die erdumspannenden Winde und Meeresströme.

Oberflächenströmungen

Die Oberflächenströmungen der Ozeane werden von ständigen Winden in Bewegung gehalten. Die Luftbewegung treibt das Wasser buchstäblich an. Doch aufgrund der Corioliskraft bewegen sich die Ströme nicht in dieselbe Richtung wie die Winde, sondern rechtwinklig zu ihnen, und zwar auf der nördlichen Halbkugel 45 Grad nach rechts und auf der südlichen 45 Grad nach links. Die Äquatorialströme, die von den Passatwinden angetrieben werden, fließen nicht auf den Äquator zu, sondern parallel zu ihm.

Die Corioliskraft wirkt sich an der Wasseroberfläche nur geringfügig aus, das Wasser wird durch die Windreibung angetrieben und bewegt sich deshalb in dieselbe Richtung wie der Wind. Doch unter der Oberfläche setzt die Wirkung der Corioliskraft ein. Je tiefer man vordringt, desto weiter wird das Wasser von der Bahn des herrschenden Windes abgelenkt. Mit zunehmender Tiefe nimmt auch die Kraft der Strömung ab, sodass am Ende eine sich verengende Spirale der Wasserbewegung entsteht, die sich von der Windrichtung wegdreht. In etwa 90 Meter Tiefe kann das Wasser sogar in die exakt entgegengesetzte Richtung zum Wind fließen. Im Allgemeinen bewegen sich die Wassermassen jedoch im rechten Winkel zur Windbewegung.

Wehen vorherrschende Winde parallel zu einer Küste, bewegen sich die oberen Wasserschichten im rechten Winkel auf die Küste zu. Kaltes Wasser aus der Tiefe strömt nach, und es kommt zu einem Auftrieb. Dieses nachströmende kalte Wasser ist angereichert mit wertvollen Nährstoffen. Das weiträumige Auftriebsgebiet an der peruanischen Küste Südamerikas ermöglicht deshalb hohe Fischfangquoten. Im Gegensatz dazu ist das Auftriebsgebiet an der kalifornischen Küste kurzlebig und nicht vorhersehbar. Für die Fischerei weniger bedeutsam sind äquatoriale Auftriebsgebiete, die häufig im Pazifik vorkommen. Da die Äquatorialströme auf beiden Seiten des Äquators nach Westen verlaufen, bewegt sich das Wasser darunter auf der nördlichen Halbkugel nach Norden und auf der südlichen Halbkugel nach Süden. Kaltes Wasser aus der Tiefe strömt in der Mitte nach.

Die Kombination aus den weltweiten Winden und der Corioliskraft führt in den Ozeanbecken zu riesigen Stromwirbeln oder Kreisbewegungen von Oberflächenwasser. Im Atlantik, Pazifik und Indischen Ozean gibt es jeweils zwei – einen im Norden, der sich im Uhrzeigersinn dreht, und einen im Süden, der sich in entgegengesetzter Richtung bewegt.

WELLEN

Wellen – wir segeln auf ihnen, werfen uns in sie hinein, surfen auf ihnen und fürchten uns vor ihnen, wenn sie zu hoch werden. Aber Wellen sind nicht nur ein variantenreiches Sommervergnügen, sondern besitzen auch eine zerstörerische Kraft. Wenn sie brechen, wird ungeheuer viel Energie freigesetzt. Je größer die Welle, desto stärker ist sie. Nicht immer sind wir auf diese Naturgewalt vorbereitet: Boote sinken, Anlegestellen werden zerstört und Häuser weggeschwemmt, bisweilen kostet sie sogar Menschenleben. Wellen sind weniger berechenbar, als wir es gerne hätten.

2

1

1. Im April 1946 traf ein Tsunami den Ort Hilo auf Hawaii. Das Ausmaß der Zerstörungen und der Verlust an Menschenleben war so groß, dass man daraufhin ein Frühwarnsystem für Tsunamis einrichtete.

2. Manche Wellen sind so groß und stark, dass sie ein Schiff überfluten und zum Sinken bringen können.

Wie Wellen entstehen

Wellen entstehen durch Wind. Weht eine Brise über das Wasser, löst sich die glättende Oberflächenspannung, und das Wasser kräuselt sich. Der Wind schiebt die winzigen Kämme vor sich her. Vorneweg entsteht ein Strudel, der die Welle verstärkt. In der Welle selbst bewegt sich Wasser kreisförmig, nach oben und vorne wogend, wenn der Kamm vornüber schlägt, und nach unten und zurück durch das Wellental ziehend. In jeder Welle steckt also Windenergie, die auf diese Weise durch den Ozean transportiert wird.

Die Wellenhöhe hängt davon ab, wie lange der Wind auf das Meer einwirkt. Als größter Ozean verfügt der Pazifik über die längste Wirklänge und auch über die höchsten Wellen. Bei einem starken Sturm können sie bis zu 15 Meter hoch werden. Die höchste je registrierte Welle war 34 Meter hoch.

Brechende Wellen

Erreichen die Wellen ein flaches Ufer, wird ihre Bewegung durch die Reibung mit dem Grund verlangsamt. In immer kürzeren Abständen drängen sie sich voreinander her. Dabei werden sie höher und steiler. Da das Wasser an der Wellenspitze die Geschwindigkeit beibehält, das Wasser am Boden aber langsamer wird, überschlägt sich der Kamm, und die Wellen brechen. Ihre Energie wird am Ufer freigesetzt.

Je nach Art der Küstenlinie variiert die Form der Wellen. Bei einer sanften Neigung rollen sie über eine große Entfernung heran. Im Gegensatz dazu lässt eine tiefe, schräg abfallende Küste Wellen entstehen, die plötzlich und voller Gewalt brechen, wenn sie das flache Wasser erreichen.

3

Tsunamis

Obwohl man sie gelegentlich auch Flutwellen nennt, haben diese Riesenwellen ganz und gar nichts mit den Gezeiten zu tun, weshalb inzwischen der Begriff Tsunamis (aus dem Japanischen; tsu = Hafen, nami = Welle) gebräuchlicher ist. Sie werden durch Seebeben, unterseeische Vulkanausbrüche oder gelegentliche Erdrutsche verursacht. Erhebt sich eine Verwerfungslinie am Meeresboden oder bricht ein Vulkan aus, breitet sich der dadurch entstehende Tsunami mit einer Geschwindigkeit von bis zu 700 Stundenkilometern aus. An der Oberfläche des offenen Meeres ist die Welle mit einer Höhe von höchstens 1 Meter von Schiffen aus oft gar nicht wahrnehmbar. Erreicht sie den Kontinentalabhang, verlangsamt sie sich, nimmt dafür aber sehr schnell an Höhe zu. Die Folgen können verheerend sein.

Tsunamis kommen aufgrund der Vulkanaktivität an seinen Rändern am häufigsten im Pazifik vor. Die Explosion des Krakatoa in Indonesien im Jahr 1883 schickte Tsunamis um die halbe Welt und kostete 36 000 Menschen das Leben. 1998 verursachte ein Erdbeben einen 10 Meter hohen Tsunami, der viele Dörfer entlang der Küste von Papua-Neuguinea zerstörte und über 3000 Einwohner tötete.

3. Wenn der Meeresgrund zur Küstenlinie hin ansteigt, wird die vom Ozean kommende Welle gebremst, gewinnt an Höhe und bricht.

ZUM THEMA

1.2 Naturgewalten
Winde, S. 31

2.1 Fließende Grenze
Küstenformen, S. 61

2.2 An der Küste überleben
Von Wellen bestürmt, S. 73

4.3 Meereswälder
Wildes Gewässer, S. 189

1. An den Schnittstellen großer Ströme wie dem Golfstrom bilden sich spiralförmige Strudel.

2. Schwarzbrauenalbatrosse verlassen sich auf die ständigen Winde und Wellen im südlichen Ozean, um auf der Suche nach Futter ohne größeren Energieaufwand weite Strecken zurückzulegen.

3. Die Karte auf der rechten Seite zeigt die Hauptoberflächenströme der Ozeane. In den fünf Ozeanbecken verschmelzen die Ströme zu Stromwirbeln.

Stromwirbel

Typisch für Stromwirbel sind starke Ströme an ihrer westlichen Flanke, die das Wasser in Richtung der Pole transportieren, und ein sanfterer, weniger ausgeprägter Strom, der nach Osten verläuft. Durch die Spiralbewegung des Wassers in den Ozeanwirbeln entsteht ein Zentrum, in dem der Meeresspiegel höher ist als im übrigen Wirbel. Die zentrale Erhebung in einem Stromwirbel liegt jedoch nicht genau in der Mitte. Aufgrund der Erdrotation befindet sich der Mittelpunkt näher an der westlichen Flanke, was den westlichen Strom gegen das Land drückt und zur Folge hat, dass das Wasser schneller durch die enge Passage fließt. Im Norden beträgt die Geschwindigkeit der meisten Ozeanströme etwa 10 Kilometer am Tag, doch können westliche Flankenströme wie der Golfstrom im Nordatlantik und der Kuroshio-Strom im Nordpazifik Geschwindigkeiten von 90 bis 160 km/Tag erreichen. Diese Ströme sind stark und beständig, da sie jedoch nach nordwärts fließen und graduell nach Osten abgelenkt werden, verlieren sie ihre Landbegrenzung, der Druck nimmt ab, das Wasser bewegt sich langsamer und beginnt zu mäandern. Diese mäandernden Wassermassen können sich von dem Hauptstrom isolieren und kleine Satellitenstromwirbel, so genannte „Ringe“, bilden. Diese treiben jeweils für sich im Hauptstromwirbel.

Ozeanische Stromwirbel auf der südlichen Halbkugel sind meist langsamer als jene im Norden. Der Mittelpunkt des Stromwirbels ist weniger ausgeprägt, weshalb die Wirkung auf die Westflanke geringer ausfällt. Darüber hinaus werden die Stromwirbel im Süden von einem permanenten kalten Strom, dem Antarktischen Zirkumpolarstrom, begrenzt. Er ist dafür verantwortlich, dass die Antarktis nicht von der Wärmewirkung der weltweiten Ströme beeinflusst wird.

1

2

KLIMAKONTROLLE

Wenn uns auch die Temperaturunterschiede zwischen der Antarktis im Winter und der heißesten Wüste im Sommer beachtlich erscheinen mögen, so ist die Erde doch dank der Ozeane weit davon entfernt, ein Planet der Extreme zu sein. Die massiven Wassermassen nehmen die Sonnenhitze auf und geben sie nach und nach in anderen Regionen wieder ab. Aus diesem Grund kommt ihnen bei der Klimaregulation eine Schlüsselrolle zu.

Zirkulation im tiefen Ozean

Im Jahre 1751 zog der britische Kapitän Harry Ellis vor der westafrikanischen Küste einen Eimer Wasser aus der Tiefe. Er stellte fest, dass es im Gegensatz zu der milden Temperatur des Oberflächenwassers sehr viel kälter war. Man vermutete, dass es von dem gefrorenen Wasser der Pole stammte.

MEERESSTRÖMUNGEN

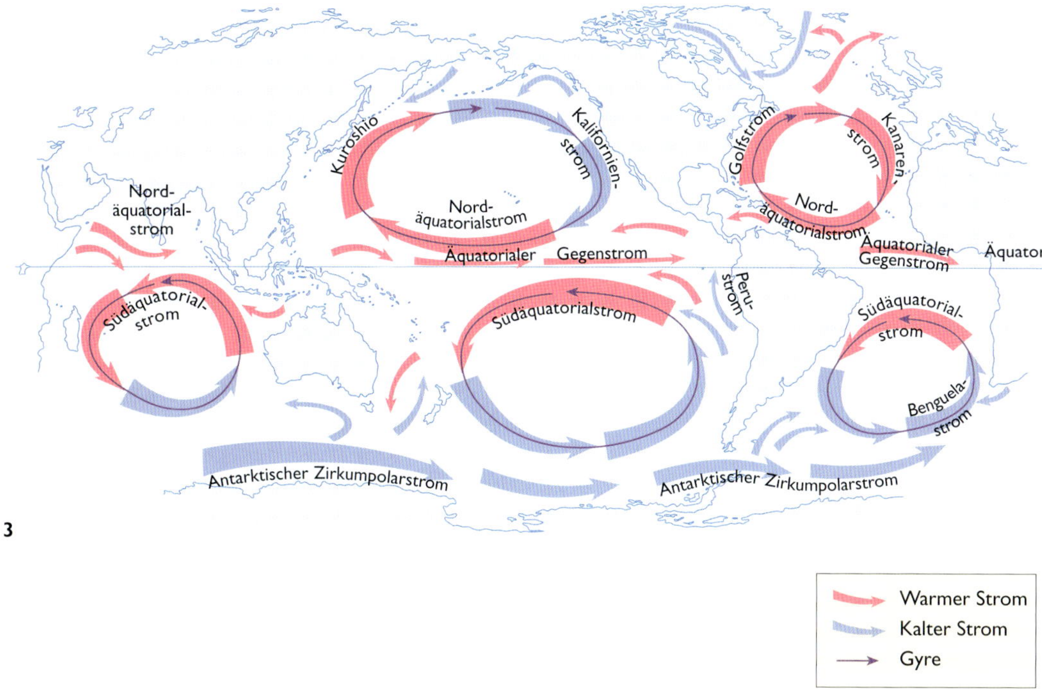

3

TREIBHAUSGASE

Die Erdoberfläche – Ozeane, Landmassen und Eiskappen – spielt eine bedeutende Rolle bei der Regulation der von der Sonne abgegebenen Wärmemenge, die reflektiert bzw. absorbiert wird. Nur 4 Prozent der eindringenden Strahlung werden sofort reflektiert. Der Rest wird, zwischen Erde und Atmosphäre hin und her strahlend, verbraucht. Doch einige atmosphärische Gase behindern diesen Prozess. Die so genannten Treibhausgase (insbesondere Kohlendioxid) sind für langwelliges Licht durchlässig, für kurzwelliges Licht (Infrarot) oder Wärme undurchlässig. Ohne den Treibhauseffekt wäre es auf der Erde schätzungsweise 33 Grad kälter. Der Kohlendioxidgehalt unserer Atmosphäre stieg im letzten Jahrhundert um 25 Prozent, und man glaubt, dass infolgedessen die Temperaturen weltweit steigen und die ständig gefrorenen Eiskappen zu schmelzen beginnen. Ein Ansteigen des Meeresspiegels ist nur eine der vorhergesagten Folgen. Das Klima wird sich weltweit ändern, und mit ihm werden einige wertvolle Lebensräume schwinden.

1. Die Ozeane absorbieren als riesige Wärmespeicher Sonnenhitze und verteilen sie mit zeitlicher Verzögerung über riesige geographische Entfernungen. So sind die milden, feuchten Winter in Irland eine Folge des warmen Golfstroms, der entlang der irischen Küste verläuft.

2. Entlang der Küste von Peru sind große Kolonien tropischer Tölpel für die Ernährung ihres Nachwuchses vom Sardellenvorkommen abhängig. Diese Fische wiederum brauchen ein großes Auftriebsgebiet, das jedoch in El-Niño-Jahren nicht entsteht. Für die Tölpel hat dies katastrophale Folgen.

1

In den Polarregionen erwärmt die Sonne das Wasser kaum, weshalb es kalt und von hoher Dichte bleibt. Polarwasser ist auch salziger als anderes Wasser, da das Salz beim Frieren im flüssigen Wasser verbleibt und so seine Konzentration zunimmt. Die Kombination aus extremer Kälte und hohem Salzgehalt erhöht die Dichte des Wassers so sehr, dass es auf den Meeresgrund sinkt. Dabei ersetzt es das bereits vorhandene kalte, dichte und salzige Wasser und drückt es am Ozeanboden entlang auf den Äquator zu. Über viele Jahre verteilt sich kaltes Wasser von beiden Polen auf die Ozeane. Nach und nach vermischt es sich mit dem darüber liegenden wärmeren Wasser und erreicht im Lauf der Jahrhunderte schließlich die Wasseroberfläche.

Zusätzlich zu diesen Bewegungen zirkuliert Wasser auch durch den so genannten äquatorialen Gegenstrom um den Erdball. Die beiden Hauptstellen, an denen kaltes Wasser aus den Polarregionen diesen Gegenstrom versorgt, liegen im Atlantik in der Nähe von Grönland und im Süden um die Antarktis herum. Wasser aus dem Golfstrom kühlt sich beim Erreichen Grönlands ab, sinkt in die Tiefe, fließt den Atlantik entlang und mischt sich mit dem kalten Wasser der Antarktis. Dann bewegt es sich nach Osten.

Durch Tiefseegräben und den Mittelozeanischen Rücken gelenkt, scheren Wassermassen aus und laufen an der Westseite der Kontinente hinauf, wie zum Beispiel der kalte Humboldtstrom entlang der südamerikanischen Küste und der Benguela-Strom entlang Südafrika. Der Hauptteil des äquatorialen Gegenstroms bewegt sich nach Osten und zweigt in den Indischen Ozean ab. Das übrige Wasser strömt bis in den Pazifik, wo es nördlich um Neuseeland herumfließt. Dieses kalte, sauerstoff- und nährstoffreiche Wasser kommt in Form von Auftriebswasser im Süden Indiens und im Nordpazifik nach oben und lässt hier sehr fruchtbare Gegenden entstehen. Einmal an der Oberfläche, erwärmt sich das Wasser und zieht wieder nach Westen. Die beiden Stromschleifen treffen sich im südindischen Ozean, bevor sich das Wasser zurück in den Atlantik und hoch nach Grönland bewegt. Diese multiozeanische Zirkulation transportiert Wärme rund um den Erdball und übt auf diese Weise Einfluss auf das Klima aus.

Riesiger Thermostat

Die Ozeane absorbieren und verlieren Wärme nur langsam. An keiner Stelle auf der Welt ändert sich die Oberflächentemperatur um mehr als 1 Grad am Tag und um nur 10 Grad im Jahr. Erwärmt sich die Wasseroberfläche, wird die Wärme in tiefere Schichten transportiert und dort gespeichert. Das Gegenteil geschieht beim Abkühlen: Wärme wird langsam an die Atmosphäre abgegeben, weil sie erst aus den Tiefen nach oben wandern muss. Zu einer weiteren Verzögerung bei der Wärmeregulierung kommt es, weil die Ozeanströme für ihre Reise um den Erdball eine gewisse Zeit brauchen.

2

Trotz des Zeitunterschiedes sorgt die Wärmespeicherkapazität des Wassers in Verbindung mit den vertikalen und horizontalen Strombewegungen für einen wirksamen Wärmetransfer. Dies hat einen großen Einfluss auf die Landmassen. Wenn sich beispielsweise warmes Äquatorwasser über den Golfstrom und die Nordatlantikdrift nach Norden bewegt, gibt es Wärme an die Atmosphäre ab. Nach und nach erwärmt sich die Luft und weht durch die vorherrschenden Westwinde über Westeuropa hinweg. Auf diese Weise sorgt der Nordatlantik dort für ein so genanntes maritimes Klima.

El Niño-Südliche Oszillation (ENSO)

Winde, Ströme und Ozeane sind für die Regulierung des Erdklimas von elementarer Bedeutung. Doch wir sind uns dessen oft kaum bewusst und bemerken es erst, wenn diese Systeme wegen außergewöhnlicher Phänomene nicht mehr funktionieren. Die El Niño-Südliche Oszillation, die Einfluss auf die gesamte Erde ausübt, ist ein solches Phänomen.

In den Gewässern vor der peruanischen Küste liegt ein Auftriebsgebiet, in dem riesige Sardellenschwärme leben, die sowohl den Menschen als auch großen Seevögelkolonien als wichtige Nahrungsquelle dienen. Gegen Jahresende legen sich die Winde, der Auftrieb nimmt ab, und das Wasser erwärmt sich. Dieses jährlich wiederkehrende Ereignis nennt man El Niño. In manchen Jahren jedoch sind seine Auswirkungen außergewöhnlich stark. Ohne Winde, die das Wasser an die Küste tragen, strömen die warmen, nährstoffarmen Äquatorialgewässer zurück nach Osten und verdrängen verbliebenes kaltes Wasser. Das Oberflächenwasser erwärmt sich um einige Grade, weshalb die Sardellen, die an kaltes Wasser angepasst sind, verschwinden. Die Fischwirtschaft bricht zusammen, Tausende von Vögeln können nicht brüten, und viele von ihnen sterben. Auch der Wasserspiegel steigt, was zur Folge hat, das niedrig gelegene Küstengegenden überflutet werden, während sintflutartige Regenfälle Teile Südamerikas in Mitleidenschaft ziehen. Andere Regionen leiden wiederum unter Trockenheit.

Es dauerte eine Weile, bis El Niño mit der so genannten Südlichen Oszillation in Zusammenhang gebracht wurde, einem gigantischen Auf und Ab von Hoch- und Tiefdrucksystemen zwischen dem Pazifischen und dem Indischen Ozean. Herrscht im Pazifik ein außergewöhnlich hoher Druck, so entsteht im Indischen Ozean ein ungewöhnlich niedriger Druck und umgekehrt. Unter normalen Bedingungen bringen indische Monsunwinde Regen für die Ernte. Finden jedoch tief greifende Wechsel in den Druckverhältnissen statt, so bleibt der Regen aus, was Hungersnöte zur Folge hat. Gleichzeitig tritt auf der anderen Seite des Pazifiks das El-Niño-Phänomen auf. So entsteht aus lokal begrenzten Wetterlaunen ein großes weltweites atmosphärisches und ozeanisches Ereignis.

SONNE, MOND UND GEZEITEN

1
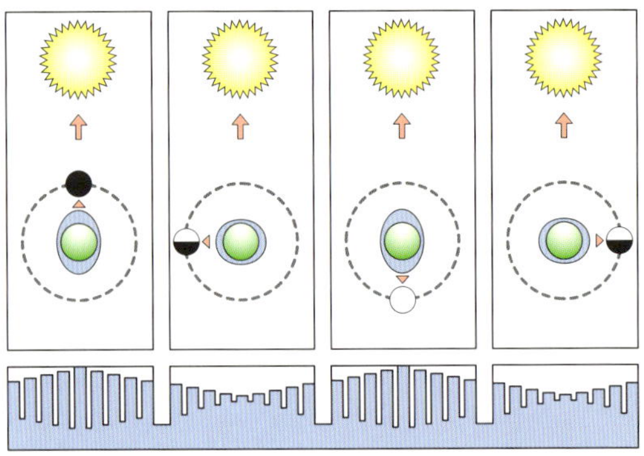

1. Die Grafik zeigt, wie die Anziehungskräfte von Sonne und Mond Spring- und Nipptiden auslösen. Wirken Sonne und Mond zusammen oder entgegengesetzt, ist der Gezeitenhub größer (Springtide), wirken sie in verschiedene Richtungen (d. h. wenn sie im rechten Winkel zueinander stehen), fallen die Gezeiten schwächer aus (Nipptide).

DIE KRAFT DES MONDES

Seit Milliarden von Jahren steigt und fällt der Meeresspiegel jeden Tag. Dieses Phänomen hat einen enormen Einfluss auf die Meeresorganismen, insbesondere auf die Pflanzen und Tiere an der Küste, die im Wechsel der Gezeiten überschwemmt werden und dann wieder der Luft ausgesetzt sind. Auch der küstennahe Lebensraum wird beeinflusst, da die Gezeiten für die Wasserzirkulation wichtig sind. Selbst weit weg vom Land, im offenen Meer, hat sich das marine Leben in vieler Hinsicht an die Bewegung der Wassermassen angepasst.

Tägliche Gezeiten

Die Gezeiten entstehen durch die Anziehungskraft des Mondes und der Sonne sowie durch die Rotation von Erde und Mond. Die Anziehungskraft des Mondes auf die Erde, die durchschnittlich nur 376 000 Kilometer von ihm entfernt ist, ist stärker als die der Sonne, deren Entfernung zu unserem Planeten fast 150 Millionen Kilometer beträgt. Die durch die Erdrotation verursachte Zentrifugalkraft gleicht die Anziehungskraft aus, weshalb die Entfernung zwischen Erde und Mond immer gleich bleibt.

Die Zentrifugalkraft der Erde und die Anziehungskraft des Mondes wirken sich weltweit unterschiedlich aus. Auf der Seite der Erde, die dem Mond am nächsten steht, zieht der Mond die Ozeangewässer buchstäblich an sich. Auf der gegenüberliegenden Seite des Planeten übt die Zentrifugalkraft einen stärkeren Einfluss als der Mond aus und zieht dementsprechend ebenfalls Wasser mit sich. So wird das Wasser in verschiedene Richtungen gelenkt. Diese gegensätzlichen Kräfte führen auf beiden Seiten der Erde gleichzeitig zu „Ausbuchtungen" bzw. hohen Fluten in den Ozeanen. Dazwischen befinden sich Wassermassen, auf die beide Kräfte in gleichem Maße einwirken. Da das Wasser in die „Ausbuchtungen" gezogen wurde, tritt hier durch das Absinken des Meeresspiegels Ebbe ein.

2

Weil sich die Erde im 24-Stunden-Rhythmus um die eigene Achse dreht, zieht jeder Punkt auf ihr zweimal am Tag durch diese „Ausbuchtungen". An Land ist die Auswirkung im Gegensatz zu Ebbe und Flut der Meere kaum wahrnehmbar. Doch die Gezeiten werden auch noch von anderen Kräften bestimmt. Die Reibung zwischen dem Wasser und der Erdkruste verlangsamt die Wasserbewegung, weshalb die Fluten etwas abseits einer zwischen Erde und Mond gezogenen Linie stattfinden. Auch vollzieht sich die Umdrehung des Mondes um unseren Planeten nicht gleichzeitig mit der 24-stündigen Erdrotation. Der Mond hat jeden Tag 50 Minuten Vorsprung, was bedeutet, dass sich ein bestimmter Punkt auf der Erde bereits 50 Minuten lang im nächsten Tag befindet, bevor er wieder auf einer Linie mit dem Mond liegt. Deshalb verschieben sich die Gezeiten auch jeden Tag um 50 Minuten.

Spring- und Nipptiden

Die Sonne ist zwar viel größer als der Mond, doch zugleich 400-mal weiter entfernt. Das bedeutet, dass ihre Anziehungskraft auf die Erde nur zwei Fünftel so groß ist wie die des Mondes. Trotzdem übt sie einen Einfluss auf die Ozeane aus und verursacht ebenso wie der Mond „Ausbuchtungen".

Liegt die Sonne auf einer Linie mit dem Mond (und der Erde), so zieht sie entweder mit dem Mond an oder wirkt dagegen, je nachdem, wo der Mond steht. Wenn sich der Mond beispielsweise zwischen Sonne und Erde befindet (Neumond), wirken die Anziehungskräfte von Sonne und Mond gleichzeitig, was zur Folge hat, dass Ebbe und Flut besonders stark sind. Genauso ziehen beide, wenn der Mond voll ist und auf der gegenüberliegenden Seite der Sonne steht, Wasser an, was in Verbindung mit der Zentrifugalkraft ebenfalls stärkere Gezeiten auslöst. Diese zweimal im Monat auftretenden Gezeiten nennt man Springtiden.

Wenn der Mond, zunehmend oder abnehmend, im rechten Winkel zur Sonne steht, sind die Gezeiten schwächer. Der Höhenunterschied zwischen Hoch- und Niedrigwasser (Tidenhub) ist dann geringer, weil die Sonne einen Teil der Gezeitenkräfte des Mondes aufhebt. Man spricht dann von Nipptiden.

Gezeitensystem

Das System der Gezeiten ist nicht einfach zu beschreiben, da sie von der unregelmäßigen Verteilung von Land und Meer, von der Küstenform und dem Wind beeinflusst werden. An den meisten Küsten finden jeden Tag zwei Hochwasser und zwei Niedrigwasser statt, die sich jedoch in der Stärke unterscheiden können.

Steht der Mond direkt über dem Äquator, ist diese Region, wie alle anderen Regionen im Norden oder Süden, über die ihn seine Umlaufbahn führt, besonders stark von seiner Anziehungskraft betroffen. In Verbindung mit der Corioliskraft, dem Mittelozeanischen Rücken und anderen unterseeischen geologischen Formationen, die den Wasserstrom unterbrechen, ergibt dies rund um den Erdball eine ganze Reihe verschiedener Gezeitensysteme.

Im Pazifik ist beispielsweise eine der beiden täglichen Fluten höher als die andere. Im Gegensatz dazu kommen am Atlantischen Ozean zweimal täglich relativ gleichmäßige Gezeiten vor. An anderen Orten, wie am Golf von Mexiko, in weiten Bereichen der Antarktis und in einigen isolierten Regionen im Westpazifik, gibt es nur eine Flut am Tag.

In den meisten Ozeanbecken beträgt der Tidenhub nicht mehr als 1 bis 3 Meter. Dort, wo die Gezeitenströme beschränkt werden, wie in einer teilweise abgeschlossenen Bucht, kann der Höhenunterschied zwischen Hoch- und Niedrigwasser jedoch größer sein.

3

2. Die Anziehungskraft des Mondes auf die Erde ist doppelt so groß wie die der Sonne. Der Mond ist zwar kleiner, doch liegt er 400-mal näher an der Erde.

3. In manchen Flussmündungen rollt bei außergewöhnlich hohen Springfluten eine so genannte Flutwelle heran und verursacht entlang den Ufern schwere Schäden.

Tsunamis können mit enormer Geschwindigkeit durch sehr tiefe Ozeane rasen: 1960 sandte ein Erdbeben in China eine Schockwelle über den Pazifik, die nur 21 Stunden später Japan erreichte.

buchstäblich aufs Trockene gesetzt werden. Krabben und Schnecken vermeiden diese Situation und suchen Schutz in Fluttümpeln oder feuchten Felsspalten und Überhängen. Meerespflanzen aber sind an ihren Standort gebunden, und einige überleben nur, wenn sie an einem Platz haften, der bei Ebbe feucht bleibt. Mollusken, wie Muscheln und Napfschnecken, schließen sich ein, um den Wasserverlust zu verringern. Andere Arten haben sich ihm so weit angepasst, dass sie keinen Schaden erleiden. Die *Fucus*-Alge bewältigt bei jeder Ebbe einen stattlichen Verlust von bis zu 90 Prozent ihres Wassergehalts.

Doch die Organismen müssen nicht nur die stetig wiederkehrende Austrocknung verkraften. Bei Flut werden sie von Wellen umhergeschleudert, bei Ebbe sind sie unter Umständen extremen Temperaturen ausgesetzt, ihr Salzgehalt kann bei Regen sinken, und zudem stellt für viele Arten das Wasser die alleinige Nahrungsquelle dar, weshalb sie bei Ebbe nicht versorgt werden. Betrachtet man die Gesamtheit dieser Faktoren, so stellt die Gezeitenzone die in ihr angesiedelten Lebewesen vor eine Reihe großer Herausforderungen.

Das Leben in den Polarregionen ist von anderen Extremen geprägt. Einen Teil des Jahres liegen die Polarmeere im absoluten Dunkel, im Sommer dagegen erfreuen sie sich 24 Stunden Sonnenlichts. Die Temperaturen liegen im Sommer oberhalb des Gefrierpunkts, können im Winter aber bis auf minus 50 Grad Celsius sinken. Viele Warmblüter entfliehen der Finsternis und der bitteren Winterkälte, indem sie wegziehen, sobald die See friert. Doch einige äußerst widerstandsfähige Lebewesen wie die Wedell-Robben in der Antarktis und die Walrösser in der Arktis bleiben selbst unter strengsten Bedingungen dort. Um Atem zu schöpfen, nutzen sie Eislöcher, die durch Strömungen offen gehalten werden.

Mitten im Meer

Das Leben im Meer konzentriert sich aus gutem Grund in Küstengewässern, weil sie alle Vorteile eines soliden, dreidimensionalen Lebensraums bieten. Im Gegensatz dazu hat das weite offene Meer für viele Tiere einen entscheidenden Nachteil: Es gibt nichts, woran man sich festhalten könnte, nichts, um hineinzuschlüpfen oder sich zu verstecken. Gleichwohl herrschen hier wesentlich günstigere

Bedingungen vor als zum Beispiel in den gefrorenen Polarmeeren oder der Gezeitenzone, da es häufig warm und hell ist und kein Wassermangel herrscht. Die Lebewesen müssen nur darauf achten, in Bewegung zu bleiben und nicht gefressen zu werden.

Um im Wasser treiben oder schwimmen zu können, muss man entweder den Wasserwiderstand erhöhen, um so das unweigerliche Absinken zu verlangsamen, oder den Auftrieb steigern. Mikroskopisch kleine Pflanzen und Tiere, die das Plankton bilden, besitzen eine für ihre Größe beachtliche Oberfläche, die den Widerstand beim Sinken verstärkt. Demselben Zweck dienen spezielle Anhangsgebilde und eine flache Körperform. Ein größerer Auftrieb wird durch das Einlagern von Fett erreicht, da es weniger dicht als Wasser ist und daher schwimmt. Viele kleine Planktonorganismen, wie die winzigen Krebstiere und Fischlarven, haben eingelagerte Fetttröpfchen. Selbst größere Schwimmer auf dem offenen Meer, wie Thunfische und Haie, verstärken ihren Auftrieb durch Fett. Dies gilt auch für Meeressäuger, deren Tran gleichzeitig dazu beiträgt, die Körpertemperatur aufrechtzuerhalten. Die meisten Fische machen sich für den Auftrieb Luft zunutze, indem sie Schwimmblasen (Lufttaschen) zur Steuerung ihrer Position im Wasser entwickelt haben. Feinden aus dem Weg zu gehen ist wesentlich schwieriger. Im offenen, hellen Meer besitzen die meisten Tiere gut entwickelte Augen, die nicht nur für die Nahrungssuche von Bedeutung sind, sondern vor allem dazu dienen, Feinde zu sichten. Transparente Körper wie der vieler Quallen und kleinerer Geschöpfe erweisen sich ebenfalls als vorteilhaft.

Unterhalb der lichtdurchfluteten Zone von 200 Metern werden die Lebensbedingungen härter. Abgesehen vom enorm hohen Wasserdruck besteht der entscheidende Faktor darin, dass es hier nicht genug Licht für pflanzliches Leben gibt. So sind die Tiere von herabsinkender Nahrung abhängig, die jedoch kaum ausreicht. Denn nur 5 Prozent der in den oberen Wasserschichten produzierten Nahrung wird dort nicht verwertet und sinkt in die Tiefe hinab. Angesichts des spärlichen Nahrungsangebots leben in der Dämmerzone nur vergleichsweise wenige Tiere, deren Zahl sich weiter unten in der tiefschwarzen See nochmals verringert.

1

2

1. Trottellummen im arktischen Eismeer. Erst wenn im späten Frühjahr das Eis zurückweicht, fliegen diese Zugvögel zur Aufzucht ihres Nachwuchses nach Norden.

2. Meeressäuger wie diese Südamerikanischen Seelöwen haben eine Transchicht unter der Haut, die sie im Wasser warm hält und den Auftrieb unterstützt.

1.3

BLAUWALE

Doppelt so groß wie die größten Dinosaurier, sind Blauwale die gewaltigsten Tiere, die je auf der Erde gelebt haben. Erwachsene Weibchen können bis zu 200 Tonnen schwer und bis zu 33 Meter lang werden. Allein ihre Zunge wiegt so viel wie ein Elefant. Atmen sie aus, schießt der donnernde Wasserstrahl bis zu 9 Meter hoch und kann an einem ruhigen Tag kilometerweit gehört werden. Weil sie so groß, so reich an Tran und so leicht zu hören sind, jagte man Blauwale einst in solchem Maße, dass sie fast ausgestorben wären.

2

Walfang

Viele Jahre lang wurden Blauwale von Walfängern verschont. Mit einer bemerkenswerten Geschwindigkeit von 20 Knoten waren sie einfach zu schnell, um von Seglern eingeholt zu werden. Und bei den wenigen Fanggelegenheiten erwiesen sie sich als viel zu stark, um ihrer Herr zu werden. Zudem sanken harpunierte und getötete Blauwale in die Tiefen des Meeres. Erst 1864, als ein eigens zu diesem Zweck gebautes Dampfschiff in Dienst gestellt wurde, nahm man die Blauwale ins Visier. Schon bald schwanden ihre Bestände im Nordatlantik und im Pazifik. Als 1904 Walfangstationen an der Küste errichtet wurden, war auch die Population in der Antarktis bedroht. Mit der Einführung von Fabrikschiffen, auf denen die toten Tiere gleich weiterverarbeitet wurden, begann schließlich die nahezu völlige Ausrottung der Blauwale. Im Süden erreichte die Schlächterei 1930/31 ihren Höhepunkt: 28 325 Blauwale wurden von nur 41 Schiffen erlegt.

1

Man geht davon aus, dass weltweit insgesamt 350 000 Blauwale getötet wurden, 90 Prozent davon in antarktischen Gewässern. Schließlich erließ die Internationale Walfangkommission 1965 ein Dekret zum Schutz der Blauwale. Für die meisten Populationen war das bereits zu spät. Schätzungsweise 650 blieben im südlichen Meer übrig, und bislang ist keine Erholung des Bestandes in Sicht. Die Population von Alaska scheint völlig ausgerottet worden zu sein. Lediglich in kalifornischen Gewässern vergrößert sich der Bestand seit 1980 wieder. Heute gehen dort rund 2000 Blauwale auf Nahrungssuche.

3 

Große Fresser
Blauwale haben einen großen Appetit. Um einen solch riesigen Körper zu versorgen, verbrauchen sie jeden Tag vermutlich über 1,5 Millionen Kalorien. Da sie allerdings nur ein halbes Jahr lang fressen (die andere Jahreshälfte verbringen sie in nährstoffarmen warmen tropischen Gewässern, wo sie Junge austragen), benötigen sie im Grunde sogar drei Millionen Kalorien pro Tag.

Blauwale ernähren sich vor allem von Krill (tierisches Plankton). Sie fressen, indem sie große Wassermengen voller Krill in den Mund aufnehmen. Um genügend Krill zu ergattern, besitzen sie Kehlfurchen, die sich vom Unterkiefer am Körper entlang bis zur Brust erstrecken und sich bei jedem Schluck enorm ausdehnen. Um den Krill aus dem Wasser zu sieben, presst die riesige Zunge das Wasser durch die 270 bis 400 engräumigen und 1 Meter langen Barten, die vom Oberkiefer herabhängen.

Einzelgänger
Blauwale werden normalerweise allein gesichtet. Bei zwei gemeinsam schwimmenden Blauwalen handelt es sich meist um Mutter und Kalb. Über ihr Fortpflanzungsverhalten weiß man bislang nur wenig. Weibchen sind mit 5 Jahren geschlechtsreif. Nach der Paarung sind sie 11 bis 12 Monate trächtig und bringen dann ein Kalb von 7 Metern Länge und 3 Tonnen Gewicht zur Welt. Nach nur 7 Monaten Säugezeit wird es abgestillt und beginnt Krill zu fressen. Jetzt ist es 16 Meter lang und wiegt 23 Tonnen. Das heißt, ein Kalb wächst in der Säugezeit jeden Tag um 4 Zentimeter und nimmt 90 Kilogramm zu. Um das zu schaffen, trinkt es pro Tag bis zu 100 Liter Milch. Dieser beträchtliche Energietransfer fordert von der Mutter ihren Tribut: Sie verliert über ein Drittel (50 Tonnen) ihres Körpergewichts. Doch wenn die beiden für den Sommer in höhere Breiten zurückkehren, kann die Mutter wieder fressen und ihre Fettreserven auffüllen.

1. Die riesigen Atemlöcher eines Blauwals haben die Größe eines kleinen Kindes.

2. Aus der Luft betrachtet, wirkt ein Blauwal wie ein Torpedo – perfekt gebaut, um schnell zu schwimmen und weite Entfernungen über das Meer zurückzulegen.

3. Ein Blauwal presst Luft und Wasser aus seinem Maul, nachdem er einen riesigen Schluck voller Krill aufgenommen hat. Seine Kehlfurchen ziehen sich nach und nach zusammen, bis sie flach unter dem Unterkiefer liegen.

ZUM THEMA

4.2 Planktonblüte
Plankton fressende Riesen, S. 180

5.2 Tiere in der Antarktis
Hauptnahrungsmittel Krill, S. 229. Große Besucher, S. 235

6.4 Meeresgeburt
Bartenwale, S. 308

PYRAMIDEN DES LEBENS

An Land wird die Pflanzenwelt von Bäumen, Büschen und Gräsern dominiert, in den Meeren dagegen von mikroskopisch kleinen Zellen. Unabhängig von ihrer Größe und Form besitzen alle Pflanzen auf der ganzen Welt ein verbindendes Merkmal: die Fähigkeit zur Photosynthese. Bei dieser chemischen Reaktion wird mit Hilfe von Sonnenenergie Kohlendioxid und Wasser zur Herstellung einfacher Zucker verbunden, den Bausteinen der Kohlehydrate. Sauerstoff ist dabei ein zufälliges Nebenprodukt. Von einigen außergewöhnlichen Lebensräumen abgesehen, wie etwa den hydrothermalen und kalten Quellen in der Tiefsee, hält die Photosynthese die biologische Welt in Gang.

Der Großteil der Photosynthese im Meer läuft über das Plankton, eine Gemeinschaft mikroskopisch kleiner einzelliger Pflanzen (Phytoplankton) und Tiere (Zooplankton, zu dem auch größere Organismen wie Quallen zählen), die in den oberen Wasserschichten treiben. Allerdings sind nur die Pflanzen zur Photosynthese fähig.

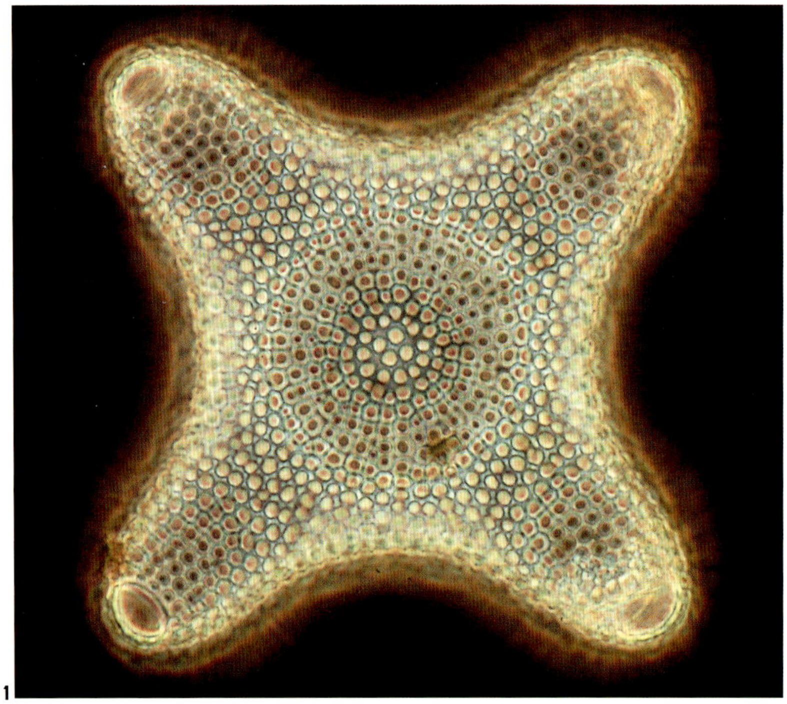

1

1. Kieselalgen sind mikroskopisch kleine Meerespflanzen, die besonders häufig in wärmeren Gewässern vorkommen. Gemeinsam mit anderen Phytoplanktonarten bilden sie das erste Glied der Nahrungskette.

2. Walhaie sind die größten Meeresfische. Sie ernähren sich von Plankton, indem sie mit weit geöffnetem Maul durch das Wasser schwimmen.

Pyramiden im Meer

Einfach ausgedrückt, besteht eine Nahrungskette aus einer Reihe von Verbindungen zwischen Lebewesen, die bezüglich ihrer Nahrung voneinander abhängen. Die Pflanzen oder Primärproduzenten stehen dabei an erster Stelle. Danach kommt die erste Konsumentengruppe, die Pflanzenfresser, gefolgt von anderen Konsumenten, die sich alle von der vorhergehenden Gruppe ernähren. Doch wird nicht die gesamte Energie an die nächste Stufe weitergegeben. Ein Teil der Energie, die vom Phytoplankton produziert wird, erhält es selbst am Leben. Zudem wird nicht das gesamte Phytoplankton gefressen, bevor es stirbt. Ebenso verbrauchen Pflanzen- und Fleischfresser Energie, um zu leben und sich fortzupflanzen. Doch ein Teil der Nahrung passiert auch sie, ohne verbraucht zu werden.

Dieser Energieverlust zwischen jeder Stufe ist ganz erheblich. Im Durchschnitt werden lediglich 10 Prozent weitergegeben, was zur Folge hat, dass sich auf jeder weiterführenden Stufe immer weniger Tiere befinden. So können wir an Land typische Lebenspyramiden erkennen: Es gibt mehr Pflanzen als Pflanzenfresser, mehr Pflanzenfresser als Fleischfresser und so weiter. Auch im Meer existiert eine Pyramide, allerdings eine Pyramide der Fortpflanzung. Beim Phytoplankton ist die Fortpflanzung eine Angelegenheit von Stunden oder Tagen (doch ist sein Bestand immer niedrig, da es sehr schnell gefressen wird), bei Zooplankton dauert es Wochen, und Fische können sogar ein Jahr dazu brauchen. Zieht man in Betracht, wie viel Energie tatsächlich auf jeder Stufe produziert wird und wie viel weniger Energie in jeder weiteren Stufe vorhanden ist, kann es nur eine begrenzte Anzahl von Stufen geben. An der Spitze der Nahrungskette versiegt die Energie, weshalb Tiere wie Haie und Schwertwale seltener vorkommen und sich weniger häufig fortpflanzen als jene Tiere, die weiter unten stehen wie etwa kleinere Fische.

Die beste Überlebensstrategie für Tiere an der Spitze der Pyramide besteht darin, so viele Konsumentenstufen wie möglich zu überspringen und sich von dem zu ernähren, was möglichst nah am Anfang der Nahrungskette steht. Auf diese Weise können sie mehr Energie für sich nutzbar machen. Es überrascht kaum, dass die größten Meerestiere genau dies praktizieren. Walhaie, die größten Fische überhaupt, ernähren sich wie Blauwale, die größten Säugetiere, von Plankton.

Phytoplankton – das erste Glied in der Kette

Im kohlendioxidhaltigen Wasser schwimmend und mit einem aufgrund ihrer Größe minimalen Bedarf an Sonnenlicht, um ihre Photosynthese anzutreiben, ist das Phyto-

2

plankton in der Regel gut versorgt. Die einzigen anderen Nährstoffe, die es benötigt, sind Stickstoff, Phosphor und Silizium, die allesamt im Meerwasser vorhanden sind. Da Phytoplankter sehr klein sind (einige von ihnen werden nur 0,0002 Millimeter groß), beschränken sich ihre individuellen Bedürfnisse auf ein Mindestmaß.

Phytoplankton ist für das Leben im Meer lebenswichtig: Diese mikroskopisch kleinen Pflanzen sind für erstaunliche 90 Prozent der Primärproduktion (die Herstellung organischer Masse aus Kohlendioxid) verantwortlich. In seichten Küstengewässern kann sich eine Gemeinschaft auf der Grundlage von auf dem Meeresboden wachsenden Meerespflanzen – Seetang und Algen – entwickeln. Tatsächlich konkurrieren Pflanzen, wie die riesigen Kelpwälder in Kalifornien, in nährstoffreichen Gewässern, die häufig von der Sonne bestrahlt werden, mit der Produktivität von Phytoplankton. Doch machen Küstengewässer nur einen winzigen Prozentsatz des gesamten Meerwassers aus, und es verwundert kaum, dass diese kleinen produktiven Zonen nicht auch noch das mannigfache Leben in den Meeren mit Energie versorgen können.

Da Phytoplankton auf Licht angewiesen ist, kommt es nur in den oberen 200 Metern des Wassers vor. Hier gedeiht es und verbraucht in kurzer Zeit alle verfügbaren Nährstoffe, wenn diese nicht wieder ersetzt werden. Dabei mangelt es weder an Wasser noch an Kohlendioxid, das kontinuierlich aus der Atmosphäre absorbiert wird. Begrenzt vorhanden sind lediglich Stickstoff und Phosphor (und mancherorts Silizium und Eisen). In Auftriebsgebieten, wo die Nährstoffe permanent nachgeschoben werden, findet das Phytoplankton gute Bedingungen vor. Ähnlich durchmischen jahreszeitlich wiederkehrende Stürme, die die gemäßigten Breiten beeinflussen, das Wasser und stellen so bei der Rückkehr des Frühlings sicher, dass ausreichend Nährstoffe für die Blüte des Phytoplanktons zur Verfügung stehen. Die Polarregionen erleben ebenfalls eine Planktonblüte, doch findet diese später im Jahr statt, wenn die Eisdecke fast geschmolzen ist.

KOHLENSTOFFZYKLUS

Der Kohlenstoffzyklus stellt einen ununterbrochenen, essentiellen Prozess für alles Leben auf der Erde dar. Der Großteil des Kohlenstoffs in anorganischer Form, Kohlendioxid, kommt in der Atmosphäre und in Meerwasser gelöst vor. So bilden die Meere riesige Kohlendioxidspeicher. Bei der Photosynthese wandeln Pflanzen anorganischen Kohlenstoff in organische Kohlenstoffmassen oder einfache Zucker um. Im Meer ist Phytoplankton fast für die gesamte Umwandlung von Kohlendioxid in verwertbare Zucker verantwortlich.

Der größte Teil des organischen Kohlenstoffs bewegt sich die Nahrungskette hinauf, wenn ein Tier ein anderes frisst. Die Organismen nutzen die Zucker als Energie und wandeln so den Kohlenstoff wieder in Kohlendioxid um, das wiederum im Wasser und in der Luft freigesetzt wird, wo es von Pflanzen reabsorbiert werden kann. Doch ein Teil des organischen Kohlenstoffs nimmt einen anderen Weg. Phytoplankton kann, bevor es gefressen wird, absterben. Kohlenstoff wird auch über tierische Fäkalien ausgeschieden, und schließlich sterben die Tiere selbst. All dieser organische Kohlenstoff sinkt auf den Meeresboden, wo er zum Teil von Fäulnisbakterien in Kohlendioxid umgewandelt wird. Aus dem Rest entstehen Ablagerungen. Im Lauf der Zeit wandelt sich der Kohlenstoff in Speicher von fossilen Brennstoffen, Öl, Gas und Kohle.

In tropischen Gewässern könnte man die höchste Primärproduktion erwarten, da das Wasser warm ist und die Sonne das ganze Jahr über scheint. Doch sie zeichnen sich durch einen geringen Nährstoffgehalt aus, weshalb Phytoplankton dort nur begrenzt gedeiht. Tatsächlich beträgt die Produktivität in tropischen Gewässern nur ein Viertel von der in gemäßigten Meeren.

Zooplankton – die ersten Konsumenten

Wo eine Nahrungsquelle ist, findet sich fast immer auch ein Tier, das davon lebt. Zooplankton besteht aus tierischen Planktonorganismen, von denen viele Phytoplankton fressen. Im Gegensatz zu Pflanzenfressern an Land sind nur wenige Planktonorganismen strenge Vegetarier. Die meisten Zooplankter frönen gelegentlich auch dem Fleischgenuss.

Die am häufigsten vorkommenden winzigen Pflanzenfresser sind die Ruderfußkrebse, die über 70 Prozent des Zooplanktons ausmachen. Diese kleinen Krustentiere setzen ihre Beine wie Paddel ein, um so Wasser in ihr Maul zu schaufeln und daraus Phytoplankton zu gewinnen. Weit davon entfernt, sich wahllos zu ernähren, suchen sie sich ihre Nahrung nach Aussehen und Geschmack aus. Ruderfußkrebse fressen auch Fleisch und fangen mit ihren klauenähnlichen Anhängseln andere Zooplankter (und manchmal auch einander).

An Land können Pflanzen groß werden. Manche werden gefressen, doch die meisten sterben irgendwann und werden von Bakterien und Pilzen zersetzt. Im Meer hingegen dient der größte Teil des Phytoplanktons anderen Lebewesen als Nahrung. Als Einzeller ist ihr Wachstumspotenzial so gering, dass sie die überschüssige Energie für ihre Fortpflanzung durch einfache Teilung verwenden, was sie häufig tun. Deshalb wächst in höheren Breiten bei Ankunft des Frühlings, wenn wieder genügend Licht für die Photosynthese vorhanden ist, die Phytoplanktonpopulation und explodiert sogar, bevor die Zooplanktonpopulation Zeit dazu gehabt hat, sie abzugrasen.

1

1. Die Barten des Grauwals werden zum Aussieben von Krustentieren aus Sediment und Wasser benutzt.

2. Rechts: Wenn Schildkröten, wie diese Suppenschildkröte, mit 30 Jahren geschlechtsreif werden, legen sie auf dem Weg zu ihren Brutplätzen Tausende von Kilometern zurück.

Die meisten Zooplanktonorganismen werden nicht sehr alt. Sie leben nur wenige Wochen, in denen sie genügend Energie speichern können, um sich fortzupflanzen, bevor sie sterben. In den tropischen Meeren können sich Zooplankter während des ganzen Jahres fortpflanzen, doch in höheren Breiten, wo Nahrung nur vorübergehend zur Verfügung steht, ist die Fortpflanzungszeit entsprechend verkürzt. Zooplankter, die nicht zu den ständigen Bewohnern des freien Wassers zählen, sind Larvenformen. Diese verbringen nur kurze Zeit in der Planktongemeinschaft, doch ist diese Periode wichtig für ihre Verbreitung und sichert die Besiedlung neuer Gebiete.

Nekton – die Schwimmer

Plankton ist auf die Launen der Meeresströmungen angewiesen, doch größere Tiere, von denen sich einige von Plankton ernähren, können schwimmen, wohin sie wollen. Fische, Meeressäuger und Tintenfische machen den Großteil der als Nekton bekannten Gruppe aus, zu denen auch Schildkröten, Seeschlangen und Pinguine gehören.

Zu den Tieren, die sich ausschließlich von Plankton ernähren, gehören kleine Fische, wie Sardinen, Sardellen und Heringe, bis hin zu Mantarochen und Walhaien. Sie unterscheiden sich nicht nur in der Größe, sondern auch in der Art der Nahrungsaufnahme. Kleine Fische schnappen einzeln vorbeitreibende Zooplankter auf, während Walhaie beim Schwimmen nur ihr Maul öffnen, um das Plankton hereinzulassen. Letztere besitzen dünne, kammartige Gebilde an den Kiemen, mit denen sie größere Planktontiere aus dem Wasser herausseihen.

Ihre Fähigkeit zu schwimmen bedeutet für diese Tiere, dass sie sich zwischen den besten Futterplätzen hin und her bewegen können. Thunfische nehmen beispielsweise lange Reisen durch den Pazifik und Atlantik auf sich, wobei sie Regionen mit der höchsten Produktivität aufsuchen. Wale ziehen aus den Tropen, wo sie sich paaren, in die Polargebiete, um in den Genuss der hier im Sommer vorhandenen riesigen Planktonvorkommen zu kommen. Viele Seevögel stimmen ihre Paarungszeit mit der Blüte des Phytoplanktons ab, da es kurz darauf mehr Zooplankton gibt, das wiederum kleine Fische zum Fressen anlockt. Diese werden von den Vögeln benötigt, um ihren Nachwuchs zu ernähren.

FRESSEN IM MEER

Wasser stellt einen dreidimensionalen Lebensraum dar. Allein diese Tatsache steigert die Zahl der möglichen Methoden, an Nahrung zu gelangen, ins Unermessliche. Viele Tiere filtern sie einfach im Vorbeischwimmen aus dem Wasser heraus, was wahrscheinlich die einfachste Art der Nahrungsaufnahme ist, während andere sie von Gestein abrupfen, aus dem Sand fressen oder aber sie erlegen.

Nahrung filtern

Da Plankton einen Hauptbestandteil der im Meer verfügbaren Nahrung darstellt, haben viele Tiere Möglichkeiten entwickelt, es aus dem Wasser zu filtern. Wale benutzen dazu ihre Barten, Walhaie und Fische ihre Kiemen und Ruderfußkrebse Härchen. Doch viele Filtrierer leben auf dem Meeresgrund und können zur Nahrungssuche nicht umherschwimmen. Dazu gehören Ruderfußkrebse und einige Röhrenwurmarten, die mit ihren modifizierten Beinen bzw. Tentakeln vorbeitreibende Teilchen einfangen und sie ihrem Maul zuführen.

Plankton wird von einer Vielzahl wirbelloser Tiere in Korallenriffen gefangen. Hornkorallenfächer (Gorgonien) wachsen in flachen, gitterartigen Gebilden im rechten Winkel zur vorherrschenden Strömung. Strecken die Tiere oder Polypen der Gorgonien ihre Tentakel aus, gibt es kaum ein Entkommen. Schlangensterne entfalten ihre sehr verzweigten Arme und breiten ihr weites Netz aus, um größere Planktonorganismen und unaufmerksame kleinere Fische zu ergattern. Mit zahlreichen kleinen Haken spießen sie dann ihre Beute auf und führen sie zum Mund.

Andere Tiere sind aktiver und verursachen durch winzige wedelnde Härchen eine zusätzliche Wasserströmung. Diese zahllosen Härchen ziehen Wasser durch den Körper des Tieres, wobei Nahrungspartikel herausgezogen werden. Seescheiden und Schwämme bedienen sich dieser Methode, doch sind einige auch in der Lage, die Wasserbewegung durch die so genannte Kamintechnik zu steigern. Genauso wie ein Wind, der über einen Kamin hinwegstreicht, Luft aus diesem hochzieht, zieht das Wasser, das über Seescheiden und Schwämme hinwegfließt, Wasser durch deren Körper. In Seescheiden fängt ein Schleim-

1

strang im Körperinneren die vorbeifließenden Teilchen, bündelt und verdaut sie. In Schwämmen wird das Wasser mittels geißelartiger Härchen durch kleine Tunnel bewegt, wo Zellen entlang den Tunnelwänden vorbeitreibende Nahrungspartikel aufnehmen.

Vom Boden essen

Das den zahllosen Räubern entkommene Plankton sinkt gemeinsam mit Fäkalien und toter Materie hinab. Der Meeresboden ist von organischer Masse bedeckt, die in kurzer Zeit von hier treibenden Bakterien verzehrt wird. Wie auch an Land spielen sie bei der Zersetzung organischer Materie und ihrer Wiederverwertung eine wichtige Rolle.

Im Gegenzug stellen Bakterien eine wertvolle Nahrungsquelle für Tiere dar, die im Sediment leben. Sie sind mikroskopisch klein und bewegen sich auf der Suche nach Bakterien zwischen den Sandkörnern. Die Mischung aus feinem Sediment, pflanzlichen Überresten und lebenden Tieren lässt eine körnige Suppe entstehen, die von einer Vielzahl größerer Tiere gefressen wird. Kleine Fische, Grundeln genannt, leben und ernähren sich auf Sandböden. Sie verbringen jeden Tag viel Zeit einfach nur damit, sich das Maul voll Sand zu schöpfen, um Nahrung herauszufiltern. Seegurken – wurstähnliche Tiere mit vielen Erscheinungsformen – haben zwei Methoden der Nahrungsaufnahme entwickelt. Einige von ihnen sind Filtrierer und breiten Mundtentakel im Wasser aus, um vorbeitreibende Nahrung einzufangen. Andere sind Detritivoren, schieben sich langsam über den Meeresboden und schaufeln mit einer Phalanx von Tentakeln das Sediment in die Mundöffnung. Filtrierer und Detritivoren halten das Wasser sauber – Sediment wird gefressen, die organischen Bestandteile werden verdaut und der saubere Sand ausgeschieden.

Grasen

Algen gedeihen besonders gut in seichtem, von Sonnenlicht durchflutetem Wasser, in dem es Nährstoffe im Überfluss sowie einen festen Meeresboden zum Haften gibt. Sie können einzellig sein und schleimig aussehen oder in Form kurzer Klumpen oder Matten wachsen. Sie können aber auch bis zu 30 Meter

2

1. Porzellankrabben haben speziell angepasste Mundwerkzeuge, die wie Fächer gegen die Strömung gehalten werden. Das Plankton verfängt sich in feinen Härchen, wird zum Maul geführt und „abgebürstet".

2. Eine filtrierende Seegurke, die ihre Tentakel nacheinander „ablutscht" und so Nahrung aufnimmt.

1. Rechts: Die in vielen Farben und Formen vorkommenden Skorpionfische passen sich perfekt dem Grund an, auf dem sie gerade liegen. In aller Ruhe warten die nahezu unsichtbaren Räuber auf einen arglos vorbeischwimmenden Fisch.

und höher werden wie in den riesigen kalifornischen Kelpwäldern. In Regionen mit starkem Algenwachstum entwickelten sich viele Tiere, die von ihnen leben. Einige, wie Schnecken, Napfschnecken, Seehasen und Meerohren, kratzen den Algenfilm buchstäblich ab. Diese Mollusken besitzen entlang einer muskulösen Zunge Zähne, die wie eine Feile funktionieren. Während sie über Gestein kriechen, kratzen sie die Algen mit ihren Zähnen ab, die sich dabei abnutzen und deshalb immer wieder erneuert werden müssen.

Seeigel grasen ebenfalls Algen ab und sind in vielen Lebensräumen wichtig, da sie den Meeresboden reinigen und Kolonien bildenden Tieren hier Raum zum Wachsen verschaffen. Sie können jedoch auch zum Problem werden: Wird ihre Anzahl nicht von Feinden reduziert, so vermehren sie sich stark und fressen sich ihren Weg durch riesige Bestände von Tang oder Kelp. In Kalifornien, wo die Seeigel aufgrund einer geschwächten Seeotterpopulation zunahmen, wurden riesige Kelps zeitweise zu steinigen „Wüsten".

Fische sind ebenfalls wichtige Graser, besonders an Korallenriffen, wo Papagei- und Doktorfische die Algen durch Abfressen unter Kontrolle halten. Nur aufgrund dieser Fische können Korallen überhaupt wachsen: Algen gedeihen so schnell auf seichten Riffen, dass Korallenlarven, die auf dem Riff siedeln wollen, bald überwuchert würden.

Jagd

Das Leben von Räubern und Beutetieren besteht aus einem einzigen Wettrüsten. In der marinen Welt gibt es grundsätzlich zwei Typen von Räubern: solche, die sesshafte Tiere fressen, und solche, die sich von frei beweglichen ernähren. Unter Erstere fallen die meisten wirbellosen Tiere, Letztere sind

UNTER WASSER ATMEN

Kiemen haben unter Wasser die Funktion von Lungen, indem sie Sauerstoff aufnehmen und Kohlendioxid ausstoßen. Außerdem sind sie an der Regulierung des körpereigenen Salzgehalts beteiligt. Durch Osmose verlieren die Fische viel Wasser ans Meer. Da Meerwasser die einzige verfügbare Wasserquelle ist, müssen sie es trinken. Das aufgenommene Salz scheiden sie durch ihre Kiemen aus. Wenn ein Hai schwimmt, strömt Wasser durch sein Maul und über die Kiemen hinaus. Im Ruhezustand pumpt er Wasser durch seine Kiemen, indem er das Maul öffnet und schließt. Rochen, die meistens auf dem Meeresboden liegen, können sich nur durch die Atemlöcher Wasser zuführen, da ihr Maul normalerweise im Sediment vergraben ist. (Rechts das Atemloch eines Blaupunktrochens.)

Andere Fische verfügen über Klappen, die ihre Kiemen abdichten. Wenn sie das Maul öffnen und diese Klappen schließen, entsteht ein Vakuum, das sich mit Wasser füllt. Dann schließen sie das Maul, und das Wasser wird durch die Kiemen und Klappen wieder hinausgepresst.

zumeist Wirbeltiere.

Sich von unbeweglichen Lebewesen zu ernähren hat mehr Ähnlichkeit mit Grasen als mit Jagen. Trotzdem können Tiere, die dieser Form der Nahrungsaufnahme nachgehen, mit Fug und Recht Räuber genannt werden. Die Dornenkrone (ein Seestern) beispielsweise stülpt ihren Magen über Korallen und verdaut sie an Ort und Stelle außerhalb des Körpers.

Da sie Räubern nicht ausweichen können, besitzen die meisten unbeweglichen Tiere irgendeine Form von Schutz. Muscheln haben beispielsweise harte verschließbare Schalen. Dennoch finden Räuber ihren Weg hinein. Einige Schnecken bohren mit ihrer Raspelzunge schraubenzieherartig Löcher in das Muschelgehäuse. Dann sondern sie Verdauungsenzyme in das Loch ab und saugen die entstehende Suppe heraus. Im Gegensatz dazu öffnen einige Seesterne Muscheln mit roher Gewalt und stülpen ihren Magen zur Verdauung des Inhalts darüber.

Die meisten frei schwimmenden Meeresraubtiere setzen sich nach dem Sichten ihrer Beute auf deren Fährte und nutzen eine Vielzahl von Fangtechniken. Tarnung und Hinterhalt spielen dabei oft eine entscheidende Rolle. Doch im offenen Wasser setzen auch viele Tiere einfach auf Geschwindigkeit: So sind Thunfische und Makrelenhechte bemerkenswert schnelle Schwimmer.

Räuber, die aus dem Hinterhalt Beute machen, halten sich normalerweise auf oder in der Nähe des Meeresbodens auf. Sie warten, bis sich ihr ahnungsloses Opfer nähert, um sich dann darauf zu stürzen. Einige, wie der Steinfisch, können sich so gut tarnen, dass sie kaum zu erkennen sind.

1

LEBENDE FOSSILIEN

Kaum ein Tier ruft so viel Angst hervor wie der Hai. Auch wenn er aufgrund seiner Geschwindigkeit und seines Furcht erregenden Gebisses ein sehr guter Räuber ist, so hat er seinen Ruf als unbarmherzige Tötungsmaschine doch zu Unrecht. Noch nie wurde ein Tier so missverstanden und verleumdet. Zwar greifen Haie gelegentlich auch Menschen an, doch dies geschieht nur selten, und es endet keineswegs immer tödlich. Jedes Jahr sterben mehr Menschen durch die Tritte von Eseln. Viel eher sollten wir den Haien wegen ihres außergewöhnlichen Erfolges in der Evolution Respekt zollen.

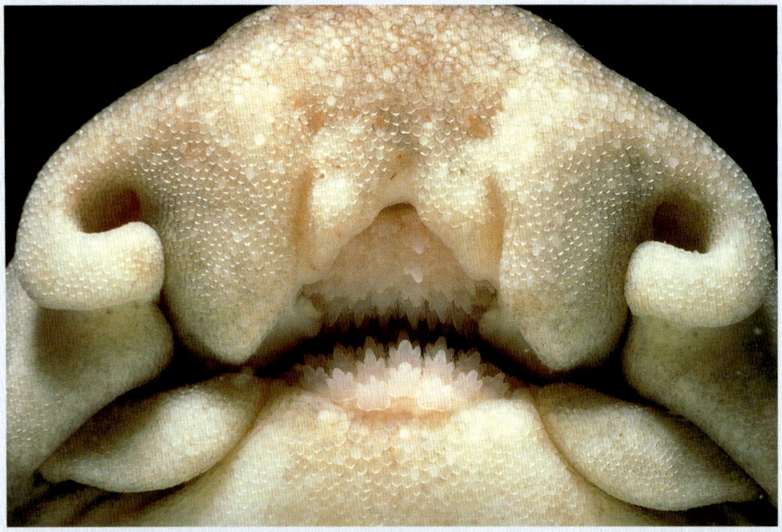
1

2

1. Das bizarr wirkende Maul eines Hornhaies eignet sich gut zum Aufbrechen kleiner Krustentiere.

2. Der Weiße Hai kann einen Gebissdruck von 3 Tonnen pro Quadratzentimeter erzeugen.

3. Der Riesenmaulhai wurde erst 1976 entdeckt. Da er in der Tiefe lebt, ist über sein Verhalten wenig bekannt.

4. Hammerhaie haben einen abgeflachten Kopf, wodurch sich die Sensorenfläche zum Aufspüren von Beute vergrößert.

Haie und ihre Verwandten

Es gibt auf der Welt über 800 Hai- und Rochenarten. Von anderen Fischen unterscheiden sie sich durch ihr Skelett, das nicht aus Knochen, sondern aus Knorpeln besteht. Außerdem bewohnen sie schon sehr lange unseren Planeten: Bereits vor 100 Millionen Jahren jagten unseren heutigen Haien ähnliche Tiere im Meer. Ihr Körperbau war offensichtlich perfekt, denn obwohl sich die Arten sehr verschiedenartig entwickelten, starb ihre Linie im Gegensatz zu ihren prähistorischen Zeitgenossen nicht aus.

Haie kommen in allen Meeren und fast allen Tiefen vor. Einige, wie der Riesenmaulhai, leben in der Tiefsee und werden nur selten gesichtet. Gelegentlich befördert man sie in Netzen an die Oberfläche. Ein weiterer kaum bekannter Hai ist der kleinste, der Zwerghai. Er ist nur 25 Zentimeter lang und ebenfalls in der Tiefsee heimisch. Der langsame Grönlandhai bewohnt arktische Gewässer und wird selten angetroffen. Der Großteil der Haie findet sich in den beutereichen tropischen Küstengewässern.

Gebisse

Nicht alle Haie haben große Zähne. Walhaie und Riesenhaie beispielsweise fressen Plankton und brauchen keine kräftigen Beißwerkzeuge. Ironischerweise sind sie die größten Vertreter der Gruppe: Walhaie werden bis zu 12 Meter groß (es wurden auch Exemplare mit 18 Metern Länge gesichtet), und Riesenhaie erreichen stattliche 10 Meter.

Kleinere Arten, wie die in gemäßigten Meeren lebenden Hornhaie, besitzen winzige Zahnreihen, die zu einer rauen, harten Platte zusammenwachsen – perfekt zum Knacken kleiner Krustentiere.

Die großen Räuber, wie die Blauhaie, Tigerhaie und Weißen Haie, sind berühmt für ihre dreieckigen, sägeförmigen und sehr scharfen Zähne. Geht ein Zahn beim Fressen verloren, so steht direkt dahinter ein Ersatzzahn. Die Zahnreihen bilden sich kontinuierlich von hinten nach vorne. Von Tigerhaien nimmt man an, dass ihnen in 10 Jahren sage und schreibe 24 000 Zähne wachsen.

Jagen

Haie hören gut und nehmen Geräusche über Kilometer hinweg wahr. Mit ihrem hervorragenden Geruchssinn spüren sie insbesondere Blut auf. Zudem registrieren sie auf Entfernungen von etwa 100 Metern Wasservibrationen. Haben sie ihr Ziel auf einen dieser Hinweise hin angepeilt, setzen sie ihr selbst bei Dämmerlicht gutes Sehvermögen ein. Weiße Haie halten auch bei schlechter Sicht tief schwimmend nach der Silhouette eines an der Oberfläche schwimmenden Beutetieres Ausschau.

In ihrer Nähe spüren die Haie die schwache elektrische Ladung, die jedes Tier abstrahlt. Sogar ein winziger, im Sand versteckter Fisch, der die Kiemen beim Atmen leicht bewegt, produziert einen elektrischen Impuls. Ein kleiner Hammerhai, der den Meeresboden nach Beute absucht, kann auf ein solches Signal hin sein Ziel ansteuern.

3

4

ZUM THEMA

1.3 Leben im Meer
Unter Wasser atmen, S. 54

3.2 Überleben am Riff
Nächtliche Jäger, S. 127

3.3 Fortpflanzung am Riff
Fortpflanzung bei Haien, S. 132

4.2 Planktonblüte
Kiemenreusen, S. 177

4.4 Der lebende Boden
Bodenjäger, S. 205
Schockierender Fisch, S. 210

6.2 Getrieben im Meer
Die größten Mäuler, S. 287

6.3 Meeresjäger
Sensoren, S. 289
Haie im offenen Meer, S. 295

6.4 Meeresgeburt
Jungtiere aussetzen, S. 305

7.3 Meeresboden in der Tiefe
Tiefseehaie, S. 358

2

LEBEN AN DER KÜSTE

2.1 FLIESSENDE GRENZE

Die Küste ist die fließende Grenze zwischen Meer und Land. Als einziger mariner Lebensraum ist sie permanent in Bewegung und steht unter dem ständigen Einfluss des Wetters und der Wellen. Das Aufeinandertreffen von Meer und Land hat viele verschiedene Lebensräume geschaffen, von Sandstränden über Felsküsten, Flussmündungen und Mangrovenwälder bis hin zu Sanddünen und Salzsümpfen. Die hier vorkommenden Tiere und Pflanzen leben unter schwierigen Bedingungen: Die Luft ist von salziger Gischt erfüllt, Wellen schlagen gegen die Küste, der Wechsel der Gezeiten verändert täglich das natürliche Milieu. Doch das Ringen mit den Elementen hat robuste und anpassungsfähige Bewohner hervorgebracht. Aasfresser suchen den Strand nach Nahrung ab, Pflanzen sind trotz Gischt heimisch geworden, ruhige Küstenstriche werden von zahllosen Vögeln, Schildkröten und Säugetieren bevölkert, die dort brüten und ihre Jungen großziehen.

Vorhergehende Seite: Nistende Basstölpel auf dem Bass Rock am schottischen Firth of Forth. Wie 95 Prozent der Seevögel auf der Welt brüten Basstölpel immer in Kolonien.

VERSCHIEDENE KÜSTENFORMEN

Küstenlandschaften sind ebenso unterschiedlich wie spektakulär. Wer jemals von San Francisco aus die Küstenstraße nach Süden gefahren ist, kennt die atemberaubenden Ausblicke von den Kliffen der kalifornischen Küste. Auf den Galapagosinseln schlagen gewaltige Sturzwellen des Pazifiks unablässig an das junge vulkanische Ufergestein und jagen riesige Brandungswolken mehrere Hundert Meter hoch in die Luft. Auf den Bahamas plätschert die azurblaue See an sanft ansteigende weiße Sandstrände. An der englischen Ostküste heißen der endlose Himmel und weite Flächen aus Schlick und Salzsümpfen jeden Herbst Tausende von Gänsen und Wattvögeln willkommen. Doch trotz der offensichtlichen Vielfalt unterscheidet man nur zwei Arten von Küsten: felsige und sandige.

Energiereiche Küstenlandschaften

Wer erleben möchte, wie gewaltige Wellen an Land krachen, findet dazu an Felsküsten die besten Plätze. Dort ist die Wellenenergie besonders hoch, und Ablagerungen werden schnell weggespült. Erodierende Küstenlinien weisen oft steile Kliffe und dramatische Felsgestalten wie Bögen, Zuglöcher und Meereskamine auf. Man denke zum Beispiel an den Old Man of Hoy auf den Orkneyinseln, eine hohe, aus dem Meer ragende Felssäule, oder das stufenförmige Basaltgestein des Giant's

1

1. Die erodierende Kraft der Wellen hat die Felsküsten zu spektakulären Kliffen und dramatischen Felsvorsprüngen geformt.

1. Sandstrände verändern unter dem Einfluss von Wind und Wasser ständig ihre Form.

2. Das Wattenmeer an der Mündung des Wash in England bietet Watvögeln, Enten und Gänsen reiche Nahrungsgründe.

3. Nächste Doppelseite: Ein Eiderentenweibchen führt seine Küken ins Watt.

1

Causeway an der irischen Küste, um nur zwei spektakuläre Orte zu nennen.

Felsige Ufer sind oft Steilküsten jüngeren Datums, die sich in Folge geologischer Ereignisse bisweilen immer noch erheben. An diesen Küsten, beispielsweise im amerikanischen Westen, findet man kaum Sedimentgesteine, weil sie noch nicht lange genug der erodierenden Kraft des Wassers ausgesetzt waren. In der letzten Eiszeit bedeckten riesige Eisschichten den größten Teil Nordamerikas. Das Eis schabte die Sedimentgesteine vom Festlandsockel und hinterließ darunter nackten Stein. Als das Eis schmolz, stieg die Küste langsam auf und hinterließ eine Küstenlinie aus freigelegten Felsen.

Für die Widerstandsfähigkeit einer Landschaft gegen die Erosionskräfte der Wellen, die Sand, Kiesel und Geröll gegen das Kliff schleudern, ist ihre geologische Beschaffenheit von Bedeutung. Die Erosion entfaltet ihre Wirkung vor allem an Schwachstellen wie Verwerfungen und Verbindungsstellen im Fels. Irgendwann stürzt dann ein Teil des Kliffs ins Meer. Sind die Meeresströmungen nicht zu stark, kann sich eine Brandungsplattform aus abgetragenem Material bilden. Solche Strände, die in der Regel aus Kieseln, Geröll und auch Felsblöcken bestehen, wechseln ihre Gestalt mit jeder Jahreszeit. Das Sedimentgestein wird weggetragen und an geschützteren Küstenabschnitten angeschwemmt, wo sich Sandstrände bilden.

Energiearme Küstenlandschaften

An Küsten mit geringerer Wellenbewegung kann sich das von den Felsküsten ausgewaschene Gestein ablagern. Diese Ablagerungs- oder Sandküsten machen weltweit 75 Prozent der eisfreien Küsten aus. Es sind dynamische Lebensräume, da sich ihre Gestalt durch Wind und Wellen permanent verändert. Wo die Wellenbewegungen gering sind, entstehen eher verschlickte Ufer, während stärkere Wellenbewegungen Sandstrände hervorbringen. In den höheren Breiten bestehen Sandstrände aus Mineralien, meist Quarz. Der weiße Sandstrand der Tropen ist biologischen Ursprungs und hat sich aus erodierten Skeletten von Korallen und anderen Meerestieren gebildet.

Die Form eines Sandstrands hängt, wie bei den Felsküsten auch, allein von Wind und Wellen ab. An den wenigen Stellen, wo mehr Sedimentgestein abgelagert als ausgewaschen wird, wandern die Strände immer weiter ins Meer hinaus. Normalerweise sind die Erosions- und Ablagerungszyklen im Laufe des Jahres einigermaßen ausgeglichen. Ein starker Wintersturm mag viel Sand wegspülen, doch kehrt dieser mit einer Normalisierung des Wetters nach und nach zurück.

Der von den Wellen an die Küste getragene Sand lagert sich am Strand ab, wo ihn der Wind zu kleinen Wellen aufwirft, aus denen sich allmählich Dünen bilden. Strandhafer hilft oft dabei, den herbeigewehten Sand zu festigen. Solche Dünen können riesige Ausmaße annehmen. Die weltweit größten befinden sich auf Moreton Island in Australien und sind 250 Meter hoch, während sich das Alexandriadünengebiet in der Algoa Bay in Südafrika über 120 Quadratkilometer erstreckt und immer weiter ausbreitet.

Ästuare

Ein weiterer Lebensraum an der Küste, an dem sich Sedimentgestein schneller ablagert als auswäscht, sind Ästuare – jene Bereiche, wo Flüsse ins Meer münden. Diese ausgedehnten Flächen aus Salzsümpfen und Wattenmeeren gehören zu den fruchtbarsten Küstenhabitaten. Ihre Wasserfülle nährt Millionen junger Fische sowie Schalentiere. Zugvögel nutzen sie auf ihren langen Reisen als Rastplätze. Und Menschen errichten hier Häfen.

Viele Ästuare entstanden gegen Ende der letzten Eiszeit, als die ansteigenden Meeresspiegel Flusstäler überfluteten. Als Beispiel sei die Themsemündung in England genannt. Andere, wie die niederländische Waddenzee, bildeten sich durch eine Bank aus Sedimentgestein, die sich gegenüber dem Ästuar nach und nach erhöhte und schließlich zum Hindernis wurde. Die spektakulären Fjorde in Norwegen, Neuseeland und Chile stellen einen dritten Mündungstypus dar. Zurückweichende Eisschichten schnitten tiefe Täler ein, die der ansteigende Meeresspiegel teilweise unter Wasser setzte. An ihren Mündungen blieb ein Felssockel oder -sims zurück, der den Fjord zum Teil vom Meer abschneidet. Schließlich können auch Vulkane oder Bewegungen der Erdkruste das Absinken eines Küstenstrichs bewirken, der dann überflutet zum Ästuar wird. Da alle Ästuare relativ kleine Öffnungen haben, sind sie meist vor der Wucht der Wellen geschützt. Trotzdem stehen sie unter dem starken Einfluss der Gezeiten. Das Aufeinandertreffen von Meer- und Süßwasser lässt einen besonderen Lebensraum entstehen, dessen größte Herausforderung in der Bewältigung des wechselnden Salzgehalts besteht.

An den sandigen Ufern Europas sind Wattwürmer mit bis zu 70 Stück pro Quadratmeter die wahrscheinlich häufigsten wirbellosen Tiere.

2

Tiefdruckgebiete saugen Wasser auf und bewirken stärkere Gezeiten, während für Hochdruckgebiete das Gegenteil gilt.

IM GRIFF DER GEZEITEN

Der Gezeitenrhythmus beherrscht das Leben an der Küste mehr als jeder andere Faktor. An Orten wie zum Beispiel der kanadischen Fundybai oder dem Wash an der Ostküste Englands kann man bei Ebbe lange Strecken zu Fuß über das ausgedehnte Watt zurücklegen. Doch die Flut fordert das Land in rasantem Tempo zurück und verändert diesen Lebensraum in nur wenigen Stunden radikal.

Das Steigen und Sinken des Meeresspiegels fällt örtlich sehr unterschiedlich aus. Im Mittelmeer beträgt der Unterschied zwischen Ebbe und Flut gerade einmal 1 Meter, während in der Fundybai, die die weltweit größten Gezeiten aufweist, ein Tidenhub von bis zu 15 Metern messbar ist. Die Mündung des Severn im Westen Englands folgt mit einem Tidenhub von 13 Metern knapp dahinter. Da die Gezeiten solche Lebensräume in wiederkehrendem Rhythmus immer wieder völlig verändern, können hier nur Pflanzen und Tiere mit einer hohen Anpassungsfähigkeit heimisch sein.

Ebbe und Flut

Das Leben im Bereich von Ebbe und Flut birgt mehrere Gefahren. Einerseits besteht durch die intensive Sonneneinstrahlung sowie durch Wind ständig die Gefahr der Austrocknung. Andererseits stellen gravierende Temperaturschwankungen ein Problem dar. Zwar bleibt die Meerestemperatur überall relativ beständig, doch die Lufttemperaturen können abhängig von den Jahreszeiten enorm schwanken: Sie vermögen um mehrere Dutzend Grad zu steigen oder zu fallen. Ebenso kann sich der Salzgehalt im Rhythmus der Gezeiten dramatisch ändern. In Ästuaren schiebt die Flut beispielsweise zwei- bis viermal täglich einen Keil von dichterem salzigem

DIE FUNDYBAI

Die weltweit größten Gezeiten kommen im Minasbecken vor, dem östlichsten Zipfel der Fundybai im kanadischen Neuschottland. Zweimal am Tag strömen 100 Milliarden Tonnen Meerwasser – das entspricht der täglichen Strommenge aller Flüsse auf der Erde zusammen – unter dramatischen Auswirkungen in die Bucht hinein und wieder hinaus. Bei Ebbe liegen die Fischerboote in dem kleinen Hafen von Wolfville trocken im Schlick, sechs Stunden später haben sie 14 Meter Meerwasser unter ihren Kielen. Bei Flut sehen die Hopewell-Felsen wie kleine Felsinseln aus, bedeckt von ein paar Pinien. Bei Ebbe stehen diese Bäume in luftiger Höhe, gestützt von hohen Felssäulen, die aus dem freigelegten Schlamm herausragen (siehe links).

Der Gezeitenstrom fließt mit einer Geschwindigkeit von über 8 Knoten aus dem Atlantik durch einen 5 Kilometer schmalen Tunnel in die trichterförmige Bucht. Heute setzt man einen Bruchteil dieser Energie in einem Gezeitenkraftwerk um. Die Spitzenleistung seines Generators beträgt 20 Megawatt.

Wasser ins Süßwasser. Kein anderer Meereslebensraum ist regelmäßig so drastischen Veränderungen unterworfen.

Die Nahrungsquellen entlang der Küste variieren ebenfalls enorm mit den Gezeiten. Zieht sich die Flut zurück, können Rankenfüßer, Miesmuscheln und Seeanemonen, die die Felsküsten in Europa und Nordamerika überziehen, ihre Nahrung nicht mehr aus dem Wasser filtrieren. Zudem laufen sie Gefahr, an der Luft auszutrocknen. An sandigen Ufern haben viele Tiere ähnliche Probleme. Das Sediment steckt voller Tiere wie Herzmuscheln und Scheidenmuscheln, die ihre Nahrung nur bei Flut aus dem Wasser aufnehmen können und sich eingraben, um bei Ebbe nicht auszutrocknen.

Der Gezeitenrhythmus an Sandufern und Ästuaren lässt sich mit dem Öffnen und Schließen einer Speisekammertür vergleichen. Bei Ebbe können an Land lebende Tiere die im Sediment verborgenen Futterquellen auswerten. So fliegen zum Beispiel riesige Schwärme von Watvögeln herbei, um Würmer und Schnecken zu fressen. Mit der Rückkehr der Flut schließt sich die Speisekammertür jedoch wieder für sie. Nun sind die Meerestiere an der Reihe, sich satt zu essen. Würmer in Höhlen können filtrieren und Muscheln ihren Sipho ins Wasser strecken, um vorbeitreibende Nahrungsteilchen einzustrudeln. Doch sie müssen vorsichtig sein, weil ihre Siphonen ein begehrter Leckerbissen für Plattfische sind, die mit der Flut in die Ästuare zurückkehren. Diese Fische wiederum sind die Lieblingsnahrung von Fischadlern.

Strandzonen

Der Gezeitenrhythmus ist komplexer, als man zunächst vermuten mag. Zu verschiedenen Zeiten im Monat und bestimmten Phasen im Jahr kann sich die Gezeitenstärke enorm ▷▷

1

2

1. Grizzlybären an den abgelegenen Ästuaren Alaskas nutzen die Gelegenheit, bei Ebbe im Watt nach Klaffmuscheln zu graben.

2. Bei Ebbe sind Algen und Rankenfüßer wie hier an der Felsküste des schottischen Loch Broom der Gefahr des Austrocknens ausgesetzt.

LEBEN IM GRENZBEREICH

Manche Bewohner der Küstenregionen leben in einem Grenzbereich, der spezielle Überlebensstrategien erfordert. Denn abgesehen von zum Beispiel hoch gelegenen Kliffen fällt ein Großteil der Küste im Rhythmus der Gezeiten regelmäßig trocken. Tag für Tag verändern Wellen und Wetter, Ebbe und Flut diesen Lebensraum. Ob felsige Küsten, sandige Ufer oder schlickige Wattenmeere – alle Geschöpfe, die dort leben, müssen robust und anpassungsfähig sein und ihre Nahrungsaufnahme auf das Kommen und Gehen der Flut abstimmen.

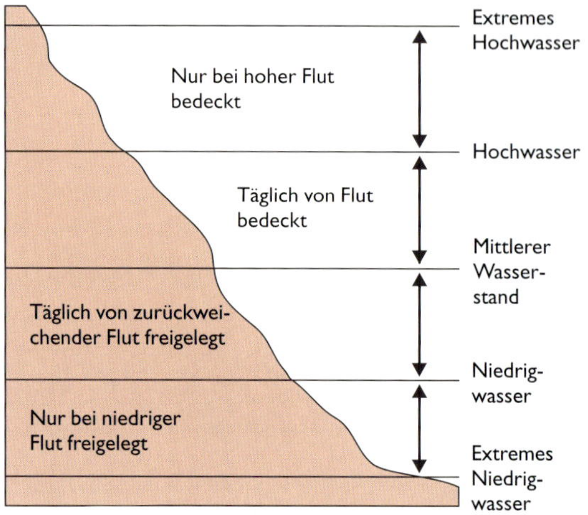

Gezeitenzone
Die Gezeitenzone beschreibt jenen Küstenbereich zwischen der Hoch- und der Niedrigwassermarke. Zwischen diesen beiden Extremen ordnen sich die marinen Lebensformen in einer Reihe verschiedener Streifen an, was man als Zonierung bezeichnet.

Zeit und Gezeiten

Je nach Stadium des Gezeitenzyklus kann man an einem Strand die unterschiedlichsten marinen Lebensformen beobachten. Ist die Flut zurückgewichen, kommen zum Beispiel Seevögel und Waschbären an den Strand auf der Suche nach Muscheln und Würmern, die sich im Sand oder Schlamm verstecken. Kehrt die Flut zurück, sind all jene Tiere, die bei Ebbe vor der Sonne Schutz suchten, wieder in ihrem Element: Muscheln öffnen ihre Schalen, Algen wiegen sich im wellenbewegten Wasser, Seeanemonen entfalten sich und warten auf nahende Beute.

Unter dem Einfluss von Mond und Sonne variieren die Gezeiten jedoch von Tag zu Tag. Alle Lebewesen, insbesondere die unbeweglichen, müssen sich diesen Bedingungen anpassen. So ordnen sich marine Lebensformen über die gesamte Wand eines Felskliffs in verschiedenen Zonen an (siehe rechts). Jede Art besiedelt vorzugsweise jene Standorte, an denen sie die ihren Bedürfnissen entsprechenden Lebensbedingungen vorfindet.

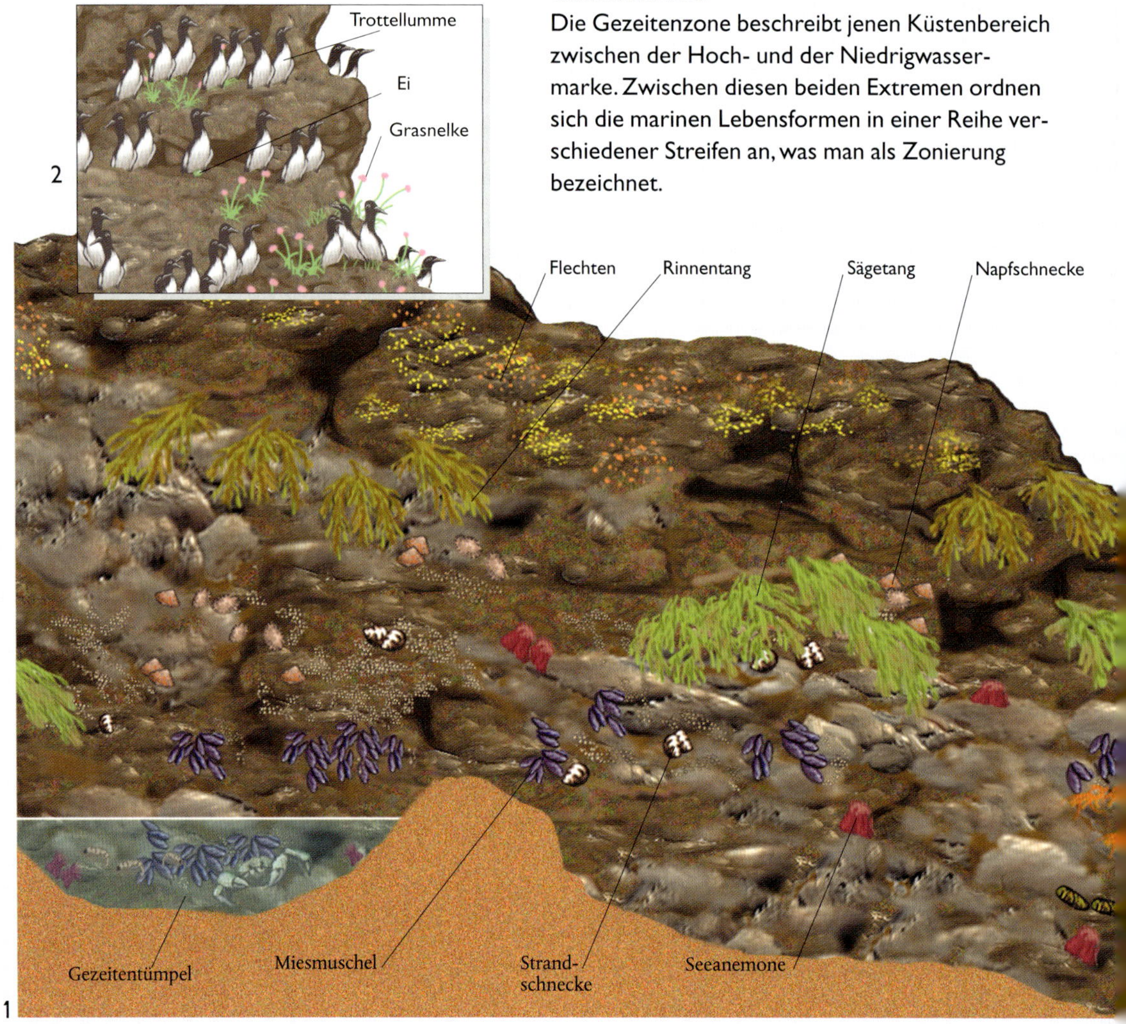

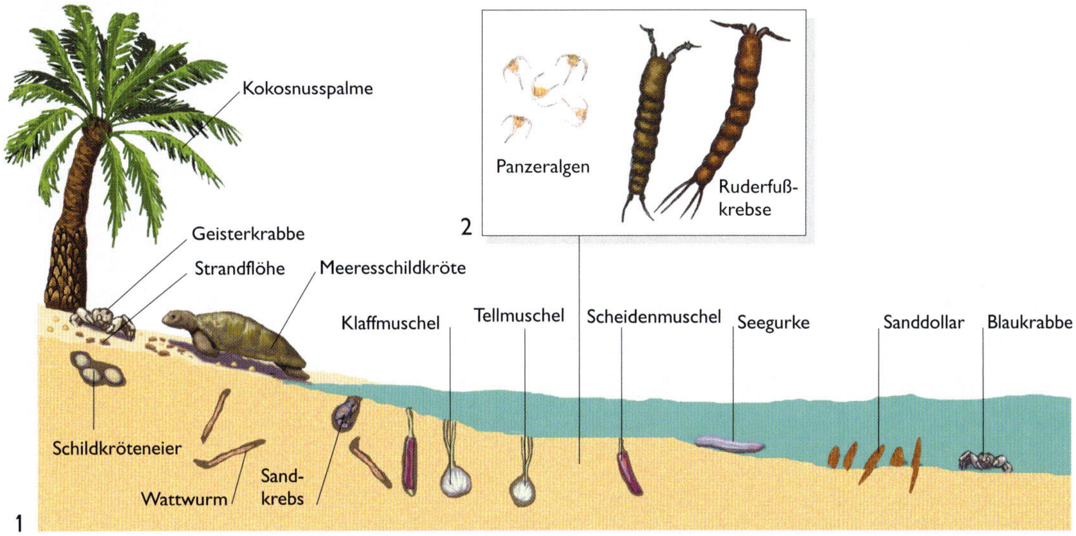

1

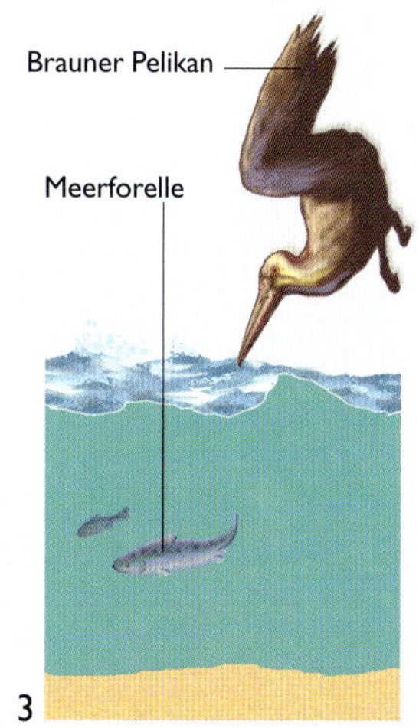

3

Sandige Küste

1. Sandufer verändern sich permanent. Folglich graben sich viele Lebewesen ein. Das schützt sie auch davor, bei Ebbe auszutrocknen.
2. Millionen von Mikroorganismen leben verborgen zwischen Sandkörnern am Strand.
3. Die Brandungszone zieht viele Fische und Tauchvögel an.

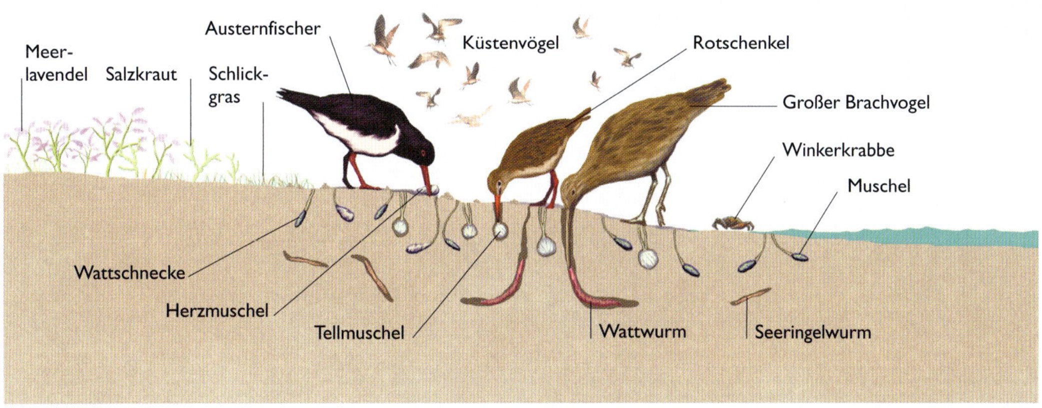

1

2

Ästuar

1. Bei Niedrigwasser ernähren sich Schwärme von Küsten- und Watvögeln von den zahlreichen Lebewesen, die sich im Schlick vergraben haben.
2. Bei Hochwasser ziehen Fische Weichtiere aus dem Sand, während Vögel die Fische aus dem seichten Wasser ergattern.

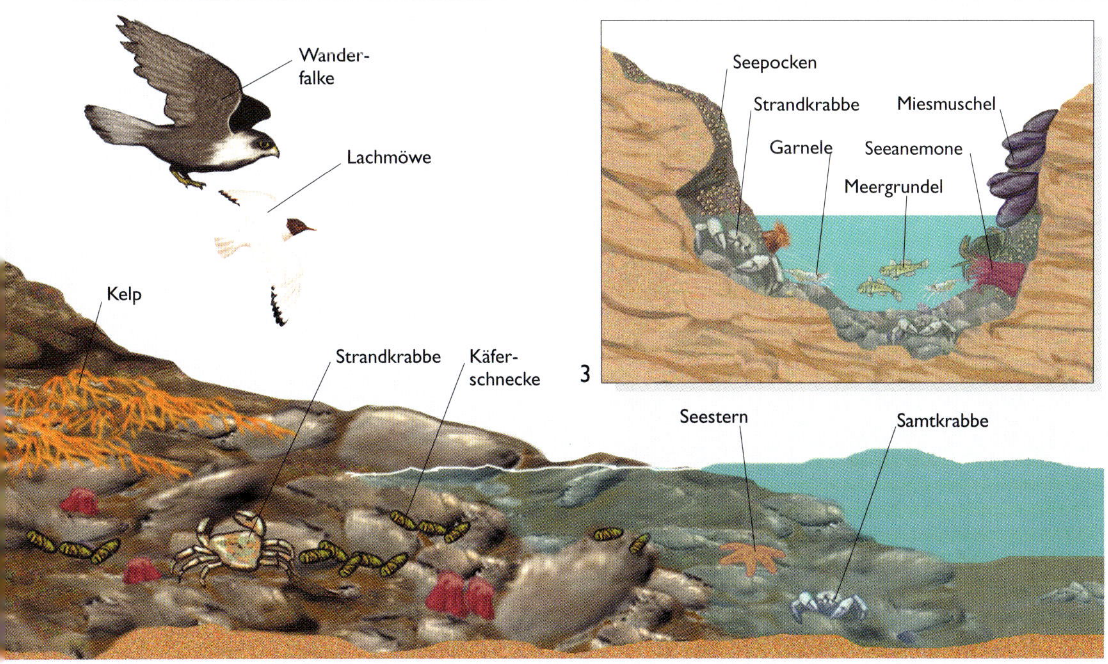

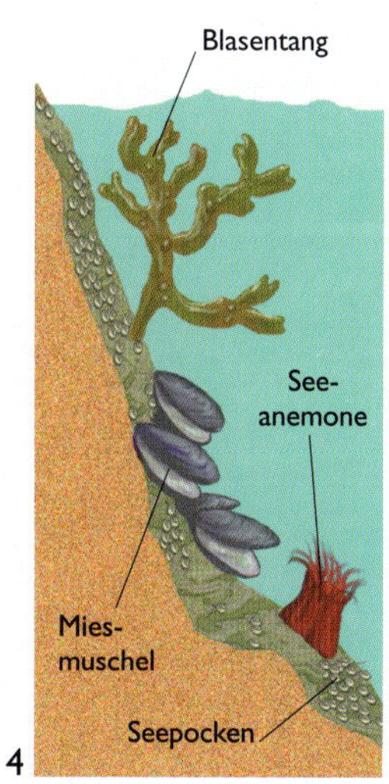

4

Felsküste

1. Bei Niedrigwasser drohen zahlreiche Lebewesen auszutrocknen. Muscheln schließen ihre Schalen, um die Feuchtigkeit zu halten. Viele Seeanemonen ziehen ihre Tentakel ein und verwandeln sich in gallertartige Klümpchen.
2. Im Sommer füllen sich die Felskliffe mit nistenden Vögeln.
3. Gezeitentümpel sind für viele Tiere bei Ebbe ein rettender Hafen.
4. Bei Hochwasser öffnen sich Muscheln und Anemonen.

1

2

1. Ebbe am Loch Sunart in Schottland. Die Muscheln halten ihre Schalen fest geschlossen, damit sie nicht austrocknen.

2. Wenn die Flut zurückkommt, öffnen sich die Muscheln und beginnen Nahrung aus dem Wasser zu filtern. Die Seenelken fahren ihre Tentakel aus, um frei schwebende Planktonteilchen aufzunehmen.

verändern (▷ S. 40), was sich natürlich auch auf die Art und Anzahl der hier existierenden Lebewesen auswirkt.

Waschbären müssen bei der Muschelsuche die höchsten Fluten meiden. Die Muscheln selbst leben im mittleren Bereich der Küste, da sie gezwungen sind, zumindest einen Teil des Tages unter Wasser zu verbringen. Werden sie bei Ebbe freigelegt, versiegeln ihre Schalen sie so perfekt, dass sie ohne auszutrocknen überleben können. Im unteren Teil der Küste findet man dagegen kaum Muscheln, weil sie hier von Räubern wie Wellhornschnecken und Seesternen gefressen werden. Diese wiederum sind auf den Gewässersaum beschränkt. Sie müssen unterhalb der niedrigsten Flutlinie leben, da ihnen außerhalb des Wassers schnell der Tod droht.

An allen Küsten der Welt entstanden so verschiedene Gemeinschaften von Tieren und Pflanzen. Die vertikale Aufteilung der Zonen offenbart sich besonders an Steilküsten, wo einzelne Tiergemeinschaften gut sichtbare Schichten in unterschiedlichen Farben hinterlassen.

Fortpflanzung

Viele Pflanzen und Tiere, die in der Zone zwischen den Höchst- und Tiefstständen leben, nutzen das Meer zur Befruchtung und Verteilung ihrer Eier und pflanzen sich nur bei günstigsten Gezeitenbedingungen fort. Für unbewegliche Lebewesen wie Korallen kann eine hohe Flut ideal zum Ablaichen sein, da ihre Larven weit ins Meer hinausgespült werden sollen. Der Kalifornische Grunion, ein kleiner silbriger Fisch, reitet buchstäblich im Frühling und Sommer mit der Brandung zu Tausenden in die Strandzone, um bei der höchsten Gezeitenstufe zu laichen. So stellen die Grunions sicher, dass ihre Eier auf den obersten Teil des Strandes gelangen, wo die Wahrscheinlichkeit, von Tieren der Gezeitenzone gefressen zu werden, relativ gering ist. Rechtzeitig mit der nächsten hohen Flut, die weit genug den Strand hinaufreicht, schlüpfen sie aus dem Sand, um sich ins Meer hinaustragen zu lassen.

Bastardschildkröten scheinen die Eiablage ebenfalls auf die Gezeiten abzustimmen. In nur wenigen Nächten im Jahr finden sich Zehntausende von Weibchen auf ein paar Stränden weltweit zu einem Vermehrungsereignis ein, das man „Arribada“ nennt. Diese Arribadas beginnen immer dann, wenn der Mond im ersten oder letzten Viertel steht. Dies ist die Zeit der Nipptiden, in denen das Meer in der Regel ruhiger ist und größere Strandbereiche freiliegen, was die Ablage der Eier erleichtert.

3

3. Morgendämmerung an der Pazifikküste von Costa Rica. Nachdem sie ihre Eier im Sandstrand abgelegt haben, kehren die letzten Bastardschildkröten ins Meer zurück.

2.2 AN DER KÜSTE ÜBERLEBEN

Die Küste ist ein Meereslebensraum, der an Fauna und Flora hohe Anforderungen stellt. Es gibt zwar viele Besucher, aber nur wenige Tiere leben dauerhaft hier. Alle Küstenbewohner stammen ursprünglich vom Land oder aus dem Meer. Für sie bedeutete das neue Leben in diesem Grenzland ein Kompromiss, denn es zwang sie, sich an die Bedinungen außerhalb ihres gewohnten Elements anzupassen. Temperatur und Salzgehalt schwanken ständig, Nahrungsquellen sind nur zu bestimmten Zeiten verfügbar. Tiere und Pflanzen, die sich kaum oder gar nicht fortbewegen, sind, abhängig von ihrer Fähigkeit, den ständigen Wechsel durch den Gezeitenrhythmus zu bewältigen, in verschiedenen Zonen angesiedelt. Und da jeder Küstentypus – ob Fels, Sand oder Watt – die Lebewesen vor andere Herausforderungen stellt, entstanden entsprechend viele Anpassungen.

DIE FELSKÜSTE

Der Muckle-Flugha-Leuchtturm auf den Shetlandinseln ist der nördlichste Punkt der britischen Inseln. Im Winter erleuchtet sein einsamer Strahl eine wilde und raue Küste steiler Kliffe und nackter Felssäulen, die wie gewaltige Grabsteine aus dem Meer ragen. Ein wenig einladender Ort, der im Winter fast bar jeden Lebens zu sein scheint. Doch kaum naht der Sommer, brechen die Knospen dicker Grasnelkenbüschel auf, und die Kliffe sind übersät mit Tausenden von Seevögeln. Basstölpel bevölkern die Felssäulen, Trottellummen und Alken jeden erreichbaren Felssims, Papageitaucher schlüpfen frech in Kaninchenlöcher, und Wanderfalken kehren zurück, um unter den Seevögeln Beute zu machen. Für wenige Monate herrschen hier Lärm und hektisches Treiben. Wenn dann aber der Herbst naht, ziehen sich all diese Tiere genauso schnell zurück, wie sie gekommen sind.

Kliffe wie die auf den Shetlandinseln stellen einen jähen Übergang zwischen Meer und Land dar. Wegen der steilen Abhänge sind sie für die meisten Tiere unzugänglich. Aber besonders die salzige Gischt macht das Leben hier so schwer. Wellenbrecher und starke Winde überziehen die Felsen ständig mit Salz. Nur wenige Lebewesen sind solchen Bedingungen auf Dauer gewachsen. Die meisten von ihnen sind auf die Rückkehr der Sommergäste angewiesen. Wo sich in Rissen und Felsspalten Erde ansammelt, klammern sich kleine Salzpflanzen wie die Meernelke das ganze Jahr über an die Klippe. Der gelegentlich herabfallende Kot eines nistenden Vogels im Sommer ist jedoch lebensnotwendig, da auf diese Weise die Erde mit Nährstoffen angereichert wird. Auch ein paar kleine Schnecken oder Insekten überleben in den Felsrissen. Einige besonders raffinierte Zecken, die sich vom Blut der Seevögel ernähren, verbringen den ganzen Winter ohne Mahlzeit und warten auf den Kliffen, bis ihre Wirte zur Brutzeit wiederkehren.

Von Wellen bestürmt

Im oberen Teil der Felsufer, wo die Gischt der Wellenbrecher weit über die Höchststände der Flut hinaussprüht, erstreckt sich ein Lebensraum, der Spritzwasserzone genannt wird. Die Lebewesen hier müssen besonders

1

1. Die Leguane auf den Galapagosinseln sind die einzigen Meerechsen der Welt. Sie ernähren sich von auf Felsen wachsendem Tang.

zäh sein. Ein guter Standort zur Beobachtung der hier vorherrschenden Herausforderungen ist Cape Douglas am Westrand der Galapagosinseln. Von keiner Landmasse aufgehalten, türmen sich draußen im Pazifik große Brecher auf, die krachend ans Ufer schlagen.

Die marinen Leguane der Inseln ernähren sich von Tang, der auf den Felsen direkt unterhalb der Gezeitenlinie wächst. Sie haben keine andere Wahl, als der Wucht der Wellen zu trotzen. Als kaltblütige Reptilien müssen sie die Morgensonne abwarten, die sie aufwärmt und ihnen die Kraft verleiht, sich in die Spritzwasserzone hinunterzuwagen. Dank besonderer Klauen an ihren Füßen können sie sich an die Felsen klammern. Die meisten Weibchen würden im Ozean wegen der zu niedrigen Temperaturen nicht lange überleben, die größeren Echsenmännchen dagegen können mindestens zehn Minuten unter Wasser bleiben. Sie stürzen sich durch die gewaltige Brandung in tieferes Wasser, um an die reicheren Tangvorkommen zu gelangen.

Die Meerechsen teilen sich die Spritzwasserzone mit den hübschen, nur auf Galapagos heimischen Felsenkrabben. Diese farbig leuchtenden Tiere können erstaunlich schnell vor der hereinbrechenden Brandung davonlaufen. Ihr flacher Körper scheint ihnen in den Wellen Schutz zu bieten. Doch der wahre Meister der Spritzwasserzone ist der trefflich benannte Gischtläufer. Dieser Zug-Watvogel ist auf winzige wirbellose Tiere an der Gezeitenlinie spezialisiert. Droht eine riesige Welle über ihm zusammenzubrechen, springt er wie ein kleiner Schachtelteufel hoch in die Luft und vermeidet so, fortgespült zu werden.

Doch viele Spritzwasserzonen-Bewohner können vor den Brechern weder weglaufen noch wegfliegen. Stattdessen unternehmen sie alles Mögliche, um sich am Untergrund festzuhalten. Rankenfüßer haben einen ungemein starken Kleber entwickelt, an dessen synthetischer Herstellung viele Firmen scheiterten. Muscheln halten sich mit einem „Bart" aus kräftigen Eiweißfasern fest, den sie in speziellen Drüsen an ihrem Fuß produzieren. Beweglichere Mollusken wie Napf- und Käferschnecken verfügen über einen kräftigen muskulären Fuß, den sie auf dem Felsen wie einen Saugnapf einsetzen. Auch Fische wie die Grundeln und Saugfische haben ihre Bauchflossen zu Saugnäpfen modifiziert.

Von der Flut freigelegt

Wer sich etwas weiter die steilen Kliffabhänge hinabwagt, ist rasch unterhalb der Gezeitenlinie, dem höchsten Punkt, der bei der Flut erreicht wird. Hier erweisen sich nicht nur die Wellen als problematisch, sondern Tiere und Pflanzen müssen auch mit stunden-, ja manchmal sogar tagelangem Freiliegen und Überschwemmtsein zurechtkommen.

Mit Ausnahme von einigen wenigen Muscheln, die sich in den Fels bohren können, verfügen die meisten Tiere und Pflanzen über kein schützendes Versteck. Diejenigen, die nahe des oberen Strandabschnittes leben, sind härtesten Belastungsproben ausgesetzt, unter anderem aufgrund der Temperaturwechsel. Sind die Temperaturen im Wasser

HOCH GELEGENE HEIME

Die gewaltigen Kliffe des Nordatlantiks sind Heimat von Millionen von Vögeln. Nahe dem Fuß der Kliffe sind die breiten Vorsprünge und abgeflachten Felssäulen bevorzugtes Gebiet der Krähenscharben und Kormorane. An der glatten Felswand nisten Trottellummen, Tordalken und Dreizehenmöwen. Im oberen Bereich, wo die Neigung geringer ist und es kleine Flächen mit Erde und Gras gibt, befinden sich die Lieblingsnistplätze von Papageitauchern und Sturmvögeln, die in den weichen Untergrund Höhlen graben. Alken, wie hier im Bild, bauen hingegen ihre Nester in Felsspalten. Die skrupellosen Basstölpel nisten auf jeder Höhe. Gut gelaunt stoßen sie kleinere Trottellummen aus dem Weg oder werfen deren Eier in die Tiefe. Die Einzigen, mit denen sie sich nicht anlegen, sind Eissturmvögel, die zur Verteidigung eine ölige Substanz ausspucken, die das Basstölpelgefieder wasserdurchlässig macht.

1. Seesterne und Algen, die normalerweise im mittleren Gezeitenbereich leben, können bei Ebbe für kurze Phasen im Freien überleben.

1

relativ beständig und mild, so können sie an Land von äußerster Hitze am Tag bis zu Eiseskälte in der Nacht reichen. Fische, die in Gezeitentümpeln leben, müssen sich im Gegensatz zu ihren Verwandten jenseits der Gezeitenzone gegenüber Temperaturschwankungen als wesentlich toleranter erweisen. Solange der Tümpel nicht zufriert, fällt die Temperatur nicht unter minus 1 Grad Celsius. Das Problem ist das Überhitzen. Von einer Strandschneckenart weiß man, dass sie Temperaturen bis über 49 Grad Celsius überlebt. In den Tropen haben einige an Felsküsten heimische Schnecken spezielle Kämme auf ihren Gehäusen entwickelt, die wie die Kühlrippen eines Autokühlers funktionieren. Auch Farbe hilft dabei, Überhitzung zu vermeiden. So haben bestimmte Schneckenarten neben einer braunen auch eine weiße Variante entwickelt, weil Weiß die Sonnenwärme besser reflektiert.

Die Gefahr der Austrocknung

Lebewesen, die bei Ebbe am Felsufer freigelegt werden, laufen Gefahr, unter der Einwirkung von Sonne und Wind auszutrocknen. Um dies zu vermeiden, haben viele Gezeitentiere eine schützende Schale entwickelt. Rankenfüßer und Muscheln besitzen Schalen, die sie in feuchtem Zustand verschließen können.

Tieren, die sich nicht abschotten können, wie etwa Krabben, genügen feuchte Spalten im Gestein, perfekt sind jedoch Felsteiche. Diese Oasen stellen für zahlreiche Tiere bei Ebbe eine lebensnotwendige Zuflucht dar. Manche Tiere und Pflanzen können sich aber auch einfach austrocknen lassen. Käferschnecken verkraften den Verlust von 75 Prozent ihres Gewebewassers, bestimmte Algen sogar bis zu 90 Prozent ihres Wassergehalts. Sobald die Flut zurückkehrt, erholen sie sich rasch.

DAS SANDUFER

Bei einem Spaziergang am Sandstrand könnte man meinen, dass es hier kaum Leben gibt. Hin und wieder sieht man einen Watvogel, der in der Brandung jagt, oder stößt auf Muschelschalen im Sand. Ansonsten ist hier selten mehr zu entdecken. Der erste Eindruck täuscht jedoch.

Viele Tiere sind zu klein, um sie mit bloßem Auge erkennen zu können. Versteckt zwischen den Sandkörnern leben Abermillionen von mikroskopisch kleinen Organismen. Praktisch jede Gruppe ist hier anzutreffen, einschließlich Diatomeen, Protozoen, Algen, Nematoden (Fadenwürmer), Ruderfußkrebsen und Gastropoden. Trotz ihrer Winzigkeit sind diese Tiere sehr beweglich und ziehen mit den Gezeiten oder mit der Veränderung von Temperatur und Lichtverhältnissen ständig das Sandufer auf und ab.

Unter den etwas größeren Tieren im oberen Bereich des Sandufers haben sich Krustentiere offensichtlich besonders gut angepasst. Sollten Sie je am Strand gepicknickt haben, erinnern Sie sich vielleicht daran, dass nicht nur Sand zwischen die belegten Brote geraten kann. Sandflöhe – nur wenige Millimeter lange Flohkrebse – können zur regelrechten Plage werden. Sie haben sich auf verfaulende Pflanzenreste spezialisiert, die oft ans Ufer gespült werden. An tropischen Stränden erledigen dies Geisterkrabben, die abends aus ihren Löchern im Sand hervorkrabbeln, um Nahrung zu suchen. Den Namen verdanken sie ihrer weißen Farbe und ihrem geisterhaften Erscheinen aus dem Nichts, sobald eine potenzielle Nahrungsquelle auftaucht. Sie ziehen sogar frisch geschlüpfte Schildkröten in ihre Löcher. Einige Krabbenarten treten in wahrhaft spektakulären Scharen auf. Australische Grenadierkrabben marschieren beispielsweise in organisierten Gruppen mit mehreren Hundert Tieren über Sandflächen. Besonders spezialisierte Krabben vermögen einen ganzen Strand mit Tausenden kleiner Sandkügelchen zu bedecken. Sie sieben mikroskopisch kleine Lebewesen aus Sandkörnern aus. Wenn sie den Sand durch ihr Maul gezogen haben, hinterlassen sie als Abfall charakteristische „Visitenkarten" – perfekte runde Kugeln aus Sand.

In der Brandung

Entlang dem Wassersaum, wo die Wellen brechen, befindet sich die Brandungszone – eine wesentlich belebtere Region. Unter den hier

1

2

1. Entlang der Brandungslinie eines Sandstrands findet man viele angespülte Muschelschalen und Treibgut jeder Art.

2. Geisterkrabben leben in Höhlen an tropischen Stränden, die sie jeden Abend verlassen, um unter anderem Aas zu fressen.

1. Sanderlinge sind kleine Watvögel, die ihre Nahrung im Bereich der Brandung an Sandküsten suchen.

2. Die beiden Öffnungen einer U-förmigen Höhle eines Borstenwurms im Sand. Durch das eine Loch wird Wasser eingesogen, durch das andere Abfallsand hinausgestoßen.

1

lebenden Watvögeln findet man den kleinen Sanderling, der am äußersten Brandungssaum wie ein aufgezogenes Spielzeug auf Jagd geht. Jedes Jahr zieht der Vogel von seinen Brutplätzen in der Arktis bis zu den äußersten Zipfeln Südafrikas und Südamerikas, um dort zu überwintern.

Da viele Fische in diesen seichten Gegenden brüten, zieht die Brandungszone auch eine Vielzahl von Tauchvögeln an. Kleine Seeschwalben schweben minutenlang über den brechenden Wellen, bevor sie hineintauchen und mit ihrem dolchähnlichen Schnabel einen Fisch schnappen. Die wesentlich größeren Pelikane reiten in den durch eine Brise entstandenen Wellen, um plötzlich mit ihrem gewaltigen, weit geöffneten Schnabel ins Meer einzutauchen. Da das Nahrungsaufkommen an der Wasserkante sehr groß ist, haben sich einige Tiere darauf verlegt, mit den Gezeiten den Strand hinauf- und hinabzuziehen. Und die Fülle von Treibgut an diesen Niedrigenergie-Küsten (▷ S. 62) macht sie darüber hinaus auch für alle Arten von Aasfressern zum zuverlässigen Anziehungspunkt.

Im Sand

Sandufer verwandeln sich unter der Einwirkung von Wellen, Gezeiten und Meeresströmen permanent. Unterhalb der Gezeitenlinie gibt es keinen festen Untergrund, um sich anzuklammern. Mit Ausnahme von Seegräsern (▷ S. 148) und einigen Algenarten hat keine weitere Pflanze dieses Problem gelöst. Die hier lebenden Tiere graben sich zu ihrem Schutz normalerweise ins Sediment ein. Die Artenvielfalt hängt in starkem Maße vom Sedimenttypus ab und dieser wiederum von der Kraft der Wellen. In ruhigen, geschützten Regionen, in denen sich feines Sediment ablagern kann, ist die Küstenlinie eher verschlickt; dort, wo die Wellen stärker sind, herrscht eher Sand vor.

Sich in den Sand zu graben hat den Vorteil, nicht so leicht auszutrocknen wie im Freien. Wie effektiv der Sand schützt, ist jedoch abhängig von der Körnergröße. Grober Sand leitet das Wasser schneller ab als Schlick, weshalb an Sandstränden verhältnismäßig wenige Tiere leben. Die Sandkorngröße beeinflusst auch den Sauerstoffgehalt des Bodens. Die kleineren Partikel der Schlickablagerungen nehmen das Wasser und den darin befindlichen Sauerstoff weniger gut auf. Deshalb haben viele im Sediment lebende Tiere spezielle Techniken zur Sauerstoffaufnahme entwickelt. Herzmuscheln, die sich direkt unter der Oberfläche eingraben, fahren einen Sipho aus, der aus dem Schlick ragt. Auf der einen Seite wird Wasser eingestrudelt und auf der anderen wieder ausgestoßen. Andere Arten wie die Tellmuscheln besitzen einen langen Einstromschnorchel, der einem Elefantenrüssel ähnelt. Bei Flut strecken sie ihren Rüssel aus dem Schlick und saugen mit ihm Nahrungsteilchen auf. Ringelwürmer wie Seeringelwürmer graben U-förmige Höhlen in den Sand und halten mit Hilfe ihrer Körper-

2

borsten die Zirkulation von sauerstoffhaltigem Wasser aufrecht.

Nahrung im Sand finden

Die Hauptnahrungsquelle aller Tiere im Sand ist tote, von der Flut angespülte Materie. Es gibt verschiedene Wege, sie zu sammeln. Einige, wie die Seegurken und die Ringelwürmer, arbeiten wie Staubsauger. Beim Transport durch ihre Därme verdauen sie alle verwertbaren Teilchen oder kleinen Organismen aus dem Sand. Die Auswürfe von Würmern, die man bei Ebbe an Sandstränden finden kann, sind das Endprodukt dieses Vorgangs.

Andere Arten sind etwas wählerischer. Sanddollars weiden an der Sandoberfläche und nehmen mit ihren Füßchen schmackhafte Partikel auf, während einige Muscheln ihre Siphone aus den Höhlen strecken, um ihre Auswahl zu treffen. Suspensionsfresser setzen eine Vielzahl von Techniken ein, um Nahrung aus dem Wasser aufzunehmen. Die Olivenschnecke aus Mittelamerika breitet ein Schleimnetz über den Grund aus, während Sandkrebse über ein Paar großer buschiger Antennen verfügen, die sie hoch ins Wasser zum Auffangen von Nahrung strecken. Diese Antennen nutzen sie auch dazu, um auf der Brandung zu reiten, wenn sie sich den Strand hinauf- oder hinunterbewegen möchten.

GESTRANDETE WALE UND DELPHINE

Jedes Jahr werden auf der ganzen Welt Wale und Delphine, die offenbar die Orientierung verloren haben, an Strände gespült. Manchmal kommt es sogar zu Massenstrandungen. Am häufigsten sind Zahnwale wie Pott-, Schwert- und Grindwale (siehe rechts) sowie Große Tümmler die Opfer. Aus welchen Gründen genau die Tiere am Strand verenden, ist bislang nicht geklärt. Vereinzelte Strandungen könnten auf Verletzungen oder das Alter der Tiere zurückzuführen sein. Massenstrandungen mit bisweilen über hundert Tieren scheinen die Folge von Navigationsfehlern der gesamten Gruppe zu sein.

Stürme, eingeschränkte Sichtverhältnisse und Lärm können das Sonarsystem der Wale stören. Man hat auch die Vermutung aufgestellt, dass Wale Magnetlinien folgen und dabei gelegentlich in gefährlich seichte Gewässer geraten. Ebenso könnte eine durch Parasiten ausgelöste Ohrinfektion das Sonarsystem der Wale beschädigen. Was auch immer dahinter steckt, der Anblick gestrandeter Tiere ist qualvoll. Oft versuchen Menschen ihnen zu helfen, doch leider ist die körperliche Belastung so groß, dass die meisten Wale binnen Stunden sterben.

AASFRESSER AN DER KÜSTE

Man kann nie sicher sein, was die Flut so mit sich führt: Mal sind es Algenbüschel, mal Quallen, hin und wieder ist es aber auch ein gestrandeter Wal. Gleich den Strandgutsammlern haben zahlreiche Tierarten gelernt, dass sich die Suche am Strand durchaus lohnen kann.

2

2. Ein toter Buckelwal, angeschwemmt an die Küste von Alaska, ist ein unerwartetes Festmahl für verschiedene Arten von Aasfressern wie diese Weißkopfseeadler.

Schätze aus der Brandung
An fast jedem Strand der Welt werden entlang der Wasserkante große Mengen von Materie meist biologischen Ursprungs angeschwemmt, zum Beispiel die schwammartige Masse von gelben Wellhornschnecken-Eiern. Manchmal wird auch ein altes Stück Treibholz voller Schiffsbohrwürmer angespült. Echte Hauptgewinne, die regelmäßig an tropischen Stränden auftauchen, sind jedoch so genannte Seabeans. Diese unglaublich harten und wunderbar glatten schwarzen Körner fallen von tropischen Lianen in Flüsse und werden dann ins Meer gespült. Hier können sie monate- oder sogar jahrelang überleben, bevor sie an einem weit entfernten Strand angeschwemmt werden und keimen.

Strandgutsammler
Viele verschiedene Tiere wissen um die reichen Gaben, die an der Wasserkante liegen können, und suchen deshalb regelmäßig den Strand ab. Aas fressende Sandflöhe ernähren sich von fast allem, sind aber besonders scharf auf Algen. Viele an Land lebende Käfer und Fliegen helfen ebenfalls dabei, das Treibgut zu sondieren. Auch größere Aasfresser schließen sich dem Festmahl an. So wissen nordamerikanische Waschbären genau, dass die Gezeitenzone ihnen ungewöhnliche Leckerbissen bietet. Südafrikanische Paviane wagen sich auf der Suche nach Eierkapseln von Haien sogar bis hinunter zu den Wellen.

Ein Wal als Hauptgewinn
Der beste Fund für Strandgutjäger ist natürlich ein gestrandeter Wal oder Delphin. So viele Tonnen an Fleisch auf einmal am Strand sind eine wahre Goldgrube. Jedes Jahr werden Buckelwale an Alaskas abgelegenen Stränden angeschwemmt. Diese Fleischmassen stellen für die ansässigen Aasfresser ein mehrmonatiges Festmahl dar. Weißkopfseeadler und Raben fliegen herbei, um sich an dem Kadaver gütlich zu tun. Manchmal verlassen auch Schwarzbären und sogar Wolfsrudel den Wald, um sich ihren Anteil an dem verwesenden Wal zu sichern.

1

3

Reiche Beute zur Brutzeit

Aasfresser kommen besonders auf ihre Kosten, wenn Meerestiere zum Brüten das Land aufsuchen. Das Massenbrüten Tausender von Bastardschildkröten in Costa Rica ernährt Hunderte von Mönchsgeiern, die allmorgendlich den Strand entlangpatrouillieren und sich jene Schildkröteneier schnappen, die durch die steigende Flut freigespült werden. Auch Seevögelkolonien stellen für Aasfresser eine reiche Nahrungsquelle dar. Der einzige über das ganze Jahr in der Antarktis lebende Landvogel, der Scheidenschnabel, ernährt sich vom Aasfressen rund um die Kolonien brütender Pinguine und Robben. Auch wenn er bevorzugt Pinguineier stiehlt, ist der Scheidenschnabel als Allesfresser bekannt und lebt unter anderem auch vom Kot der Pinguine. Der beeindruckendste Aasfresser der Antarktis ist jedoch der Riesensturmvogel. Nicht selten tauchen die blutverschmierten Köpfe dieser Geier des Südens aus den Kadavern toter Robben auf.

Meeressäugerkolonien sind ebenso attraktiv für eine Reihe von Aasfressern. Die Seelöwenkolonien an der Pazifikküste Perus ziehen Anden-Kondore an, die tote Junge verzehren. Die an der namibischen Skeleton Coast brütenden Pelzrobben wiederum zählen Hyänen, Schakale und gelegentlich sogar Löwen zu ihren natürlichen Feinden.

1. Linke Seite unten: Ein Walkadaver lockt einen scheuen Schwarzbären aus den Wäldern hervor. Es wird Monate dauern, bis das verwesende Fleisch von Aasfressern verzehrt worden ist.

3. Riesensturmvögel sind die Geier der Antarktis. Dieser hat gerade seinen Kopf aus dem Kadaver eines See-Elefantenjungen gezogen.

ZUM THEMA

1.3 Leben im Meer
Im Grenzbereich, S. 43

2.1 Fließende Grenze
Im Griff der Gezeiten, S. 66

2.2 An der Küste überleben
Gestrandete Wale und Delphine, S. 79

WO FLÜSSE AUF DIE SEE TREFFEN

Die ausgedehnten Salzsümpfe und Wattflächen von Ästuaren erscheinen auf den ersten Blick ein wenig langweilig und öde. Doch dem unendlichen Labyrinth aus Prielen, dem weiten Horizont des Wattenmeers, das die darüber hinwegziehenden Wolken widerspiegelt, und dem stetigen Gezeitenwandel wohnt ein seltsamer Zauber inne. Überall ist Leben. In einer Hand voll Schlick verbergen sich bizzare Würmer und hübsche Schnecken. Kleine Winkerkrabben spazieren über den Boden, und Scharen von Watvögeln verdunkeln den Himmel.

Auch wenn Ästuare auf verschiedene Weise entstehen (▷ S. 62), so versteht man darunter doch immer den mehr oder weniger klar begrenzten Bereich einer Flussmündung. Große Mengen an Ablagerungen werden von den Flüssen zu den Mündungen getragen. Geschützt vor der Kraft der Strömungen oder Wellen, lagert sich das feine Sediment als Schlick ab. Da die Ablagerungen reich an organischer Materie sind, sind Ästuare äußerst fruchtbare Orte, Heimat einer Vielzahl von Organismen, Nahrungs- und Brutstätte für viele Vögel, Fische und andere Tiere. Gleichwohl leben sie hier insbesondere wegen des sich verändernden Salzgehalts unter schwierigen Bedingungen. Im oberen Bereich eines Ästuars, wo das Süßwasser aus dem Fluss eindringt, ist der Salzgehalt geringer als an der Mündung, die unter dem Einfluss von Ebbe und Flut steht. Das Leben in einem Ästuar hängt von der Anpassung an diese Schwankungen des Salzgehalts ab.

Die meisten der Tiere, die heute in Flussmündungen leben, stammen ursprünglich aus dem Meer, weshalb sie sich mit Süßwasser schwer tun. Bei ihrem hohen Salzgehalt laufen sie aufgrund der Osmose ständig Gefahr, dass Wasser in ihren Körper strömt. Die Tiere haben dieses Problem auf unterschiedliche Weise gelöst. Weiche Mollusken und Borstenwürmer passen die Zusammensetzung ihrer Körperflüssigkeiten dem Salzgehalt des sie umgebenden Wassers an. Viele Fische und Krabben regulieren wiederum den Wasser- bzw. Salzgehalt ihres Körpers mit Hilfe von Kiemen, Nieren und anderen speziellen Systemen. Besonders Lachse und Meerforellen, die zur Laichzeit aus den Meeren in die Flüsse ziehen, sind darauf angewiesen, den Salzgehalt ihrer Körperflüssigkeiten zu regulieren.

Im Gegensatz zu den aus dem Meer stammenden Tieren kommen die Pflanzen der Ästuare eher vom Land. Ihr Problem besteht in einem Zuviel an Salz. Schlickgras, das in den gemäßigten Salzsümpfen auf der nördlichen Erdhalbkugel heimisch ist, kann überschüssiges Salz über spezielle Blattdrüsen

1. Das Ästuar des Tees im Nordosten Englands. Wie viele Flussmündungen bietet es Mensch und Natur einen sicheren Hafen.

2. Ein Otter jagt bei Sonnenuntergang am schottischen Loch Fleet. Otter suchen Ästuare regelmäßig wegen der mit der Flut hereinkommenden Fische auf.

3. Meerfenchel ist eine typische Pflanze in Salzsümpfen und gilt als Delikatesse.

1

absondern. Meerfenchel dagegen besitzt fleischige Stängel, die so beschaffen sind, dass sie große Mengen Wasser speichern und aufgenommenes Salz verdünnen können.

Leben im oberen Bereich

Wie an Fels- und Sandküsten auch, existiert in Ästuaren eine Reihe verschiedener Gemeinschaften von Tieren und Pflanzen, die sich mit zunehmender Nähe zum Meer verändern. Da es hier flach ist, haben bereits geringe Gezeitenschwankungen gravierende Folgen.

In gemäßigten Regionen sind Flussmündungen von den weiten Grasgebieten der Salzsümpfe umgeben, die normalerweise trocken sind und nur bei hohen Fluten mit Wasser bedeckt werden. Besonders ausgedehnt sind sie an sanft abfallenden Küstenlinien wie an der Atlantik- und Golfküste Nordamerikas und der englischen Ostküste. Feldlerchen erfüllen hier an einem Sommertag die Luft mit Gesang. Otter treiben sich herum auf der Jagd nach Plattfischen, und im Winter kommen Schwärme von Graugänsen angeflogen.

Bis in den oberen Bereich der Salzmarsch gelangt die Flut nur selten, weshalb dieser Lebensraum oft von Landtieren wie Ratten, Schlangen, Insekten und Vögeln aufgesucht wird. Zu den vielen Pflanzen, die diese Umgebung mögen, zählen Meerfenchel, Strandastern und Grasnelken. Jeder Versuch dieser Pflanzen, sich weiter Richtung Wasser anzusiedeln, wird durch das ständige Ringen mit der Flut vereitelt. Lediglich dem Schlickgras gelingt es, bis hinunter an den Rand des Wattenmeers vorzudringen. Diese Pflanze besitzt ein System aus Wurzeln, die unter dem Schlick ein ausgedehntes Netzwerk bilden und ihr so festen Halt bieten. Schließlich jedoch wird es auch für das Schlickgras zu tief. Die Vegetation zieht sich zurück, und es beginnt jene weite Fläche, wie sie für Ästuare so typisch ist.

2

3

Wattenmeer

Unterhalb der Gezeitenlinie erstrecken sich weite, kahle Schlickflächen. Wie an einem sandigen Ufer besteht auch hier das Hauptproblem für die Fauna darin, dass sich die Lebensbedingungen durch die Gezeiten permanent verändern. Um die Gefahren des Lebens an der Oberfläche zu umgehen, graben sich die meisten Tiere in den Boden ein. Doch dies stellt sie vor neue Probleme. Verglichen mit Sandablagerungen ist Schlick zwar reich an organischer Materie, aber auch aufgrund der Dichte sehr sauerstoffarm, was sich in dem Geruch nach verfaulten Eiern bemerkbar macht, der entsteht, wenn man den Schlamm umgräbt: Es riecht nach Schwefelwasserstoff, typisch für die sauerstoffarmen Ablagerungen.

Tote Materie stellt hier die Hauptnahrungsquelle dar. Gräbt man den Schlick um, entdeckt man viele Würmer, Mollusken und Krabben, die sich in ihren Löchern verbergen. Die Anzahl von Tieren im Watt ist enorm. Wattwürmer sind mit einer Dichte von 70 Stück pro Quadratmeter wahrscheinlich die am häufigsten vorkommenden großen Wirbellosen, die die sandigen Küsten Nordwesteuropas bewohnen. Diese Zahlen verblassen jedoch vor denen der winzigen Schnecke *Hydrobia*, deren Populationsspitzen über 100 000 Tiere pro Quadratmeter betragen.

Dieser Reichtum an Nahrung zieht viele Räuber an. Fleisch fressende Würmer, Schnecken und Krabben jagen im Schlick, während sich andere in die Schalen von Klaffmuscheln bohren, um ihr Fleisch zu fressen. Bei zurückweichender Flut gleiten Plattfische wie Flundern heran und zwicken jeden Schnorchel ab, den unachtsame Mollusken nicht eingezogen haben. Bei Ebbe wagen sich auch größere Räuber ins Watt. Alaskabären mögen nichts lieber, als mit ihren riesigen Pranken nach Klaffmuscheln im Schlick zu graben.

Die wichtigsten Räuber im Watt sind jedoch die Vögel. Fischadler stoßen hinab, um Plattfische aus dem Wasser zu greifen, während Reiher Jagd auf die zahlreichen Fische machen, die sich in den Ästuaren fortpflanzen. Enten und Gänse sind hier ebenfalls Stammgäste, aber das größte Spektakel veranstalten wohl die Millionen Watvögel, die in den Flussmündungen nach Nahrung suchen. Jede Watvogelart besitzt ihre besondere Schnabelform, die jeweils dem Verzehr ihrer bevorzugten Nahrung angepasst ist (▷ S. 68).

1

2

1. Ästuare bieten Fischadlern eine reiche Nahrungsquelle, da mit jeder Flut Fische hereingetrieben werden.

2. Eine Gruppe von Schlammtretern wartet geduldig an einem Strand in Florida auf den Wechsel der Gezeiten. Sobald der Schlick wieder freiliegt, schwärmen sie aus, um ihn nach Würmern und Mollusken abzusuchen.

2.3 FORTPFLANZUNG AN DER KÜSTE

Oberhalb der Gezeitenlinie gibt es relativ wenige ständige Bewohner. Die meisten Tiere an der Küste sind nur Besucher, kommen aber jedes Jahr zur Fortpflanzungszeit wieder, weil sie zu jenem Element zurückkehren müssen, aus dem sie ursprünglich stammen. So waren die Vorfahren der heutigen Meeresschildkröten an Land lebende Reptilien. Und da sie immer noch Eier mit Schalen legen, müssen sie diese im Trocknen deponieren. Ebenso suchen Millionen Seevögel eine feste Oberfläche auf, um die nächste Generation großzuziehen. Auch viele Meeressäuger müssen zur Aufzucht ihres Nachwuchses das Wasser verlassen. Umgekehrt können sich Landkrabben nur fortpflanzen, indem sie ihre Eier und Larven dem Meer anvertrauen. All diese Tiere ziehen Räuber an. Um sich vor ihnen zu schützen und weil geeignete Brutstätten rar sind, finden sich die Küstenbesucher oft in riesiger Zahl ein.

RÜCKKEHR DER REPTILIEN

Die winzige Insel Ascension inmitten des Atlantiks ist nur elf Kilometer lang. Zwar herrscht dort ungastliches vulkanisches Ödland vor, doch es gibt auch einige Sandstrände, die Tausenden von Suppenschildkröten den einzigen Platz zum Ablegen von Eiern bieten. Diese Tiere, die den Großteil ihres Lebens mit der einsamen Suche nach Nahrung an der Küste Brasiliens verbringen, ziehen jedes Jahr 2400 Kilometer weit in den Ozean hinaus. Wie sie genau ihren Weg zu dem vergleichsweise kleinen Felsen von Ascension finden, wo sie selbst einst schlüpften, bleibt rätselhaft.

1

1. Ein Suppenschildkrötenweibchen kämpft sich den Strand hinauf, um ihre Eier im Sand der australischen Insel Heron abzulegen.

Ein sicherer Ort für die Eier

Meeresschildkröten legen die für die meisten Reptilien typischen weichen, lederartigen Eier. Da sich Schildkröten an Land entwickelten, sind die Eier nicht gegen Salzwasser resistent, weshalb sie auf dem Trocknen abgelegt werden müssen, wo die Wärme des Sandes sie ausbrütet. Warum bestimmte Strände bevorzugt werden, ist nicht ganz klar. Möglicherweise spiegelt die Wahl heutiger Nistplätze historische Muster wider, die schon seit Jahrhunderten oder Jahrtausenden bestehen. Tests mit Markierungen und DNA-Analysen haben zweifelsfrei erwiesen, dass Weibchen nicht nur jedes Jahr an denselben Strand zurückkehren, sondern in der Regel sogar innerhalb weniger Hundert Meter von dort entfernt auftauchen, wo sie zuletzt nisteten. Ein idealer Niststrand für Meeresschildkröten muss einen Zugang zum offenen Wasser haben und darf nicht der Gefahr der Überschwemmung durch Flut oder Grundwasser ausgesetzt sein. Zudem sollte der Sand genau die richtige Beschaffenheit für die Eiablage haben. Ist er zu weich, scheitert das Weibchen bei dem Versuch, eine Nisthöhle zu graben, da sie sofort einstürzt. Ist er zu hart, bietet er nicht genügend Luft für die Eier.

Wenn sie sich nach den Wochen oder sogar Monaten ihres Zuges an den Brutplätzen zur Paarung sammeln, sind die Weibchen nur eine Woche lang empfängnisbereit. In dieser Zeit können sie von mehreren Männchen besamt werden, die etwa einen Monat lang sexuell aktiv sind. Am Ende der Paarungszeit kehren die Männchen ins Meer zurück, die Weibchen hingegen bleiben noch monatelang. Mit dem gespeicherten Samen befruchten sie die Eier in ihrem Innern und warten dann in Küstennähe etwa zwei Wochen, bis sie zum Legen bereit sind und sich an den Strand schleppen.

Schon wenige Minuten nach dem Verlassen ihres natürlichen Lebensraumes sind die Schildkröten von den Strapazen an Land völlig erschöpft. Die letzte Herausforderung besteht darin, ein Loch in den Sand zu graben und etwa 120 Eier hineinzulegen. Nur zwei Wochen später muss die Tortur für ein weite-

Lederschildkröten ziehen weiter nach Norden als andere Schildkrötenarten – manche sogar bis in britische Gewässer.

1

res Gelege wiederholt werden. Dieser Vorgang zieht sich durch die ganze Brutzeit, wobei es einige Schildkröten auf bis zu elf Gelege bringen. Während dieser Zeit fressen die Weibchen kaum, sondern leben von den Fettreserven, die sie zuvor angelegt haben. Bis dieselben Weibchen wieder eine Brutwanderung unternehmen, werden zwei bis acht Jahre vergehen.

Die Jungen schlüpfen

Das Bebrüten der Eier dauert normalerweise acht Wochen. Wie lange genau die Embryos für ihre Entwicklung brauchen, ist von der Temperatur des Sandes abhängig. Da Schildkröten nicht über geschlechtsbestimmende Chromosomen verfügen, entscheidet sie auch über das Geschlecht der Jungen: Unter 28 Grad Celsius werden sie fast ausnahmslos männlich, über 30,5 Grad Celsius nahezu alle weiblich.

Einmal geschlüpft, steht den Babyschildkröten auf dem Weg ins Meer eine echte Herausforderung bevor. In einer gemeinsamen Anstrengung kämpfen sich die Geschwister nach und nach an die Nestoberfläche, was mehrere Tage dauern kann. Normalerweise schlüpfen sie bei Nacht oder während eines heftigen Regengusses, da der tagsüber heiße Sand tödlich sein kann. Ein Schildkrötengelege beim Schlüpfen zu beobachten hat etwas Rührendes. Zuerst gerät die Oberfläche des Sandes in Bewegung, ein kleiner schwarzer Kopf taucht auf, dann ein Bein, dann noch ein Kopf, und schon bald kommt eine Schar winziger Jungtiere zum Vorschein, die sich wie aufziehbares Spielzeug bewegen.

Da sie nicht von Erwachsenen geführt werden, verlassen sich die Neugeborenen bei ihrer Suche nach dem Meer auf ihren Instinkt. Vom Licht angezogen, eilen sie auf die schimmernde Wasserfläche zu. Sobald sie in der Brandung sind, tauchen sie auf den Meeres-

2

grund und schwimmen mit dem Sog hinaus in ruhigeres und tieferes Wasser.

Gepanzerte Mahlzeit

Eine Reihe von Räubern hat gelernt, dass brütende Schildkröten eine leichte Beute darstellen. Crab Island, eine vor der australischen Halbinsel Cape York gelegene Insel, scheint ein idealer Nistplatz für eine seltene Schildkrötenart zu sein, da sie einsam und von Menschen ungestört ist. Doch leider sind dort auch die gewaltigen, bis zu 7-8 Meter langen Leistenkrokodile beheimatet, grausige Feinde, die selbst den Panzer einer 1 Meter langen Schildkröte zu knacken vermögen.

Trotz dieser Gefahr schaffen die meisten Weibchen den Weg strandaufwärts, um ihre Eier abzulegen. Ihre Jungen schlüpfen acht Wochen später. Sie sind dann wiederum einer anderen Bedrohung ausgeliefert, wenn Hunderte von Nachtreihern plötzlich auftauchen und die meisten von ihnen auf ihrem Spurt zum Meer abfangen. Pelikane gesellen sich dazu und füllen ihre Schnäbel hastig mit Sand, um vor den Reihern der Jungen habhaft zu werden. Die wenigen Neugeborenen, die ins Wasser gelangen, müssen dann an Krokodilen, Haien und Fischen vorbeikommen. Es verwundert kaum, dass nicht einmal eines von Tausend Schildkrötenjungen erwachsen wird. Wegen der Räuber im Wasser brüten die meisten Schildkröten wahrscheinlich auf Inseln, denn abgesehen von Vögeln haben sie an Land insgesamt weniger Feinde. Die Bastardschildkröte hingegen nistet oft an Festlandküsten. Hier wird sie zwar auch von Tieren bedroht, doch angesichts dieser Gefahr hat sie eine besondere Niststrategie entwickelt. Da die Schildkörten in größerer Zahl sicherer sind, kehren die Weibchen jedes Jahr zu Zehntausenden für nur wenige Nächte zum Brüten zurück. Dieses synchronisierte Massennisten nennt man „Arribada".

3

1. Ein frisch geschlüpftes Suppenschildkrötenjunges auf den Galapagosinseln spurtet aufs Meer zu.

2. Der Abdruck eines Leistenkrokodils auf Crab Island in Australien. Die riesigen Reptilien kommen hierher, um Schildkröten zu jagen.

3. Mönchsgeier in Costa Rica fressen die Eier von Bastardschildkröten, die die Flut aus dem Sand gespült hat.

AUSSERHALB IHRES ELEMENTS

An einigen Stränden verlassen in nur wenigen Nächten jährlich Tausende von Tieren das Wasser und sammeln sich an der Gezeitenlinie, um an einem der größten Naturspektakel teilzunehmen. Wie aus dem Nichts auftauchend, scheinen sie ihre Ankunftszeit auf eine spezielle Mondphase abgestimmt zu haben, um sicherzugehen, dass die Flut ihnen bei ihrem Brutvorhaben dienlich ist. Dieses nur wenige Tage dauernde Ritual zieht eine Vielzahl von Räubern an, die das Nahrungsüberangebot auszubeuten wissen.

2

2. Für nur wenige Nächte in jedem Mai kommen Tausende von Schwertschwänzen an die Strände der Delaware-Bucht an der Ostküste der USA, um zusammen zu laichen.

1

1. Kalifornische Grunions. Haben die Weibchen gelaicht, kämpfen die Männchen um die Befruchtung der Eier.

Aus dem Wasser fischen

Es gibt nur zwei Fischarten, die das Meer zur Eiablage an Land verlassen – die Lodde und der Grunion. Die dünnen, silbrigen Fische von etwa 15 Zentimetern Länge sehen sich sehr ähnlich. Jedes Jahr im Juni und Juli sind bestimmte Sandstrände in Neufundland mit Abertausenden von Lodden bedeckt, die am Gewässersaum eine gewundene silberne Masse bilden. Dasselbe Spektakel findet an Stränden in Südkalifornien und der nördlichen Baja California statt, wenn die Grunions kommen. Männchen und Weibchen treffen zusammen ein. Wenn die Weibchen ihre Eier gelegt haben, kämpfen die Männchen um ihre Befruchtung.

Gerade das Laichen der Grunions gleicht einer Präzisionsübung, die immer in den drei bis vier Tagen nach hohen Fluten vollzogen wird. So wird den Fischen ermöglicht, ihre Eier im oberen Bereich des Strandes abzulegen, wo sie von den niedrigeren Fluten in den darauf folgenden Tagen nicht weggeschwemmt werden können.

Warum Grunion und Lodde die einzigen Fischarten sind, die außerhalb des Meeres ablaichen, ist unbekannt. Möglicherweise schützen sie auf diese Weise ihre Eier vor den Räubern der Gezeitenzone. Vielleicht entwickeln sich aber auch ihre Eier bei den wärmeren Bedingungen an Land schneller.

Fossil aus dem Wasser

Jedes Jahr im Mai tauchen Tausende von Schwertschwänzen an den Stränden der Delaware-Bucht an der Ostküste der USA auf. Schwertschwänze sind die einzigen lebenden Verwandten der lange ausgestorbenen Trilobiten und haben sich seit dem Kambrium nicht verändert. Diese urzeitlichen Geschöpfe gehören zu einer Tiergruppe, die mit den Spinnentieren eng verwandt ist.

Sie passen hohe Fluten ab und kommen meist im Schutz der Dunkelheit zum Laichen

3

an Land. Die ein Drittel kleineren Männchen scharen sich am Gewässersaum, wenn die Weibchen nahen. Jedes Männchen greift sich mit dem vorderen Laufbeinpaar eine Partnerin und wird so auf die obere Gezeitenlinie gezogen. Das Weibchen legt dann bis zu 90 000 Eier, die von dem Männchen befruchtet werden. Ist das Laichen abgeschlossen, spülen die Wellen Sand über das Nest. Diese Eier sind eine wertvolle Futterquelle für Zugvögel. Jedes Jahr machen große Schwärme an der Delaware-Bucht Rast, um sich auf ihrer Reise nach Norden hier zu versorgen.

Die Rückkehr der Landkrabben

Alle heutigen Landkrabbenarten entwickelten sich aus Vorfahren, die im Meer lebten, weshalb sie zur Fortpflanzung immer noch dorthin zurückkehren. Das spektakulärste Fortpflanzungsereignis von Landkrabben findet zu jeder Regenzeit auf der Weihnachtsinsel inmitten des Indischen Ozeans statt. Ungefähr 120 Millionen Rote Landkrabben, jede im Schnitt 12 Zentimeter groß, begeben sich bei Regen aus dem Wald hinunter an die Küste, um sich in Höhlen in der Nähe einiger weniger geeigneter Strände zu paaren. Die Weibchen warten dann auf die richtigen Bedingungen, bevor sie ihre Eier ins Meer abgeben. Dies geschieht immer im letzten Viertel des Mondes, wenn sich Spring- und Nippfluten kaum voneinander unterscheiden, da es zu dieser Zeit für die Weibchen ungefährlicher ist, sich dem Gewässersaum zu nähern. Würden sie von einer höheren Flut erfasst, könnten die Landkrabben leicht ertrinken. Genau zum Gezeitenwechsel in der Nacht steuern Tausende von Weibchen die Brandung an und tauchen den ganzen Strand in Rot. Nach drei oder vier Nächten ist alles vorbei, und die normalerweise blaue tropische See wird braun von Krabbeneiern. Die Babykrabben kehren dann bei exakt demselben Gezeitenstadium zurück.

3. Dieses Kliff auf der Weihnachtsinsel im Indischen Ozean ist von Millionen winziger roter Babykrabben bedeckt, die sich als Larven im Meer entwickeln und dann an Land kommen.

ZUM THEMA

1.2 Naturgewalten
Die Kraft des Mondes, S. 40

2.1 Fließende Grenze
Fortpflanzung, S. 70

2.2 An der Küste überleben
Die Gefahr der Austrocknung, S. 75

SEEVOGELSTÄDTE

Wie Meeresschildkröten kommen auch Seevögel zum Brüten an Land. Das Meer kann zwar ihre täglichen Bedürfnisse befriedigen, doch zur Aufzucht der nächsten Generation müssen sie es verlassen. In der Antarktis legt nur der Kaiserpinguin seine Eier auf die vereiste Meeresoberfläche. Alle anderen Pinguinarten wie auch alle übrigen Seevögel suchen das trockene Land auf. Etwa 95 Prozent aller Seevögel nisten in Kolonien. Bei den anderen Vögeln beträgt der Anteil nur 15 Prozent. Diese riesigen Seevogelstädte sind ein äußerst beeindruckender Anblick. Steeple Jason, eine abgelegene Felsinsel am Westrand des Falkland-Archipels, ist beispielsweise die Brutstätte von über einer halben Million Schwarzbrauenalbatrossen, die normalerweise ihre Zeit damit verbringen, die weite Leere des südlichen Ozeans nach Nahrung abzusuchen. Die Insel ihrer Wahl wird permanent von wilden Winden heimgesucht, und so ziehen sich die Nester in langen Reihen eng zusammengepresst am Horizont entlang. Zu Beginn der Brutsaison ist eine laute Kakophonie aus den Zurufen werbender Paare und dem Schnabelgeklapper beim Imponiergehabe zu hören. Die Luft riecht scharf nach Guano. Dieses lebendige Treiben überrascht deshalb, weil Albatrosse und die meisten anderen Seevögel normalerweise als Einzelgänger leben und bei ihrer Nahrungssuche weit verstreut über die Meere fliegen.

Auch wenn Seevögel unter den rund 9000 Arten der Welt nur 3 Prozent ausmachen, steht es außer Zweifel, dass sie sehr zahlreich sind. Aufgrund ihrer Lebensweise kann man sie zwar nur schwer erfassen, doch die Anzahl einiger Arten, wie des Krabbentauchers in der Arktis und der Buntfüßigen Sturmschwalbe in der Antarktis, muss in die Hundertmillionen gehen. Die Buntfüßige Sturmschwalbe könnte tatsächlich die Vogelart mit der weltweit größten Population sein.

1

2

1. Dies ist nur ein Teil der größten Albatroskolonie der Welt. Fast eine halbe Million Schwarzbrauenalbatrosse brüten jedes Jahr auf Steeple Jason.

2. Bruthöhlen von Schlankschnabel-Walvögeln auf einem Hügel auf den Falklandinseln. Die Vögel kehren nur im Schutz der Dunkelheit dorthin zurück.

Warum so viele Vögel?

Auffallend sind die enormen Größenunterschiede von Seevogelkolonien. Man geht davon aus, dass auf Zavodovski Island, einem abgelegenen Vulkan im südlichen Ozean, etwa zwei Millionen Zügelpinguine nisten. Wegen der Wärme des Vulkans schmelzen zu Beginn der Brutzeit der Schnee und das Eis auf den Ausläufern dieser antarktischen Insel, sodass der nackte Fels freigelegt wird, auf dem die Pinguine ihre Eier ablegen. Weiter südlich, nahe dem antarktischen Kontinent, wo die Bedingungen deutlich härter sind und das Meer lange Zeit vereist ist, zählen die Kolonien der Zügelpinguine oft nur ein paar Hundert Vögel.

Entscheidend für die Größe einer Kolonie scheint das Nahrungsangebot zu sein. Vögel, die bei ihrer Futtersuche weite Strecken zurücklegen, neigen dazu, große Kolonien zu bilden. Ruß-Seeschwalben beispielsweise entfernen sich Hunderte Kilometer von ihren Nestern auf tropischen Inseln. Ihre Kolonien können aus mehreren Millionen Paaren bestehen. Im Gegensatz dazu zählen die Kolonien der Zwergseeschwalben, die auf Kiesstränden an der Küste Englands nisten, selten mehr als etwa hundert gut verteilte Nester. Sie fangen vor Ort Fisch für ihre heranwachsenden Jungen, wobei sich die Nahrungsversorgung hier wesentlich schwieriger gestaltet.

Doch warum nisten so viele Seevögel zusammen in so großen Kolonien? Der Grund dürfte kaum ein Mangel an geeigneten Nistplätzen sein, da es am Nordatlantik zahlreiche leere Kliffe gibt, die sich eignen würden. Einer der möglichen Vorteile des gemeinsamen Nistens besteht darin, dass sich die Vögel untereinander über das Vorhandensein guter Nahrungsquellen informieren können. Doch von weit größerem Vorteil sind die sozialen Aspekte des Lebens in einer Kolonie. Das gegenseitige Stimulieren fördert die Entwicklung der Geschlechtsdrüsen und synchronisiert den gesamten Brutkreislauf. Wenn die Vögel mit der Fütterung ihrer Jungen beginnen, ist eine gut koordinierte Kolonie vermutlich besser in der Lage, die stark von Jahreszeiten abhängigen Nahrungsquellen effektiv zu nutzen. Außerdem können sie durch das gemeinsame Brüten und aufgrund der Tatsache, dass alle Jungen zur selben Zeit das Nest verlassen werden, die Verluste durch Räuber wesentlich eingrenzen.

Sichere Nistplätze

Seevögel haben auf der Suche nach sicheren Nistplätzen gelernt, eine Vielzahl verschiedener Küstenlebensräume zu nutzen. Auf der nördlichen Erdhalbkugel nisten viele von ihnen an Steilhängen oder Kliffen. Das gilt insbesondere für den Nordatlantik, wo die Küstenlinie zahlreiche spektakuläre Kliffe, Felssäulen und felsige Inseln aufweist. Die abgelegene Insel St. Kilda, 130 Kilometer westlich des schottischen Festlands, ist ein Beispiel für ein solches Nistgebiet. Ihre drei Felssäulen – Boreray, Stac Lee und Stac an Armin – ragen fast senkrecht aus dem Meer empor. Damit herrschen für die hier nistenden 50 000 Basstölpel ideale Bedingungen, denn für das Abheben und die Landung benötigen sie viel Wind und einen weiten Luftraum. Zudem sind sie an diesem Ort vor Räubern am Boden sicher. Dieser Gefahr sind zum Beispiel die Eier von Eissturmvögeln aus-

1. Links: Der Schopfalk ist ein kleiner Seevogel von der Größe eines Stars, der im Nordpazifik heimisch ist und in riesigen Kolonien nistet.

2. Um die Bedrohung durch Räuber zu mindern, sammeln sich Schopfalken in Schwärmen auf See, bevor sie in der Abenddämmerung gemeinsam zu ihren Brutkolonien zurückkehren.

2

gesetzt, die am oberen Rand der Kliffe in Island nisten, denn dorthin wagen sich auch geschickte Polarfüchse auf ihrer Suche nach Nahrung vor. An der Westküste Schottlands lebende Otter wiederum haben gelernt, Seeschwalbenjunge, bevor sie fliegen können, zu reißen. In der Antarktis gibt es keine Räuber am Boden, weshalb Pinguine dort sicher nisten können. Im Gegensatz dazu haben Eisbären und Polarfüchse in der Arktis die meisten Seevögel die Felsen hinaufgetrieben.

Wenn auch das Nisten am Kliff einen Schutz vor Feinden darstellt, so bringt es doch andere Gefahren mit sich. Die Nester sind ungeschützt dem Wetter ausgesetzt, und es besteht permanent das Risiko, dass Eier oder Junge Hunderte von Metern in den Tod stürzen. Trottellummen, die auf winzigen Simsen an den steilsten Felsen nisten, haben eine besonders längliche Eiform entwickelt, die zu verhindern scheint, dass die Eier über den Rand rollen.

Die Geröllabhänge und von Felsblöcken übersäten Felder am Fuß der Kliffe bieten einigen Vogelarten geeignetere Nistplätze. In England ziehen sowohl die Gryllteiste als auch die Tordalken ihren Vorteil aus dem Schutz von Löchern und Spalten im Geröll, während es in einigen arktischen Regionen von Krabbentauchern wimmelt, die in Felsspalten nisten.

Im Freien

Vor allem in den Tropen und der Antarktis haben viele Seevögel keine andere Wahl, als auf dem flachen Land zu nisten, da es hier kaum geeignete Kliffe gibt. Inseln mit wenigen oder keinen Bodenräubern sind daher besonders begehrte Nistplätze. Möwen, Seeschwalben und große Raubmöwen sind typische am Boden nistende Arten der nördlichen Erdhalbkugel. Diese Vögel können sich bei Gefahr schnell in die Lüfte erheben, sie zögern aber auch nicht, einen Eindringling, der ihre Eier oder Jungen bedroht, anzugreifen.

In den Tropen und auf der südlichen Erdhalbkugel heimische Tölpel und Albatrosse können sich allein durch ihre Größe verteidigen. Trotzdem haben sich viele Seevögel, die an Land unbeholfen sind, darauf verlegt, Höhlen auszuheben. Im Nordatlantik graben Papageitaucher mit ihren bunten Schnäbeln Tunnel von rund einem Meter Länge in die Erde. Geeignete Plätze zum Graben finden sich jedoch nicht immer leicht, weshalb ihre Kolonien oft groß und sehr dicht besiedelt sind. Das an der Westspitze von Südgeorgien im Südatlantik gelegene Bird Island erhielt seinen Namen von Kapitän Cook aufgrund der überwältigenden Anzahl von Seevögeln, die er hier vorfand. Nach wie vor nisten hier Millionen von Vögeln, deren Bauten die Hügel wabenartig überziehen. Auf der Nachtigallinsel (Nightingale Island) im Südatlantik brüten vermutlich Millionen von Großen Sturmtauchern. Da nicht alle eine Höhle finden können, werden jährlich fast 250 000 Eier einfach an der Oberfläche abgelegt.

Räuber mit Flügeln

Dichte Kolonien nistender Seevögel ziehen unweigerlich Räuber aus der Luft an. Dies kann man besonders gut auf der Insel Talan beobachten, die vor Russlands fernöstlicher Küste im Ochotskischen Meer liegt. Nur drei Quadratkilometer groß, bietet Talan jeden Sommer über vier Millionen Seevögeln 14

1

verschiedener Arten Heimat. Unter den vielen Räubern, die über die Insel ziehen, ist der beeindruckendste der Riesenseeadler, der größte Adler der Welt, dessen Spannweite um ein Drittel größer als die des Königsadlers ist.

Während der Brutzeit überwachen diese gewaltigen Vögel die Spitzen der Kliffe, schweben in den Aufwinden und halten Ausschau nach Dreizehenmöwen. Wenn die Adler ihre gigantischen Flügel anlegen und hinabstoßen, stürzen die Dreizehenmöwen laut schreiend aus ihren Nestern heraus, um die Räuber zu verwirren. Doch schließlich gelingt es den Adlern, eine Mahlzeit aus der Luft zu schnappen. In den Sommermonaten können sich bis zu 20 Riesenadler und ihre heranwachsenden Jungen allein von den Seevögeln ernähren. Doch indem die Dreizehenmöwen gleichzeitig viele Junge großziehen, stellen sie sicher, dass ihre Population nicht gefährdet wird.

Auf der anderen Seite von Talan bieten gewaltige Geröllabhänge Nistplätze für einen weiteren Seevogel, der in noch größerer Zahl die Insel aufsucht. Während der Brutzeit tauchen jeden Abend kurz vor Sonnenuntergang gewaltige wirbelnde Wolken über dem Meer auf. Nach und nach formieren sich diese Wolken, bis die Abhänge von Tausenden schwarzer Schopfalken eingenommen sind. Die Kolonien dieser 25 Zentimeter großen Vögel sind so riesig, dass man sie kaum zählen kann. Schätzungsweise bestehen einige von ihnen aus Nestern für eine halbe Million Paare. So viel potenzielle Nahrung lockt natürlich Raubvögel an. Und so werden die Kolonien ständig von Raben, Wanderfalken und sogar Seeadlern überflogen. Doch indem sie in derartigen Massen zu ihren Nestern zurückkehren, können sich die Räuber vor lauter Alken kaum noch retten. Für einen Wanderfalken, der seine Beute im Sturzflug fängt, stellt ein dichter Schwarm von Alken eine echte Bedrohung dar. Also halten sich die Raubvögel zurück, sodass der einzelne Alk im Schutze seiner Artgenossen relativ sicher lebt.

Die beste Möglichkeit, Raubvögeln aus dem Weg zu gehen, besteht jedoch darin, die Nistplätze nur im Schutz der Dunkelheit zu verlassen und wieder aufzusuchen. Bei Tageslicht scheinen einige Kolonien völlig verlassen. Der einzige Hinweis auf Brutaktivitäten sind die Höhleneingänge am Abhang. Bis zum Einbruch der Nacht geschieht jedoch nichts. Dann jedoch ist die Luft plötzlich voll kreischender Vögel. Wie Schneeflocken sinken Hunderte von Walvögeln zu ihren Nistplätzen herab. Diese winzigen Mitglieder der Sturmvogel-Familie verbringen die meiste Zeit ihres Lebens weit draußen auf dem Meer. Zur Brutzeit jedoch kommen sie massenweise an Land. Enorm geschäftig bei Nacht, sind die meisten Vögel vor dem ersten Tageslicht wieder aufs offene Meer zurückgekehrt. Nur einige wenige bleiben zurück, um die Eier und Küken während des nächsten Tages warm zu halten.

RÜCKKEHR DER SÄUGETIERE

Nur wenige Küstenlinien bieten solche phänomenalen Naturschauspiele wie die St.-Andrews-Bucht auf der Insel Südgeorgien im Südatlantik. Die Landschaft ist atemberaubend: Gewaltige weiße Sturzwellen krachen unablässig an einen drei Kilometer langen Strand, der sich durch zurückgewichene Gletscher gebildet hat. In der Ferne kann man noch die Gletscher sehen, die sich an den Flanken einer Bergkette mit beeindruckenden Gipfeln hinabziehen. Zwischen Meer und Bergen bieten die flachen Gletscherebenen eine perfekte Kinderstube. Das ganze Jahr über, auch im härtesten antarktischen Winter, kommen 150 000 Königspinguinpaare an den Strand, um zu brüten.

Die Aktivität setzt im September und Oktober mit der Ankunft von 4 Tonnen schweren Südlichen See-Elefantenbullen ein. Die kleineren Weibchen folgen, und bald ist der ganze Strand gedrängt voll mit bis zu 5 000 Tieren. Sechs geschäftige Wochen lang erschallt in der Bucht das Brüllen der Männchen, während sie um die Weibchen kämpfen. Diese blutigen, aber selten tödlichen Wettkämpfe können bis zu 20 Minuten dauern.

Die Verlockungen des Landes

Viele Meeressäuger müssen das Meer zur Fortpflanzung verlassen. Sie stammen entwicklungshistorisch von Vorfahren ab, die ursprünglich auf der Erde beheimatet waren. Und so weisen sie auch eine Reihe von typischen Säugetiermerkmalen auf: Sie sind Warmblüter, atmen durch Lungen und bringen lebendige Junge zur Welt, die Milch saugen. Andererseits haben sie sich jedoch auch in starkem Maße an das Leben im Meer angepasst. Und das brachte für die Vorfahren der Meeressäuger zwei entscheidende Probleme mit sich: Zum einen musste die Körperform dem neuen Medium Wasser angeglichen werden. Zum anderen leitet Wasser Wärme schneller als Luft, weshalb Meeressäuger Systeme entwickeln mussten, um den Wärmeverlust zu verringern.

Von allen Meeressäugern sind Wale und Delphine am besten auf ein Leben im Wasser spezialisiert. Für sie besteht keine Notwendigkeit, es zu verlassen. Flossenfüßer (Robben, Seelöwen und Walrösser) hingegen müssen zur Fortpflanzung an Land kommen. Scheinbar wäre es zu energieraubend, in kaltem Wasser ein warmblütiges Junges zur Welt zu bringen und zu ernähren. So gebären viele Robben, die in der Nähe der Pole leben, ihre

2

1. Der größte Adler der Welt, der Riesenseeadler, ist um ein Drittel größer als ein Königsadler.

2. Antarktische Pelzrobben scharen sich auf dem Undine-Strand an der Südküste von Südgeorgien. Im seichten Wasser halten sich Männchen ohne Harem auf.

Südliche See-Elefanten tauchen auf der Suche nach Nahrung bis zu 1700 Meter tief.

Jungen auf Eisschollen, wo sie sie auch säugen können. Zu ihnen gehören die in der Antarktis beheimateten Sattel- und Weddell-Robben.

Doch Eisschollen haben auch gravierende Nachteile: Sie bieten wenig Schutz, der Wärmeabfluss ist nicht unerheblich, und sie können brechen. Aus diesen Gründen haben sich viele Robben und alle Seelöwen auf die Fortpflanzung an Land verlegt. Doch auch wenn es hier sicherer scheint, ist das Gebären an Land mit Problemen verknüpft. Robben und Seelöwen büßen beim Verlassen ihres eigentlichen Lebensraumes ihre Beweglichkeit ein. Darüber hinaus ist es nicht leicht, ein passendes Gebiet mit einem guten Zugang zum Meer und ohne Landräuber zu finden. Folglich neigen diese Meeressäuger eher zur Vermehrung an der Küste und bilden riesige Kolonien. Auf den Pribilov-Inseln im Beringmeer kommen beispielsweise über 1 Million See-Elefanten in nur wenigen Kolonien zusammen.

Gemeinsame Aufzucht

Dass es nur wenige geeignete Strände gibt, ist nicht der einzige Grund für die Bildung dieser riesigen Kolonien. Tiere, die bei der Nahrungssuche mehr oder weniger einzelgängerisch leben, profitieren bei der gemeinsamen Aufzucht von sozialen Verhaltensweisen. Alle Robben und Seelöwen, die an Land kommen, haben Paarungssysteme entwickelt, bei denen ein Männchen in der Brutzeit mehrere Weibchen begattet. Der Grad dieser Polygamie unterscheidet sich von Art zu Art, doch ein erfolgreicher See-Elefantenbulle kann bis zu 100 Weibchen in nur einer Saison befruchten. Als Säuger sind Wasserraubtiere für dieses Fortpflanzungssystem prädestiniert. Da die Milch der Mutter die Hauptenergiequelle für die Aufzucht der Jungen ist, können sich die Männchen ganz dem Kampf um die Weibchen widmen.

1. Wenn Südliche See-Elefantenbullen um die Weibchen kämpfen, richten sie sich laut brüllend auf.

2. Ein Stellerscher Seelöwenbulle mit seinem Harem. Diese Männchen kämpfen nicht direkt um Weibchen, sondern verteidigen den Strandbereich für ihre Gruppe.

3. Eine Kegelrobbenmutter und ihr Junges. Das weiße Fell ist die perfekte Tarnung auf Eis, was beweist, dass diese Robbenart noch nicht lange zur Fortpflanzung an Land kommt.

1

Das Fortpflanzungsverhalten des Südlichen und des Nördlichen See-Elefanten sowie der Kegelrobbe zeichnet sich dadurch aus, dass die Männchen die Weibchen verteidigen. Der Druck, diese Kämpfe zu gewinnen, ist für See-Elefanten so stark, dass die Männchen im Vergleich zu den Weibchen eine enorme Größe erreichen. Ein Südlicher See-Elefantenbulle wiegt 4 Tonnen, während es das Weibchen auf lediglich 1 Tonne bringt. Kein anderes Säugetier weist solch einen enormen Größenunterschied zwischen den Geschlechtern auf.

Die mittels blutiger Kämpfe hergestellte Hackordnung wird durch Drohgebärden und Brüllen aufrechterhalten. Erfolgreiche Männchen versuchen den alleinigen Zugang zu den Weibchen ihrer Gruppe sicherzustellen. Die Weibchen rivalisieren zur selben Zeit um die Plätze innerhalb der Gruppen, die in der Mitte liegen und von den dominanten Männchen verteidigt werden. So ist gewährleistet, dass ein erfolgreiches Männchen bis zur vier Jahre an der Spitze stehen und sich mit bis zu 400 Weibchen paaren kann. Ein Weibchen bringt zwar höchstens ein Junges pro Jahr zur Welt und insgesamt nur zwölf in ihrem Leben, aber indem sie einem dominanten Männchen treu bleibt, sichert sie die genetische Stärke ihres Nachwuchses.

Die Kegelrobben, die sich an einsamen Stränden Großbritanniens paaren, sind erst vor kurzem dazu übergegangen, sich an Land fortzupflanzen. Darauf deutet die Tatsache hin, dass ihre Robben weiß sind – die perfekte Tarnung auf Eis, weniger auf Felsen. Der Zug vom Eis ans Land ist möglicherweise der Versuch der Kegelrobbe, sich weiter südlich auszubreiten. Interessanterweise sind Kegelrobbenkolonien nicht annähernd so dicht wie die der See-Elefanten. Auch der Größenunterschied zwischen den Geschlechtern ist zur Zeit noch weniger ausgeprägt. Doch Kegelrobbenmännchen werden bereits zunehmend größer als die Weibchen, was wahrscheinlich bedeutet, dass auch ihre Kolonien an Größe gewinnen.

Alle Pelzrobben und Seelöwen kommen an Land, um sich in Kolonien fortzupflanzen. Die Bandbreite dieser Gemeinschaften reicht von den nur lose zusammenhängenden Gruppen der Galapagos-Pelzrobben mit weniger als hundert Tieren bis zu den außergewöhnlich dichten Kolonien der Antarktischen Pelzrobbe, in denen sich bis zu 150 000 Tiere an einem Strand von einem Kilometer Breite drängen. Die Männchen kämpfen nicht direkt um die Weibchen, sondern versuchen eine Nische zu verteidigen, die die Weibchen benötigen – sei es ein Platz, an dem sie die Jungen werfen können, oder ein geeignetes Fleckchen, an dem es kühl bleibt.

2

3

3

TROPISCHE MEERE

3.1 KORALLENRIFFE

Warme Gewässer erstrecken sich in einem breiten Gürtel rund um den Planeten zu beiden Seiten des Äquators. Wo der Meeresboden an die Oberfläche ragt, befinden sich eine Reihe verschiedener Lebensräume von scheinbar leblosen sandigen Flächen bis hin zu blühenden Korallenriffen. Aus der Luft wirken isolierte Korallenriffe wie türkisfarbene Juwelen in einem ansonsten leeren Ozean. Eine Fülle an Leben und ein schier überwältigender Farben- und Formenreichtum offenbaren sich bei einem Tauchgang in diese bizarre Unterwasserwelt. Doch Korallenriffe sind weit mehr als kunstvoll gestaltete Meisterwerke natürlichen Ursprungs: Ohne ihr verwinkeltes Gerüst gäbe es nur einen Bruchteil der Vielfalt von Meerespflanzen und -tieren in den Tropen. Riffe sind kleine Universen von unendlichem Reiz, ihr Reichtum, ihre Schönheit und Komplexität nehmen es mit jedem anderen Lebensraum der Erde auf.

Vorhergehende Seite: Die seichten Sandbänke der Bahamas sind überzogen von kleinen Inseln. Auf einigen gedeihen Mangroven. Manche Inseln bestehen aus Sand, andere aus Riffkalk.

RIFFBILDUNG

Verstreut über die seichten, sonnendurchfluteten tropischen Meere, bieten Korallenriffe Tausenden verschiedener Fische und wirbelloser Tiere Nahrung und Schutz. Riffe gleichen großen Städten: Die Korallen sind die Bausteine, die Korallenalgen der Zement. In ihrer Gesamtheit können sie bis zu einer eigenständigen geologischen Formation anwachsen. Gleichwohl unterscheiden sich Riffe hinsichtlich ihres Ursprungs und ihrer Zusammensetzung.

Wie entstehen Riffe?

Es gibt verschiedene Rifftypen. Auf welche Weise ein Riff wächst, hängt von der Geologie des Meeresgrundes, der Wassertemperatur sowie der Welleneinwirkung ab. 1842 entwarf Charles Darwin eine einfache Riffklassifikation, die heute noch weithin gebräuchlich ist. Er erkannte drei Haupttypen: Saumriffe, Barriereriffe und Atolle. Und er stellte fest, dass sich ein Rifftyp manchmal in einen anderen verwandeln kann.

Saumriffe entwickeln sich in den seichten

1. Die komplexe Struktur eines Korallenriffs bietet zahllosen Pflanzen und Tieren sowohl Schutz als auch Nahrung. Dieses Bild zeigt Fahnenbarsche im Roten Meer. Bei drohender Gefahr suchen sie sofort Zuflucht im Riff.

1

1

Küstengewässern entlang einer tropischen Insel oder einem Kontinent. Die Korallen wachsen bis zur Wasseroberfläche hoch oder bis kurz darunter und hinaus in das offene Meer. Wenn sich zwischen dem Saumriff und dem Land eine Lagune oder ein Kanal bildet und das Riff weiter hinauswächst, entfernt es sich immer mehr von der Küste und wird dann Barriereriff genannt. Dabei erreicht es oft die Kante des Festlandsockels. Barriereriffe können auch in größerer Entfernung zur Küste entstehen, sofern das Meer weiter draußen seicht genug ist, um das Wachstum von Korallen zu ermöglichen.

Korallenatolle sind Riffringe, oft um eine Insel aus Sand gelegen, die von Pflanzen, Tieren und manchmal auch Menschen besiedelt ist. Typisch für sie ist eine seichte, sandige, geschützte Lagune in der Mitte, die durch eine Vielzahl von Kanälen Zugang zum offenen Meer gewährt. Korallenatolle stellen die Spitzen untermeerischer Gebirge dar. Bricht ein Vulkan aus und ragt aus dem Meer, wird sein Rand mit der Zeit von Korallen umsäumt. Dieses Saumriff kann sich nach und nach zu einem Barriereriff entwickeln, wenn die Korallen weiter hinaus ins Meer wachsen. Versinkt der Vulkan allmählich, setzen die Korallen ihr Wachstum fort, um ihre Lage im seichten, sonnendurchfluteten Wasser zu halten. Schließlich bleibt ein ringförmiges, von der Tiefsee umgebenes Korallenriff übrig.

Das bekannteste aller Riffe ist wahrscheinlich das Große Barrierriff an der nordöstlichen Küste Australiens. Tatsächlich handelt es sich dabei um eine Kombination vieler verschiedener Rifftypen, die sich 2300 Kilometer die Küste entlangziehen. 2100 Riffe bilden gemeinsam mit 540 Festlandinseln, vor denen ausgedehnte Saumriffe liegen, eine Barriere. Der Süßwasserabfluss begrenzt das Ausmaß, in dem die Korallen in Richtung Festland

Die Wachstumsrate von Korallenskeletten variiert je nach Art enorm. Einige wachsen nur wenige Millimeter pro Jahr, Geweihkorallen können dagegen bis zu 15 Zentimeter zulegen.

MEERE DER VORZEIT

Bevor sich die Kontinente in ihre heute bekannte Lage bewegten, gab es ein ausgedehntes tropisches Gewässer namens Tethysmeer. Auf der einen Seite begrenzt durch Nordeuropa und Asien, auf der anderen durch Südeuropa und den indischen Kontinent, verengte es sich in Folge der Kontinentaldrift. Die Tiere und Pflanzen, die sich im Thethysmeer entwickelten, wurden nach Osten in die Bereiche des heutigen Westpazifiks gedrängt. Die seichten warmen Gewässer und zahlreichen Inseln dieser Region boten die idealen Voraussetzungen für die Entwicklung ausgesprochen mannigfaltiger Lebensformen: Der Indopazifik hat im Vergleich zu den 65 Korallenarten im Atlantik stolze 730 Arten aufzubieten.

Die nördliche Drift des afrikanischen Kontinents hatte zur Folge, dass sich der Atlantik vom Indischen Ozean trennte, weshalb atlantische Tiere und Pflanzen kaum Möglichkeiten hatten, sich mit der indopazifischen Fauna und Flora zu kreuzen.

2

wachsen können, was einer der Hauptgründe dafür ist, dass die Korallen jenseits der Küste vergleichsweise üppig wachsen.

Verbreitung der Riffe

Bestimmte physikalische Faktoren schränken die Verbreitung von Korallenriffen ein. Korallen brauchen warmes Wasser, idealerweise zwischen 18 Grad Celsius und 30 Grad Celsius. Ein kalter Wasserstrom wie bei den Galapagosinseln schränkt die Riffentwicklung ein oder verhindert sie sogar. Ein warmer Strom in den Norden oder Süden der Tropen hingegen, wie der Golfstrom um die Bermudainseln, gewährt beste Voraussetzungen für die Entstehung von Riffen.

Korallen benötigen offensichtlich einen festen Untergrund und vor allem Licht, weshalb das Wasser seicht und klar sein muss. Zu viele Ablagerungen im Wasser reduzieren die eindringende Lichtmenge und ersticken die Korallentiere. Auch zu viel Süßwasser lässt sie absterben. Korallenriffe können also nicht in der Nähe von Flussmündungen wachsen, auch nicht bei geeigneter Wassertemperatur und entsprechendem Untergrund. In Brasilien beispielsweise verhindern das Süßwasser und die Ablagerungen, die vom Amazonas oder vom Sao Francisco ins Meer geleitet werden, ein kräftiges Korallenwachstum vor der Küste. Folglich findet man an der vorwiegend tropischen brasilianischen Küste nur wenige gut entwickelte Riffe.

Jede Koralle hat ihre eigenen Nahrungsbedürfnisse, ihre eigene Art zu wachsen, ihre eigenen Methoden, sich gegen Stürme, Krankheiten und Räuber zu behaupten. Jede kämpft auf andere Weise um Licht und Raum. Diese Skala physikalischer und biologischer Faktoren bestimmt sowohl, wo Riffe wachsen, als auch die Verteilung der verschiedenen Korallentypen an einem Riff.

1. Fische jeglicher Größe nutzen das Riff als Zufluchtsgebiet. Der kleine Säbelzahnschleimfisch zieht sich zwischen den einzelnen Mahlzeiten, die aus Flossenstücken anderer Fische bestehen, zur Sicherheit in sein Loch zurück.

2. Das Große Barrierriff in Australien besteht aus Tausenden vor der Küste gelegenen Riffen und Inseln.

Bis zu zwei Millionen einzellige, nur 0,01 Millimeter große Algen können in jedem Quadratzentimeter Korallengewebe leben. Damit sind sie die häufigste Pflanzenart auf Korallenriffen.

LÄNGSSCHNITT EINES KORALLENTIERES

2. Rechts: Die Kelchkoralle bildet keine Kolonien. Sie lebt in dunklen, geschützten Bereichen am Riff.

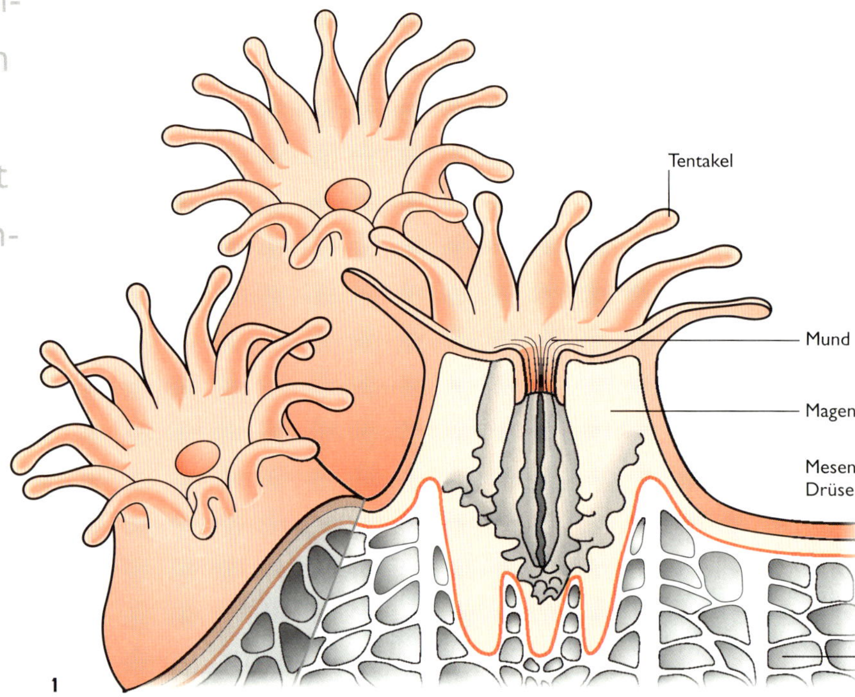

1. Dieses vereinfachte Schema zeigt den Grundbauplan eines typischen Korallenpolypen.

Mit Riffkalk bauen

Korallenriffe gäbe es nicht, besäßen die Korallentiere nicht die Fähigkeit, Kalk oder Kalziumkarbonat abzusondern. Das Meerwasser in Korallenbereichen ist reich an gelöstem Kalziumkarbonat, das die Polypen allerdings nicht in großen Mengen speichern können, weshalb es in Form mikroskopisch kleiner, nadelförmiger Kristalle unterhalb und um den Polypen herum abgelegt wird. Dieser Prozess verläuft in zwei Stufen. Wenn sich der Polyp in der Nacht ausstreckt, um mit seinen Fangarmen zu fressen, schlüpft er aus dem Skelett wie ein Handschuh, der halb von der Hand gezogen wird. In diesem Stadium bildet das Kalziumkarbonat Kämme. Am folgenden Tag, wenn sich der Korallenpolyp wieder zurückgezogen hat und auf seinem neuen Gebilde liegt, füllen sich auch die Täler zwischen den Kämmen mit Kalziumkarbonat. Das Skelett wirkt jetzt glatter. Da das Skelett harter Korallen aus Riffkalk oder Kalziumkarbonat hergestellt wird, ist es weiß.

Jede Korallenart legt ihr Skelett auf verschiedene Weise an. Das erklärt die außergewöhnliche Bandbreite an Gestalten und Formen, die harte Korallen annehmen. Einige bilden große Blöcke, in denen die Polypen in kleinen, isolierten Vertiefungen oder Rillen im Skelett leben. Manche wachsen in Ästen, die klein und dick sein können, während sich andere baumartig ausbreiten. Wieder andere bilden zarte, blattähnliche Platten oder flache Tafeln. Zudem kann ein und dieselbe Art, je nach den physikalischen Eigenschaften des Standortes, auf verschiedene Weise wachsen. Wenn auch der genetische Bauplan einer Koralle grundlegend für die Bestimmung ihres Aussehens ist, so wird ihr Erscheinungsbild ebenso durch Wellen, Meeresströmungen, Licht und den Konkurrenzkampf um Raum am Riff beeinflusst.

Eine vertraute Beziehung

Keine der riffbildenden Korallen könnte jedoch ihre steinernen Skelette ohne Hilfe anlegen. Diese Hilfe kommt von Millionen einzelliger Algen, so genannten Zooxanthellen, die in den Korallengeweben leben. Zooxanthellen setzen wie alle Pflanzen zur Herstellung von einfachem Zucker und Sauerstoff die Photosynthese ein. Und so ziehen die Korallen ihren Nutzen aus der hauseigenen Versorgung mit Nahrung und Sauerstoff. Die Beziehung ist symbiotisch, da die Algenzellen wiederum vom Kohlendioxid und den Nährstoffen der Koralle profitieren, die essentiell für ihr Wachstum sind. Korallen wachsen wegen der Algen dreimal so schnell und wirken so dem langsamen Verfall des Riffs durch Erosion entgegen. Unterhalb von 40 Metern gibt es jedoch wegen des fehlenden Lichts kaum noch Zooxanthellen. Folglich wachsen die Korallen in dieser Tiefe sehr langsam.

RIFFFORMEN

Alle Riffe auf der Welt, ob nun in der Karibik oder im Indopazifik, sind im Großen und Ganzen nach dem gleichen Grundmuster gebaut. Der Grund dafür liegt darin, dass das Korallenwachstum immer von denselben Faktoren beeinflusst wird: Wellenbewegung, Meeresströme, Sonnenlicht und Wärme.

Zonenabgrenzung

Der seichteste Teil des Riffs ist das Riffdach. Korallen können nicht oberhalb des Wassers wachsen, da sie an der Luft austrocknen und absterben würden. Deshalb dehnen sie das Riffdach horizontal zur See hin aus. Da die meisten Korallenarten die Wärme im seichten Wasser nicht vertragen, ist die Vielfalt auf dem Riffdach zumeist eingeschränkt.

An der äußersten Kante des Dachs zieht sich oft ein schmaler Kamm entlang. Dieser wird teilweise von Korallen gebildet, die durch die Wellenbewegung aufgeworfen und durch eine rote Kalkalge am Riff befestigt wurden. Das Wachstum dieser Alge, die in dieser exponierten Lage besonders gut gedeiht, trägt wesentlich zur Höhe und Breite des Riffs bei.

Auf der Landseite des Riffdachs befindet sich eine Lagune oder seichtes Gewässer mit

1

1. Die einzelnen Riffe des Großen Barrierriffs in Australien sind durch Kanäle voneinander getrennt, in denen das Wasser bei jedem Gezeitenwechsel mit einer Geschwindigkeit von bis zu 10 Knoten fließt.

normalerweise sandigem Untergrund. Je nach Tiefe der Lagune können hier einige Korallen leben und Fleckenriffe bilden. Der Sand kann auch von Seegräsern bewachsen sein, die einen eigenständigen Lebensraum bilden.

Auf der Seeseite wird das Riff vom Riffabhang begrenzt. Hier sind die Korallenriffe am vielfältigsten. Der Großteil der Korallen bevorzugt die etwas ruhigeren Gewässer des Riffabhangs, die weniger dem Ansturm der Wellen ausgesetzt sind als der Kamm. Korallen im oberen Teil des Abhangs wachsen schneller, da sie mehr Sonnenlicht erhalten. Das kann dazu führen, dass sich der Abhang zunehmend steiler und sogar überhängend gestaltet, da die im seichteren Wasser gelegenen Korallen immer weiter hinauswachsen.

Sandbildung

Riffe sind dynamische Gebilde, die ihre Gestalt langsam, aber kontinuierlich ändern. Die beiden Schlüsselfaktoren für die Rifferosion sind Wellen und bohrende (aushöhlende) Tiere, die gemeinsam dafür verantwortlich sein können, dass selbst die größte Koralle abbricht und schließlich zu Sand verwandelt wird. Ein schwerer Sturm kann einem ganzen Riff in sehr kurzer Zeit schweren Schaden zufügen. Kaum weniger schädlich wirken sich Tiere aus, insbesondere Schwämme und Muscheln, die hier Schutz suchen. Schwämme, die über keine Mittel verfügen, sich mechanisch in die Koralle zu bohren, lösen mit Hilfe von Säuren die Kalkskelette auf. Muscheln hingegen sind meist auf ihre Bohrkraft angewiesen.

Langsam wachsende Korallen lassen beim Absterben normalerweise ein dichtes, länger haltendes Kalkskelett zurück. Schnell wachsende Korallen besitzen hingegen leichte, poröse Skelette, die brechen können.

RIFFPFLANZEN

Meeresalgen sind nicht blühende Pflanzen, die auf Korallenriffen wie dem Großen Barrierriff (siehe rechts) in großer Fülle vorkommen und einen wichtigen Bestandteil des Ökosystems darstellen. Die vier Algenklassen werden anhand ihrer Farbe unterschieden: Braun-, Grün-, Rot- und einfache Blaualgen. Die Farben werden durch Pigmente in den Zellen hervorgerufen, die verschiedene Wellenlängenbereiche des Lichts für die Photosynthese absorbieren. Algen weisen eine enorme Bandbreite an Formen auf, von steinigen überkrustenden Gewächsen bis hin zu verästelten Pflanzen und einzelnen blasenförmigen Gebilden.

Braunalgen wachsen auf Korallenriffen, doch gedeihen sie besser in kaltem Wasser, wo sie zumeist vorherrschen. An Korallenriffen ist die Wachstumsrate von Grünalgen mit geschätzten 1-5 Kilogramm pro Quadratmeter pro Jahr besonders hoch. Allerdings stellen sie eine wichtige Nahrungsquelle für Pflanzen fressende Fische und wirbellose Tiere dar, sodass sie nicht überhand nehmen.

Rotalgen sieht man vor allem am Riffkamm, der auch Algenrücken genannt wird, wo sie der stärksten Wellenbewegung ausgesetzt sind. Hier bestehen sie zu 95 Prozent aus Kalkstein und nur zu 5 Prozent aus lebendem Gewebe.

Das Korallenwachstum hängt von der Jahreszeit ab und wird durch Streifen im Skelett sichtbar. Wie bei Jahresringen eines Baumes kann man anhand von ihnen das Alter einer Koralle bestimmen.

Schwärme von Papageifischen, insbesondere von großen Büffelkopf-Papageifischen, können ebenfalls schwere Schäden an Korallen verursachen. Sie beißen ansehnliche Korallenbrocken ab und verschlucken das Skelett mitsamt dem lebenden Gewebe. Der Riffkalk, den sie zu sich nehmen, zermahlt sowohl die Algen als auch das organische Gewebe, das sie gefressen haben, und erleichtert so die Verdauung. Dann wird er beim Schwimmen ausgeschieden und senkt sich wie ein Sandvorhang über das Riff.

Doch Sand bildet sich auch auf andere Weise. Die große Grünalge *Halimeda*, die in Ketten flacher Scheiben wächst, besitzt einen hohen Kalkgehalt. Brechen die Scheiben ab oder sterben, fallen sie auf den Meeresgrund und werden mit der Zeit zu Sand erodiert. Molluskenschalen brauchen länger, um zu brechen, wenn ihr Besitzer gestorben ist, und fügen dem Korallensand, der sich am Riff sammelt, größere Stücke hinzu.

Sandrecycling

Sind die Wellenbewegungen und Meeresströme an einem Riff günstig, häuft sich Sand zu einer Korallenbank auf. Sie kann wieder weggespült werden oder aber bis über die Wasseroberfläche hinauswachsen. In diesem Fall werden sie Vögel als Rastplatz nutzen. Deren Exkremente fügen dem Sand Nährstoffe zu, die das Wachstum von Pflanzen ermöglichen. Diese wiederum ziehen weitere Tiere an, und nach und nach entwickelt sich die Bank zu einer blühenden Insel.

Wenn sich der Sand setzt und in Winkeln und Spalten am Riff festigt, wachsen überkrustende Rotalgen darüber und schließen ihn ein. Daraufhin tritt eine Kombination physikalischer und chemischer Prozesse in Gang, durch die die Sandteilchen gebunden werden, sodass wiederum Kalkstein entsteht.

So wächst das Riff allmählich – wahrscheinlich um 1 bis 15 Millimeter pro Jahr. Im Vergleich zum Wachstum der Korallen mag das nicht beeindrucken, allerdings ist der Riffkalk sehr dicht und leidet nicht im selben Maße unter der Erosion wie die Korallenspitzen, weshalb er für den langfristigen Bau und die Dauerhaftigkeit eines Riffs von großer Bedeutung ist.

Einige Sandkörner werden immer feiner, bis sie sich erneut im Meerwasser auflösen. Dieses nun gelöste Kalziumkarbonat wird von den Korallen wieder verwertet und eingelagert. Auf diese Weise trägt der Sand dazu bei, dass sich ein Riff permanent entwickelt und verändert.

1. Die allmähliche Besiedlung einer neu entstandenen Sandbank zieht auch Vögel an. Ruß-Seeschwalben suchen in der Brutzeit zu Tausenden solche Zufluchtsstätten auf.

1

3.2 ÜBERLEBEN AM RIFF

Von Tieren, die vom Meeresboden fressen, über unbewegliche Schwämme bis hin zu blitzschnellen Barrakudas und Haien: Die Vielfalt der an einem Riff vorkommenden Ernährungsweisen ist erstaunlich. Das evolutionäre Wettrüsten zwischen Räuber und Beute und die hochgradige Konkurrenz um Nahrung und Raum an Korallenriffen haben verschiedenartige Spezialisierungen hervorgebracht. Räuber können mit Fangschlingen, scharfen Zähnen, Harpunen oder einem saugenden Maul ausgestattet sein und zudem ihre Beute über Sicht, Geruch oder elektrische Fühler aufspüren. Andere setzen auf Geschwindigkeit oder List, um sich Nahrung zu verschaffen. Die Beute hat im Gegenzug Abwehrmechanismen wie Tarnung, Mimikry, Gift, Panzer und Stachel entwickelt. Und jene Tiere, die sich aus dem Schutz der Risse und Spalten am Riff hinauswagen, benötigen zusätzliche Taktiken, um den vielen Mäulern, die sie verschlingen wollen, zu entfliehen.

1

PLANKTONFRESSER

Einen der besten Wege zum Verständnis der komplexen Organisation von Gemeinschaften an Korallenriffen bietet ein Blick auf ihre Nahrungsstrukturen. Nur wenn man die gesamte Primärproduktion von Algen am Riff in Betracht zieht (einschließlich der Zooxanthellen), die Arbeit von Milliarden von Bakterien, die organische Materie abbauen, die Filtrierer, die Detritusfresser, alle Tiere, die in der Nacht herauskommen, sowie die, die man am Tag sieht, beginnt die Nahrungskette an einem Riff Gestalt zu gewinnen. Es handelt sich um ein straff organisiertes Ökosystem, in dem Nährstoffe höchst effizient wieder verwertet werden. Und das ist auch notwendig, da die warmen tropischen Gewässer sehr nährstoffarm sind. Nur durch effiziente Nutzung und Wiederverwertung des Nahrungsangebots kann sich das Ökosystem am Riff aufrechterhalten.

Dem Riffabhang ausgesetzt

Das Wasser an einem Riffabhang ist voller kleiner, hintereinander gestaffelter Fische, die entgegen dem Strom damit beschäftigt sind, zu fressen. Tatsächlich sind die meisten Fische an Korallenriffen spezialisierte Zooplanktonfresser. Selbst jene, die kein ausgewachsenes Zooplankton fressen, ernähren sich davon in Form von Larven und Jungtieren.

Plankton fressende Fische sind beim Aufnehmen ihrer Nahrung vor allem auf Sicht

1. In Kolonien lebende Röhrenwürmer strecken ihre gefiederten Tentakel aus, um Plankton zu fangen. Die Tentakel sind für Druckveränderungen und Licht empfänglich und ziehen sich bei einer Störung schnell zurück.

angewiesen. Ihre kurze Schnauze ermöglicht es ihnen, beide Augen auf kleine, direkt vor ihnen liegende Ziele zu richten. Viele Arten haben ein dehnbares Maul, das so angelegt ist, dass sie vorbeiströmende Beute fangen können. Das ist eine Energie sparende Art der Nahrungsaufnahme, da sie nicht auf ihre Opfer zuschwimmen müssen. Manche Arten können mit ihrem vorstülpbaren Maul eine merkliche Saugwirkung erzeugen, durch die die Beute hineingezogen wird. Einmal gefangen, kann das Plankton nicht entkommen, da die Kiemen über besonders lange und engmaschige Reusen verfügen.

Um nicht gefressen zu werden, ist Plankton im oberen Bereich des Riffs sehr klein und eher durchsichtig, mit Ausnahme von pigmentierten Teilen wie dem Darm. Plankton, das aus dem offenen Meer herangespült wird, ist jedoch besser zu sehen und fällt zahlreichen Fischen, die sich oberhalb des Riffabhangs auf die Lauer legen, zum Opfer. Diese Tausende kleiner Fische werden wiederum von Fischen wie Stachelmakrelen bedroht, weshalb sie über gewisse Strategien verfügen, um nicht selbst als Beute zu enden.

Ihr bester Abwehrmechanismus besteht darin, die Reihen zu schließen und zum Riff zu eilen, was sie bei der geringsten Störung auch tun. Sie sind stromlinienförmig gebaut und haben tief gegabelte Schwänze, die ein schnelles Schwimmen ermöglichen. Diese körperlichen Anpassungen sind umso stärker ausgeprägt, je weiter die Fische vom Riff entfernt leben. So können selbst zwei eng verwandte Arten, die sich auf verschiedene Weise ernähren, sehr unterschiedlich aussehen. Der Pflanzen fressende Doktorfisch, der von Algen am Riff lebt, weist einen deutlich runderen Körperbau auf als der Thompson-Doktorfisch, der Planktonfresser ist.

Natürlich gibt es Ausnahmen von der Regel. So gibt es Planktonfresser, die in einiger Entfernung vom Riff fressen und weder einen stromlinienförmigen Körper noch einen gegabelten Schwanz haben. Sie treten Feinden stattdessen mit einschüchternden Angriffen und Furcht einflößenden Stacheln entgegen.

1

PUTZERSTATIONEN

Wie andere Tiere müssen sich auch Fische sauber halten. Da sie dies jedoch nicht selbst können, haben sie andere, die das für sie erledigen. Der treffend benannte Putzerfisch bietet an der „Putzerstation" seine Dienste an, indem er beinahe im Wasser tanzt. Seine Kunden – kleine Fische, große Zackenbarsche (siehe rechts) und sogar Mantarochen und Haie – nehmen eine passive Haltung an, um dem Putzerfisch zu versichern, dass ihm nichts passiert. Dieser kleine Fisch frisst dann Parasiten, tote Schuppen, Nahrungsstückchen und Pilze von der Haut, vom Maul und von den Kiemen seiner Kunden.

Doch am Riff sind auch noch zahlreiche andere Geschöpfe als Putzer unterwegs. Schleim- und Doktorfische reinigen Schildkrötenrücken von faulenden Algen, Schmetterlingsfische säubern Haie, und Garnelen kümmern sich um die Zähne von Riffmuränen.

2

VEGETARIER

Die produktivste Pflanzengemeinschaft an einem Riff ist Algenturf. Er gehört sogar zu den produktivsten Pflanzengemeinschaften auf der gesamten Welt. So verwundert es kaum, dass ein Heer von Fischen und wirbellosen Tieren sich daran gütlich tut.

Wer frisst Pflanzen?

Die Gruppe der Pflanzenfresser weist eine enorme Bandbreite an Formen und Größen auf. Während an den karibischen Riffen auch wirbellose Pflanzenfresser wie der Diademseeigel vorkommen, spielen im Indopazifik nur Fische eine entscheidende Rolle. Zu den vorherrschenden Pflanzen fressenden Fischen an allen Riffen gehören Doktorfische, Riffbarsche, Papageifische und Chimären. Trotz des geringen Nährstoffgehalts von Riffalgen bilden die meisten dieser Fische im Allgemeinen große Populationen und weisen hohe Wachstumsraten auf. Sie scheinen bei eiweißarmer Ernährung bestens zu gedeihen. Doch beim Abweiden des Algenrasens fressen sie auch kleine Krustentiere, Detritus und Bakterien. Darüber hinaus ernähren sich viele Arten von Fäkalien der Planktonfresser, die äußerst reich an Nährstoffen wie z. B. Stickstoff sind.

Pflanzen fressende Rifffische haben ihre eigenen charakteristischen Merkmale, wie ein kleines Maul, mit dem sie den Nährboden rasch und häufig abweiden können, und einen Körper, der eher auf die Feinabstimmung während des Weidens denn auf schnelles Schwimmen zugeschnitten ist. Beim Fres-

1. Der Hochrücken-Fahnenbarsch fängt mit seinem dehnbaren Maul vorbeitreibendes Plankton.

2. Der Diademseeigel ist ein unersättlicher Pflanzenfresser, der zumeist im Schutz der Nacht auf Nahrungssuche geht.

1. Ein Weißkehl-Doktorfisch stellt seine Flossen auf, um den Territorialbesitz anzuzeigen.

2. Prachtvoll gefärbte Harlekingarnelen ziehen die ergatterte Beute in ihren dunklen Schlupfwinkel am Riff, wo sie im Verlauf mehrerer Tage verzehrt wird.

sen nehmen sie wahrscheinlich ziemlich große Kalkmengen zu sich, die für sie kaum von Nutzen sind. Daher müssen sie, um ihren Bedarf an organischem Material zu decken, viel Nahrung aufnehmen.

Gebietsverteidigung

Fast alle Bereiche eines Riffs werden von ihren Besitzern vehement verteidigt. Patrouillen sichern die Grenzen, und manchmal schreckt schon die bloße Anwesenheit des Bewohners einen Eindringling ab. Einige Pflanzenfresser tolerieren andere Arten, weil von ihnen kaum eine Bedrohung ausgeht und weil sie bei der Gebietsverteidigung hilfreich sind.

Manche Pflanzenfresser, wie der Gitter-Doktorfisch, haben keine eigenen Territorien, sondern durchstreifen das ganze Riff zum Weiden. Der einzige Weg, Zugang zu einem streng bewachten Algenturf zu erlangen, besteht darin, in Massen in ein Gebiet einzudringen. Einer solchen Attacke sind die hier wohnenden Fische nahezu rettungslos ausgeliefert. Nach einer Minute schonungslosen Weidens zieht der Schwarm weiter und hinterlässt einen stark verringerten Algenbestand.

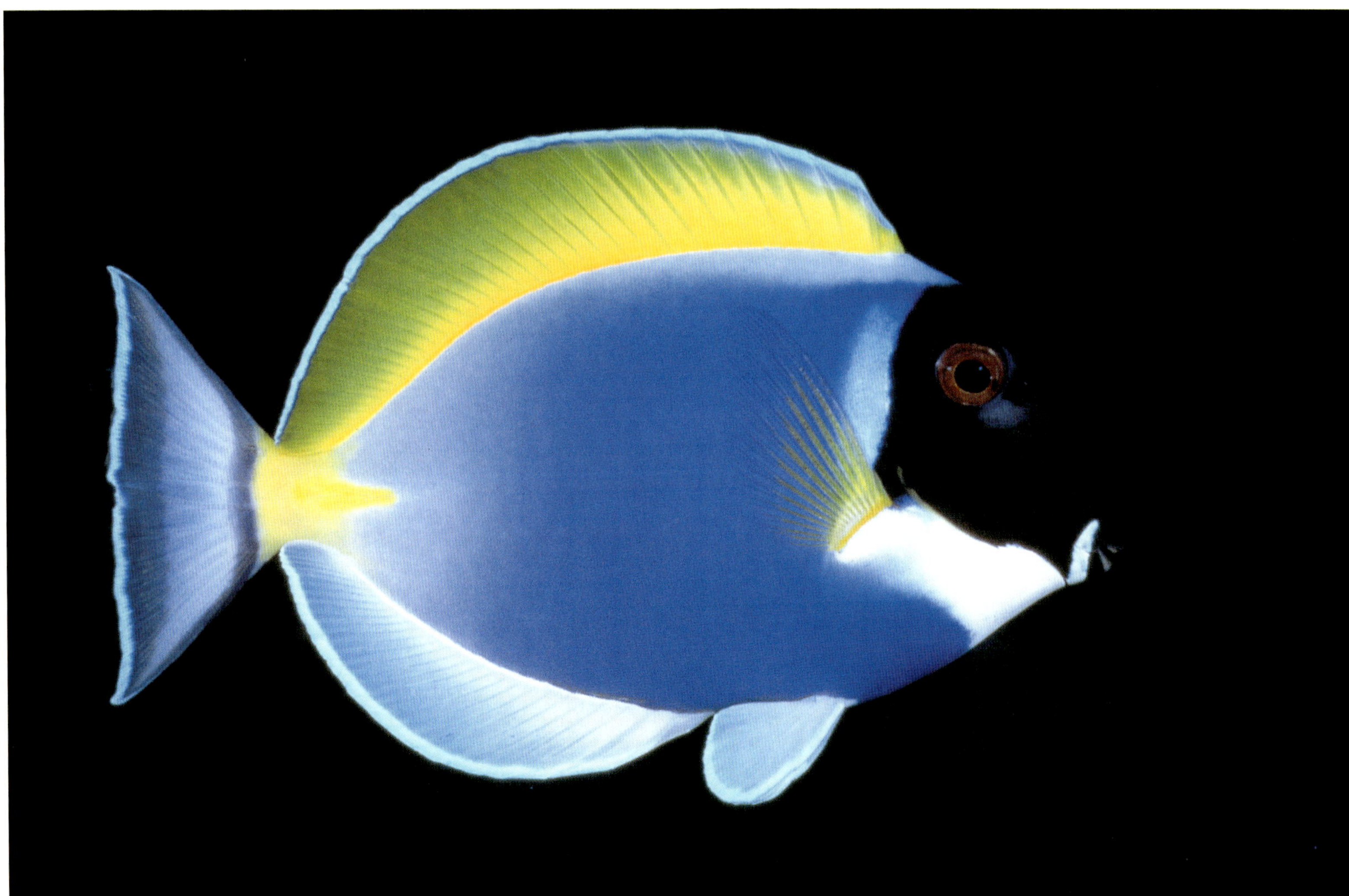

1

FLEISCHFRESSER

Bei so vielen Planktonfressern und Herbivoren am Riff muss es unweigerlich auch viele Carnivoren geben, einschließlich zahlreicher wirbelloser Räuber wie Krabben, Seeanemonen, Kegelschnecken und sogar Schlangensterne. Letztere stehen auf ihren Armen und locken kleine Fische in den vermeintlichen Schutz unterhalb ihrer Rumpfscheibe. Begibt sich ein Fisch dorthin, schließt der Schlangenstern seine Arme. Bekannt ist das Riff aber natürlich auch für seine Raubfische, angefangen bei den winzigen Meergrundeln bis hin zu Haien.

Strategien

Räuber, insbesondere Fischfresser, setzen eine Vielzahl verschiedener Taktiken ein, um ihre bewegliche und wehrhafte Beute zu fangen. Die Hochseearten, wie Stachelmakrelen, verfolgen einfach ihre Beute und jagen manchmal in Verbänden, wenn die Beute in Schwärmen auftritt. Auf diese Weise vergrößert sich die Chance, einzelne Tiere vom Schwarm zu trennen. Kleine Fische, wie etwa Ährenfische, bleiben oft zusammen, wenn sie angegriffen werden, um Sicherheit in der Menge zu finden. Der optische Effekt von Millionen von Fischen, die sich blitzend wie ein einziger Fisch bewegen, hält die Stachelmakrelen davon ab, ein bestimmtes Opfer anzuvisieren. Eidechsenfische setzen als Räuber eine ganz andere Jagdstrategie ein, indem sie aus dem Hinterhalt agieren. Sie liegen gut getarnt auf dem Meeresboden oder dem Riff und verhalten sich ganz ruhig. Schwimmt bei zunehmender Dunkelheit ein unachtsamer Grunzer vorbei, schießt der Eidechsenfisch auf ihn zu und packt ihn.

Braune Zackenbarsche gehören zu den größten Fischen am Riff. Sie wirken sanftmütig und bewegen sich kaum, doch das ist Teil ihrer Strategie. Sie verharren so lange in Höh-

2

1. Der Langhorn-Kofferfisch ist durch seine Knochenplatten vor Räubern geschützt.

2. Um in die Nähe seiner Opfer zu gelangen, lässt sich der listige Rotfeuerfisch wie Algen im Wasser treiben. Zur Selbstverteidigung setzt er große Giftstacheln ein.

1

len oder unter Überhängen am Riff, bis sich ihre Beute an ihre Gegenwart gewöhnt hat und die Gefahr vergisst. Gelangt das Opfer in Reichweite, erfolgt ein außergewöhnlich schneller Angriff.

Der Schnepfenfisch schwimmt eng an der Seite eines unschuldigen und unverdächtigen Partners, sodass ihn sein Opfer nicht sehen kann. Ist das Paar nah genug, schießt der Schnepfenfisch hervor und saugt sich in seiner Beute fest. Stachelmakrelen nutzen hin und wieder dieselbe Technik und verstecken sich hinter Büffelkopf-Papageifischen.

Verteidigung

Die Anwesenheit von Räubern hat bei Beutetieren zur Ausbildung zahlreicher Ausweichmechanismen geführt. Harte Außenhüllen wie die Schalen von Krustentieren sind in der Welt der Wirbellosen nichts Ungewöhnliches, doch auch Fische setzen so etwas wie Rüstungen ein. Kofferfische verfügen über eine harte Haut und Knochenplatten, Drachenköpfe wiederum haben Flossenstachel, die sie bei Bedrohung ausstrecken können, und Doktorfische besitzen skalpellähnliche Stacheln. Die Stacheln des äußerst revierbewussten Blaustreifen-Doktorfisch sondern sogar Gift ab. Andere Fische sind so geformt, dass sie kaum eine Angriffsfläche bieten: So haben zum Beispiel Engelfische für Räuber sehr schwer greifbare breite Körper, und Kugelfische schwellen bei der geringsten Provokation mit Wasser an.

Einige Farben wie die von Nacktschnecken, vom Blaugeringten Octopus und von bestimmten Kugelfischen zeigen an, dass ihr Träger giftig ist. Doch oft wird die Farbe auch zur Tarnung eingesetzt. Der Harlekin-Geisterpfeifenfisch beispielsweise ist von dem ihn beherbergenden Haarstern kaum zu unterscheiden. Die Hautverlängerungen und seine Färbung stimmen perfekt mit denen der Fangarme des Haarsterns überein.

Einige Beutefische haben das äußere Erscheinungsbild von Räubern angenommen. Der Mirakelbarsch versteckt sich bei Bedrohung mit dem Kopf voran in einem Loch, sodass nur der Schwanz herausragt. Was von diesem kleinen Fisch sichtbar bleibt – ein abgerundeter, gefleckter Schwanz mit einem großen Augenfleck –, ähnelt einer Riffmuräne, die aus dem Gestein herauslugt. Die Schwänze vieler Schmetterlingsfische tragen Augenflecken, sodass der Räuber den am wenigsten verletzbaren Teil des Fisches, den Schwanz,

2

anpeilt anstatt seinen Kopf. Oft sind auch die Augen von Schmetterlings- und anderen Fischen von Streifen bedeckt, weshalb ihre Silhouette nur schwer auszumachen ist.

Kaurischnecken und Einsiedlerkrebse ziehen sich bei Gefahr in ihre Schalen zurück, andere Tiere flüchten in Löcher im Riff. Einige Fische treten zum Schutz nur in Schwärmen auf, andere bringen sich durch schnelles Hakenschlagen in Sicherheit. Doch trotz aller Strategien sind häufig die Räuber erfolgreich, und zwar allein schon aufgrund ihrer zahlenmäßigen Präsenz am Riff.

Korallen als Nahrung

Da Korallen bekanntermaßen bewegungslos sind, ziehen sich die meisten Korallentiere bei Tageslicht in ihre schützenden Kalkskelette zurück, wo sie verhältnismäßig sicher sind. Als zweite Möglichkeit, Räuber von sich fernzuhalten, setzen sie harpunenartige Nesselzellen ein, die Gift enthalten. In erster Linie dienen diese Zellen dem Fangen von Zooplankton, doch sie entladen sich mit ziemlicher Sicherheit auch dann, wenn ein Fisch eine Koralle berührt. Das Gift der Nesselzellen ist unterschiedlich stark, und einige Arten können auf der Haut schmerzhafte Striemen hinterlassen.

Trotz dieser Abschreckungsmaßnahmen haben sich einige Fische auf Korallen spezialisiert. Schmetterlingsfische besitzen empfindliche Mäuler, mit denen es ihnen gelingt, einzelne Polypen zu schnappen. Einige Arten, wie der Sparren-Falterfisch, ernähren sich ausschließlich von Korallen. Sie verteidigen ihr Territorium, das normalerweise aus nur einem einzelnen Korallenstock besteht, vehement gegen Eindringlinge. Papageifische dagegen fressen Korallen eher unbeabsichtigt. Sie schaben mit ihrem schnabelförmigen Maul Algen vom Riff und nehmen dabei auch winzige Korallenstöcke zu sich.

Unter den Pflanzenfressern, Korallen und Algen herrscht ein sensibles Gleichgewicht. Werden neu angesiedelte Korallenlarven, junge Korallentiere und erste Korallenstöcke abgekratzt und gefressen, bevor sie sich richtig entfaltet haben, können sich keine neuen Korallenköpfe entwickeln. Umgekehrt können die Neulinge allerdings auch bei zu geringem Abweiden vom schneller wachsenden Algenturf erstickt werden.

1

1. Geisterpfeifenfische sind in den sie beherbergenden Haarsternen hervorragend getarnt. Sowohl Räuber als auch Beutetiere können sie in dieser Umgebung kaum entdecken.

2. Rechts: Die Feuerkoralle erzeugt bei Berührung einen schmerzhaften Stich, weil sich die mit Gift gefüllten Nesselzellen entladen. Taucher lernen bald, dieses senfgelbe Nesseltier zu erkennen.

SEESTERN-PLAGEN

So attraktiv sie sind, so verheerend ist an Korallenriffen die Wirkung der Dornenkronenseesterne. Als diese Lebewesen in den späten 1960er und frühen 1980er Jahren in großer Zahl am Großen Barrierriff in Australien auftraten, befürchtete man, dass das gesamte Riff verschwinden würde. Doch offensichtlich findet die Plage immer wieder rechtzeitig ein Ende, sodass sich das Riff erholen kann.

2

1

1. Krabben der Familie Xanthidae greifen die Stacheln und Wasserfüßchen eines Dornenkronenseesterns an, um ihre Wirtskoralle zu schützen.

2. Dornenkronenseesterne stülpen ihren Magen aus. Vor der Absonderung von Verdauungsenzymen ersticken sie das lebende Korallengewebe.

Korallen töten

Dornenkronenseesterne weisen einen Durchmesser von 25 –35 Zentimetern auf. Einzelne Exemplare können sogar bis zu 80 Zentimeter groß werden. Als ausgewachsene Tiere fressen sie gerne geweihförmige Korallen. Nimmt der Bestand dieser Korallen ab, ernähren sie sich auch von Weichkorallen sowie Algen. Dornenkronenseesterne schieben ihren membranartigen Magen durch ihren Mund und ersticken die Koralle. Dabei werden Enzyme abgesondert, die das lebende Korallengewebe zersetzen, das dann mittels winziger, Cilien genannter Härchen zu den Verdauungsorganen transportiert wird. Der ganze Vorgang kann vier bis sechs Stunden dauern. Der Seestern hinterlässt einzig das weiße Korallenskelett. Ist die Koralle groß, so kann der Seestern Nacht für Nacht wiederkommen, bis der ganze Stock tot ist. Bei schweren Dornenkronenseestern-Plagen können 90 Prozent der Korallen vernichtet werden.

Natürlich oder vom Menschen verursacht?

Auch wenn ein Seestern im Jahr nur etwa 5 Quadratmeter Korallen verzehrt, so können Hunderte von Seesternen doch beträchtliche Schäden verursachen. Von „Plage“ spricht man allerdings erst dann, wenn ihre Zahl in die Tausende geht. Bei den schlimmsten Ausbrüchen waren mehrere Millionen beteiligt. Wissenschaftler sind sich noch nicht einig, ob diese Ausbrüche natürlich sind. Die gängigste Erklärung ist die, dass es natürliche Phänomene sind, zu deren problematischen Dimensionen der Mensch seinen Beitrag leistet.

Eine mögliche Ursache für die Ausbrüche könnte darin bestehen, dass der Seestern aufgrund der Aktivitäten von Muschelsammlern und Speerfischern weniger Feinde hat. Das Tritonshorn mit seiner sehr geschätzten Schale ist ein emsiger Dornenkronenseestern-Räuber. Diese Schnecke hält den Seestern mit ihrem muskulösen Fuß fest, während sie das Fleisch mit ihrer Radula (Raspelzunge) zerschneidet. Dann schiebt sie

3

3. Die Effizienz, mit der Dornenkronenseesterne Korallen töten, ist bemerkenswert. Treten an einem Riff Tausende von Seesternen auf, können sie bis zu 90 Prozent des Korallenbestands vernichten.

ihren Rüssel in den Seestern und frisst das weiche Gewebe. Doch gab es nie besonders viele Tritonshörner, und es ist unwahrscheinlich, dass sie jemals eine entscheidende Kontrolle über Dornenkronenseestern-Populationen ausübten. Weitere natürliche Feinde sind einige Drückerfische, die dem giftigen Seestern ebenfalls gewachsen sind.

Babyboom

Eine andere Theorie, die einen Dornenkronenseestern-Ausbruch erklären könnte, betrifft das Fortpflanzungssystem. Dornenkronenseestern-Weibchen locken Männchen durch chemische Stoffe an, woraufhin beide gleichzeitig Millionen von Ei- und Samenzellen freisetzen. Ein Weibchen kann in der Fortpflanzungsperiode über 60 Millionen Eier produzieren. Befruchtete Eier bleiben als Larven 10–28 Tage im freien Wasser. Sie fressen Phytoplankton, das es an Korallenriffen wegen des Nährstoffmangels nur in beschränkten Mengen gibt. Steigt der Nährstoffgehalt jedoch infolge des Zuflusses von landwirtschaftlichen Düngemitteln oder von Abwässern an, so gedeiht Phytoplankton. Und so können weit mehr Dornenkronenseestern-Larven überleben, als es normalerweise der Fall wäre. Zwar werden sie von Planktonfressern verzehrt, aber dennoch schaffen es viele, am Riff zu siedeln. Günstige Meeresströmungen und Winde spielen ebenfalls eine Rolle. Treten alle genannten Faktoren gemeinsam auf, können die Auswirkungen dramatisch sein.

ZUM THEMA

1.3 Leben im Meer
Jagd, S. 55

3.1 Korallenriffe
Was ist eine Koralle?, S. 106

3.2 Überleben am Riff
Korallen als Nahrung, S. 122

NACHTFRESSER

In der Nacht ist alles anders. Was für Tagfresser gilt, hat für Nachtfresser keine Bedeutung mehr. Bei Sonnenuntergang suchen zunächst die kleineren Fische Zuflucht am Riff. Und nach und nach, scheinbar nach Größe geordnet, ziehen sich alle Tagesfische in den Schutz des Riffs zurück. 15–20 Minuten lang ist am Riff kaum Aktivität wahrnehmbar; die Tagfische haben sich allesamt versteckt, die Nachtfische sind noch nicht herausgekommen. Man nennt dies die „stille Zeit". Nur wenige Nachtarten wie die jungen Kardinalfische lassen sich bereits vorher blicken, doch da sie nahezu durchsichtig und weniger als 3 Zentimeter lang sind, werden sie von Sichtjägern, die das Riff abschwimmen, kaum bemerkt.

Im Dunkel Plankton fangen

Nach Einbruch der Dunkelheit verlassen die Nachtfische ihre Höhlen und Überhänge, wo sie in großen Gruppen tagsüber Zuflucht fanden. Viele von ihnen, wie die Soldatenfische und die Großaugenbarsche, sind Planktonfresser, die besonders große Augen entwickelt haben, um ihre Beute bei Nacht zu finden. Kleine Zooplankter sind kaum in Gefahr, wahrscheinlich weil sie aufgrund ihrer geringen Größe nicht gesehen werden. Größere Zooplankter, zumeist winzige Krustentiere, für die es zu riskant wäre, tagsüber das Riff zu verlassen, kommen erst bei Nacht heraus, wenn sich die Heerscharen der tagaktiven Plankton fressenden Fische zurückgezogen haben.

Doch nicht nur Fische fressen in der Nacht Plankton, sondern auch viele wirbellose Tiere. Schlangensterne krabbeln aus Schwämmen, Haarsterne machen sich auf den Weg zu höher gelegenen günstigen Standorten, und Gorgonenhäupter recken ihre kompliziert verästelten Arme in den Strom hinauf, um Plankton zu fangen. Weiche und harte Korallen sowie Seefedern fahren ihre Polypen aus und filtern Plankton verschiedener Größe aus dem Wasser.

Wenn das Zooplankton nachts vom Riff zum Fressen aufsteigt, unternimmt es sozusagen einen Spießrutenlauf durch Millionen von Korallenpolypen. Doch das Risiko bei Nacht ist offensichtlich immer noch geringer als am Tag, wenn sehr viele Fische unterwegs sind.

1. Eine Gehäuseschnecke streckt ihren Rüssel durch den Schleimkokon eines schlafenden Papageifisches, um wie ein Vampir sein Blut auszusaugen.

2. Nachts jagen Weißspitzenriffhaie in Gruppen. Mit ihrem außergewöhnlich guten Geruchssinn spüren sie Fische auf, die sich im Riff versteckt haben.

1

2

Nächtliche Jäger

Einige tagaktive Fische, wie die Doktorfische, Füsilierfische und Halterfische, nehmen bei Nacht eine dunklere Färbung an, um die Gefahr, von einem nächtlichen Räuber erspäht zu werden, zu verringern. Doch diese Anpassung scheint nicht unbedingt notwendig zu sein, da viele von ihnen offenkundig ihre Farbe überhaupt nicht wechseln. Sie verstecken sich stattdessen zum Schutz unter einer Koralle oder in Höhlen.

Bestimmte Papageifische ziehen sich in ein Loch zurück und sondern jede Nacht einen Schleimkokon um sich herum ab. Man glaubt, dass sie sich so mittels chemischer Stoffe vor Räubern wie Riffmuränen, die nach Geruch jagen, verbergen. Doch gegen eine bestimmte Gehäuseschneckenart stellt ein solcher Kokon keinen ausreichenden Schutz dar. Diese verfügen über ein ausstreckbares Mundstück, das sie in das Mundgewebe ihrer schlafenden Opfer stecken, um Blut herauszusaugen.

Weißspitzenriffhaie jagen nachts, indem sie den elektrischen Impulsen sich bewegender Fische folgen. Doch selbst bewegungslose Fische sind vor ihnen nicht sicher, da Haie über einen sehr guten Geruchssinn verfügen und sogar ein Opfer aufspüren, das sich unter einer Koralle versteckt hat. Folglich suchen viele Fische Orte auf, wo sie von ihnen nicht erreicht werden können.

Je nach Art kann ein Haifischgebiss aus bis zu 3000 in 6 bis 20 Reihen angeordneten Zähnen bestehen.

3.3 FORTPFLANZUNG AM RIFF

Die Vermehrung an Korallenriffen, insbesondere innerhalb der Fischpopulationen, ist eine komplizierte Angelegenheit. Sie beschränkt sich nicht auf das klassische Muster, nach dem sich ein Männchen mit einem Weibchen paart, das dann die Jungen großzieht. Vielmehr bedienen sich die Lebewesen am Riff unterschiedlicher Techniken, von denen jede die Erfolgschancen der einzelnen Art steigert.

Einige wie zum Beispiel Schmetterlingsfische bilden gemischte Paare und bleiben zusammen, bis einer der beiden einem Räuber zum Opfer fällt. Allerdings ist es üblicher, dass sich ein Männchen einen Harem hält. Doch viele Rifffische wechseln auch einfach das Geschlecht, und manche sind sogar Zwitter. In der Welt der wirbellosen Tiere, in der viele Arten unbeweglich sind, bietet sich die Zweigeschlechtlichkeit als Lösung des Problems geradezu an.

GESCHLECHTSWANDEL

Im Reich der Tiere gibt es einige Arten, die entweder ihr Geschlecht verändern oder aber als Männchen und Weibchen zugleich aktiv sind. Insbesondere Fische sind dazu in der Lage, und viele von ihnen leben an Korallenriffen.

Transsexuelle

Einer der problematischsten Aspekte bei der Bestimmung von Fischen ist der, dass viele von ihnen in ihrem Leben Geschlecht und Farbe verändern. Bei einigen Papageifischarten sind beispielsweise die Männchen leuchtend bunt und die Weibchen dunkel gefärbt, doch verwirrenderweise findet man unter denselben Arten auch dunkel gefärbte junge Männchen, die den Weibchen sehr ähneln.

Zwittertum ist bei Rifffischen kein ungewöhnliches Phänomen. In der Regel können sie sich jedoch jeweils nur als ein Geschlecht vermehren. Einige Fische sind protogyn, das bedeutet, dass sie als Weibchen geboren werden und sich später zu Männchen entwickeln. Andere sind protandrisch, das heißt, sie werden als Männchen geboren und wandeln sich später zu Weibchen. Eine Ausnahme stellt dabei eine Gruppe kleiner Fische in der Karibik dar, deren Mitglieder gleichzeitig männlich und weiblich sind (Simultan-Hermaphroditen).

Bei den Lippfischen, Papageifischen, Zackenbarschen, Engelfischen und einigen Riffbarschen sowie Meergrundeln nehmen normalerweise die Weibchen das andere Geschlecht an. Fahnenbarsche, Verwandte der Zackenbarsche, werden ebenfalls als Weibchen geboren und verwandeln sich später in Männchen. Besonders die Korallenriffe des Roten Meeres sind bekannt für die Wolken orangefarbener Juwelen-Fahnenbarsche. Die violetten Männchen halten Harems orangefarbener Weibchen, die immer in ihrer unmittelbaren Nähe bleiben. Schwebt ein Schwarm über dem Riff, kann man kaum feststellen, welches Weibchen zu welchem Männchen gehört. Erst wenn sie Schutz suchen, lassen sich die Männchen und ihre Harems deutlich auseinander halten.

Ein Fahnenbarschmännchen hält die Weibchen in seinem Harem davon ab, sich in Männchen zu verwandeln, indem es sich ihnen gegenüber ausgesprochen aggressiv verhält. Damit stellt es sicher, dass es das einzige Männchen seiner Gruppe bleibt und nur sein Sperma alle Eier befruchtet. Seine Aggression richtet sich vor allem gegen die größten Weibchen, die als Nächste an der Reihe sind, zu Männchen zu mutieren. Offensichtlich beeinflusst sein Verhalten die Hor-

Der Schwarze Hamletbarsch, ein kleiner karibischer Fisch, ist gleichzeitig Männchen und Weibchen. Während der Laichzeit wechseln sich die Paare dabei ab, ihre Eier und Spermien freizusetzen, und tauschen nach jeder Runde die Rollen.

1. Fahnenbarschmännchen haben eine stark entwickelte Rückenflosse, die sie aufstellen, wenn sie bedroht werden. Sie sind viel violetter als die Weibchen ihres Harems.

1

1. Papageifischweibchen und -männchen schwimmen zusammen vom Riff nach oben, um im freien Gewässer gleichzeitig Samen und Eier auszustoßen. So verringert sich das Risiko, dass die befruchteten Eier Räubern zum Opfer fallen.

2. Anemonenfische leben als Paare in einer Seeanemone. Das Weibchen ist zwei- bis dreimal so groß wie das Männchen.

mone der Weibchen dergestalt, dass sie ihr Geschlecht behalten. Fällt das Männchen einem Räuber zum Opfer, verwandelt sich das größte Weibchen in seinem Harem in ein Männchen und entwickelt innerhalb weniger Tage längere Flossen und neue Farben.

Männlich geboren

Zu den Fischen, die ihr Leben als Männchen beginnen und später Weibchen werden, gehören Drachenköpfe, Brassen, Schnapper, Seebarsche und einige Anemonenfische. Die Letztgenannten verlassen als winzige Männchen das Plankton und suchen eine Seeanemone auf, wobei sie ein Schleimmantel vor deren Nesselzellen schützt. Wenn sie von dem hier wohnenden Fisch akzeptiert werden, nehmen sie ihren Platz am unteren Ende der Hackordnung ein. Der größte Fisch in einer Seeanemone ist ein Weibchen, das die Männchen davon abhält, ihr Geschlecht zu verändern, indem es sie schikaniert. Erst wenn dem Weibchen etwas zustößt, wird das größte Männchen sein Geschlecht umwandeln und die dominante Rolle übernehmen.

Bei Fischarten, deren Weibchen sich im Lauf ihres Lebens in Männchen verwandeln, gibt es auch Einzelfälle, die als Männchen geboren werden und es auch bleiben (Primärmännchen). Die Primärmännchen der Blaufleck-Papageifische beispielsweise sind zu Beginn ihres Lebens farblos, können sich jedoch später zu den farbenprächtigsten Fischen von allen wandeln.

Warum das Geschlecht verändern?

Wie alle Lebewesen sind auch Fische darauf programmiert, sich erfolgreich fortzupflanzen. Und darin liegt auch der Hauptnutzen einer Geschlechtsveränderung. Protogyne Fische, die ihr Leben als Weibchen beginnen, können beim Heranwachsen Tausende kleiner Eier produzieren und sie von einem erfolgreichen Männchen, das seinen Wert bereits unter Beweis gestellt hat, befruchten lassen. Wenn sie erwachsen geworden sind und bewiesen haben, dass sie überleben können, nehmen sie einen höheren Platz in der Rangordnung ein. In diesem Stadium ist es für die Arterhaltung von Vorteil, die Fortpflanzungszellen von möglichst vielen Fischen zu befruchten. Um dies zu erreichen, verwandelt sich das Weibchen am besten in ein Männchen. Protogynie erlaubt diesen Fischen also eher, das Reproduktionsergebnis im Lauf ihres Lebens zu maximieren, als jenen Fischen, die als Männchen geboren werden und erst dominant werden müssen, um sich dann fortpflanzen zu können.

Wenn an einem Riff, was häufig vorkommt, eine Fischart unterrepräsentiert ist und die Räuber überwiegen, erweist sich das Phänomen des Zwittertums von großem Vorteil. Erwischt ein Räuber ein Männchen, kann sich das größte Weibchen in ein Männchen verwandeln. Fällt ihm ein Weibchen zum Opfer, so stehen dem Männchen noch andere Weibchen zur Verfügung.

2

Haifischweibchen sind infolge der Bisse, die ihnen ihre Partner bei der Paarung zufügen, oft vernarbt.

LAICHEN

Zum Zwecke der Fortpflanzung geben manche Rifffische ihre Eier und Samen einfach ins freie offene Wasser ab, in der Hoffnung, dass wenigstens einige Exemplare befruchtet werden und überleben. Andere unternehmen größere Anstrengungen und bauen nestähnliche Gebilde für ihren Nachwuchs. Wirklich hingebungsvolle Arten jedoch tragen die sich entwickelnden Eier an ihrem Körper.

Fortpflanzung im Freien

Bei einem abendlichen Tauchgang kann man manchmal Tausende von Doktorfischen über ein Riff hinwegströmen sehen. Ohne Vorwarnung steigt dann eine kleine Gruppe von Fischen im absoluten Gleichmaß über dem Riff auf und setzt eine Wolke von Eiern und Spermien im Wasser frei. Immer mehr Gruppen folgen ihr und kehren nach jeder Runde in den Schutz des Riffs zurück. Diese Fortpflanzungsmethode nennt man „Freiwasserlaichen".

Fische, die ihren Laich breitflächig verteilen, produzieren eine große Zahl kleiner Eier, da die Wahrscheinlichkeit, dass viele von ihnen nicht befruchtet oder in irgendeinem Stadium von Planktonfressern verzehrt werden, recht groß ist. Um die Chancen des Nachwuchses zu erhöhen, das Entwicklungsstadium als umhertreibendes Plankton zu überstehen und ein Riff zu finden, laichen die Fische bei Dämmerung ab, wenn sich die meisten Planktonfresser in den sicheren Schutz der Korallen zurückziehen. Darüber hinaus laichen sie an Plätzen ab, wo die befruchteten Eier von den Meeresströmungen aus der Gefahrenzone fortgetragen werden. Und sie stimmen ihre Aktivitäten mit dem Mondzyklus ab, denn nur unter günstigen Gezeiten- und Strömungsbedingungen können die sich entwickelnden Larven vom Riff weggetragen werden und später wieder an ihren Ursprungsort zurückgelangen.

Einige Methoden des Freiwasserlaichens sind willkürlicher als andere. Während Arten wie der Doktorfisch und der Zackenbarsch zu Tausenden gemeinsam ablaichen, richtet das Grüne Lippfischmännchen für eine bestimmte Zeit ein Laichterritorium ein, in das die Weibchen hineingelockt werden. Engelfische, Schmetterlingsfische, Kofferfische, Rotfeuerfische sowie einige Lippfisch- und Papagei-

FORTPFLANZUNG BEI HAIEN

Männliche Haie haben „Begattungsorgane" (Clasper), die bei manchen Arten ähnlich wie ein menschlicher Penis funktionieren. Zunächst wird Meerwasser von einem Paar Muskelsäcke am Bauch des Männchens aufgenommen, die sich dann beim Paarungsvorgang zusammenziehen und das Sperma in das Weibchen stoßen. Der eigentliche Akt kann für das Weibchen schmerzhaft sein: Das Männchen beißt ihm in die Flanken-, Rücken- und Bauchflossen, um seine Position zu halten, vielleicht aber auch, um sie empfängnisbereit zu machen. Sie von hinten packend, schlingt sich das Männchen um sie herum und führt eines seiner Begattungsorgane ein. Das nebenstehende Bild zeigt das Balzritual eines Weißspitzenriffhaipaares. Die befruchteten Eier entwickeln sich je nach Art unterschiedlich. Einige, wie Stierkopfhaie, legen zwischen Algen oder auf Felsgestein eingekapselte Eier ab, andere tragen die Eier in sich und gebären lebende Junge.

1

fischarten haben paarweise Sex und verteilen ihren Laich zu zweit.

Das paarweise Ablaichen wird in der Regel von einem Balzritual begleitet. Das Männchen umwirbt das Weibchen, indem es sich zur Schau stellt, auf irgendeine Weise mit seinen Farben protzt und dann sein Maul an ihrem Bauch reibt. Ist sie bereit, steigen beide hoch über das Riff hinaus und positionieren sich so, dass die abgelegten Eier sofort von Sperma bedeckt werden. Bei dieser sorgfältigen Verfahrensweise sind die Chancen einer erfolgreichen Befruchtung höher. Sind sie fertig, taucht das Paar wieder in die Sicherheit des Riffs zurück.

Unterwassernester

Einige Fische bauen im Sand oder auf dem Riff eine Art Nest, in dem sie ihre klebrigen Eier ablegen. Diese so genannten Substratlaicher investieren weit mehr in die Aufzucht ihres Nachwuchses, indem sie größere Eier mit einem größeren Dottersack produzieren, um die sie sich nach ihrer Befruchtung kümmern. Die Überlebensrate in diesem Entwicklungsstadium ist wesentlich höher als beim Freiwasserlaichen, doch dafür fällt die Zahl der Eier insgesamt geringer aus.

Es ist durchaus üblich, dass Hunderte von Fischen gleichzeitig Nester bauen. Laichen Grüne Riffbarsche ab, mutet der sandige Grund zwischen den seichten Stellen des Riffs von oben betrachtet wie ein Flickenteppich an. Der Prozess beginnt, sobald ein Männchen eine Mulde, kleiner als eine Untertasse, mit seinem hin- und herzuckenden Schwanz gräbt. Dann lockt es die Weibchen heran, indem es in zitronengelber Brutfarbe über seinem Nest auf- und abschwimmt. Es „zirpt“ auch dazu, ein Laut, der seine Bereit-

1. Kofferfische legen ihre Eier und Spermien bei Dämmerung weit oben in der Wassersäule ab, sobald sich die Heerscharen der Plankton fressenden Tagesfische für die Nacht ins Riff zurückgezogen haben.

Der Seestern *Linckia multifora* vermehrt sich asexuell. Während er sich mit vier seiner fünf Arme am Untergrund festhält, wirft er einen Arm ab, der dann zu einem neuen Seestern heranwächst.

schaft zur Fortpflanzung signalisiert. Angezogen von diesem Schauspiel, taucht daraufhin ein blau-grünes Weibchen zu seinem Nest hinunter und legt seine Eier auf dem Sand ab. Währenddessen hält sich das Männchen an ihrer Seite und bedeckt die Eier mit Samen. Das Paar bleibt nicht lange zusammen. Das Weibchen zieht bald davon und laicht mit einem anderen Männchen an einer anderen Stelle im Sand ab. Dieses hektische Treiben währt von nachmittags bis zur Dämmerung, wenn die Fische, wie jede Nacht, in den Schutz der Korallen zurückkehren.

Größere Drückerfische höhlen ebenfalls Nester im Sand aus, doch diese sind größer und erfordern weit mehr Arbeitseinsatz. Sie tragen große Korallenstücke und Gestein weg und blasen mit ihrem Maul den Sand aus den Mulden. In der Dämmerung legt das Weibchen seine Eier ab und überlässt es dann dem Männchen, sich um das Nest und die Verteidigung des Nachwuchses zu kümmern. Viele Räuber mögen die großen und nährstoffreichen Eier der Drückerfische, weshalb ihre Nester oft von Schmetterlingsfischen und anderen umzingelt werden. Doch die Männchen nehmen ihre Aufgabe sehr ernst. Ein Riesendrückerfisch würde sogar einen Taucher in die Flucht schlagen, der sich seinem Nest nähert.

Brütende Männchen

Je mehr Zeit und Energie in den Nachwuchs investiert werden, desto höher seine Überlebenschancen. Größere Eier haben einen besseren Start ins Leben, benötigen aber viel Fürsorge. Zu den Fischen, die dazu bereit sind, gehören auch die Seenadeln, bei denen die Männchen die Eier ausbrüten.

Korallenseenadeln kommen häufig an den seichten Riffen des Indopazifiks vor, beson-

SOZIALISIERTE GARNELEN

Wenn Taucher ein Riff erkunden, hören sie ein permanentes Knacksen, das von Tausenden so genannter Knall- oder Pistolenkrebse erzeugt wird. Die meisten von ihnen sind so winzig, dass man sie kaum erkennen kann. Manche Krebsarten leben solitär, andere bilden eine symbiotische Gemeinschaft mit Wirbellosen wie Korallen, Seeigeln und Schwämmen. Von den in Schwämmen lebenden Arten haben einige erstaunlich fortgeschrittene Sozialsysteme entwickelt. Wie Bienen leben sie in einer Kolonie mit nur einem Weibchen, das den Nachwuchs produziert, und Wächtern, die das Nest schützen. Diese Garnelen sind die ersten bekannten Meerestiere, die ein derart hoch entwickeltes Gemeinschaftswesen unterhalten.

Synalpheus regalis lebt ausschließlich in den labyrinthisch gebauten Schwämmen, wobei jeder Schwamm nur eine Kolonie beherbergt. Sie besteht aus einer „Königin-Garnele", dem einzigen fortpflanzungsfähigen Weibchen, zahlreichen jungen Garnelen sowie deutlich erkennbaren größeren Garnelen, die eine vergrößerte Schere besitzen, mit der sie Eindringlinge abwehren. Sie sind die Wächter der Kolonie, die ihren Lebensraum gemeinsam gegen Räuber und andere Garnelen, die sich in den Schwamm wagen, verteidigen.

1

ders in geschützteren Gewässern. Sie bilden dauerhafte Paare, und auch wenn sie nicht unbedingt den ganzen Tag zusammen beim Fressen verbringen, so begrüßen sie sich doch jeden Morgen. Bei Dämmerung kehrt das Weibchen zum Männchen zurück, und beide schwimmen dann eine Weile miteinander, wobei sie sich in einer vereinfachten Version ihres Balztanzes freundlich umeinander winden. An dem Morgen, an dem die Eier des Weibchens bereit sind, tanzt das Paar zusammen und schwimmt umschlungen nach oben. Dann leitet das Weibchen in einer schnellen Bewegung ihre Eier in die klebrige Bauchtasche des Männchens. Dieses trägt die sich entwickelnden Eier etwa zehn Tage, bis sie als unabhängige Miniatur-Seenadeln ins Plankton ausschlüpfen. In der Brutzeit paaren sich Korallenseenadeln alle zehn Tage. Da das Männchen die ganze Verantwortung für die befruchteten Eier übernimmt, hat das Weibchen genügend Zeit zum Fressen und kann sich stärken, um in nur wenigen Tagen ein weiteres Eigelege zu produzieren.

Dieselbe Hingabe bei der sicheren Verwahrung der Eier kann man beim männlichen Kardinalfisch beobachten, der die befruchteten Eier etwa eine Woche in seinem Maul trägt, wobei er in dieser Zeit offenbar keine Nahrung zu sich nimmt.

1. Kardinalfischmännchen brüten befruchtete Eier in ihrem Maul aus. Allerdings ist dies keineswegs ein sicherer Ort, denn etwa 30 Prozent jedes Geleges schlucken sie entweder zufällig oder aber absichtlich hinunter.

Riesenmuscheln sind Zwitter und produzieren sowohl Eier als auch Samen. Um eine Selbstbefruchtung zu vermeiden, werden sie nicht zur selben Zeit ausgestoßen.

KORALLENSEX

Wenige Tage nach Vollmond ereignet sich am Großen Barrierriff eines der größten Naturschauspiele der Welt: das Ablaichen der Korallen entlang dem gesamten 2300 Kilometer langen Riff. Kurz nach Einbruch der Dunkelheit schweben winzige Ballen aus Eiern und Samen, die wie kleine Styroporkügelchen aussehen, vom Riff hinauf an die Wasseroberfläche.

Eine Frage des Timings

Da sie unbeweglich sind, können Korallen nicht auf die Suche nach einem Partner gehen. Um eine gegenseitige Befruchtung zwischen zwei Kolonien derselben Art, die etwas entfernt voneinander liegen, zu bewerkstelligen, müssen Korallen ihr Laichen aufeinander abstimmen. Eier, die eine längere Entwicklungszeit als Samen haben, wachsen schon Anfang April in den Korallentieren. Zunächst sind sie weiß, doch wenn der Winter vorbei ist und die Frühlingssonne das Wasser zu erwärmen beginnt, beschleunigt sich ihre Entwicklung. Die Eier werden entweder rosa, orange, rot, violett, grün oder sogar blau. Die meisten Polypen sind Zwitter und produzieren sowohl Eier als auch Samen.

Das Signal zum Ablaichen geben offensichtlich die Jahreszeit, die Wassertemperatur und der Mond. Alle drei Faktoren müssen stimmen. Zwischen der zweiten und siebten Nacht nach Vollmond findet das Laichen am gesamten Riff statt, doch in dieser Periode laicht jede Art nur eine Nacht lang. Kurz nach der Dämmerung kann man die zum Ablegen bereiten Eier-Samen-Ballen einiger Arten unter dem Mund des Polypen beobachten. Zum Einsatzzeitpunkt gibt jede Art ihre Eier und Samen gleichzeitig frei.

1

2

1. Ballen aus Eiern und Samen steigen zum Mund eines Korallentiers auf und werden dann freigegeben.

2. Zum richtigen Zeitpunkt geben Korallen ihre Eier-Samen-Ballen ins Wasser ab. Beim Aufsteigen zerfallen die Ballen, sodass es zu einer Kreuzung verschiedener Kolonien kommen kann.

Die Genauigkeit, mit der Korallen laichen, mag ungewöhnlich erscheinen, ist aber äußerst sinnvoll. Beim nächtlichen Laichen sind sie nicht der Gefahr tagaktiver Planktonfresser ausgesetzt, während sie andererseits ihre „Gemeinschaftsaktion" vor den Planktonfressern der Nacht schützt. Zudem laichen sie zu einer Zeit, wenn die Gezeiten niedrig sind. Das erhöht die Chance, dass Eier und Samen aufeinander treffen, statt voneinander weggespült zu werden.

Die Geschlechtszellen

Zwitterkorallen umhüllen ihre Eierballen erst etwa 30 Minuten vor dem Ablaichen mit Samen. Beim Erreichen der Wasseroberfläche zerfallen die Ballen. Der Samen schwimmt auf der Suche nach Eiern einer anderen Koralle derselben Art davon, während die Eier, auf die Befruchtung durch Samen einer anderen Koralle wartend, umhertreiben.

Einige Korallen stoßen ihre Ballen gleich einer kleinen Explosion alle auf einmal aus, andere dagegen benötigen bis zu einer halben Stunde. Die wuchtigsten Korallenstöcke, *Porites*, sind keine Zwitter: Die Weibchen setzen Millionen winziger Eier frei, und die Männchen produzieren Samen, der wie ein Nebelfetzen im Wasser schwebt. Die Samen einiger *Porites* machen sich schwimmend auf die Suche nach einem anderen *Porites*-Korallenstock mit reifen Eiern, die dann befruchtet und im Polypenkörper ausgebrütet werden. Diese Larven werden erst später im Wasser freigesetzt. Obwohl sie, im Plankton treibend, längere Zeit überleben können, siedeln sich die Korallenlarven schon nach wenigen Tagen am Riff an.

3. Nach dem massenhaften Korallenlaichen entstehen durch Wasserströmungen große glänzende Flächen aus Koralleneiern.

Je größer das Süßwasservorkommen, desto höher wachsen Mangrovenbäume. Da sie jedoch in Süßwasser-Lebensräumen von anderen Pflanzenarten verdrängt werden, können sie sich nur in der Gezeitenzone behaupten.

leben, sondern auch salziges oder brackiges Wasser verkraften. Auf welche Weise gelingt es ihnen, unter solchen erschwerten Standortbedingungen zu wachsen?

Wurzeln und Salz

Wie jede andere Pflanze auch verfügen Mangroven über Wurzeln, die die lebenserhaltenden Funktionen von Absorption, Transport und Stützung des Gewächses übernehmen. Das Wurzelgewebe benötigt Sauerstoff, der auf dem trockenen Land zwischen den Erdteilchen vorhanden ist. Doch in dem mit Wasser vollgesogenen Boden ist der Sauerstoffgehalt gleich null, weshalb die Wurzeln auf verschiedene Weise in die Höhe wachsen oder sich über dem Boden vom Stamm abzweigen. Diese Luftwurzeln bilden ein Netzwerk, das der Pflanze den nötigen Halt bietet.

Die Luft dringt durch zahlreiche Poren, die so genannten Lentizellen, in die Wurzeln und von dort in das wabenförmige, schwammähnliche Gewebe. Der Großteil der Luft zirkuliert durch Diffusion, doch wenn das Wasser steigt bzw. zurückweicht, wird der Gasaustausch offensichtlich gesteigert. Unter Wasser, also bei Flut, führt der Sauerstoffverbrauch des lebenden Wurzelgewebes zu einem negativen Gasdruck. Die Lentizellen verhindern das Eindringen von Wasser, wodurch der negative Druck aufrechterhalten wird. Wenn das Wasser dann zurückweicht und die Lentizellen erneut freiliegen, saugen sie Luft ein, um den Druck wieder auszugleichen.

Mangroven haben darüber hinaus im Wesentlichen drei Wege entwickelt, um in ihrem salzigen Habitat zu überleben: Sie beschränken die Salzmenge, die über ihre Wurzeln eindringt, des Weiteren hat sich ihr Gewebe der hohen Salzkonzentration angepasst, und schließlich sondern sie Salz auch wieder ab. Die meisten Bäume scheiden den Salzüberschuss zum einen über die Oberfläche ihrer Wurzeln und Stämme aus, hauptsächlich jedoch über die Blätter, die sichtbar von Salzkristallen bedeckt sind.

1

2

1. Oberhalb des Schlicks breiten sich die schlingenartigen Wurzeln der Cannonball-Mangrove weit aus, um bei Ebbe möglichst viel Sauerstoff aufnehmen zu können.

2. Mangroven scheiden überschüssiges Salz über ihre Blätter aus.

3. Rechts: Die hoch aufragenden Stelzwurzeln dieser Mangrove bieten dem Baum Halt und ermöglichen den lebensnotwendigen Gasaustausch.

1

TIERE IN DEN MANGROVEN

Wenn sich Mangroven erst einmal einen Standort erobert haben, bieten sie Tieren in ihren Kronen, im Wasser sowie im Schlickgrund einen Lebensraum und bisweilen auch Nahrung. Diese Pflanzen-Tier-Gemeinschaft kann für die Bäume von Vorteil sein, doch manchmal ist auch der Schaden größer als der Nutzen.

Große und kleine Tiere

In Mangrovenwäldern sind vielerlei Arten an Land lebender Tiere heimisch. Die Zweige sind bevölkert von Insekten wie Ameisenkolonien und Spinnen, die dort ihre Netze weben. Diese kleinen Geschöpfe ziehen wiederum größere an. Vögel, die ständig hier leben oder nur Station machen, suchen im Schlick nach Nahrung. Schweine, Hirsche und Antilopen weiden im Wald, Affen, Mungos, Waschbären, Otter und sogar Tiger nutzen die Mangroven als Jagdgebiete. All diese Tiere zusammen bilden eine Nahrungskette und düngen den Schlamm mit ihren Exkrementen.

Das ausgedehnte Wurzelsystem unter Wasser bietet vielen Organismen die Möglichkeit, auf einem festen Untergrund zu siedeln. Mangrovenwurzeln sind oft dicht übersät mit

1. In den fischreichen Gewässern überfluteter Mangrovenwälder sind viele Fischadler heimisch.

2. Rote Sichler leben im dichten Caroni-Sumpf von Trinidad. Nur selten sieht man sie so ungeschützt wie auf diesem Bild.

3. Unter Wasser gelegene Mangrovenwurzeln bieten einen idealen festen Untergrund für Tiere und Pflanzen, die nicht im weichen Schlick leben können. Bereits zu Beginn ihres Wachstums werden die Wurzeln von Algen, Schwämmen, Austern, Würmern und zahllosen anderen Tieren besiedelt.

2

festsitzenden Tieren wie Entenmuscheln, Austern, Muscheln, Anemonen, Schwämmen, Manteltieren, Gliederwürmern, Hydroidpolypen und Moostierchen.

Filtrierende Tiere, wie die Entenmuscheln, brauchen den Halt einer Wurzel, an der sie oberhalb des Schlicks Nahrung aus dem Wasser aufnehmen. Vermehren sie sich allerdings zu stark, können Entenmuscheln für die Mangrovenpflanze zum Problem werden, weil sie über die Lentizellen wachsen und so den Gasaustausch einschränken. Umgekehrt ist eine Unterwasserwurzel unter einer dichten Decke festsitzender Organismen wie Schwämmen vor Angriffen zerstörerisch veranlagter wurzel- oder holzbohrender Tiere geschützt. Schiffsbohrwürmer, Bohrmuscheln und Bohrasseln dringen in das Wurzelsystem der Mangroven ein und können die Pflanzen in ihrem Wachstum stark hemmen.

Krabben

Mangroven sind das Verbreitungsgebiet zweier aus verwandten Familien stammender Krabbenarten, nämlich der Spring- und der Winkerkrabben. Springkrabben verbringen die Flut unter Wasser in ihren Höhlen, um sich vor Räubern zu schützen. Weicht die Flut zurück, begeben sie sich zum Fressen an die Oberfläche des Schlicks und auf die freigelegten Baumwurzeln. Viele von ihnen sind Pflanzenfresser. Eine Dichte von 70 Krabben pro Quadratmeter ist nicht ungewöhnlich, weshalb sie erhebliche Auswirkungen auf die Mangroven haben können. Zum Glück fressen viele Krabben nur alte, verfaulte Blätter, da die Gerbstoffe frischen Laubes unverdaulich sind. Allerdings legen sie sich einen Vorrat frischer Blätter in ihren Höhlen an, die sie dann verzehren, wenn sie genießbar sind.

Viele Springkrabben ernähren sich von den ungewöhnlich großen Mangrovensprossen. Um angesichts dieser Schädigungen

3

Winkerkrabbenmännchen ernähren sich wie die Weibchen von organischen Kleinpartikeln. Ihre große Schere, die sie zum Umwerben der Weibchen einsetzen, ist bei der Nahrungsaufnahme nutzlos. Deshalb müssen sie mit der anderen, kleinen Schere doppelt so schnell wie die Weibchen arbeiten.

ihren Fortbestand zu sichern, haben Mangrovenbäume eine besondere Art der Vermehrung entwickelt. Im Gegensatz zu anderen Pflanzen löst sich der Samen nicht von der Mutterpflanze ab, sondern bleibt mit ihr verbunden und wird von ihr mit Wasser und Nährstoffen versorgt. Die Saat keimt und entwickelt sich zu einem Spross, einer Keimknospe. Die Mutterpflanze reguliert den Salzgehalt des Sprosses, sodass sich dieser allmählich an höhere Konzentrationen gewöhnen kann. Diese Vorkehrungen erhöhen die Überlebenschancen der jungen, bereits etwas herangewachsenen Pflanze, wenn sie schließlich in den Schlamm abfällt.

Krabben bevorzugen Sprossen mit einem hohen Zuckergehalt sowie wenig Gerbsäure und Fasern. Treten Sprossen fressende Krabben zahlreicher auf, gelingt es der bevorzugten Baumart seltener, erwachsene Pflanzen auszubilden. So bestimmen Krabben auch darüber mit, welche Mangrovenbaumart an welchem Standort vorkommt.

Winkerkrabben

Winkerkrabben haben eine helle Färbung. Besonders auffällig ist die vergrößerte Schere der Männchen, die dem Imponiergehabe dient und zum Kämpfen eingesetzt wird. Winkerkrabben können eine Dichte von 60 Tieren pro Quadratmeter erreichen. Beim Zurückweichen der Flut verlassen sie ihre Löcher, um im Schlick nach Nahrung zu suchen.

Winkerkrabben fressen organische Kleinpartikel. Sie schöpfen mit ihren Scheren Sediment vom Ufer und sortieren mit speziellen Mundpartien, die wie Löffel, Schaufeln, Siebe

1. Die dekorative Schere eines Winkerkrabbenmännchens soll sowohl konkurrierenden Männchen imponieren als auch potenzielle Paarungsgefährtinnen anlocken.

2. Rechts: Schlammspringer nutzen Löcher im Schlamm als Versteck bei drohender Gefahr und zum Ablaichen. Die befruchteten Eier werden von der Flut weggespült.

und Bürsten funktionieren, Nahrungsteilchen aus. Je nach ihren anatomischen Voraussetzungen suchen manche Arten ihre Nahrung zwischen Sandkörnern, andere dagegen im Schlick.

Männchen benutzen ihre vergrößerte Schere, um Territorien zu besetzen und zu verteidigen, um zu imponieren und um Weibchen anzulocken. Das ritualisierte Imponiergehabe, zu dem Scherenschwenken und Auf- und Abwippen gehören, verringert die Notwendigkeit, ernsthaft zu kämpfen, was jedoch trotzdem hin und wieder vorkommt.

Winkerkrabben brauchen während ihres Aufenthaltes auf dem Schlamm eine sichere Wasserquelle, um sich über ihre Kiemen mit Sauerstoff zu versorgen. Häufig flitzen sie in ihre Löcher zurück, um ihr körpereigenes Wasserdepot wieder aufzufüllen. Ebenso wie Springkrabben können Winkerkrabben bei Hochwasser in ihren Höhlen mit einem extrem niedrigen Sauerstoffspiegel auskommen. Wenn die Flut zurückgeht, kommen sie heraus an die Luft, damit das Wasser auf ihren Kiemen wieder Sauerstoff absorbieren kann.

Wenn die Krabben auf dem Schlamm umherlaufen, werden sie natürlich von Räubern bedroht. Bei Hochwasser sind ihre Löcher mit Schlammpfropfen verschlossen, bei Niedrigwasser jedoch, wenn sie ständig in ihre Löcher schlüpfen und wieder hinausstürmen, befinden sie sich in größter Gefahr. Affen, Eisvögel, Reiher und Schlangen sind nur einige der Tiere, die nach den schmackhaften Winkerkrabben Ausschau halten. Der größte Feind ist jedoch ein Fisch, ein Schlammspringer namens *Periophthalmus*.

Schlammspringer

Der halbaquatische Schlammspringer ist ein merkwürdig aussehender Fisch, dessen Heimat die indopazifischen Mangroven sind. Einige verbringen das Hochwasser in Höhlen unter Wasser, während sich andere oben ans Ufer und sogar in die Äste der Mangrovenbäume zurückziehen, um nicht von der hereinkommenden Flut überschwemmt zu werden. Beim Springen im Schlamm verwenden sie ihren langen, beweglichen Schwanz wie eine Sprungfeder. Ihre speziell angepassten Brustflossen variieren je nach Art. Manche benutzen sie als Stütze, andere wiederum wie Saugnäpfe, die ihnen das Klettern in den Bäumen erleichtern.

Der amphibische *Periophthalmus* lebt im Schlick zwischen den Bäumen und ist ein

2

1. Im Schutz der Mangroven wachsen viele junge Fische auf, die später am Riff leben werden.

2. Rechts: Schützenfische spucken Wasser aus, um Insekten von Blättern herunterzuschießen.

Fleischfresser. *Boleophthalmus*, ein Grundel-Typ, ernährt sich von organischen Kleinpartikeln. Er lebt weiter unten am Ufer und fegt mit seinem Kopf über den Untergrund, wobei er sein Maul vollschaufelt. Wie Winkerkrabben sortiert er in seinem Mund die Nahrung aus dem Schlamm oder den Sandkörnern. Dann stößt er das Wasser und das nicht verwertbare Sediment wieder aus. Bei Flut verzieht sich der *Boleophthalmus* in eine Höhle unter Wasser.

Wie Krabben sieht man Schlammspringer oft auf dem Rückweg in ihre Höhlen, um zu verhindern, dass ihre Haut unter der tropischen Sonne austrocknet. Da Kiemen im Freien, wo Schlammspringer einen Gutteil ihrer Zeit verbringen, nicht sonderlich effektiv sind, sind sie auf eine andere Form der Sauerstoffversorgung angewiesen. Deshalb verfügen Schlammspringer über Aussackungen der Mund- und Kiemenhöhle, die reichlich über Blutgefäße versorgt werden. Sie sind vor allem für *Periophthalmus*, der mehr Zeit im Freien verbringt als *Boleophthalmus*, von Bedeutung.

1

Andere Mangroventiere

Viele Meerestiere, wie Welse, Meeräschen, Kardinalfische und zahlreiche Jungtiere von riffbewohnenden oder Hochseefischen, gelangen nur bei Flut in die Mangroven. Geht das Wasser zurück, drängen sie sich in den Prielen und Tümpeln, wo sie natürlich Räuber anziehen. Zu ihnen gehört auch das Leistenkrokodil, das von Indien über Südostasien bis zu den Fidschis und nach Australien verbreitet ist. Wo sie ungestört leben und nicht gejagt werden, können diese Krokodile bis zu 7 Meter lang werden. Doch der Salzgehalt des Wassers in den Mangroven stellt sie vor ein Problem. Zwar hält ihre größtenteils undurchlässige Haut Salz ab, und sie trinken vorzugsweise nur Süßwasser, aber beim Fressen nehmen sie unweigerlich auch Salz auf. Die Leistenkrokodile kontrollieren die Konzentration jedoch, indem sie wie andere Reptilien überschüssiges Salz durch spezielle Drüsen auf ihrer Zunge ausscheiden.

2

VERBORGENE SCHNECKEN

Die am häufigsten vorkommenden Schnecken in den Mangroven sind die Strandschnecken. Einige Arten leben auf den Wurzeln, den Stämmen und Zweigen und weiden die hier wachsenden Algenmatten ab. Andere sind in den Baumkronen zu Hause und halten sich lieber in Landnähe auf, wo es mehr Süßwasser gibt. Je nach Lebensraum unterscheiden sich die Gehäuse der Arten. Schnecken, die an den Baumwurzeln und unteren Zweigen leben, haben zur besseren Tarnung dunklere Gehäuse, die zudem dicker sind, um sie vor Krabben zu schützen. Der Eingang zu ihrem Gehäuse ist abgerundet und somit an die Krümmung der Wurzeln angepasst. Die in den Baumwipfeln heimischen Schnecken besitzen dünnere und heller gefärbte Gehäuse mit einer flachen Öffnung.

Manche Schnecken fressen Detritus, den sie auf dem Meeresgrund oder im Schlick finden. Pflanzen fressende Schnecken ernähren sich von abgestorbenen oder herabgefallenen Blättern oder weiden Algen ab. Räuberische Schnecken, wie die *Thais*, die in Mangroven auf der ganzen Welt heimisch sind, fressen Entenmuscheln.

Seeanemonen führen ihre nesselnden Tentakel ins Wasser, um vorbeitreibende Nahrung einzufangen. Mit ihrem um ein Pflanzenblatt gewickelten Schwanz schwanken Seepferdchen im wellenbewegten Wasser.

Seekühe

Seekühe, wie der Dugong im Indopazifik und der Manati in der Karibik und in Westafrika, sind vielleicht die aufregendsten Bewohner der Seegrasmatten. Manatis leben teilweise in Süßwasser, während Dugongs echte Meeressäuger sind. Der offenkundigste Unterschied zwischen diesen beiden Arten besteht in der Form ihrer Schwänze. Dugongs besitzen eingekerbte, fischähnliche Schwänze, während Manatis über runde, paddelähnliche Schwänze ohne Einkerbung verfügen. Des Weiteren unterscheiden sie sich hinsichtlich der Zähne. Dugongs haben stoßzahnähnliche Schneidezähne, während Manatis nur Mahl- und Vormahlzähne besitzen, die im Laufe der Zeit nach vorne rücken und durch nachwachsende Zähne von hinten ersetzt werden.

Als langsame Schwimmer kommen Manatis und Dugongs eher in den seichten Gewässern von Lagunen und Buchten vor als weiter draußen im offenen Meer. Trotz ihrer einigermaßen guten Isolierschicht können sie nicht ausreichend Wärme erzeugen, um in kaltem Wasser zu leben. Deshalb trifft man sie nur in den warmen Gewässern der Tropen und in manchen subtropischen Regionen an.

Dugongs und Manatis haben schwere Knochen von hoher Dichte, deren Gewicht die Tiere unter Wasser hält. Ihre Lungen liegen am Rücken und wirken wie Schwimmblasen. Ein Paar Nüstern, die unter Wasser mit einer Hautlasche verschlossen werden, befindet sich nahe dem oberen Kopfteil, sodass sie relativ einfach Atem holen können. Mit ihren lappenförmigen Lippen, die mit empfindlichen Borsten bedeckt sind, greifen sie Seegras und schieben es sich ins Maul.

Dugongs sind unersättlich und können bis zu 40 Kilogramm Seegras am Tag fressen. Dabei rupfen sie die ganze Pflanze aus, was große Lücken in den Seegraswiesen hinterlässt.

2

DAS GESCHLECHTSLEBEN DER DUGONGS

Dugongmännchen errichten und verteidigen an angestammten Orten Balzterritorien, die von den Weibchen nur zur Paarung aufgesucht werden. In Australien schwimmen Dugongmännchen, wenn sie aufeinander treffen, parallel zueinander oder wühlen, während sie sich anschauen, den Meeresboden auf. Doch nur selten entwickelt sich solch eine Begegnung zu einem ernsthaften Kampf. Finden sich die Weibchen schließlich ein, was manchmal drei Monate später der Fall sein kann, versuchen die Männchen ihnen zu imponieren, indem sie sich möglichst hoch aus dem Wasser stoßen, um sich mit lautem Platschen wieder zurückfallen zu lassen. Die Weibchen suchen sich dann einen Paarungspartner aus, und etwa ein Jahr später gebären sie ein Kalb.

1. Links: Die Schwänze der Manatis sind im Gegensatz zu denen der Dugongs, die eine Einkerbung aufweisen, abgerundet.

2. Dugongs ziehen die weichen Seegrasarten den faserhaltigen vor. Mit ihren Lippen greifen und entwurzeln sie das Seegras, um es sich dann in das Maul zu schieben.

SEEPFERDCHEN – AUSSERGEWÖHNLICHE FISCHE

Seepferdchen zählen zwar zu den Fischen, doch hinsichtlich Bewegung, Fressverhalten und Fortpflanzung sind sie einzigartig. Mit ihrer ausgeprägten Schnauze, die einen kraftvollen Sog erzeugen kann, fangen sie winzige Krebse, Fischlarven und Plankton. Wie Chamäleons haben sie unabhängig voneinander bewegliche Augen, mit denen sie ihre winzige Beute ausfindig machen. Ihr Kopf wird von einer kleinen Krone geziert, jede so individuell wie ein menschlicher Fingerabdruck. Während die Rückenflosse der Fortbewegung dient, werden die Bauchflossen zum Steuern und Balancieren eingesetzt.

1. Kurzschnäuzige Seepferdchen schwimmen bei der Übergabe der Eier vom Weibchen zum Männchen Bauch an Bauch.

2. Zwei Wochen nach der Übergabe der Eier schlüpft aus der Bauchtasche des Männchens die kleine Nachkommenschaft.

1

2

Seepferdchen zu Hause

Auf der ganzen Welt gibt es 35 Seepferdchenarten, die hinsichtlich ihrer Größe vom winzigen, 2 Zentimenter langen Zwergseepferdchen bis zum ostpazifischen Seepferdchen mit 36 Zentimetern Länge variieren. Sie leben zumeist in seichten Küstengewässern, z. B. in Seegraswiesen, wo sie sich mit ihrem Schwanz, den sie als Greifwerkzeug einsetzen, an einzelnen Blättern und Mangrovenwurzeln festhalten können. Dank ihrer Fähigkeit, die Farbe zu wechseln, und der Tatsache, dass sie Krustentieren und Algen erlauben, ihre Haut zu besiedeln, können sie sich innerhalb ihres Lebensraums so gut tarnen, dass man sie kaum zu erkennen vermag.

Vermehrung

Seepferdchen sind monogam und erhalten die Bindung zu ihrem Partner durch einen allmorgendlichen rituellen Tanz kurz nach der Dämmerung aufrecht. Das Weibchen sucht das Männchen in seinem Territorium, wo sie sich, begleitet von einer Aufhellung ihrer Haut, begrüßen. Die beiden halten sich an einem Seegrasblatt fest und nutzen es wie eine Spindel, während sie sich um das Blatt herumdrehen. Dann schwimmen sie zusammen mit eng umschlungenen Schwänzen zu einem anderen Platz, um sich dort weiterzudrehen.

Zu Beginn der Paarungszeit dauert es eine Weile, bis die Eier des Weibchens reif sind. Erst nach drei Tagen Balzzeit und nachdem sie die Farbe auffallend gewechselt haben, sind beide paarungsbereit. Dann steigt das Paar langsam gemeinsam auf, Bauch an Bauch, wobei das Weibchen ihre klebrige Schnur aus Eiern in die Bauchtasche des Männchens überträgt.

3

3. Der Große Fetzenfisch ist vor der Südküste Australiens heimisch. Dieses Männchen ist als ein treibendes Stück Tang getarnt und trägt einen Ballen befruchteter Eier an der Schwanzunterseite.

Schwangere Männchen

Kurz nach der Übergabe werden die Eier in der Bauchtasche des Männchens befruchtet. Die Bauchtasche funktioniert ganz ähnlich wie die Gebärmutter eines Säugetiers: Jeder Embryo wird mit Sauerstoff versorgt, umhegt und genährt. Seepferdchenmännchen setzen sogar das Hormon Prolaktin frei, das auch bei der menschlichen Fortpflanzung eine Rolle spielt. Die Flüssigkeit, in der die Embryos aufbewahrt werden, wandelt sich im Lauf der Schwangerschaft so, dass sie Meerwasser immer ähnlicher wird. Die Jungtiere werden also langsam auf die Lebensbedingungen vorbereitet, die sie erwarten, wenn sie aus der Bauchtasche entlassen werden.

Sind die Jungen so weit entwickelt, um ins Freie entlassen zu werden, führt das Männchen hechtende Verdrehungen aus und stößt so die Nachkommenschaft aus seiner Bauchtasche hinaus. Dies kann zwar Stunden oder auch Tage dauern, doch die Jungen sind von diesem Moment an völlig unabhängig. Sie steigen an die Oberfläche, holen einmal Luft, um ihre Schwimmblasen zu füllen, sinken dann wieder hinab und halten sich an allem, was sie finden können, mit ihren Greifschwänzen fest. Das Weibchen überträgt noch am gleichen oder am nächsten Tag neue Eier in den Brutbeutel des Männchens.

ZUM THEMA

3.4 Mangroven u. Seegraswiesen
Seegrasbewohner, S. 149

4

GEMÄSSIGTE MEERE

4.1 DIE REICHHALTIGSTEN GEWÄSSER

Die beständigsten produktiven Meereslebensräume auf der Erde findet man in den gemäßigten Zonen zwischen den Tropen und den Polarregionen. Diese auf der Nord- sowie der Südhalbkugel liegenden Zonen zeichnen sich durch ein vergleichsweise mildes, aber jahreszeitlichen Schwankungen unterworfenes Klima aus. Die Sommer sind warm und die Winter kalt, jedoch ohne extreme Ausschläge, weshalb sich in Gewässern gemäßigter Breiten nur selten eine permanente Eisdecke bildet. Die Wassertemperaturen liegen zwischen 4 und 20 Grad Celsius. Diese milden klimatischen Verhältnisse sind die ideale Voraussetzung für eine überaus reiche Tier- und Pflanzenwelt. Jedes Jahr entstehen gigantische Planktonpopulationen, von denen wiederum eine Vielzahl von Vögeln, Fischen, Säugern und Wirbellosen profitiert. Auch Meerespflanzen gedeihen hier in Überfülle – so sind die meisten der 10 000 existierenden Algenarten in diesen Gewässern heimisch.

Vorhergehende Seite: Kaskaden von Sonnenlicht durchfluten das Blätterdach eines kalifornischen Riesentangs. Diese imposanten Algen bilden an den Küsten gemäßigter Breiten große Wälder.

DAS GRÜNE MEER

Im Vergleich zu den tropischen Meeren mit ihrem warmen, blauen, kristallklaren Wasser sind die Gewässer gemäßigter Breiten eher kalt und von trübem Grün. Die Trübung kann sogar so stark sein, dass ein Taucher nur wenige Meter zu sehen vermag.

Tropische Meere weisen nur einen geringen Nährstoffgehalt auf, wobei insbesondere die Planktonkonzentration sehr niedrig ist. Seewasser gemäßigter Breiten hingegen kann mit Nährstoffen übermäßig angereichert sein. Der grüne Farbton und die schlechte Sicht unter Wasser rühren zum Teil von der ungeheuren Masse winzig kleiner, umhertreibender Pflanzen her. Zur Trübung kommt es meist im Frühling und Frühsommer, wenn das mikroskopische Leben ungehindert gedeiht, während sich im Winter weit weniger schwebende Materie im Wasser befindet, sodass es in dieser Jahreszeit meist klarer ist.

Die Dichte der mikroskopischen Organismen hängt einerseits vom Gehalt an Nährstoffen und andererseits von der ins Wasser gelangenden Lichteinstrahlung ab. In Meeren gemäßigter Breiten verändern sich beide Werte ständig, da sie von den jahreszeitlichen Schwankungen des Wetters und der Tageslänge bestimmt sind. Doch jedes Jahr stellen sich irgendwann perfekte Umweltbedingungen ein. Und dann beginnt das Leben zu blühen.

1. Kalte Brandung an einer Küste in gemäßigten Breiten. Die grüne Färbung des Wassers stammt von zahllosen mikroskopisch kleinen Algen.

1

MEERE DER GEMÄSSIGTEN BREITEN

Die gemäßigten Breiten liegen zwischen den Tropen und den Polargebieten und zeichnen sich durch ein mildes Klima aus. Die Meere sind reich an Nährstoffen. Vom Frühling bis zum Herbst explodiert das Plankton in Form gewaltiger Blüten. Angezogen von diesem Reichtum, finden sich zahlreiche Tiere in diesen Gewässern zur Nahrungsaufnahme ein. Und viele von ihnen legen zu diesem Zweck beachtliche Strecken zurück. Einige Tiere verlassen mit zunehmender Kälte die Meere wieder, andere treffen erst zu diesem Zeitpunkt hier ein, weil sie den weit extremeren Wetterbedingungen in anderen Regionen entflohen sind.

Meere voll Überfluss

Plankton, die Grundlage für beinahe alle Nahrungsketten der Meere, ernährt sich seinerseits von den Nährstoffen, die durch Flüsse und die Körper toter Meereslebewesen in die Ozeane gelangen. Gewässer gemäßigter Breiten sind besonders reich an diesen Nährstoffen. In den oberen Meeresschichten sind sie jedoch nicht immer verfügbar. Im Sommer, wenn die See verhältnismäßig ruhig ist, sinkt das dichte, nährstoffreiche Wasser zum Grund. Doch Winterstürme mischen die Wasserzonen und ebnen durch die Verteilung der Nährstoffe im gesamten Ozean den Weg zu einer neuen Blüte des Lebens im Frühling.

FRÜHLING

1. Im Frühling kommt es infolge des zunehmenden Sonnenlichts und einer Fülle von Nährstoffen im Wasser zu einer gewaltigen Planktonblüte. Viele Fische finden sich jetzt zur Nahrungsaufnahme hier ein. Wale wiederum kommen, um die Fische zu fressen. Zahlreiche Seevögel brüten auf den Kliffen.

SOMMER

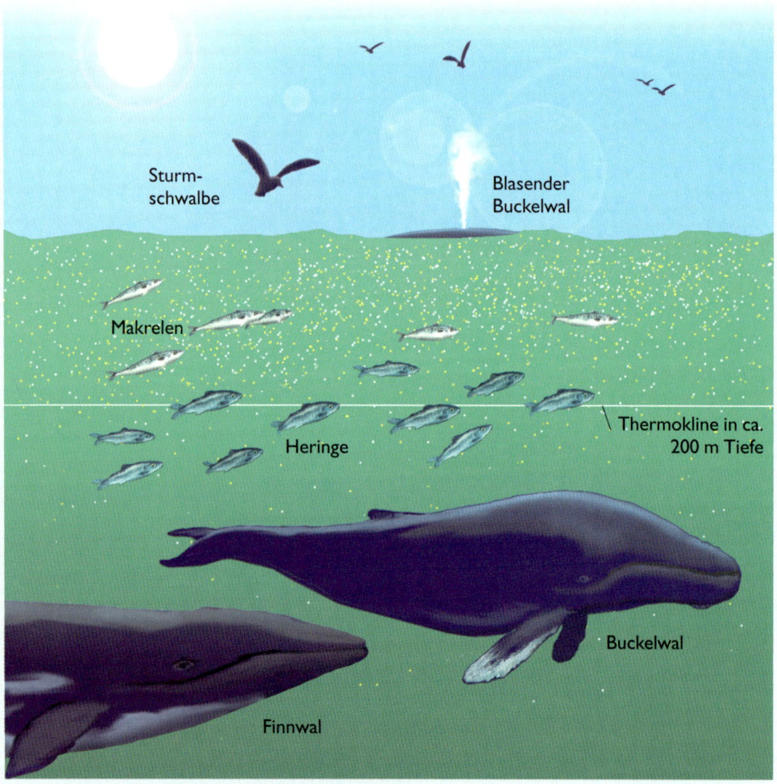

2. Im Sommer erwärmt die Sonne die Wasseroberfläche, wodurch sich eine Thermokline (▷ S. 160) bildet. Die mikroskopisch kleinen Organismen verbleiben an der Oberfläche. Die Nährstoffe befinden sich in den Tiefen. Viele Fische und wirbellose Tiere ziehen zum Fressen in seichte Gewässer.

WANDERROUTEN VON BUCKELWALEN

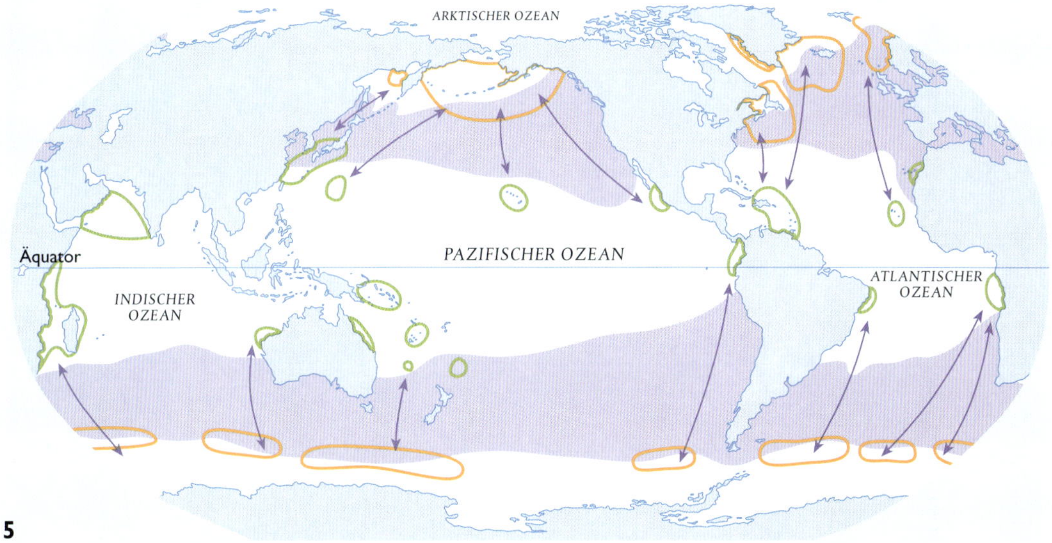

5

5. Meere der gemäßigten Breiten verändern sich je nach Jahreszeit ganz erheblich. Folglich unternehmen viele Tiere ausgedehnte Wanderungen, um zu einer bestimmten Zeit von günstigen Bedingungen zu profitieren. So halten sich zum Beispiel Buckelwale von April bis Oktober in nährstoffreichen gemäßigten Meeren auf, wo sie sich von riesigen Mengen Fisch ernähren und so mehrere Tonnen an Gewicht zulegen. Im Herbst ziehen sie zur Fortpflanzung in wärmere Gegenden. Bis zum nächsten Frühling kommen sie ohne Nahrung aus.

- Wanderrouten der Buckelwale
- Haupternährungsgebiet (Sommer)
- Hauptfortpflanzungsgebiet (Winter)
- Gemäßigte Breiten

HERBST

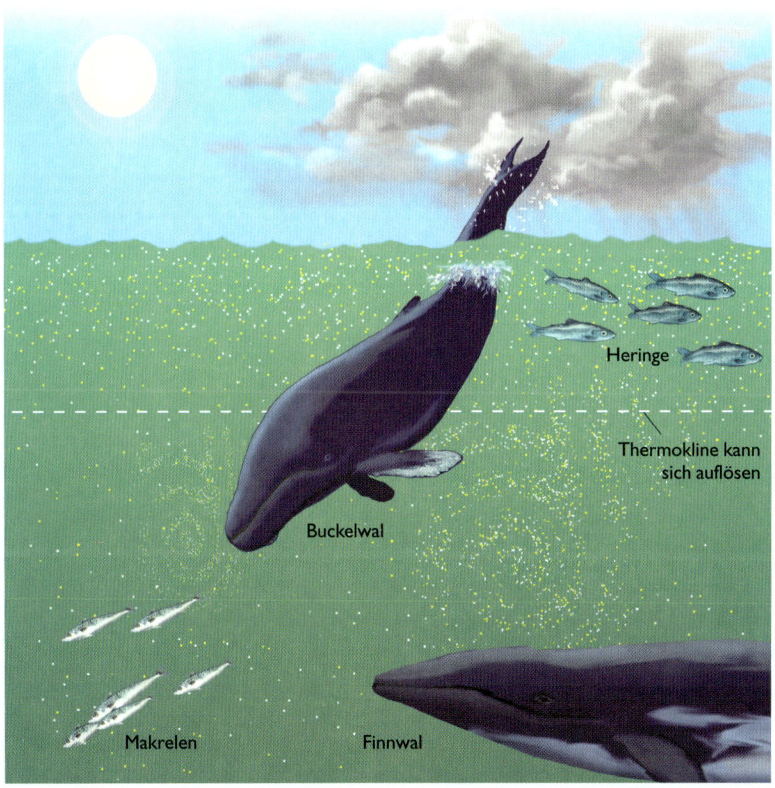

3. Im Herbst können Stürme die sommerliche Thermokline auflösen. Manchmal hat dies eine zweite Planktonblüte zur Folge. Makrelen kehren zum Schutz in tiefere Gewässer zurück. Heringe ziehen wieder Richtung Land, und Wale machen sich zur Fortpflanzung in wärmere Gewässer auf.

WINTER

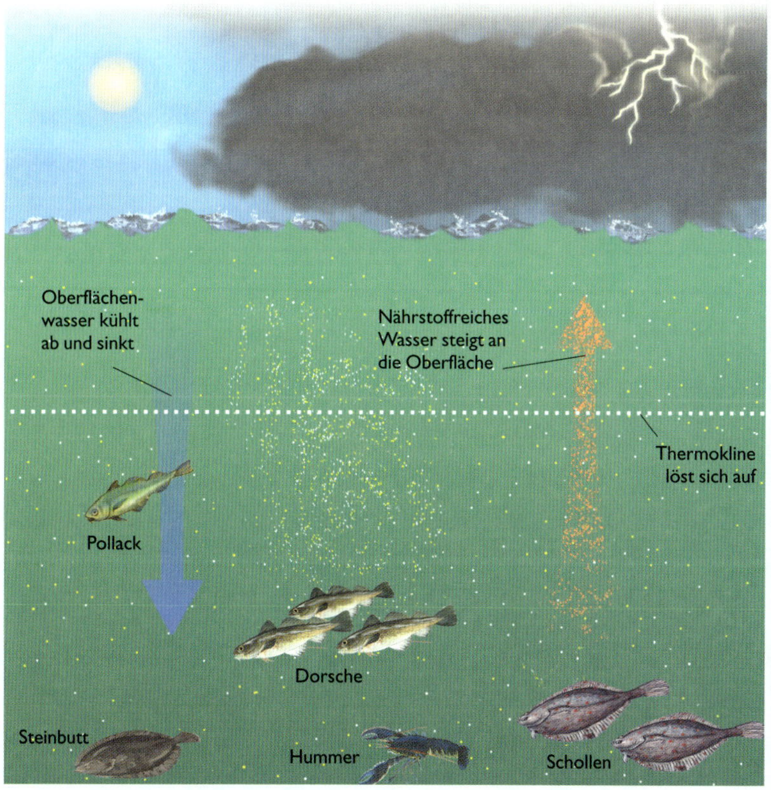

4. Im Winter lösen Stürme die Thermokline auf. Die Nährstoffe werden aufgewühlt. Das Oberflächenwasser kühlt ab, gewinnt an Dichte und sinkt. So wird nährstoffreiches Wasser aus den Tiefen nach oben verdrängt. Viele Fische und wirbellose Tiere suchen vor den Stürmen Schutz in tieferen Gewässern.

Das Sonnenjahr

In gemäßigten Regionen ändert sich die Länge des Tageslichts mit jedem Tag im Jahr. Das hängt damit zusammen, dass die Polarachse der Erde nicht lotrecht zur Sonne steht, was bedeutet, dass sich die Stellung der Erde zur Sonne während ihrer Umkreisung ständig verändert. Wenn auf der Nordhalbkugel Sommer herrscht, ist der Nordpol der Sonne zugewandt, während der Südpol von ihr abgewandt ist. So hat der Nordpol 24 Stunden lang Tageslicht, während zur gleichen Zeit am Südpol völlige Dunkelheit und tiefer Winter herrschen. Im Winter sind die Verhältnisse umgekehrt: Der Nordpol ist in Dunkelheit getaucht, während der Südpol 24 Stunden lang Tageslicht genießt. Während sich dieser Rhythmus am Äquator, wo jeder Tag im Großen und Ganzen gleich lang ist, kaum bemerkbar macht, ist er in den Regionen gemäßigter Breiten im Norden wie im Süden deutlich spürbar. Die Meere in diesen Zonen erhalten im tiefen Winter gerade einmal 4 Stunden Sonnenlicht, im Hochsommer allerdings bis zu 20 Stunden. Diese enorme Schwankung an Lichtenergie hat auf das Leben im Meer tief greifenden Einfluss.

1

Thermokline – Hindernis im Meer

Wasser hat die Fähigkeit, eine große Menge Wärme zu absorbieren, doch ist zur Erhöhung der Meerestemperatur sehr viel Energie nötig. Aus diesem Grund erwärmt die Sommersonne, so kraftvoll sie auch sein mag, nur etwa die oberen 50 Meter. Wasser ist zudem ein schlechter Wärmeleiter, weshalb eine scharfe Temperaturgrenze zwischen dem warmen Oberflächenwasser und den darunter liegenden kühleren Schichten existiert. Diese als Thermokline bezeichnete Grenze hat einen entscheidenden Einfluss auf das Leben in Gewässern gemäßigter Breiten.

Eine jahreszeitlich bedingte Thermokline entsteht nur dann, wenn einerseits die Sonneneinstrahlung besonders stark und andererseits das Meer so ruhig ist, dass sich die Wasserschichten nicht vermischen. Im Winter löst sich die Thermokline rasch wieder auf. Im Sommer jedoch kann der Temperaturunterschied an der Scheidegrenze extrem sein: Während im Oberflächenwasser bis zu 22 Grad Celsius herrschen, sind es in der unteren Wasserzone manchmal nur 12 Grad Celsius. Dies hat gravierende Auswirkungen auf die Kleinstlebewesen oder Nährstoffe, weil es für sie fast unmöglich ist, von der einen Temperaturzone in die andere vorzudringen. Eine Thermokline stellt ein natürliches Hindernis dar und übt als solches Kontrolle auf die Produktivität im Meer aus.

Nährstoffe – Dünger des Meeres

Die allermeisten Lebewesen im Meer hängen völlig von Nährstoffvorkommen ab, insbesondere von Nitraten und Phosphaten. Gewässer gemäßigter Breiten können außergewöhnlich hohe Konzentrationen dieser Mineralstoffe aufweisen. Da viele dieser Meere an den flachen Küstenebenen, den so genannten Kontinentalschelfs, liegen, die die Ränder der großen Kontinente einfassen, führen vom Regen angeschwollene Flüsse Nährstoffe vom Land ins Meer.

Andere wichtige Nährstoffquellen sind Detritus und verweste Körper toter Meerestiere, die jedoch normalerweise ins Abyssal absinken. Tiefes Meerwasser hat oft einen hohen Nährstoffgehalt, doch kann sich dieses kalte Wasser hoher Dichte nicht mit dem weniger dichten Oberflächenwasser vermischen, weshalb die Nährstoffe in den Tiefen verbleiben.

Im Winter dagegen mischen sich die Wasserschichten in Vorbereitung für das Wachstum im darauf folgenden Jahr. In den Wintermonaten sind die Meere gemäßigter Breiten kalt und werden immer wieder von gewalti-

TAGESLICHTSTUNDEN

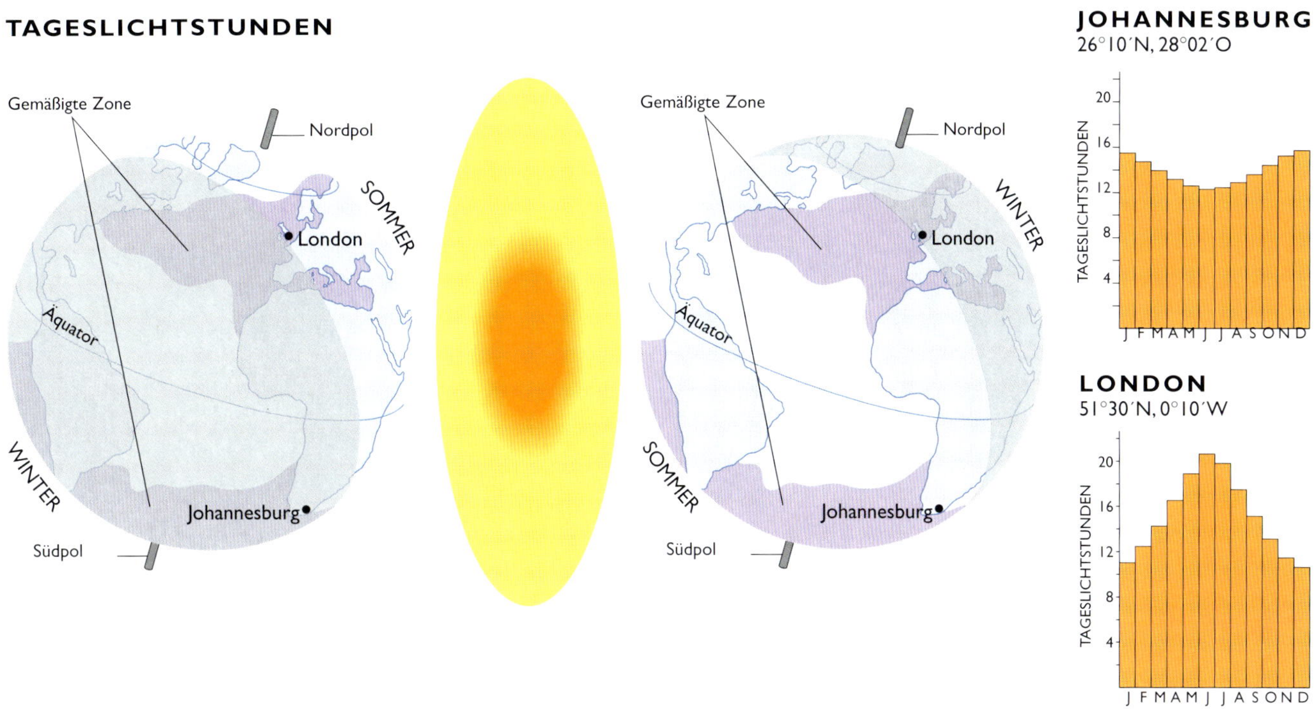

2

1. In der Fundybai an der Atlantikküste Kanadas treffen Gezeitenströme auf eine Felsinsel. Sie wirbeln Nährstoffe vom Meeresboden an die Oberfläche.

2. Die Erdachse steht nicht senkrecht zur Bahn des Planeten um die Sonne, weshalb sich die Dauer des Tageslichts im Laufe des Jahres ändert. Jahreszeitlich bedingt sind die Tage im Winter am kürzesten und im Sommer am längsten.

gen Stürmen heimgesucht. Wird es kalt genug, kühlt das Oberflächenwasser so sehr ab, dass es an Dichte zunimmt und sinkt, wodurch es das nährstoffreiche Wasser aus der Tiefe nach oben an seine Stelle treibt. In seichterem Gewässer reicht bereits die durch Stürme ausgelöste Wellenbewegung aus, um Nährstoffe vom 100 Meter tiefer liegenden Meeresboden aufzuwühlen.

Dieser Prozess der Wasservermischung und Nährstoffverteilung lässt in den Meeren gemäßigter Breiten jedes Frühjahr eine Fülle von Leben erwachen, solange es ausreichend flach ist, damit genügend Sonnenlicht eindringen kann.

Der Lebenszyklus

Das jahreszeitlich geprägte Klima in den gemäßigten Breiten beherrscht den jährlichen Kreislauf des Lebens in den Meeren. Im Winter sind die Tage kurz. In dieser Zeit mangelt es an Sonnenlicht und damit an Energie für das Wachstum mikroskopischen Pflanzenlebens (Phytoplankton). Stürme lösen alle Thermokline im Wasser auf, Flüsse geben Nähstoffe ins Meer ab, und sinkende Temperaturen kühlen das Oberflächenwasser ab, das in die Tiefe sinkt und das dort befindliche Wasser verdrängt. So werden die Nährstoffe aus der Tiefe in andere Wasserschichten verteilt.

Im Verlauf des Frühlings gewinnt die Sonne an Kraft und scheint über längere Zeiträume, doch noch reicht ihre Wirkung nicht aus, um Thermokline zu bilden. Das Wasser ist jetzt angereichert mit Nährstoffen. Diese Kombination aus Nährstoffdichte und zunehmendem Sonnenlicht löst ein explosionsartiges Wachstum von Kleinstlebewesen aus.

Im Sommer schließlich erreichen Tageslänge und Sonnenkraft ihr Maximum. Die jahreszeitlich bedingten Thermokline behindern nun den freien Austausch von Nährstoffen zwischen Oberflächenwasser und tieferem Wasser. Für ihr Wachstum verbrauchen die winzigen Lebewesen den Großteil verfügbarer Nährstoffe im sonnendurchfluteten flachen Wasser oberhalb der Thermokline. Die kleinen Organismen oberhalb der Themperaturgrenze können nicht in das darunter liegende nährstoffreiche Wasser vordringen. Ist das Mineralstoffvorkommen im oberen Bereich erschöpft, sinkt die Primärproduktion merklich.

Im Herbst nimmt die Kraft der Sonne ab, und die Tage werden kürzer. Mit den Herbststürmen lösen sich die sommerlichen Thermokline auf, was zumindest in geringem Umfang einen Austausch von Nährstoffen zur Folge hat. Nun stehen den Kleinstlebewesen im flachen Wasser wieder mehr Nährstoffe zur Verfügung, und es kann zu einer zweiten, kürzeren Blütezeit der Primärproduktion kommen. Doch innerhalb weniger Wochen nimmt die Zahl der Sonnenstunden weiter ab, bis die Energieversorgung nicht mehr ausreicht, um primäres Leben zu unterstützen.

Ein Schwarzschnabel-Sturmtaucher brauchte nur 12 Tage, um 4828 Kilometer von Boston zu seinem Nest in Wales zu fliegen.

WANDERUNGEN

Viele Tiere stimmen ihr Verhalten auf die sich jahreszeitlich ändernden Lebensbedingungen in den Gewässern gemäßigter Breiten sorgfältig ab. Einige kommen zum Fressen, andere, um sich fortzupflanzen, manche gehen, um dem stürmischen Winter zu entkommen, andere wiederum suchen hier eine Zuflucht vor den erbarmungslosen Wintern der Polarregionen. Tatsächlich scheinen die meisten Lebensformen in diesen Meeren auf der Suche nach den jeweils besten Bedingungen für ihre Lebensweise ständig in Bewegung zu sein.

Die Winterstürme in gemäßigten Breiten wühlen das Wasser bis zu einer Tiefe von 100 Metern gewaltig auf: 20 Meter hohe Wellen sind nichts Ungewöhnliches, und der Wind kann Geschwindigkeiten von über 150 km/h erreichen. Es scheint sich in der Tat zu empfehlen, die Gewässer der gemäßigten Breiten wegen der Winterstürme zu verlassen. Doch es gibt noch andere Möglichkeiten, um dem schlechten Wetter zu entkommen.

Winterasyle

Im Sommer ist das Wasser unterhalb von 100–200 Metern viel kühler als die Wasserschicht oberhalb der jahreszeitlichen Thermokline. Die zunehmende Wärme der oberen Wasserschicht stellt weit mehr Energie für die Lebensprozesse zur Verfügung, weshalb viele Tiere aus tiefem Gewässer ins flache ziehen. Naht der Winter, löst sich die Thermokline wieder auf. Der Temperaturunterschied zwischen der Tiefe und der Oberfläche ist nun wesentlich geringer. Im Bereich der oberen Meter kann es sogar am kältesten sein. Und weil auch die Schelfs durch die häufigen Stürme aufgewühlt werden, das kühle Wasser unterhalb von etwa 150 Metern aber kaum

1. Tölpel streiten sich um Fisch. Sie gelten als sehr gute Jäger, die sich ihrer Beute durch Stoßtauchen bemächtigen. Im Sommer brüten sie auf Felszinnen in fischreichen gemäßigten Gewässern.

2. Ein Südliches Glattwalweibchen kümmert sich in den geschützten Gewässern vor der argentinischen Küste um sein Kalb. Wenn sich in der südlichen Hemisphäre der Sommer einstellt, werden sie Tausende von Kilometern zurückgelegt haben, um in der antarktischen Region zu fressen.

1

2

von Sturmbewegungen betroffen ist, wird die tiefere Wasserschicht im Winter zum Zufluchtsort vieler Fische und wirbelloser Tiere. Die ideale Überlebensstrategie besteht darin, dort unten so wenig Energie wie möglich zu verbrauchen und einfach auf den Frühling zu warten, bevor man das Schelf erneut ansteuert. Zahllose Fische folgen diesem Verhaltensmuster .

Schutz suchen

Eine andere Form, dem Sturm zu entfliehen, besteht darin, die windgeschützte Landseite aufzusuchen, wie es jedes Jahr acht Milliarden Heringe tun, wenn sie Ende September weit hinein in die engen Fjorde Norwegens schwimmen. Das Wasser ist zu allen Seiten von gewaltigen Gebirgen geschützt und kann bis zu 500 Meter tief sein, weshalb die Heringe die vier Monate bis Januar dort vollkommen abgeschirmt vor dem unwirtlichen Winterwetter verbringen.

Einige Migranten ziehen im Sommer in die Polarregionen, wandern jedoch, wenn hier der Winter naht, in die Meere gemäßigter Breiten ab, wo mildere Bedingungen vorherrschen. Eine Reihe von Meereslebewesen nutzt das Überwintern in den gemäßigten Breiten zur Fortpflanzung. Glattwale, die sich von ihren Futterplätzen in der Antarktis nach Norden wenden, vermehren sich in den geschützten Buchten Argentiniens, Südafrikas, Australiens und der vor Neuseeland gelegenen Aucklandinseln. Die Weibchen haben in ihrer Transchicht ausreichend Energie gespeichert, um ihre Kälber säugen können. Das ist auch nötig, denn bis sie für die Sommermonate wieder in Richtung Antarktis aufbrechen, nehmen sie keine Nahrung zu sich.

Schließlich gibt es auch noch die Möglichkeit, die Gewässer der gemäßigten Breiten ganz zu verlassen und in die wärmeren tropischen Meere zu wandern, wie wir es von einigen Hochseefischarten kennen. Thunfische beispielsweise halten sich im Sommer vor der Küste Neuenglands auf und ziehen dann in den tropischen Atlantik (▷ S. 296).

Wanderung im Sommer

Das Überwintern in gemäßigten Regionen ist wegen der nur geringen Nahrungsvorkommen vergleichsweise hart. Im Frühling und Sommer dagegen machen sich viele Fische, Vögel und Säugetiere auf den Weg in die nunmehr an Nahrung überreichen Gewässer.

So zieht beispielsweise die Fundybai in Neuschottland zahlreiche Schönwetterbesucher an. Mit bis zu 14 Metern weist sie weltweit den höchsten Tidenhub auf. Die gewaltigen Wasserbewegungen bewirken eine äußerst reichhaltige Nährstoffversorgung, von der unzählige Tiere profitieren: Herings-, Lodden- und Sandaal-Populationen wachsen alle rasant, wenn sie hier zusammen eintreffen, um Plankton zu fressen. Ihnen folgen Seevögel und Meeressäugetiere, bereit für das sommerliche Festmahl. Der aufregendste all dieser jährlich wiederkehrenden Besucher ist der Finnwal. Mit bis zu 20 Metern Länge und fast 80 Tonnen Gewicht ist er der zweitgrößte Wal im Meer, der eine Geschwindigkeit von bis zu 10 km/h erreicht. Außerdem ist er eine äußerst effiziente, auf kleine Fische spezialisierte „Tötungsmaschine": Ein einziger Wal kann an einem Tag bis zu 2 Tonnen Hering fressen. Den Winter über halten sich Finnwale im Mittelmeer auf und durchkreuzen dann – von den Fischschwärmen angezogen – in gerade einmal drei Wochen den Atlantik. Gut 500 dieser Riesen verbringen drei Monate zum Fressen an der Fundybai oder weiter draußen vor der Atlantikküste, wo immer sie am meisten Nahrung finden.

1

1. Finnwale brechen durch die Wasseroberfläche in der kanadischen Fundybai. Mit verzweifelten Sprüngen versuchen die Heringe, ihnen zu entkommen.

OZEANKREUZER

Makrelen, enge Verwandte des Thunfischs, gehören zu den schnellsten und schönsten Fischen des Meeres (siehe rechts). Am meisten verblüfft die Europäische Makrele, ein ziemlich kleiner Fisch, der weniger als ein Kilogramm wiegt. Er trägt entlang dem Rücken ein elegantes Muster aus schwarzen und irisierenden blaugrünen Streifen und hat einen cremeweißen Bauch. Makrelen sind schnelle Schwimmer und können problemlos eine Geschwindigkeit von bis zu 50 km/h erreichen. Als geborene Nomaden folgen sie jedes Jahr bestimmten Wanderrouten.

So verbringt ein Teil der Europäischen Makrelen die Sommermonate vor der Küste Norwegens. Wenn der Winter naht, sammeln sich die Fische zu dichten Schwärmen und begeben sich in wärmere Gewässer, wobei sie etwa 25 Kilometer am Tag zurücklegen. Sie ziehen um den Nordwesten Schottlands, bis sie auf einen langsamen Strom warmen Wassers treffen. Kühlt sich das Wasser zu sehr ab, wenden sie sich einfach weiter nach Süden. Im April erreichen die Makrelen ihre Laichplätze im Südwesten Irlands, wo jedes Weibchen eine halbe Million Eier ablaicht. Im Frühling ziehen die Fische wieder Richtung Norwegen, wo sie reiche Beute (u. a. Krebse und Heringe) erwartet.

99 Prozent aller Fische sterben in den ersten zehn Lebensmonaten. Nur einer von einer Million wird erwachsen.

Vermehrung im Sommer

Den stärksten Antrieb für lange Wanderungen stellt die Fortpflanzung dar. Jeden Frühling und Sommer versammeln sich Millionen von Seevögeln auf den felsigen Kliffen und Inseln der gemäßigten Breiten. Bei der Wahl des Ortes ist ausschlaggebend, dass sie ausreichend Beute vorfinden, um Erwachsene und Jungtiere gleichermaßen versorgen zu können. Schwarzschnabel-Sturmtaucher verbringen beispielsweise die Winter zum Fressen vor den Küsten Brasiliens, begeben sich dann auf eine gut 9000 Kilometer lange Reise entlang Nordamerika, bis sie im Mai ihre Nistplätze an der Westküste Englands erreichen. Etwa 100 000 Paare nisten allein auf Skomer Island im Südwesten von Wales.

In nur wenigen Wochen legt der anmutige Sturmtaucher eine Strecke von vielen Tausend Kilometern über den Äquator hinweg in die entferntesten Winkel der Nord- und Südhalbkugel zurück. Und all das nur, um das beste Mahl zur besten Zeit am besten Ort vorzufinden, bevor er wieder die Rückreise antritt, um eine neue Generation großzuziehen.

Auch Fische nehmen zum Zwecke der Fortpflanzung große Strapazen auf sich. Lachse aus dem Pazifik sowie aus dem Atlantik verbringen mehrere Jahre im offenen Meer, bevor sie sich auf eine Reise von manchmal mehr als 5000 Kilometern zurück in die Küstenflüsse begeben, wo sie geboren wurden. Die Fische ziehen dann durch Süßwasser, schwimmen Stromschnellen und Wasserfälle hinauf, bis sie sich weit stromaufwärts endlich auf Kiesbetten vermehren. Die meisten von ihnen sterben auf diesem Weg. Nur sehr wenige überleben, um die Reise zurück zu ihren Futtergründen im Meer anzutreten. Zwei Jahre später ist es für ihren Nachwuchs an der Zeit, das ruhige, geborgene Flussleben aufzugeben und den Spuren der Eltern viele Tausend Kilometer ins Meer hinaus zu folgen. Es ist ein bemerkenswerter Lebenszyklus, der zweimal die komplette Umstellung des Körpers von einem Leben im Süßwasser auf ein Leben im Salzwasser und umgekehrt verlangt.

1. Nordatlantik-Lachse leben mehrere Jahre im Meer, bis sie die lange Wanderung zurück zu ihren Brutplätzen in Süßwasserflüssen antreten.

2. Von der See zurückgekehrt, ruht sich ein Schwarzschnabel-Sturmtaucher im Schutz der Dunkelheit vor seiner Nisthöhle auf Skomer Island/Wales aus.

1

2

SCHEREN IM ANMARSCH

Mit ihrem dicken, blau gepanzerten äußeren Skelett, vier Paar Beinen und gewaltigen Scheren bieten Hummer einen beeindruckenden Anblick. Die schwerfälligen Tiere ernähren sich von Wirbellosen und sind vor allem nachts aktiv.

Atlantikhummerweibchen können mit 15 Kilogramm Gewicht so groß werden, dass sie natürliche Feinde kaum zu fürchten brauchen. Im Winter leben sie in einer Tiefe von mehr als 250 Metern. Sie paaren sich Ende Oktober oder im November und können unter ihren langen Schwänzen bis zu 20 000 befruchtete Eier halten. Im Sommer kehren sie in die Wärme des Schelfs zurück, damit sich die Eier gut entwickeln können. Für die bis zu 150 Kilometer lange Reise über den allmählich ansteigenden Meeresboden brauchen die langsam marschierenden Hummer etwa einen Monat. Ende Juli, neun Monate nachdem die Weibchen sich gepaart haben, sind die winzigen Babyhummer bereit zum Schlüpfen. In den ersten Lebenswochen ernähren sie sich von Plankton. Die Weibchen bleiben den restlichen Sommer zum Fressen im seichten Wasser, bevor sie sich wieder zurück in die Tiefe begeben, um dort einen weiteren Winter in Sicherheit vor den Stürmen zu verbringen.

4.2 PLANKTONBLÜTE

Gewässer gemäßigter Breiten sind unter anderem deshalb grün, weil sie mit einer Fülle winzig kleiner, grünlicher Pflanzen angereichert sind. Sie gehören zur Planktongemeinschaft, die sowohl aus pflanzlichen als auch tierischen Organismen von sehr unterschiedlicher Größe besteht. Plankton treibt mit den Meeresströmungen im offenen Wasser umher. In seiner Gesamtheit bildet es die bedeutendste Nahrungsquelle im marinen System, doch die wichtigsten Mitglieder sind ohne Zweifel die pflanzlichen Plankter – die Phytoplankter. Sie können, was im offenen Wasser nahezu einzigartig ist, die Sonnenenergie in lebendes Gewebe umwandeln, was sie zum ersten und wichtigsten Glied der Nahrungskette im Ozean macht. Deshalb ist die Blüte des Phytoplanktons in jedem Frühling das bedeutendste Ereignis in den Meeren gemäßigter Breiten.

PHYTOPLANKTON

Es gibt verschiedene Gruppen von Phytoplankton, die in Größe und Bauweise variieren: Ihre schillernde Aufmachung reicht von beeindruckend funkelnden Kugelkörpern bis hin zu glitzernden „Pillendöschen". Manche scheinen aus Glas zu bestehen, andere aus Zellulose, und einige haben mehr mit Tieren gemeinsam als mit Pflanzen. Doch so unterschiedlich die äußere Form auch sein mag, sie alle enthalten Farbpigmente, mit denen sie durch Photosynthese die Sonnenenergie in die grundlegenden chemischen Stoffe lebender Materie umwandeln können.

Cyanobakterien

Die kleinsten aller Phytoplankter, Cyanobakterien (Blaualgen), sind winzige Einzeller, die zugleich grüne und blaue Pigmente aufweisen. Sie verfügen über die sehr nützliche Eigenschaft, aus gasförmigem Stickstoff stickstoffhaltige Bausteine zu produzieren, weshalb sie eine lebenswichtige Nährstoffquelle für andere, komplexere Wesen sind. In manchen Regionen macht ihr Anteil an der Gesamtproduktion im Ozean sagenhafte 80 Prozent aus.

Diatomeen

Es gibt mindestens 6000 Arten winziger, Diatomeen (Kieselalgen) genannter, einzelliger Algen. Mit ihren beiden eng zusammenhängenden, glasartigen Schalenhälften, die häufig strahlenförmig von Stacheln und Rillen umgeben sind, bieten sie einen wunderschönen Anblick. Öltröpfchen im Skelett helfen den Diatomeen, im Oberflächengewässer zu treiben, wo das Sonnenlicht durch ihre transparenten Panzer zu den darin enthaltenen gold-

Diatomeenerde, die zu über 70 Prozent aus Panzern von Kieselalgen besteht, dient uner anderem als Filtrier- und Poliermittel.

1

1. Jedes Jahr wachsen in den Weltmeeren sechs Milliarden Tonnen mikroskopischer Algen wie die hier abgebildeten Diatomeen. Sie produzieren fast die Hälfte des weltweiten Sauerstoffs.

1 1. Eine kleine Seestachelbeere, die zur Gruppe der Rippenquallen gehört, entfaltet ihre klebrigen Tentakel, um Pflanzen fressendes Zooplankton einzufangen, das an winzigen Algen weidet.

braunen Photosynthesepigmenten vordringt. In Gewässern gemäßigter Breiten sind sie oft die zahlenmäßig verbreitetsten Phytoplankter.

Dinoflagellaten

Die zweitgrößte Gruppe einzelligen Phytoplanktons besteht aus Dinoflagellaten (Panzeralgen), die einerseits die Fähigkeit besitzen, Sonnenenergie für die Photosynthese zu nutzen. Andererseits sind sie in der Lage, angetrieben durch Geißeln aktiv Nahrung einzufangen. Ihre Körper bestehen aus Zellulosepanzern, und sie können zum Teil biolumiszentes Licht erzeugen. Wagt man sich bei Nacht hinaus und bewegt Wasser mit einer hohen Konzentration bestimmter Dinoflagellaten, leuchten sie in gespenstischem Grünblau auf (Meeresleuchten). Selbst Fußspuren auf einem feuchten Strand leuchten für einige Minuten, bevor sich der Zauber schließlich verflüchtigt.

Protozoen

Protozoen sind zwar einzellige Tiere, gleichwohl besitzen einige von ihnen die Fähigkeit zur Photosynthese. Ihre Gehäuse bestehen entweder aus Kalziumkarbonat, wie bei Foraminiferen, oder aber Kieselsäure, wie bei den Radiolarien. Viele haben nadelartige Stacheln und können aktiv Nahrung fangen. Beide Arten können unter bestimmten jahreszeitlichen Bedingungen innerhalb der Gemeinschaft des Planktons dominieren.

Jahreszeitliche Blüte

Phytoplankter brauchen viel Sonnenlicht und Nährstoffe, um zu gedeihen. Sie müssen zudem schnell wachsen, da sie von einer riesigen und stetig wachsenden Zooplankton-Population immer wieder abgeweidet werden (▷ S. 172). Gegen Ende des Winters wird durch die Stürme Nährstoffnachschub ins Oberflächenwasser getrieben. In diesem Stadium sind nur wenige Zooplankter aktiv. Nimmt die Sonnenenergie erst einmal zu, beginnt das Phytoplankton mit seiner Jahresproduktion kohlenstoffhaltiger belebter Materie.

Der Frühling setzt in den Gewässern gemäßigter Breiten früher ein als an Land. Im Februar und März reicht die Zahl der Sonnenstunden auf der Nordhalbkugel für das Phytoplankton bereits aus, um mit der Photosynthese zu beginnen und sich zu ver-

JAHRESZEITLICHE VERTEILUNG DES PHYTOPLANKTONS

2 2. Die Karte zeigt die jahreszeitlich unterschiedliche Dichte von Phytoplankton. Die Zunahme des Sonnenlichts im Frühling bewirkt eine Planktonblüte, die den gesamten Nordatlantik überzieht.

3

mehren, bis schließlich im Mai ein Kubikmeter Wasser bis zu 425 Millionen einzelner Lebewesen enthält.

Das winzige Picoplankton und flagellate Protozoen wachsen am Anfang am schnellsten. Doch die sich schnell vermehrenden mikrozooplanktonischen Weidegänger reduzieren ihre Anzahl in kürzester Zeit. Im Hochsommer übernehmen die Diatomeen die Führungsrolle, doch benötigen sie reichlich Kieselsäure für ihre glasartigen Panzer. Die Diatomeen-Population wächst so rasch, dass der Vorrat an gelösten Silicaten im Wasser Ende Mai aufgebraucht ist. Die entstehende Thermokline (▷ S. 160) verhindert das Aufsteigen frischer Nährstoffe aus der Tiefe, weshalb die Diatomeen-Blüte abzunehmen beginnt. Da das Picoplankton kurz zuvor noch einmal wieder auflebt, schlägt jetzt die Stunde der langsam wachsenden Dinoflagellaten. Im Spätsommer geht der Nährstoffvorrat drastisch zurück, sogar das Nitrat ist aufgebraucht. Die Phytoplankter beginnen abzusterben. Nur bei schlechtem Wetter im frühen Herbst kann eine weitere Phytoplanktonblüte auftreten: Stürme können die Thermokline auflösen, sodass den Primärproduzenten noch einmal Nährstoffe aus tieferen Wasserschichten zur Verfügung stehen. In vielen Gewässern gemäßigter Breiten kommt es so noch einmal zu einer kurzen produktiven Phase, bis die Sonnenenergie schließlich nicht mehr für die Photosynthese ausreicht.

3. Plankton besteht sowohl aus Tieren als auch aus Pflanzen. Die Größenunterschiede reichen von mikroskopisch kleinen Radiolarien über Fischeier und Foraminiferen bis hin zu großen Quallen.

ZOOPLANKTON

Zu Frühlingsbeginn wimmelt es im Wasser von zahllosen frei schwimmenden Tieren – dem Zooplankton. Zooplankter breiten sich langsamer aus als das Phytoplankton, weil sie zum einen nicht so schnell wachsen und zum anderen viele von ihnen Phytoplankton fressen, auf dessen Blüte sie erst warten müssen. Zooplankter sind entweder auf das Abweiden von Phytoplankton spezialisierte Pflanzenfresser oder aber Fleischfresser, die mit Hilfe besonderer Jagdtechniken anderes Zooplankton und kleine Fische jagen. Die Größenunterschiede reichen von wenigen Mikron bis zu einigen Metern Durchmesser.

Picoplankton weiden

Nur wenige Tiere können Picoplankton abweiden, da es wegen seiner minimalen Größe schwer einzufangen ist. Zu ihnen gehören die gallertartigen Salpen, merkwürdige Verwandte der Seescheiden, die wie durchsichtige Jetmotoren aussehen. Salpen lassen Wasser durch ihren hohlen Körper fließen und pumpen es durch ein Schleimnetz, um winzige Nahrungsteilchen zu extrahieren. Zu spezialisierten Weidegängern von Picoplankton zählen außerdem einige mikroskopische Protozoen. Unglücklicherweise bedeutet dies für die Protozoen, dass sie wiederum von anderen Zooplanktern gefressen werden.

Invasion der Ruderfußkrebse

Die Hauptgegenspieler des größeren Phytoplanktons sind kleine Krebse mit Antennen, die seitwärts aus ihrem Kopf ragen. Diese Ruderfußkrebse beginnen sich kurz nach Einsetzen der Phytoplanktonblüte zu vermehren, bis ihre Population selbst zu ungeheurer Größe heranwächst. Sie sind die auf unserem Planeten wahrscheinlich am häufigsten vorkommenden Tiere und stellen 70 Prozent des gesamten Zooplanktons dar.

Ruderfußkrebse sind zwar ausgesprochen effizient im Abweiden von Phytoplankton, doch aufgrund ihrer geringen Körpergröße von nur wenigen Millimetern ist das Wasser

1. Ruderfußkrebse wie die zu den Calanoidea zählenden Candacia sind Miniaturkrustazeen, die in astronomischen Mengen vorkommen. Ihre beiden langen vorderen Antennen sind mit Sinneszellen zum Aufspüren von Nahrung, Partnern und Feinden ausgestattet.

2. Trotz ihrer geringen Größe sind Ruderfußkrebse hoch entwickelte Tiere. Dieses Weibchen der Gattung Copilia aus der Familie der Sapphirinidae besitzt Augen mit Chitinlinsen, mittels derer es räumlich sehen kann.

1

für sie ein schweres und zähflüssiges Medium. Und so hinterlassen sie bei jeder Bewegung eine Kielwasserspur, die wie der Kondensstreifen eines Jets am Himmel viele Sekunden lang in der Wassersäule bestehen bleibt. Diese Spuren nutzen sie zur Lokalisierung von Paarungspartnern; allerdings sind sie ebenso für Räuber aufschlussreich. Gleichwohl bedingt eben diese Zähflüssigkeit des Wassers, dass der Ruderfußkrebs ein so guter Weidegänger ist. Wenn er mit seinen winzigen Schwimmbeinen strampelt, entsteht vor seinem Kopf ein kraftvoller Strom „zähflüssigen“ Wassers. Das mikroskopisch kleine Phytoplankton wird in diesem Strom auf die korbähnlichen Fortsätze an den Extremitäten, die der Nahrungsaufnahme dienen, getragen. So kann der Ruderfußkrebs Diatomeen und Dinoflagellaten in riesigen Mengen aus dem Meer fischen.

Die meisten Ruderfußkrebse haben zwar ein recht gutes Sehvermögen, doch überprüfen sie das Wasser auch auf chemische Stoffe und Bewegungen, die auf Gefahren wie Räuber hinweisen könnten. Dabei stören allerdings die Turbulenzen, die durch das permanente Schlagen ihrer Beine beim Fressen entstehen. Deshalb haben sie lange Antennen mit Sinneszellen entwickelt, mit deren Hilfe sie drohende Gefahren zusätzlich sondieren können.

Kurzbesucher Meroplankton

Nicht alle Planktonarten verbringen ihr gesamtes Leben in der Welt des Jeder-frisst-jeden. Meroplankton ist der Sammelbegriff für die winzigen Eier und Larven, die einen Teil ihres Lebens als Plankton existieren, bevor sie zu weit größeren und höher entwickelten Tieren oder Pflanzen heranwachsen. Im Sommer ist das Meer angereichert mit dahintreibenden Eiern, paddelnden Larven und dem Nachwuchs von Wirbellosen. Die Jungtiere von Krabben, Langusten, Seeigeln, Weichtieren, Entenmuscheln und sogar

2

Einige Quallenarten besitzen Gleichgewichtsorgane, so genannte Statozysten, durch die sie wissen, in welcher Position sie sich gerade befinden.

Fischen gehören zu der riesigen Vielfalt an Geschöpfen, die ihre ersten Lebenswochen im freien Wasser als Planktonorganismus verbringen.

Viele Meroplankter sind Pflanzenfresser, doch manche beginnen ihr Leben auch als winzige Räuber. Im Verlauf ihrer Entwicklung verändert sich ihre Erscheinungsform drastisch: Entweder werden sie große Fische, die im offenen Meer leben, oder sie siedeln sich am Meeresboden an. Im günstigsten Fall treiben Meeresströmungen die Larven in eine geschützte Umgebung, in der sie den Übergang vom Jugend- ins Erwachsenenstadium schaffen. Doch bevor dies geschieht, müssen sie wochenlang im offenen Wasser überleben und sich dort von anderem winzigen Plankton ernähren, wobei sie ständig der Gefahr ausgesetzt sind, Opfer von erfolgreichen Räubern zu werden.

Jagende Ruderfußkrebse

Viele große Ruderfußkrebse sind Fleischfresser. Einige haben Haken und Klingen an den Beinen, die dazu dienen, unaufmerksame Opfer zu fangen und zu zerstückeln. Wie die Pflanzen fressenden Ruderfußkrebse besitzen auch sie auf ihren Antennen Sinneszellen. Doch diese werden nicht nur als „Abwehrradar" eingesetzt, sondern sind auch darauf ausgerichtet, Beute aufzuspüren.

1

1. Kampf der Medusen! Eine kleine gefräßige Blaue Nesselqualle *(Cyanea lamarckii)* überwältigt zwei Ohrenquallen *(Aurelia aurita)*, um sie dann gemächlich zu verzehren.

2. Im Hochsommer sammeln sich Ohrenquallen *(Aurelia aurita)* in immer größer werdender Zahl und bilden dichte rosafarbene Schwärme.

Jäger ohne Rückgrat

Wenn die Frühlingsmonate vorübergehen, füllen sich die gemäßigten Meere mit gallertartigem Zooplankton, das kein Skelett besitzt. Dazu gehören Rippenquallen (Ctenophoren, ▷ S. 320) und Medusen bzw. Quallen (Cnidaria). Zu diesen wiederum zählen die Scyphozoa, die im Hochsommer zur Plage an Badestränden werden können, da sie unachtsamen Schwimmern mit ihrem Nesselgift schmerzhafte Verbrennungen zufügen.

Im offenen Meer gehören Quallen zu den schönsten Tieren – transparente dahintreibende Geschöpfe mit spitzenartigen Federbüschen und einer Schleppe aus zart getönten Tentakeln unter leicht pulsierenden Schwimmglocken. Sie durchleben zunächst eine Polypenphase am Boden und dann erst eine Phase als Plankton in der glockenförmigen Gestalt, die so typisch für Quallen ist. Für Quallen stellt die zweite Phase den wichtigsten Teil ihres Lebenszyklus dar.

Man kann sich Quallen als dahintreibende Büschel klebriger Planktonfallen vorstellen. Ihre federartig aussehenden Spitzenwedel sind in Wirklichkeit zusammengewickelte Mundlappen, die wie die Tentakel mit tödlichen Nesselzellen bedeckt sind. Eine der Hauptfunktionen der Tentakel scheint darin zu bestehen, die Qualle zu verlangsamen und bei erfolgreicher Jagd als eine Art Anker zu fungieren. Die große pulsierende Glocke ist das Antriebssystem einer Qualle und dient zugleich der Nahrungsaufnahme, indem sie einen Strom planktonreichen Wassers über die Mundlappen zu den Ansatzpunkten der Tentakel presst. Da dies auf höchst effiziente Weise geschieht, kann beispielsweise die Blaue Nesselqualle ein Gewicht von mehr als einer Tonne erreichen und Tentakel von 50 Metern Länge entwickeln.

Quallen können an einem Tag Tausende von Ruderfußkrebsen töten und verzehren. Ihr Bestand ist selten von einem Jahr aufs andere konstant, kann allerdings dermaßen

2

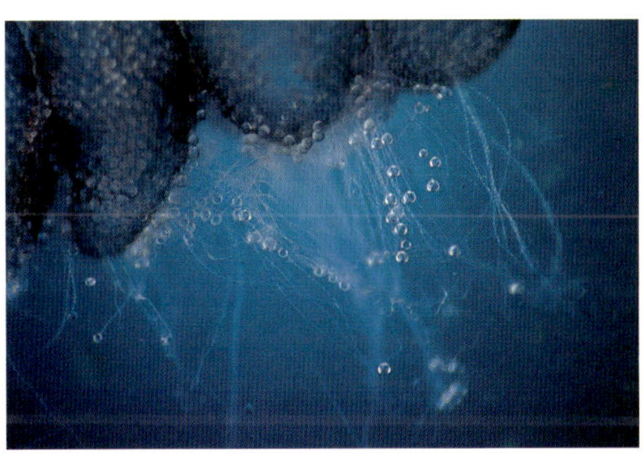

HARPUNIERE

Quallen haben eine sehr wirksame Methode entwickelt, ihre Opfer in kurzer Zeit unbeweglich zu machen, sodass sie sie in ihren Mund hineinziehen können. Jedes Tentakel hat Hunderte so genannter Nesselzellen, von denen jede Gift und eine eng zusammengerollte Harpune enthält. Nesselzellen werden durch eine Kombination aus chemischen und mechanischen Reizen aktiviert. Wenn der haarähnliche Auslöser zum Beispiel Haut berührt, entlädt sich die Harpune und schlägt durch die Körperwand des Ziels wie eine subkutane Spritze. Gift aus der Nesselzelle dringt ins Opfer ein. Abhängig von der Größe des Opfers entladen sich Hunderte, Tausende oder sogar Hunderttausende von Nesselzellen. Das Gift besteht aus Proteinen, die gleichzeitig die Blutkörperchen und das Nervensystem ihres Opfers angreifen. Der Kontakt mit den Nesselzellen mancher Quallenarten kann striemenförmige Verbrennungen hinterlassen. Selbst wenn die Qualle tot ist, können die Tentakel beim Berühren nasser Haut immer noch nesseln. Die gefährlichste Qualle, die Würfelqualle, kann einen Menschen in wenigen Minuten töten.

1

1. Die Tentakel der Kompassqualle *(Chrysaora hysoscella)* besitzen Millionen von Nesselzellen. Junge Fische verstecken sich zwischen den Tentakeln, da sich nur wenige Räuber näher heranwagen.

2. Ein Riesenhai seiht Plankton durch seine Kiemen. Mit den Wassermengen, die er in einer Stunde durchsiebt, könnte man zwei Schwimmbecken mit olympischen Maßen füllen.

anwachsen, dass sie zur regelrechten Plage werden. Die unterschiedlichen Arten kommen jeweils zu verschiedenen Jahreszeiten besonders häufig vor. Die Ohrenqualle beispielsweise lebt zum Großteil von Ruderfußkrebsen, weshalb sie insbesondere im Frühling verbreitet ist, wenn ihr ein optimales Nahrungsangebot zur Verfügung steht. Schwärme dieser Quallen sind so dicht, dass sie das Wasser rosa färben. Doch sobald im Sommer der Niedergang der Planktonblüte einsetzt, nimmt ihre Zahl wieder ab.

Die Blaue Nesselqualle ist eine Spätsommerqualle, die im September und Oktober besonders häufig vorkommt, da sie sich von Fisch, Meroplankton, anderen Quallen sowie Ruderfußkrebsen ernährt. Diese Quallenart kann sehr groß werden; in der Regel hat die Glocke einen Durchmesser von mehr als einem Meter. Bisweilen sind die Tentakel der Quallen ineinander verwoben und stellen ein riesiges nesselndes Fischernetz dar.

Während der planktonreichen Monate treten die Quallen in manchmal riesigen Schwärmen auf, um dann, wenn sich die Planktonblüte ihrem Ende zuneigt, zu verschwinden.

GROSSE JÄGER

Zooplankton bildet ein kompliziertes System aus fressenden Organismen, die alle vom Phytoplankton als Primärproduzenten abhängig sind. Doch sie sind nicht die einzigen Tiere, die Plankton verzehren.

Nahrung für Schwärme

Viele Fische sind Planktonfresser, was beispielsweise die riesigen Herings-, Sardinen- und Anchovisschwärme, die zu den wichtigsten Fangfischen der Fischereiflotten auf den Meeren gemäßigter Breiten gehören, eindrucksvoll unter Beweis stellen.

Plankton fressende Fische sieben ihre Nahrung entweder aus dem Wasser, indem sie mit offenem Maul schwimmen oder indem sie einzelnes Plankton sichten und schlucken. Diejenigen, die nach letzterer Methode vorgehen, haben nach vorne gerichtete Augen, sodass sie die Entfernung zu ihrer Beute abschätzen können.

Fische, die Wasser durchsieben, besitzen an ihren Kiemen spezielle dünne Reusen, um beim Einströmen des Wassers das Plankton abzufangen. Viele Arten sind in der Lage, den Rachenraum enorm auszudehnen, damit möglichst viel Wasser durch ihr Maul strömt.

Fast alle Plankton fressenden Fische legen jedes Jahr lange Wanderungen zurück, um gegen Frühlingsende in die reichhaltigen Planktongegenden zu gelangen. Während der folgenden Sommermonate halten sie sich immer dort auf, wo das Planktonvorkommen ausreichend groß ist, um ihren Nahrungsbedarf zu decken. Die Heringspopulation, die an den Küstenfjorden Norwegens laicht, begibt sich Anfang Mai weit hinaus bis in die östlichen Gewässer Islands. Anfang Juni zieht sie nach Norden und erreicht irgendwann im Juli oder August die nördliche norwegische See. Auch wenn ihre Route von Jahr zu Jahr variiert, so ist doch beachtlich, dass vergleichsweise einfache Fische auf den Spuren der größten Planktonpopulationen ständig in Bewegung sind.

2

KIEMENREUSEN

Riesenhaie, die bis zu 5 Tonnen wiegen und bis zu 14 Meter lang werden können, müssen riesige Mengen Plankton zu sich nehmen, weshalb sie Systeme entwickelt haben, so viel Nahrung wie möglich aufzuspüren und auszufiltern.

Da sie sowohl auf chemische als auch auf elektrische Reize im Meer äußerst sensibel reagieren, können sie wohl auch die Unterschiede zwischen den Wasserschichten wahrnehmen. So vermögen sie zum Beispiel entlang den Thermoklinen zu schwimmen, wo die Planktonkonzentration am höchsten ist. Es ist ebenso wahrscheinlich, dass Haie chemische Spuren, die von intensiver Planktonaktivität künden, aufnehmen können. Wenn sie durch planktonreiche Gewässerbereiche schwimmen, öffnen sie ihr gewaltiges Maul, pflügen durchs Wasser und pressen es durch fünf Paare von Kiemenspalten. Jede Kiemenöffnung ist mit rosafarbenen, eng verzahnten Kiemenreusen vergittert, die das Plankton abfangen und in die Kehle des Hais weiterleiten, während das Wasser durch die Kiemen zurück ins Meer flutet. Auf diese Weise strömen stündlich 1000 Tonnen Wasser durch das Maul des Hais.

Im Winter, wenn die Planktonblüte abnimmt, verlieren die Haie ihre Kiemenreusen und ziehen sich in die Tiefen des Meeres zurück. Hier wächst ihnen ein neuer Satz Kiemenreusen zur Vorbereitung auf die Planktonblüte im nächsten Jahr.

FISCHKUGEL

Das bevorzugte Ziel vieler Tiere, die in Gewässern gemäßigter Breiten auf Beutefang gehen, sind große Schwärme kleiner, Plankton fressender Fische wie zum Beispiel Heringe. Wird ein Schwarm angegriffen, reagiert er augenblicklich, indem er sich zu einer dichten, wirbelnden Kugel formiert. Die sich drehende Masse Hunderter oder sogar Tausender von Fischen steigt auf und verändert in dem Versuch, ihre Räuber zu verwirren, die Form des Schwarms. Dadurch reduziert sich für den einzelnen Fisch die Gefahr, isoliert und gefressen zu werden. Währenddessen bedrängen die Räuber immer wieder die Fischkugel in der Absicht, sie auseinander zu treiben und sich dann einzelne Opfer herauszugreifen. Dieses sich verzweifelt drehende Karussell ist eines der spektakulärsten Schauspiele in der Natur.

1

1. Beim ersten Anzeichen von Gefahr bildet ein Heringsschwarm eine dichte, wirbelnde Kugel aus Tausenden von Fischen.

2. Ein Fischschwarm durchbricht die Wasseroberfläche in einem letzten verzweifelten Versuch, den von unten angreifenden Räubern zu entfliehen.

Leben im Schwarm

Als einer der begehrtesten Beutefische hat der Hering zwei Hauptstrategien, um sich Räubern zu entziehen: Schwarmbildung und die tägliche Flucht in die Tiefe. Sie ernähren sich hauptsächlich von kleinem Zooplankton, das sich in der Nähe der Wasseroberfläche konzentriert. Der Nachteil: Heringe sind, wenn sie in sonnendurchflutetem Wasser schwimmen, leicht auszumachen. Da die meisten ihrer Räuber am Tag und auf Sicht jagen, bleiben die Heringe folglich tagsüber lieber versteckt in der Tiefe. Erst im Schutz der Dunkelheit wagen sie sich zum Fressen nach oben. In dunklen Nächten schwimmen sie in Schwärmen ruhig und mit offenem Maul umher und sieben Plankton aus. Sobald der Tag anbricht, bilden sie dichte Schwärme mit Tausenden von Fischen, die sich in perfektem Einklang wieder in die Tiefe zurückziehen.

2

Den Schwarm kontrollieren

Da ihr Überleben davon abhängt, haben die Heringe die Kunst des Synchronschwimmens perfektioniert. Sie können den Schwarm auf zweierlei Arten koordinieren: durch Sicht und (da sie sehr sensibel auf Vibrationen und Geräusche reagieren) durch Gehör. Bewegen sich die Fische, entstehen Vibrationen und im Falle einer plötzlichen Beschleunigung hohe Töne. So werden bei Gefahr Geräuschimpulse quer durch den Schwarm gesendet, die die einzelnen Tiere sofort in Aktion versetzen. Zudem reagieren sie außerordentlich schnell auf die von ihren glänzenden Schuppen reflektierten Lichtblitze, die entstehen, wenn sie sich drehen. Doch die Heringe haben mächtige Gegner, gegen die auch die besten Abwehrstrategien manchmal nicht helfen.

Im Angesicht des Feindes

Auch wenn sich die Heringe tagsüber in die Tiefe zurückziehen, so sind sie dort nicht zwangsläufig sicher. Viele Raubfische spüren die Fische selbst auf oder nehmen die Spur aus Eiweiß und Öl im Kielwasser des Schwarms auf. Delphine, Buckelwale und Hundshaie tauchen einfach unter die Heringe und schießen dann nach oben. Selbst Vögel, wie etwa die Alken, können den Schwarm erreichen, indem sie bis in eine Tiefe von 70 Metern tauchen. Die Heringe reagieren immer gleich, indem sie augenblicklich einen dichten Schwarm bilden und sich so schnell wie möglich fort von der Gefahr hinauf in Richtung Wasseroberfläche bewegen. Doch einmal in Aufruhr geraten, werden dort immer mehr Räuber auf sie aufmerksam, bis die Heringe von unerbittlichen und zugreifenden Mäulern und Schnäbeln umgeben sind. Oft fällt ein ganzer Schwarm diesen Attacken zum Opfer. Es sei denn, es gelingt den Heringen, die Angreifer auszumanövrieren und abermals in die Tiefe zu entkommen.

3

3. Schwertwale schlagen mit ihrem Schwanz auf die Heringe ein, um sie zu betäuben und dadurch zur leichten Beute zu machen.

ZUM THEMA

4.1 Die reichhaltigsten Gewässer
Schutz suchen, S. 163

4.2 Planktonblüte
Nahrung für Schwärme, S. 177
Nest des Lebens, S. 181

6.2 Getrieben im Meer
Siebende Schwärme, S. 283

6.3 Meeresjäger
Säuger, S. 297

Plankton fressende Riesen

Je größer ein Tier, desto wirkungsvoller kann es große Mengen Wasser durchsieben, um das Maximum an Plankton herauszufiltern. Dieses Sieben ist eine sehr effiziente Ernährungsweise. Ein großer Planktonfresser überspringt verschiedene energieschluckende Stufen der Nahrungspyramide, indem er sich direkt von Plankton ernährt. Und diese Art der Nahrungsaufnahme bringt wahre Riesen hervor.

Die 12 existierenden Bartenwalarten sind auf kleine Fische und Plankton spezialisiert und erzielen ein Gewicht von 20 bis zu über 100 Tonnen. Statt Zähnen besitzen sie lange gerippte Platten mit faserigen, ineinander verzahnten Borsten, die so genannten Barten, die als Planktonsiebe fungieren. Sie nehmen riesige Mengen planktonreichen Wassers in ihr Maul auf, pressen es mit ihrer gigantischen Zunge durch die Barten und schlucken dann das abgefangene Plankton.

Bartenwale sind wahre Meister darin, Plankton zu orten. Wahrscheinlich besitzen sie ein schwachwelliges Sonarsystem, mit dem sie Wassertemperatur und Salzgehaltsgrenzen, in denen sich Plankton konzentriert, analysieren können. Jedes Jahr beobachtet man an der Fundybai die Ankunft einiger Nördlicher Glattwale, die schwimmend mit weit aufgerissenem Maul das Wasser durch ihre feinen Barten strömen lassen. Die Wale bleiben von April bis September und halten sich immer dort auf, wo die Umweltbedingungen am ehesten dichte Planktonschwärme ermöglichen.

Angriff aus der Luft

Auch Seevögel können findige Planktonjäger sein. Die meisten Möwen schwimmen auf dem Wasser und tunken ihren Schnabel in dichte Ansammlungen großen Planktons. Der Sturmtaucher geht genauso vor oder schöpft Plankton im Flug ab. Am bezauberndsten ist der Tanz der Buntfüßigen Sturmschwalbe, die über dem Wasser flattert und dabei ihre Krallen in die Wasseroberfläche taucht. Aller Wahrscheinlichkeit nach benutzt die Sturmschwalbe ihre Krallen als Anker, die sie ins Wasser taucht, um so zu verhindern, dass der Wind sie wegweht. So kann sie unentwegt das Wasser nach frischem Plankton absuchen.

1. Ein Südlicher Glattwal schöpft Plankton von der Wasseroberfläche. Man sieht nur die Spitze seines Oberkiefers mit den siebähnlichen Bartenplatten.

2. Erwachsene Dreizehenmöwen bewachen Küken, die in gefährlicher Höhe im Nest hocken. Ihre Nistplätze befinden sich in der Nähe planktonreicher Gewässer.

Nächste Doppelseite: Ein Buckelwal vor Südostalaska stößt sich zum Fressen nach vorne. Sein Rachen dehnt sich durch das Gewicht des Wassers und der Heringe enorm aus. In dem planktonreichen Wasser leben so viele Heringe, dass sich die Wale monatelang ernähren können.

1

2

NEST DES LEBENS

In Gewässern gemäßigter Breiten bildet, wie in jedem anderen offenen Meer auch, Plankton die Grundlage der Nahrungskette. Ruderfußkrebse werden von Plankton fressenden Heringen gefressen, diese wiederum von größeren Fischen oder tauchenden Seevögeln, Delphinen, Walen oder Robben. Und all die Tiere, die sich von Heringen ernähren, können wiederum das Opfer von noch größeren Räubern werden. Viele größere Tiere stimmen ihren Besuch in den Meeren gemäßigter Breiten mit dem Höhepunkt der Planktonblüte ab, weil sie von jenen Tieren leben, die sich von Plankton ernähren.

Brutzeit

Tölpel, Papageitaucher, Trottellummen, Alken und andere Seevögel finden sich allesamt mit der Planktonblüte zu Beginn des Frühlings an ihren Nistklippen ein. Um überleben zu können, muss sowohl für die erwachsenen Tiere als auch für die geschlüpften Küken ausreichend Nahrung zur Verfügung stehen. Da sich viele Seevögel von Plankton fressenden Fischen wie Heringen ernähren, suchen sie zumeist solche Nistplätze auf, die sich in der Nähe von Meeresregionen befinden, in denen eine möglichst hohe Planktondichte herrscht.

Nur schnell fett werden

Die Planktonsaison ist vergleichsweise kurz. Für viele Fische und Meeressäuger stellt jedoch eine Zeit lang Plankton die einzige Nahrungsquelle dar. Folglich legen sie so schnell wie möglich Fettreserven an, um die Wintermonate zu überstehen. Buckelwale in Alaska ernähren sich zwischen April und Oktober von den Heringsschwärmen im Pazifik und legen so in Form einer fetthaltigen, bis zu einem halben Meter dicken Transchicht mehrere Tonnen an Gewicht zu. Wenn sie im Herbst zur Paarung 4000 Kilometer weit bis nach Hawaii ziehen, müssen sie fünf Monate lang ohne Nahrung auskommen.

4.3 MEERESWÄLDER

In gemäßigten Breiten sind felsige Landzungen bei Niedrigwasser mit einem glitschigen, lederartigen Bewuchs überzogen. Bei Hochwasser verwandelt sich der ledrige Fingertang in eine Wunderwelt aus sanft hin und her wogenden Algen. Die Fülle an Formen und Farben ist beeindruckend: So gibt es filigrane violette Spitzen, harte, Krusten bildende rosa Beläge, transparente grüne Fäden und buschige gelbbraune Sträucher, die von prallen, gasgefüllten Blasen aufrecht gehalten werden. In diesem sich wiegenden Wald tummeln sich Fische und wirbellose Tiere, die alle von den Meeresalgen abhängig sind. Meeresalgen kommen zwar in fast allen Gewässern vor, doch nirgendwo so zahlreich wie in den Meeren gemäßigter Breiten. Hier gedeihen die meisten ihrer insgesamt 10 000 Arten. Sie bilden einen der produktivsten marinen Lebensräume.

GÄRTEN IM MEER

Wie alle Pflanzen brauchen auch Algen Nährstoffe, Sonnenlicht und einen geeigneten Standort, um wachsen und die Photosynthese durchführen zu können. Als Primärproduzenten von Leben im Meer stehen sie am Anfang der Nahrungskette. Die kleinsten Algen schweben frei im Wasser oder leben zwischen Sandkörnern, andere halten sich in den Gehäusen oder Körpern von Tieren auf. Viele gedeihen auf anderen Meerespflanzen oder in deren Geweben, doch am bekanntesten ist wohl der größere Seetang, der unsere Küstengewässer schmückt.

Seetang benötigt einen festen Untergrund. Auf sandigem Meeresboden, wo die beweglichen Sandkörner keinen sicheren Halt bieten, sind diese Algen selten anzutreffen. Seetang ist ein Bewohner der Felsküsten. Am Fuß jeder Pflanze befindet sich ein Knäuel verschlungener, röhrenartiger Haftorgane (Rhizoide), durch die sie fest auf dem Fels verankert ist. Von diesen Haftorganen ausgehend ragt ein langer Stängel mit blattartigen Wedeln, in denen ein Großteil der Photosynthese erfolgt, nach oben. Die Wedel der größten Seetangarten werden durch gasgefüllte Schwimmkörper an der sonnendurchfluteten Wasseroberfläche gehalten.

Trotz ihrer vergleichsweise einfachen Bauweise unterscheiden sich die einzelnen Seetangarten in Form und Farbe. Ihr Aussehen ist abhängig von den unterschiedlichen Anforderungen der bevorzugten Lebensräume, wobei die Farbe von der jeweiligen Pigmentierung und dem Chlorophyllgehalt bestimmt wird.

1

1. Unterhalb der Hochwassermarke können Algen in solcher Fülle gedeihen, dass sie eine dichte Matte aus braunen, roten und grünen Pflanzen bilden.

Grüntöne

Wie Landpflanzen erhalten auch Grünalgen ihren Farbton durch das grüne Pigment Chlorophyll. Nur wenige der 6000 Grünalgenarten sind Meerespflanzen; diese jedoch sind in Felstümpeln gemäßigter Breiten ein vertrauter Anblick. In der Regel verhältnismäßig klein, gleichen viele feinem grünem Haar. Sehr große Verbreitung findet der Meersalat. Seine papierdünnen, frischen grünen Blätter drängen sich oft aus den Felstümpeln heraus und sind besonders beliebt bei kleinen Wirbellosen. Diese Weidegänger sind der Grund dafür, dass den Grünpflanzen in ihrem Habitat kein allzu langes Leben beschert ist: Sobald die Algen Halt gewonnen haben, werden sie von einer heißhungrigen Horde Schnecken, junger Krabben und Seeigeln vertilgt.

Rottöne

Mit über 4000 Arten bilden Rotalgen die größte Gruppe aller Meeresalgen. Sie enthalten zwar Chlorophyll, doch wird der Grünton normalerweise von einem weiteren, roten Pigment (Phycobilin) überdeckt. Einige sehr kleine Rotalgen verlieren sogar ihr gesamtes Chlorophyll und werden so zu Parasiten, die ihre Nahrung aus dem Gewebeinneren einer anderen Alge, die ihnen als Wirt dient, beziehen. Sie werden selten größer als 2 Meter, und ihre Bauweise ist zumeist einfach. In der Regel handelt es sich um kleine, gewebeartige Pflanzen, die Felstümpel einsäumen oder wie winzige Fahnen aus dem „Mast" des langen Stängels größerer Braunalgen herauswachsen. Dafür weisen sie jedoch viele schöne Farbnuancen auf: Rosatöne, Rottöne und metallische

1

2

1. Der Meersalat *(Ulva lactuca)* ist häufig in Felstümpeln anzutreffen. Die Blätter der hellgrünen Alge sind mit sprudelnden Sauerstoffbläschen bedeckt.

2. Rotalgen wie *Erythmenia minuta* weisen zumeist kurze, harte Wedel auf, die der rauen Wellenbewegung an Felsküsten gewachsen sind.

ALGEN-CUISINE

Auf der ganzen Welt werden rund 500 Algenarten verzehrt. Mindestens 160 sind als Nahrungsmittel wirtschaftlich von Bedeutung. Hauptkonsumenten sind die Japaner, die die Algenzubereitung zur Kunstform erhoben haben. Kelp, Meersalat und Rotalgen werden für eine Vielzahl von Gerichten gestampft, gedämpft, sautiert und gekocht. Die allgegenwärtigen Sushi-Bars verdanken u. a. auch einer bescheidenen Rotalge namens *Porphyra* ihren Erfolg, deren dünne schwarze Blätter als Umhüllung von Sushi dienen. In Japan wird die Alge wegen der starken Nachfrage auf 101 000 Küstenhektar künstlich angebaut und geerntet.

Auch wenn Sie wissentlich noch keine Algen gekostet haben, werden Sie sie wahrscheinlich schon auf die ein oder andere Weise zu sich genommen haben. So verwendet man zum Beispiel Alginat aus Braunalgen, um Eiscreme seine cremige Konsistenz zu verleihen. Agar-Agar aus Rotalgen dient als Bindemittel und wird auch zur Klärung von Bier eingesetzt. Und Carrageen findet man als Gelatineersatz in vielen Cremes, Puddings und Molkereiprodukten.

Algen sind sogar bis ins Auto vorgedrungen, da Rohöle und natürliche Gase die vor Jahrmillionen durch Druck und Hitze entstandenen Rückstände ungeheurer Algenplanktonblüten sind.

Das Rhizoid eines Kelps beherbergt mehr als 175 Arten von Meereslebewesen wie Seeanemonen, Schlangensterne, Krabben und junge Weichtiere.

Violetttöne, die je nach Lichteinfall variieren.

Einige Rotalgen speichern an ihren Zellwänden Kalziumkarbonat, jenes Mineral, aus dem Korallen bestehen. Diese korallinen Rotalgen wachsen in dichten kurzen Verästelungen oder scheibenförmig und sind widerstandsfähig genug, um den extremen Kräften in der felsigen Brandungszone zu widerstehen.

Brauntöne

Es gibt schätzungsweise 2000 Braunalgenarten, deren Farbpalette von Gelb bis zu tiefem Braun reicht. Sie sind die vorherrschenden Primärproduzenten an den Küsten gemäßigter Breiten und kommen in Form einfacher fädiger Algen, aber auch in Form der größten Meerespflanze überhaupt vor, des Riesenkelps, der bis zu 100 Meter lang werden kann.

Am meisten verbreitet sind die Tangähnlichen oder Riementange, ledrige Braunalgen in den Gezeitenzonen felsiger Küsten. Viele dieser Pflanzen verfügen über auffällige kleine Blasen, die dazu dienen, ihre Blätter bei Flut nahe an der Wasseroberfläche zu halten. Braunalgen stellen sowohl bei Flut wie auch bei Ebbe einen lebenswichtigen Zufluchtsort für viele Tiere dar. Erstaunlicherweise können die Algen bei Ebbe einen Flüssigkeitsverlust von fast 90 Prozent verkraften. Sobald die Flut zurückkehrt, rehydrieren sie einfach.

Kelp ist wohl die beeindruckendste aller Braunalgen, eine großblättrige Meerespflanze mit Vertretern in allen Küstengewässern gemäßigter Breiten. Einige sind einjährig, doch die größten Vertreter leben mehrere Jahre und besitzen eine bemerkenswerte Wachstumsfähigkeit. Sofern es die Bedingungen erlauben, entstehen riesige Unterwasserwälder aus Braunalgen.

1

2

1. Ein Wald von 30 Meter hohen Braunalgen der Gattung *Nereocystis* in einem Gezeitenstrom an der Westküste Kanadas. Die schweren Wedelmassen werden von einzelnen dünnen Stängeln gehalten.

2. Dank zahlreicher kleiner Gasblasen kann der verknäulte Knotentang an der sonnenlichtdurchfluteten Wasseroberfläche schwimmen.

WIDERSTAND

Die meisten großen Meerespflanzen benötigen einen festen, felsigen Meeresgrund, um sich zu verankern. Doch die Konkurrenz zwischen Meerespflanzen und Tieren um freie Felsplätze ist groß. Mancherorts ist die Kraft der Wellen oder der Meeresströmungen für Meerespflanzen einfach zu stark, weshalb dort der Fels bloßliegt.

Wildes Gewässer

Die krachende Brandung an ins Meer ragende Felsen und starke Gezeitenströme erfordern von jenen Pflanzen, die am Meeresboden verankert sind, eine enorme Widerstandskraft. Um nicht fortgerissen zu werden, verfügen sie über eine extreme Flexibilität. Da weder Stängel noch Wedel verholzt sind, können sie sich mit den Wellen hin und her wiegen. Diese Überlebensstrategie veranschaulicht besonders gut eine Kelpart an der Küste Nordwestamerikas, die fast zu explodieren scheint, wenn sie von der gewaltigen Dünung an die Felsen geschlagen wird. Doch nach jeder krachenden Welle schwingt der Kelp einfach wieder hoch. Sein gummiartiger Körper ist dem tosenden Meer mehr als gewachsen.

Viele große Kelps sind weniger rauen Wellenbewegungen ausgesetzt, weil sie weiter draußen vor der Küste gedeihen. Hier allerdings herrschen oft starke Strömungen. Die Kraft des vorbeischnellenden Wassers zieht mühelos 30 Meter lange Kelpwedel in die Horizontale, während Strudel und Abwärtsströmungen sie wild umherpeitschen lassen.

Der richtige Standort

Das Wachstum von Algen hängt maßgeblich von der Klarheit des Wassers ab. Im Bereich von Ästuaren, wo das Wasser mit Sedimenten und organischem Detritus angereichert ist, dringt zu wenig Licht unter die Oberfläche, weshalb dort nur wenige Algen gedeihen. In klarem Wasser kann das Licht dagegen sogar in tiefere Schichten vordringen. Der Konkurrenzkampf um Licht unter den verschiedenen Algenarten ist hart. Hinzu kommen zahllose am Boden lebende wirbellose Tiere, die sich am Fels verankern und ebenfalls versuchen, den zur Verfügung stehenden Raum zu erobern. Haben sich Algen erst einmal erfolgreich angesiedelt, tauchen schon bald Weidegänger wie Seeigel auf, die jede zart sprießende Alge gierig ernten. Um zu gedeihen und einen dichten Wald zu bilden, brauchen Algen nicht nur nackten Fels mit entsprechendem Lichteinfall, sondern auch genügend aktive Raubtiere, die dafür sorgen, dass die Zahl der Weidegänger innerhalb eines längeren Zeitraums nicht auf ein bedrohliches Maß ansteigt.

3

3. Seepalmen sind ungewöhnliche Kelppflanzen, da sie auch in Bereichen starker Wellenbewegungen gedeihen.

1

KELPWÄLDER

Kelps sind die aufregendsten aller Meerespflanzen. Auf der ganzen Welt gibt es über 100 Arten, doch sind sie auf die kühlen Küsten der gemäßigten Breiten beschränkt. An der Ostseite der großen Ozeane sind sie auch weiter Richtung Äquator zu finden, da die kalten Meeresströme entlang den Ostküsten auf den Äquator zuhalten und dafür sorgen, dass es auch in den niedrigeren Breiten kühles Wasser gibt, das eine der Grundvoraussetzungen für ihre Ansiedlung ist.

In der Regel siedeln sich Kelppflanzen unterhalb der niedrigsten Gezeitenlinie an, wobei sie felsige Lebensräume jenseits der Brandungszone bevorzugen. Finden sie ideale Bedingungen vor, werden sie ungeheuer groß und überziehen riesige Areale mit turmhohen Unterwasserwäldern. Allein in Kalifornien wachsen entlang der Küste 18 000 Hektar Riesentang *(Macrocystis)*. Hier ist das Wasser bisweilen so klar, dass man den 35 Meter unter der Wasseroberfläche liegenden Meeresboden von oben deutlich erkennen kann.

In diesen Unterwasserwäldern herrscht dieselbe feierliche Stille wie in den alten Wäldern an Land. Große Fahnen gelbgrün gekräuselter Wedel wiegen sich leicht in der Strömung und blitzen im Sonnenlicht hin und wieder golden auf. Diese Wälder sind voller Leben. Ein seltsames Knacken und Grunzen von am Meeresboden lebenden Tieren schallt herauf, und große Fischschwärme flitzen auf ihren Beutezügen hin und her.

1. Ein Quadratmeter Kelpwald kann 67 000 Tiere beherbergen. Selbst die geschmeidigen Kelpstängel sind mit wirbellosen Tieren sowie Rot- und Braunalgen bedeckt.

2. Ein Riesentang, dessen Schwimmblasen die schweren Wedel an der Wasseroberfläche halten.

Riesenpflanze

Die in British Columbia und Alaska heimische Braunalge *Nereocystis luetkeana* ist einjährig und stirbt gegen Ende jeden Herbstes ab. Wie die meisten Algen hat diese reizvolle Pflanze einen dualen Lebenszyklus, der aus einem geschlechtlichen und einem ungeschlechtlichen Stadium besteht. Mikroskopische Zoosporen bilden männliche und weibliche Gametophyten, die im Januar und Februar männliche und weibliche Gameten produzieren. Die befruchteten Zygoten setzen sich am Meeresboden fest und wachsen zu winzigen, Sporophyten genannten Pflanzen heran. Im Spätsommer erreicht die Alge eine Länge von 20 bis 30 Metern – mit ihrem riesigen Knäuel aus strömenden Wedeln, die von gasgefüllten Schwimmblasen ausgehen, ein imposantes Gebilde. Die Pflanze ist mit dem Untergrund lediglich durch einen einzigen, dünnen Stängel verbunden, der dennoch robust genug ist, um auch kraftvollen Gezeitenströmen zu widerstehen. Im Sommer produziert die ▷▷

2

ALGENTEPPICH

Um nicht den heftigen Auswirkungen schlechten Wetters ausgesetzt zu sein, wachsen große Algen weiter draußen vor der Küste jenseits der Brandungszone. Doch selbst die widerstandsfähigsten Exemplare können der zerstörerischen Wellenkraft zum Opfer fallen.

Auf See werden die abgerissenen und miteinander verflochtenen Wedel durch die Wellenbewegung zu treibenden Matten zusammengedrückt. Diese Algenflöße (siehe rechts) können sich über mehrere Hundert Meter erstrecken und die unterschiedlichsten Lebensformen beherbergen. Schwärme junger Fische und zahlreiche wirbellose Tiere, die normalerweise in flachem Gewässer heimisch sind, spielen unter dem Algenteppich ein tödliches Versteckspiel mit ihren räuberischen Feinden. Schwemmen die Meeresströmungen die Algen nicht in die sichere Küstenregion, sondern hinaus aufs offene Meer, sind viele Lebewesen mit dem unvermeidlichen Sinken des Algenteppichs zum Tode verurteilt.

Mit einer Länge von mehr als 80 Metern ist der Riesentang die größte Meerespflanze der Welt.

Vorhergehende Doppelseite: Ein einsamer Blauhai schwimmt an einem Kelpteppich vorbei und spürt im Wasser Spuren verletzter oder unachtsamer Beute auf.

erwachsene Sporophyte viele Millionen mikroskopischer Zoosporen, die nach dem Absterben des Kelps einen neuen Lebenszyklus einleiten.

Kelppflanzen wachsen im Allgemeinen sehr schnell. Doch der Riesentang, die größte Meerespflanze der Welt, bricht alle Rekorde: Er kann über 80 Meter lang und bis zu sechs Jahre alt werden. Unter idealen Bedingungen beträgt sein tägliches Wachstum bis zu 60 Zentimeter. Auf diese Weise bildet er eine enorme Oberfläche, unter der andere Meerespflanzen und -tiere Zuflucht finden können.

Leben auf einer Kelppflanze

Das Rhizoid bildet einen sicheren, ineinander verwobenen Korb von Röhren und stellt damit den perfekten Lebensraum für kleine wirbellose Tiere wie die bezaubernde Seeanemone dar.

Der Stängel und die Wedel der Sporophyte sind von anderen Meerespflanzen und wirbellosen Tieren bedeckt. Schnecken, Nacktschnecken, Krebse und Fische hausen hier alle in behaglicher Nähe zur Pflanze. Kelp wächst unentwegt, wobei immer wieder Stücke an den Wedelenden abbrechen. Tiere wie die feinen Bryozoen (Moostierchen), die nur auf den Wedeln leben, sollten ihren Lebenszyklus deshalb abgeschlossen haben, bevor sich ihr Wedelstück ablöst. Zwar können sie monatelang dahintreiben, sofern ihr Wedelstück eine Schwimmblase aufweist, doch schließlich sind sie gemeinsam mit ihrem Wirt zum Sinken verdammt.

Kleine Krebse, wie die Asseln und der Flohkrebs *Peramphitoe humeralis*, sind in jeder Hinsicht vom Kelp abhängig. Beide Arten werden gerne von Fischen gefressen, doch der Flohkrebs hat eine außergewöhnliche Schutzmethode entwickelt: Er webt zwischen zwei Enden eines Kelpstückes ein Netz, in dem er sich vor Raubfischen versteckt.

Mehrere Fischarten, die in den Kelpbetten leben, sind aktive Räuber, die den Wald vor

1

2

1. Rhizoide verschaffen dem Kelp einen sicheren Halt am Meeresboden und bieten Tieren einen Lebensraum. Schlangensterne strecken ihre Arme aus, um Nahrung einzufangen.

2. Einige Fische haben sich den in Algenwäldern herrschenden Bedingungen angepasst.

3. Der größte Riffbarsch der Welt, der Garibaldi-Fisch, ist ein echter Blickfang in den pazifischen Kelpwäldern. Er ernährt sich von kleinen Wirbellosen.

einer zu starken Abweidung schützen. Dazu gehören die Sträflingsbrasse, die sich von Seeigeln ernährt, und der orangefarbene Garibaldi-Fisch, der bevorzugt Flohkrebse frisst. Ist die Zahl der Raubfische zu gering, vermehren sich die Weidegänger ungehindert und zerstören schließlich ihren Lebensraum.

Leben im Wald

Kelpwälder bieten auch Schutz vor vielen großen Raubfischen, -vögeln und Delphinen, die im offenen Meer unterwegs sind. Zu den Bewohnern der Kelpwälder zählen große Schwärme Plankton fressender Fische, wie die Riffbarsche der Art *Chromis punctipinnis,* die bei Tageslicht im offenen Wasser fressen, wo die Planktonkonzentration am höchsten ist. Beim ersten Anzeichen von Gefahr kehren sie jedoch sofort in den sicheren Wald zurück. So wie die Riffbarsche ziehen auch große Schwärme anderer Fischarten den ganzen Tag und die ganze Nacht zwischen den bevorzugten Fressplätzen und ihren Verstecken im Wald hin und her.

Zu den Tieren, die in Kelpwäldern Schutz suchen, gehören auch Seevögel. Sie nutzen die treibenden Wedel als Schlafplatz und als Basis, von der aus sie ihren nächsten Jagdausflug starten. Seelöwen und Seehunde gehen im Kelp mit der Gewissheit auf Jagd, dass der große Weiße Hai lieber im offenen Gewässer als zwischen den ineinander verhedderten Pflanzen Beute macht. Auch riesige, 40 Tonnen schwere Grauwale kreuzen gelegentlich durch den Kelp. Auf ihrem Weg, der sie die nordamerikanische Küste hinauf- und wieder hinunterführt, streifen sie Kelp durch ihr Maul und nehmen dabei ein paar Flohkrebse und andere kleine Krebse zu sich. Die vielleicht bekanntesten aller Kelpwaldbewohner sind die Kalifornischen Seeotter, die in den Meerespflanzen spielen, schlafen und fressen.

3

4.3

WÄCHTER DES WALDES

Das possierlichste Meerestier ist zweifelsohne der Seeotter. Häufig sieht man ihn einen halben Kilometer vom Ufer entfernt ein Nickerchen machen, gemütlich auf dem Rücken treibend und in die Wedel einer Kelppflanze eingewickelt. Sogar im Schlaf reibt sich der Seeotter sanft das sonnengebleichte, struppige Fell seines Gesichtes, um es stets sauber zu halten. Sein schönes Fell und gepflegtes Aussehen haben ihm allerdings nicht immer zum Vorteil gereicht. Im 19. Jahrhundert war sein kostbarer Pelz derart begehrt, dass der Mensch ihn fast bis zur Ausrottung jagte. Heute zählt der Otter zu einem der am stärksten geschützten Tiere in den Vereinigten Staaten von Amerika.

1

1. Ein Kalifornischer Seeotter auf der Suche nach Nahrung. Trotz seines etwas unbeholfenen Schwimmstils kann er mehrere Minuten lang unter Wasser bleiben.

2. Die akribische Fellpflege schützt den Otter gegen das kalte Pazifikwasser.

3. Rote Seeigel kriechen erbarmungslos auf die Kelp-Rhizoide zu. Als gierige Weidegänger können diese Verwandten des Seesterns ganze Wälder vernichten, wenn ihre Vermehrung nicht gebremst wird.

Sich putzen, um zu leben

Seeotter führen alles andere als ein geruhsames Leben. Sie haben einen derart hohen Energieverbrauch, dass sie jeden Tag ein Viertel ihres Körpergewichts an Nahrung zu sich nehmen müssen – ein beachtliches Vorhaben, wenn man bedenkt, dass ihre Beute bis zu 30 Meter unter ihnen am Meeresboden liegt. Viel Energie und vor allem Zeit wenden sie zudem für das aufwändige Putzen ihres Fells auf. Da sie keine Transchicht besitzen, fetten sie ihr Haarkleid ein und bürsten es auf, um sich auf diese Weise mit einer schützenden Luftschicht zu umgeben. Der Pelz bietet so mit bis zu 150 000 Haaren pro Quadratzentimeter eine wirkungsvolle dichte Isolierung.

Erholung der Otter

Zu ihrer Blütezeit lebten 20 000 Kalifornische Seeotter an der Pazifikküste der Vereinigten Staaten. Heute sind gerade noch einmal 2000 Tiere an einem 400 Kilometer langen Streifen der kalifornischen Küste heimisch. Den eng mit ihnen verwandten und weiter nördlich lebenden Seeottern erging es besser: Gegenwärtig zählt man 120 000 Alaska-Seeotter und 20 000 Russische Seeotter. Die enormen Schwankungen der Otterpopulation führten in den nordpazifischen Küstenregionen dazu, dass riesige Kelpwald-Areale verschwanden, weil die Otter keinen ausreichenden Schutz mehr gewährleisteten.

2

Die Wälder schützen

Seeotter stillen ihren enormen Appetit hauptsächlich mit wirbellosen Tieren, allen voran Seeigeln, von denen viele Kelp abweiden. Seeigel knacken die Otter mit ihren großen stumpfen Zähnen auf, Schalentiere öffnen sie, indem sie diese auf dem Rücken schwimmend mit Hilfe von Steinen aufbrechen. Diese höchst proteinhaltigen Happen sind für einen Otter hervorragend geeignet, um seinen hohen Kalorienbedarf zu decken. Zugleich werden überall dort, wo es viele Otter gibt, die Seeigelpopulationen reduziert, was wiederum zur Folge hat, dass sich die Kelpwälder nach wenigen Jahren erholen.

3

ZUM THEMA

1.3 Leben im Meer
Grasen, S. 54

4.3 Meereswälder
Algen-Cuisine, S. 187
Brauntöne, S. 188
Kelpwälder, S. 190
Leben im Wald, S. 195

4.4 DER LEBENDE BODEN

Im kühlen Dunkel der Ozeane, im so genannten Benthal, jener Tiefenzone, in die kein Licht mehr vordringt, leben Tiere, die zugleich die felsigen Riffe und die flachen Sedimentebenen am Meeresboden bewohnen.

Der sanft abfallende Meeresboden erstreckt sich über eine Länge von bis zu 400 Kilometern von der Küste bis in die Tiefsee. Auf Höhe des Kontinentalabhangs und Richtung Abyssalebenen wird das Gefälle plötzlich stärker. Der größte Teil des Kontinentalschelfs gemäßigter Breiten ist eine nahezu dunkle Welt. Sediment und Plankton lassen kaum noch Licht in Bereiche unterhalb von 30 oder 40 Metern eindringen. Obwohl dort keine Algen wachsen, gehört der Meeresboden zu einem der produktivsten marinen Habitate. Es wimmelt nur so von Leben. Die Nahrungsgrundlage der außergewöhnlichen Gemeinschaft ist Detritus – abgestorbene Pflanzen und Tiere, die aus höheren Wasserschichten hinabsinken.

FELSWÄNDE

Küsten können in Form steiler, eingeschnittener Kliffe geradezu ins Meer hinabstürzen. Doch nicht nur in seichten, sonnendurchfluteten Küstengewässern, wo nahe der Oberfläche Algenwälder wachsen, blüht das Unterwasserleben, sondern auch an den Felsen in der dunklen Tiefe. Im Sommer ist das Wasser, das an den Unterwasserkliffen entlangströmt, angereichert mit Plankton und organischer Materie. Für wirbellose Tiere sind die Felswände ideale Standorte, um sich vorbeitreibende Nahrung zu greifen – vorausgesetzt, sie finden dort einen freien Platz.

Auf den ersten Blick scheint ein Unterwasserkliff in Meeren gemäßigter Breiten ein trister und öder Ort zu sein. Doch im grellen Scheinwerferlicht einer Unterwasserlampe offenbart sich ein reiches Spiel an Farben und Formen. Kolonien orangefarbener, blauer und weißer Anemonen, rosafarbener oder violetter Gorgonien und karmesinrote oder strahlend gelbe Schwämme scheinen darum zu wetteifern, wer die meiste Aufmerksamkeit auf sich ziehen kann. Die Überfülle an Leben ist erstaunlich: Röhrenwürmer, Entenmuscheln, Hydroidpolypen, Seeigel, Nacktschnecken, farbenprächtige Seesterne, Schlangensterne, Schnecken, Bryozoen und transparente Manteltiere bedecken jeden Zentimeter. Krabben, hell strahlende Garnelen und Hummer jagen von sicheren Felsvorsprüngen aus, und eine Vielzahl an Fischen schnappt nach Krusten bildenden wirbellosen Tieren. Bisweilen sind solche Kliffe ebenso reich und farbenprächtig wie Korallenriffe.

1

1. Felsen in Gewässern gemäßigter Breiten können vor Leben pulsieren – Seesterne, Seeigel, Anemonen, Manteltiere und Weichtiere wetteifern um die besten Plätze.

Entenmuscheln setzen sich an einer geeigneten Oberfläche fest, zum Beispiel an einem Felsen oder auch Wal. Durch einen Panzer geschützt, fangen sie mit ihren Ruderfüßen planktische Organismen ein.

Zum Weiden geboren

Je nach Tiefe leben zahlreiche Tiere vom Abweiden der Algen oder ernähren sich von Detritus an der Felsoberfläche. Wenige Meter unterhalb der Wasseroberfläche können große Algen wegen des Mangels an Licht nicht mehr wachsen. Weiter unten gibt es nur noch kleine Rotalgen, und nur ein Stück tiefer trifft man überhaupt keine Pflanzen mehr an. Hier ist Detritus die wichtigste Nahrungsquelle. Dieser Unterwasserregen aus sich zersetzenden Organismen senkt sich auf das Felsbett und bildet dort ein weiches Sediment.

Die mit Stacheln und einem festen Außenskelett ausgestatteten Seeigel bewegen sich langsam den Fels entlang und weiden im Vorbeiziehen Algen ab. Sie werden von Tausenden hydrostatisch angetriebener, ausfahrbarer Röhrenfüße mit saugartigen Enden vorangezogen. Konkurrenz bei der Nahrungssuche machen ihnen zahlreiche herbivore Schnecken, die Algen mit einem scharfen Band kleiner Zähne, das sich in ihrem Maul verbirgt, abrupfen. Große Seegurken, die wie lange ledrige Säcke aussehen, kriechen wie ihre Seeigelvettern auf Röhrenfüßen über das Gestein. Eine Gruppe von Röhrenfüßen um ihr Maul hat sich zu kräftigen Tentakeln entwickelt, die in Saugnäpfen enden. Diese Fressfüße gleiten über das Gestein, um Detritus zu sammeln, und werden immer wieder ins Maul gesteckt, wo die Seegurke die Nahrung ableckt.

Andere wirbellose Tiere sind darauf spezialisiert, große Mengen filtrierender Lebensformen auf der Felsoberfläche abzuweiden, was eine notwendige Anpassung an den hier vorherrschenden Algenmangel darstellt.

EIN MEER VON SCHNECKEN

Anders als ihre Verwandten an Land gehören einige Meeresschneckenarten zu den schönsten Tieren innerhalb ihres Lebensraums. Sie kommen in einer außerordentlichen Vielfalt an Größen und Farben vor. Federartige Kiemen und spitze Anhänge schmücken ihren Rücken, ihre transparenten Körper sind in jeder Regenbogenfarbe getönt und tragen Muster aus Streifen und Wirbeln (links eine Alabaster-Nacktschnecke). Doch Nacktschnecken sind weit mehr als hübsche Geschöpfe – sie gelten als effiziente Jäger mit ausgeklügelten Abwehrtechniken, und manche von ihnen sind sogar elegante Schwimmer.

Wie alle Schnecken haben sie eine rasierklingenscharfe Zunge mit Raspelzähnen (Radula). Jede Art hat ihre bevorzugte Beute, auf deren Jagd sie spezialisiert ist. Das können festsitzende Manteltiere, Bryozoen, Seeanemonen, Polypen oder auch andere Nacktschnecken sein. Einige Nacktschnecken besitzen die bemerkenswerte Fähigkeit, die Toxine und Nesselzellen ihrer Beute zu absorbieren und sie ohne Schaden an die Spitzen ihrer eigenen Rückenfortsätze zu befördern. Diese Gifte werden dann zur Verteidigung der Nacktschnecke gegen ihre eigenen Feinde benutzt. Deshalb sind viele Schnecken auch so farbenprächtig: als Warnung, dass sie bewaffnet und gefährlich sind – Fressen auf eigene Gefahr.

Filtrierer und Strudler

Unterwasserfelsen sind gänzlich mit einer Vielzahl winziger filtrierender und strudelnder Wirbelloser bedeckt, die jeweils eine spezifische Fangtechnik entwickelt haben. Die einfachsten sind die bunten Schwämme, die Wasser durch die Poren an ihrer Oberfläche pumpen. Spezielle Zellen fangen jedes kleine Nahrungsteilchen ab, bevor das Wasser aus großen Öffnungen am oberen Ende des Schwamms wieder herausgepresst wird. Winzige Hydroidpolypen angeln sich mit ihren Tentakeln vereinzeltes Plankton. Transparente Manteltiere saugen Wasser durch ihren hohlen zylindrischen Körper. Bryozoen bilden federartige weiße Kolonien aus Polypen. Entenmuscheln fangen mit ihren modifizierten Füßen vorbeitreibenden Detritus. Röhrenwürmer lassen Quirle in einem federartigen Fächer um ihr Maul im Wasser schweben. Sogar einige Seegurkenarten sind Filtrierer, die sich in Felsspalten hineinsetzen und ihre verzweigten Mundtentakel hoch ins Wasser strecken, sodass die klebrigen Anhänge Detritus greifen können.

Doch die vorherrschenden Filtrierer an einem Kliff in gemäßigten Meeren sind die Seeanemonen und Weichkorallen. Beide können mit ihren Nesselzellen (▷ S. 122) wie mit Harpunen Beute einfangen. Seeanemonen sind große, einzelne Polypen, die 50 Zentimeter groß werden können, während Weichkorallen Kolonien bilden. Sowohl Anemonen als auch Weichkorallen kommen in einer unermesslichen Vielfalt an Farben und Formen vor.

Ihre Fähigkeit, sich durch Knospung winziger perfekter Klone aus den größeren „Erwachsenen" zu vermehren, führt zu ausgedehnten Kolonien, die sich über den Fels

1. Eine sich eingrabende Seegurke fängt mit ihren federartig um ihren Mund angeordneten Röhrenfüßen Detritus ein.

2. Eine Kolonie von glitzernden Seescheiden, die Plankton aus dem Wasser filtrieren.

1

2

erstrecken und große farbige Flächen entstehen lassen. Kliffe gemäßigter Breiten verdanken insbesondere diesen Kolonien aus weichen Körpern ihre verblüffende Farbigkeit.

Räuber am Kliff

Wo immer Tierpopulationen im Meer gedeihen, sind Räuber, die sich von ihnen ernähren, nicht weit. Und so ziehen auch die Kliffe gemäßigter Breiten Scharen von Jägern an. Fische, von kleinen Meergrundeln, die ihr ganzes Leben auf einem einzigen Schwamm verbringen, bis zum 20 Kilogramm schweren räuberischen Drachenkopf, tauchen regelmäßig an den Felswänden auf. Einige Fische sind herbivor, doch die meisten ernähren sich entweder von den zahlreichen wirbellosen Kliffbewohnern oder fangen aus dem Hinterhalt andere, kleinere Fische.

Unweigerlich stellen sich hier von Zeit zu Zeit auch größere Räuber wie Robben oder Delphine ein, um sich ein Krustentier oder einen unachtsamen Fisch zu schnappen. Allgegenwärtige Jäger sind die Seesterne. Der größte (und aggressivste) ist der Orange oder Blaue Seestern, der zahlreiche Arme hat und einen Durchmesser von bis zu 1 Meter erzielen kann. Sie bewegen sich erstaunlich schnell, und wenn sie auf Tausenden von Röhrenfüßen über den Meeresboden kreuzen, suchen alle Wirbellosen das Weite: Seeigel lassen ab von den Felsen und rollen sich weg, Seegurken versuchen ungeschickt schwimmend zu entfliehen, Herzmuscheln laufen sogar davon, indem sie ihren Fuß seitwärts hüpfen lassen, und Jakobsmuscheln klappen bei ihrem Bemühen, sich eilig davonzumachen, hektisch ihre Schalenhälften auf und zu. Die Sonnensterne graben sogar nach ihrer Nahrung. Wenn sie Muscheln unter dem Sand aufspüren, schieben sie ein Bein in den Boden und befördern mit wellenähnlichen Bewegungen ihres Röhrenfußes Sandkörner an die Oberfläche. Das eingegrabene Weichtier hat kaum eine Chance zu entkommen.

1

2

1. Mit einem Durchmesser von über 50 Zentimetern ist der Sonnenstern ein überaus imposantes Tier, das als einer der gefürchtetsten Räuber gilt.

2. Zwei Kolonien von Juwelenanemonen konkurrieren um Platz. Diese Kolonien erstrahlen in einer ganzen Farbpalette von Blau-, Mauve-, Gelb-, Creme- und Rottönen.

DER MEERESBODEN

Der Fels stößt in der Tiefe schließlich auf den Meeresboden, eine Sedimentebene, die aus groben Kieseln bis hin zu feinem, verschlicktem Schlamm besteht. Hier gibt es keinen sichtbaren Zufluchtsort. Die einzige Möglichkeit, vor Feinden Schutz zu suchen, besteht darin, sich getarnt auf den offenen Meeresboden zu legen oder sich einzugraben. In diesem Lebensraum stellt Detritus den Schlüssel zum Überleben dar. Die Körper großer Organismen, toten Planktons und zerfallende Meerpflanzenmatten treiben über den Grund, wo sie von Bakterien zersetzt und damit Bestandteil einer neuen Nahrungskette werden. Suspensionsfresser ernähren sich von Bakterien und sich zersetzenden Organismen. Sie selbst wiederum werden von anderen Wirbellosen und speziell angepassten Fischen erbeutet.

Suspensionsfresser

Grobes Sediment lässt Wasser leichter zwischen den Körnern hindurchfließen, wodurch es sehr sauerstoffhaltig ist und so vielen Tieren ein Überleben im Sand ermöglicht. Herzmuscheln beispielsweise bauen Tunnel und schieben dann einen Sipho an die Oberfläche: Eine Röhre saugt das mit Nahrung angereicherte Wasser ein, eine andere pumpt das verbrauchte Wasser wieder hinaus. Diese einfache, doch gleichwohl effiziente Technik gestattet es diesen Lebewesen, bei der Nahrungsaufnahme sicher eingegraben zu bleiben.

Viele Garnelenarten sind als Suspensionsfresser fachmännische Erdarbeiter, die sich große tunnelartige Heime graben. Maulwurfskrebse und Kaisergranaten durchsieben geradezu den Meeresboden mit Löchern, sodass die oberen Schlickschichten wie Schweizer Käse aussehen.

1. Die Krone eines Röhrenwurms bildet einen hell leuchtenden Quirl. Seine tentakelartigen Strahlen fangen Plankton, ziehen sich jedoch bei Gefahr in eine Röhre zurück.

2. Einen anderen Wurm, die Seemaus, sieht man selten im Freien. Der fachkundige „Erdarbeiter" ernährt sich hauptsächlich von Detritus.

3. Seefedern sind geschickte Filtrierer, die mit ihren federartig angeordneten Polypen Nahrungspartikel abfangen.

1

2

Große Fangschreckenkrebse benutzen Höhlen als Startrampen für die Jagd aus dem Hinterhalt. Sie leben in sandigem Schlick, sind aber aktive Räuber und starten blitzschnelle Beutezüge aus der Sicherheit ihres Untergrundlagers. Ihre scharfen Dolchscheren können den Panzer anderer Krustentiere durchstoßen. Doch trotz dieser Bewaffnung muss der Fangschreckenkrebs auch selbst auf der Hut sein, denn andere Räuber suchen ebenso auf dem Meeresboden nach Nahrung.

Depositfresser

Feinkörnige Schlammebenen enthalten mehr verrottende Materie als grobsandiger Boden. Da die feinen schlammigen Partikel kaum wasserdurchlässig sind, ist der Sauerstoffgehalt im Sediment gering, weshalb hier nur wenige Lebewesen existieren können. Nur in der oberen Schlammschicht leben Tiere, von denen viele Deposit fressende Würmer sind.

Der modrige Meeresboden wird auch von spezifisch angepassten Seeigeln wie dem Sanddollar und einem Borstenwurm namens Sandmaus bewohnt. Flohkrebse verzehren ebenfalls Detritus im Schlamm und legen riesige Röhrenwohnhöhlen an. Im Beringmeer, südlich des Polarkreises, können Flohkrebse besonders zahlreich auftreten und den Meeresboden mit riesigen Matten orangefarbener Röhren überziehen. Sie sind die bevorzugte Nahrung von Grauwalen.

Bodenjäger

Das Kontinentalschelf ist die Heimat vieler Fische, die speziell an das Leben am Meeresboden angepasst sind. Der Bestand dieser so genannten bodenlebenden Fische wurden jedoch durch den kommerziellen Fischfang stark dezimiert. ▷▷

3

DER GRAUWAL

Mit einem Gewicht von bis zu 40 Tonnen ist der Grauwal das größte Tier, das am Meeresboden Nahrung sucht. Grauwale haben eine außergewöhnliche Fresstechnik perfektioniert: Als Bartenwale ernähren sie sich von Wirbellosen, die sie mit am Meeresboden eingesaugten Wasser aufnehmen. Das schlammige Wasser wird dann durch die borstigen Barten, die als Sieb- oder Filterapparat dienen, wieder ausgestoßen. Die Population des Ostpazifischen Grauwals hat sich von der fast völligen Ausrottung wieder erholt und weist eine gesunde Größe von 20 000 Tieren auf. Dies ist umso bemerkenswerter, als es sich beim Grauwal um einen nomadischen Wal handelt, dessen Wanderung ihn an der gesamten nordamerikanischen pazifischen Küstenlinie entlangführt.

1

1. Ein Grauwal auf Nahrungssuche am Meeresboden. Als Bartenwale ernähren sie sich von Wirbellosen.

Freundliche Riesen

Vielleicht lässt sich der Erfolg des Grauwals zum Teil auf seine Beliebtheit als Touristenattraktion zurückführen. Seit den frühen 1970ern besuchten Tausende von Touristen die Grauwale an ihren Brutstätten in Mexiko. Die Walbeobachter legen in kleinen offenen Booten ab und lassen sich in der Hoffnung auf eine Begegnung mit einem der Riesen auf dem Wasser treiben. Das plötzliche Ausatmen verbrauchter Luft und die damit einhergehende Wasserfontäne signalisieren die Ankunft eines Wals, und es ist schwer, nicht beeindruckt zu sein, wenn ein 30 Tonnen schweres Tier plötzlich seitlich des Bootes auftaucht. Wenn das von Entenmuscheln verkrustete Kinn des Wals am Schandeck schabt, verwandelt sich die Ehrfurcht in eine Mischung aus Entzücken und Entsetzen. Der Atem des Wals riecht nach Fisch, und die schöne, grau-schwarz marmorierte Haut ist merkwürdig weich und nachgiebig. Doch kein Bootsinsasse muss Angst bekommen, denn der Wal ist hier, um sich kratzen zu lassen. Man kann ihn ruhig anfassen, ja sogar die Hand in das klaffende Maul stecken und die sensible Zunge kitzeln. Es hat den Anschein, als würde der Wal diese Erfahrung von Grund auf genießen. Hat er genug davon, zieht er einfach weiter.

2

Brutpflege und Fressen

Grauwale vermehren sich von Ende Dezember bis März in flachen Lagunen und in den Küstengewässern der Halbinsel Baja California. Das warme Wasser aus den Subtropen ist ideal für die neugeborenen Kälber, die nur mit einer dünnen Transchicht ausgestattet ins Leben starten. Diese Küstenregionen bieten jedoch nur unzureichend Nahrung für die erwachsenen Grauwale, sodass sie gezwungen sind, zu fasten, bis sie wieder in ihre nördlich gelegenen Nahrungsgründe ziehen. Bereits Anfang Februar macht sich die erste Welle von Wanderern mit einer konstanten Geschwindigkeit von 4 Knoten auf den Weg. Dicht an der Küste entlang legen sie über 80 Kilometer pro Tag zurück. Die meisten von ihnen wenden sich dem Beringmeer zu, das reich an Flohkrebsen, ihrer Lieblingsnahrung, ist.

Leben im flachen Wasser

Grauwale halten sich hauptsächlich in flachen Gewässern auf und wagen sich während ihrer Wanderungen nur selten weiter als ein paar Kilometer hinaus. Selbst wenn sie das offene Wasser des Beringmeers erreichen, suchen sie kaum einmal Bereiche auf, die tiefer als 40 Meter sind. Denn Grauwale sind darauf spezialisiert, sich von Wirbellosen an der Küste zu ernähren. Mit ihren kurzen bürstenartigen Barten seihen sie Plankton und – sofern vorhanden – gezielt Schwärme von Schwebegarnelen, Krabbenlarven und Fischeiern aus dem Wasser. Sie stürzen sich aber auch auf Fischschwärme oder streifen weidende Wirbellose vom Kelp, indem sie die langen Wedel durch ihre Zähne gleiten lassen. Doch erst auf dem Meeresboden zeigen sie ihr wahres Gesicht.

Den Meeresboden pflügen

Wie Traktoren auf einem Feld durchpflügen Grauwale den Meeresboden des Beringmeers und ziehen dabei lange Schwaden von Schlamm hinter sich her, begleitet von kreischenden Möwen, die begierig nach Nahrungspartikeln schnappen, die aus dem Maul der Wale fallen. Jeden Sommer graben die Wale mehrere Tausend Tonnen um. Dazu tauchen sie hinab zum Meeresboden, drehen sich zur Seite, um über den Schlamm zu gleiten, und ziehen tiefe Furchen in den Boden. Mit der Zunge drücken sie den Schlick durch ihre Barten und filtern so die Flohkrebse und Würmer heraus. Mit dieser Fangmethode reichern sie höhere Wasserschichten mit Nährstoffen vom Meeresboden an und stellen damit sicher, dass auch im darauf folgenden Jahr bei ihrer Rückkehr ausreichend Nahrung vorhanden sein wird.

3

2. Ein Grauwal taucht auf, um Luft zu holen. Mit drei bis vier Atemzügen kann er mindestens zehn Minuten lang unter Wasser bleiben.

3. Ein Grauwal streift Wirbellose von Riesenkelpwedeln, indem er die Meerespflanze durch seine Barten zieht.

ZUM THEMA

4.2 Planktonblüte
Riesige Fresser, S. 180

4.3 Meereswälder
Leben im Wald, S. 195

4.4 Lebendiger Boden
Depositfresser, S. 205

6.4 Meeresgeburt
Bartenwale, S. 308

Die erfolgreichsten Fische am Meeresboden sind flach und getarnt, sodass sie weder von Räubern noch von Beute gesehen werden können. Zu ihnen gehört der Meerengel, der im Atlantik lebt. Er kann bis zu 80 Kilogramm schwer werden und hat die Form einer großen Scheibe. Zudem verfügt er über ein enormes, nach oben gewandtes Maul. Gut getarnt liegt er auf Beute wartend einfach am Boden, um bei Bedarf mit einem plötzlichen Ausfall zuzuschnappen. Auch einige Haie und Rochen gehen so vor. Der schöne Geigenrochen, ein 2 Meter langer Rochen im Pazifik, ist so flach gebaut, dass er sich völlig im Sand vergraben kann. Dort wartet er stundenlang in der Hoffnung auf vorbeiziehende Beute.

Die flachsten bodenlebenden Fische sind die Plattfische. Sie beginnen ihr Leben als normal aussehende Fischlarven mit einem Auge auf jeder Seite des Kopfes. Im Lauf ihrer Entwicklung drehen sie sich jedoch langsam seitwärts, sodass der Schwanz kippt und horizontal liegt und der Körper abflacht. Das auf den Meeresboden gerichtete Auge wandert, bis es sich schließlich mit dem anderen Auge auf einer Körperseite befindet. Den Rest ihres Lebens schwimmen sie auf der Seite, wobei beide Augen wie auf Stängeln aus dem Kopf heraustreten, um auch dann über den Meeresboden hinwegschauen zu können, wenn sie im Sand eingegraben auf Nahrung warten.

Viele am Boden lebende Fische, insbesondere tagaktive Jäger wie die Atlantikscholle, verfügen über große Augen mit gutem Sehvermögen. Die perlenartigen Augen der Dover-Seezunge hingegen sind praktisch nutzlos, da es kaum Möglichkeiten gibt, im Dunkeln Beute zu sehen. Die Seezunge spürt ihre Opfer stattdessen mit zahlreichen um das Maul und an der Unterseite angeordneten chemischen Sensoren auf. Die Sensoren reagieren auf jede Spur von Protein oder andere Chemikalien, die von versteckter Beute abgesondert werden. Mittels dieser Sensoren können Seezungen selbst in pechschwarzer Dunkelheit im Sand vergrabene kleine Beutetiere wie Garnelen mit nahezu unfehlbarer Genauigkeit ausmachen.

Der Blauwal ist das größte Tier, das je auf der Erde gelebt hat. Er kann ein Gewicht von 80 bis zu 170 Tonnen erreichen.

3. Rechts: Zitterrochen haben die Fähigkeit, elektrische Schläge zu erzeugen, mit denen sie ihre Beute lähmen oder töten, um sie dann aufzufressen.

1

1. Plattfische haben in Anpassung an ihre Lebensweise einen asymmetrischen Körperbau entwickelt. Bei dieser jungen Scholle ist bereits das eine Auge auf die andere Körperseite hinübergewandert.

2

2. Hornhaie fressen hauptsächlich wirbellose Tiere, die den Meeresboden bewohnen.

1

1. Die Bartfäden des Kabeljaus enthalten Sensorenzellen, mit deren Hilfe er Beute am Meeresboden aufspürt.

2. Rechts: Eine riesige, im Durchmesser 5 Meter große pazifische Krake gleitet aus ihrem Versteck. Kraken sind hochintelligente Jäger, haben jedoch nur eine Lebensdauer von zwei bis drei Jahren.

Tatsächlich besitzen die meisten bodennah lebenden Fische ein kompliziertes Sensorensystem, um versteckte Beute zu lokalisieren. Der Atlantikkabeljau beispielsweise hat rund um seinen Kopf Vertiefungen für Sensoren, und auch seine Bartfäden sind mit zahlreichen Sensoren bestückt. Beim Aufspüren versteckter Beute zieht er die Bartfäden über den Schlick und verfolgt so ihre Spuren.

Rochen und Haie gehen noch einen Schritt weiter, indem sie elektrische Signale zur Lokalisierung von Beute nutzen. Die kleinste Bewegung löst einen minimalen elektrischen Impuls aus, der von dem sensiblen elektromagnetischen Sensorensystem eines Rochens registriert werden kann. Rochen haben außerdem die Fähigkeit, bei ihrer Suche nach Röhrenwürmern und Muscheln tief im Sand zu graben. Wasser wird in die Öffnungen auf der Oberseite des Kopfes hineingezogen und dann wieder mit Kraft von den Kiemen an der

SCHOCKIERENDER FISCH

Mit jeder Bewegung geben Tiere minimale elektrische Signale über ihre Muskeln ab. Haie und Rochen, die über spezielle Sinnesorgane im Kopf verfügen, können diese Signale registrieren. Rochen lokalisieren sogar kleine Würmer und Weichtiere, die tief im Sand vergraben sind, und fördern sie dann gezielt zu Tage.

Zitterrochen nehmen jedoch Elektrizität nicht nur wahr, sondern erzeugen sie auch selbst. Dies geschieht mittels zweier großer Organe, die ein Drittel ihres Körpervolumens ausmachen und aus bis zu einer Million Zellen bestehen – ein Kraftwerk, das einen 1000-Watt-Schock auslösen kann, was ausreicht, um einen Menschen zu lähmen. Zitterrochen sind so langsam, dass es ihnen schwer fällt, Beute auszumanövrieren. Doch gut getarnt tauchen sie entweder aus dem Hinterhalt vom Meeresboden auf oder sie drängen sich an einen angepeilten Fisch heran und schießen ihn im Bruchteil einer Sekunde mit einer blau blitzenden elektrischen Ladung ab. Der Stromschlag tötet die Beute im wahrsten Sinne des Wortes „blitzschnell“. Dann kann sich der Rochen in aller Ruhe über seine Mahlzeit hermachen.

2

Unterseite des Körpers ausgestoßen. Tun sie dies, während sie kopfüber in den Meeresboden stoßen, so können Rochen den Sand mit einem Strom ausgestoßenen Wassers regelrecht zur Seite blasen. Auf diese Weise entstehen Mulden, deren Durchmesser sogar einige Meter betragen kann.

Fische und Rochen sind dermaßen gut an das Fressen auf dem Meeresboden angepasst, dass sie ungeheuer groß werden können. Kabeljau kann über 80 Kilogramm wiegen, Rochen bis zu 90 Kilogramm. Ein Atlantischer Heilbutt, der im Schelf vor der Küste von Island ins Netz ging, brachte sogar ganze 300 Kilogramm auf die Waage. Die meisten dieser Riesen wurden jedoch bis an den Rand der Ausrottung gefischt. Heute werden nur noch wesentlich kleinere Exemplare ihrer Art gefangen. Inzwischen bleibt es allein der Fantasie überlassen, wie das Leben für einen mehrere Hundert Kilogramm schweren Heilbutt wohl gewesen sein mag: Stellen Sie sich nahezu völlige Dunkelheit in über 50 Meter Tiefe vor. Ein fast 3 Meter langer Plattfisch kreuzt gemächlich über eine dunkle, grau-schwarze Ebene. Sein großer Schwanz schlägt rhythmisch auf und ab und treibt seinen massigen Körper weiter in die Finsternis. Plötzlich nimmt er deutliche elektrische Impulse vor sich wahr. Langsam nähert sich der Räuber seiner potenziellen Beute. Gespenstische Schatten huschen über den Meeresboden. Der Riesenheilbutt hat einen Schwarm Kabeljaue aufgespürt, die Sandaale jagen – jeder Fisch 10 Kilogramm schwer. Das riesige gezahnte Maul klappt auf, streckt sich nach vorne, und 200 Kilogramm Muskeln treiben es in die zuckenden Kabeljauleiber. Nur wenige Augenblicke später werden 30 Kilogramm Kabeljau im Magen des Riesenheilbutts verdaut.

5

GEFRORENE MEERE

5.1 DIE POLARREGIONEN

Viele Menschen stellen sich die Polarregionen als kalte, von Eis bedeckte Wüsten vor, von heulenden Winden umstürmt und bar jeden Lebens. Doch sowohl die Antarktis als auch die Arktis sind alles andere als eintönige Gebiete. Zwar sind die Zentren von eisiger Kälte bestimmt, in den Randbereichen kann dagegen ein nahezu gemäßigtes Klima herrschen. Auch die Landschaft bietet mit ihren großartigen Gebirgszügen, geschützten kleinen Buchten und weiten Eisflächen viele Gesichter. Eine besondere Faszination geht zweifelsohne von dem zu Skulpturen geformten Eis aus. Die gewaltigen Massen türmen sich zu imposanten Bergen auf oder bedecken das Meer von einem Ufer zum anderen. Die See wird von heftigen Stürmen aufgewühlt, aber es gibt auch Zeiten absoluter Stille. Im Sommer sind die Pole mit 24 Stunden Tageslicht gesegnet, im Winter herrscht monatelang völlige Dunkelheit. Und trotz dieser Extreme existieren überraschend vielfältige Lebensformen in den Polarregionen.

Vorhergehende Seite: Imposante Kliffe aus Eis erheben sich hoch über das ruhige Wasser. Alle Lebewesen in den Polarmeeren sind einer kalten, wechselhaften und erbarmungslosen Natur ausgesetzt.

FELS UND EIS

Vom Weltall aus sehen die Pole wie blendend weiße Flächen aus, weil das Eis das Sonnenlicht reflektiert. Und Eis ist sicher auch das gemeinsame Hauptmerkmal von Arktis und Antarktis. Doch in vielerlei Hinsicht sind die beiden Regionen überraschend unterschiedlich.

Die Pole

In der Wissenschaft werden die Grenzen der Polarregionen unterschiedlich definiert: Biologen orientieren sich an ökologischen Bedingungen, Ozeanographen an den Wassermassen und Geographen an den Polarkreisen. Eine allgemein anerkannte Grenze der Antarktis besteht in jener Linie im südlichen Ozean, an der kalte antarktische Gewässer auf wärmere nördliche Gewässer treffen und unter diese hinabsinken, die so genannte Antarktische Konvergenz. Die Grenze der Arktis zu definieren ist etwas komplizierter, da zu ihr auch Landmassen gehören, die sich bis in die gemäßigten Breiten erstrecken. Über die arktischen Grenzen herrscht daher noch weniger Einigkeit. Allerdings geht man allgemein davon aus, dass es jenseits einer durchschnittlichen Höchstgrenze von 10 Grad Celsius kein arktisches Leben gibt. So wurde um die Arktis eine geschwungene Linie gezogen, die im Süden bis zu 50 Grad nördlicher Breite in das Beringmeer reicht und bis zu 70 Grad nördlicher Breite nach Norwegen.

Der nördliche und der südliche Polarkreis selbst werden von der Sonne und dem Neigungswinkel der Erde definiert. Im nördlichen Sommer treffen am 21. Juni die Sonnenstrahlen die Erde im rechten Winkel zum Wendekreis des Krebses (23°30' nördlicher Breite). An diesem Tag erblickt die zum nördlichen Polarkreis (66°33' nördlicher Breite) gehörige Region die Mitternachtssonne. Innerhalb des Polarkreises selbst kann man sie nur in dieser einen Nacht sehen. Am selben Tag erhält die gesamte zum südlichen Polarkreis gehörige Region (66°33' südlicher Breite) kein direktes Sonnenlicht. Das Gegenteil geschieht am 21. Dezember, wenn die Sonne die Südhalbkugel begünstigt und über dem Wendekreis des Steinbocks steht.

Bewegt man sich auf die Pole zu, so verlängert sich im Sommer die Dauer des Tageslichts, während im Winter die Tage entspre-

1

1. Das Verhalten der Tiere in den Polarregionen wird insbesondere von zwei jahreszeitlich bedingten Faktoren bestimmt: der Bildung und der Schmelze des Meereises. Es verwehrt oder gestattet ihnen den Zugang zu ihren Nahrungsgründen und den Orten, an denen sie sich fortpflanzen.

chend kürzer werden. An den Nord- und Südpolen wirkt sich dieses Phänomen als Extrem aus: Einmal im Frühling aufgegangen, dreht sich die Sonne sechs Monate am Himmel, ohne unterzugehen. Kommt der Herbst, geht sie unter, worauf eine sechsmonatige Periode der Dunkelheit einsetzt.

Trifft die Sonnenstrahlung auf die Erdatmosphäre, wird ein Teil von ihr durch atmosphärische Gase absorbiert beziehungsweise von den Wolken reflektiert. Die durchdringenden Strahlen haben an den Polen jedoch kaum erwärmende Wirkung, da 85 Prozent der kurzwelligen Strahlung oder Wärme von Schnee und Eis zurückgeworfen werden. Auf eisfreien Meeren beträgt dieser Anteil gerade einmal 5 Prozent. Hinzu kommt, dass der Schnee auch lange Wellenfrequenzen in das All reflektiert, was zu einer weiteren Abkühlung der Oberfläche führt. So überwiegt in der Antarktis, mit Ausnahme von zwei Hochsommermonaten, der Strahlungsverlust den -gewinn.

Nordpolarmeer

Obwohl ihnen dunkle Winter, die Mitternachtssonne, das Eis und ein kaltes Klima gemein sind, sind Arktis und Antarktis zwei völlig verschiedene Regionen. Die Antarktis ist ein eigenständiger Kontinent aus Felsgestein, der jedoch nahezu vollständig von einer Eiskappe bedeckt wird. Der ihn umgebende südliche Ozean ist gemessen an anderen Meeren zwar relativ klein, doch wesentlich größer als das Nordpolarmeer. Er ist auch wärmer, da er an den Pazifik, den Atlantik und den Indischen Ozean grenzt. Gerade einmal 2,6 Prozent des Wassers tragen eine Eisdecke. Im Gegensatz dazu liegt im Mittelpunkt der Arktis ein kleines, fast völlig von einer mehrere Meter dicken Eisschicht bedecktes Meer.

Zur Arktis gehören zudem die nördlichen Ränder der großen Landmassen Nordamerikas, Grönlands und Eurasiens, was sich klimaverbessernd auswirkt. Denn Land absorbiert weit mehr Energie von der Sonnenstrahlung als Eis. Die über den Boden, das Süßwasser und die Luft gespeicherte Wärme gelangt durch die Flüsse (besonders die sibirischen) ins Nordpolarmeer. Warme Winde tragen ebenfalls zu einer Erhöhung der Temperaturen bei, die im Sommer auf bis zu 10 Grad Celsius ansteigen können. Im Winter wiederum sinkt das Thermometer nur in wenigen Regionen auf minus 50 Grad Celsius oder darunter (wie in Sibirien).

Die Urgeschichte des arktischen Beckens ist bislang kaum erforscht. Als gesicherte Erkentnis gilt jedoch, dass die Eiszeiten im Pleistozän (vor 1,6 Millionen bis 10 000 Jahren) einen großen Einfluss auf die Entwicklung der Arktis hatten. Die nördlichen Eiskappen waren die größten der Welt. In Nordamerika verliefen sie fast ununterbrochen von Kanada bis hinunter zu dem Punkt, wo sich heute New York befindet, und erstreckten sich westlich über den Kontinent

LICHTER AM HIMMEL

An beiden Polen kann man in der hohen Erdatmosphäre fantastische Leuchterscheinungen beobachten, bekannt als Aurora borealis (Nordlicht) in der Arktis und als Aurora australis (Suulicht) in der Antarktis (siehe rechts).

Diese Schauspiele entstehen durch aus der Sonne herausgesprengte elektrisch geladene Teilchen. Sie rasen mit 400 Kilometern pro Sekunde durch das Weltall. Trifft dieser Solarwind auf das Magnetfeld der Erde, durchdringen die elektrisch geladenen Teilchen die obere Erdatmosphäre entlang den Magnetlinien an den Polen und stoßen mit Atomen und Molekülen in der Thermosphäre zusammen. Durch das Freisetzen von Lichtpartikeln entstehen bei den Kollisionen Farben. Stickstoff erzeugt Violett, doch sind die häufigsten Farben die aus Sauerstoff produzierten Rot- und Grüntöne.

Am besten sieht man die Lichter über den Magnetpolen. Hier kann man das Polarlicht, ob im Norden oder im Süden, fast jede Nacht im Jahr beobachten, solange keine Wolken die Sicht behindern.

hinweg. In Europa wurden die Eisschichten durch Landkorridore unterbrochen, was den Tieren ausgedehnte Wanderungen gestattete. In den Eisschichten war so viel Wasser gebunden, dass der Meeresspiegel etwa 100 Meter niedriger lag als heute. Land, das früher unter Wasser lag, wurde freigelegt und bildete „Brücken", die es Tieren ermöglichten, sich ungehindert von Insel zu Insel oder von Kontinent zu Kontinent zu bewegen. So waren zum Beispiel Asien und Alaska durch eine Landbrücke, das so genannte Beringland, verbunden.

Als das Eis zu schmelzen begann, verschwanden die Landbrücken, die Umweltbedingungen änderten sich, und Tiere wie Mammuts und Wollnashörner starben aus. Andere Tiere, die das vorrückende Eis überlebt hatten, indem sie weiter nach Süden gezogen waren, zogen nun Richtung Norden und entwickelten sich zu echten Arktisspezialisten.

Allein, aber zufrieden

Die Antarktis war nicht immer jener zugefrorene, isolierte Kontinent, wie wir ihn heute kennen. Einst bildete sie den Mittelpunkt des Großkontinents Gondwanaland, umgeben von Südamerika, Afrika, Australien und Indien. Vor über 290 Millionen Jahren befand sich Gondwanaland über dem Südpol. Doch dann bewegte sich der Großkontinent allmählich nach Norden, bis er vor etwa 170 Millionen Jahren nach einer Periode intensiver Vulkantätigkeit zu zerbrechen begann. Zuerst entstand ein Riss zwischen Afrika und der Antarktis (die immer noch mit Madagaskar, Indien und Australien verbunden war), dann trennten sich Südamerika und Afrika, wodurch der südatlantische Ozean entstand. Während Madagaskar seine Position beibehielt und Indien nach Norden driftete, bewegte sich die noch mit Australien verbundene Antarktis nach Süden. Vor über 100 Millionen Jahren brachen Australien und die Antarktis auseinander, und 40 Millionen Jahre später hatten sich die beiden Kontinente endgültig getrennt.

Die Isolation der Antarktis hatte zur Folge, dass sich eine starke, den Pol umkreisende Meeresströmung entwickelte und der Abkühlungsprozess einsetzte. Das einst subtropische Klima wurde jetzt gemäßigt, erlaubte jedoch noch ein üppiges Wachstum von Wäldern und Farnen sowie die Existenz hier heimischer prähistorischer Tiere. Mit dem weiteren Vorrücken des Kontinents in Richtung Süden beschleunigte sich die Abkühlung. Die Wälder verschwanden vor 25 Millionen Jahren. Die Antarktis wurde von Eis bedeckt.

Die geografische Isolierung der Antarktis ist bedingt durch die sich in jedem Herbst bildende Barriere aus Meereis sowie durch die rauesten Meere der Welt – die des südlichen Ozeans. Von Landmassen ungehindert, peitschen heftige Winde die Meere auf. Alles in allem sehr wirkungsvolle Barrieren, die von Landtieren, und seien es gute Schwimmer, nicht überwunden werden können.

Infolge ihrer Isolierung steht die Antarktis auch nicht unter dem Einfluss der klimatischen Verhältnisse anderer Kontinente: Südamerika ist 1000 Kilometer weit entfernt, Australien 2500 Kilometer und Afrika 4000 Kilometer. Zudem liegt der antarktische Kontinent im Durchschnitt auf einer Höhe von 2500 Metern (im Vergleich zu Nordamerika mit 720 Metern), was dazu beiträgt, dass er die weltweit kälteste Region ist, denn pro 100 Höhenmeter sinkt die Lufttemperatur um 1 Grad Celsius. Während die Temperaturen in den arktischen Wintern zeitweise lediglich auf minus 50 Grad Celsius sinken, können mancherorts in der Zentralregion der Antarktis beständige minus 70 Grad Celsius herrschen.

JAHRESMINIMUM UND -MAXIMUM DER MEEREISAUSDEHNUNG

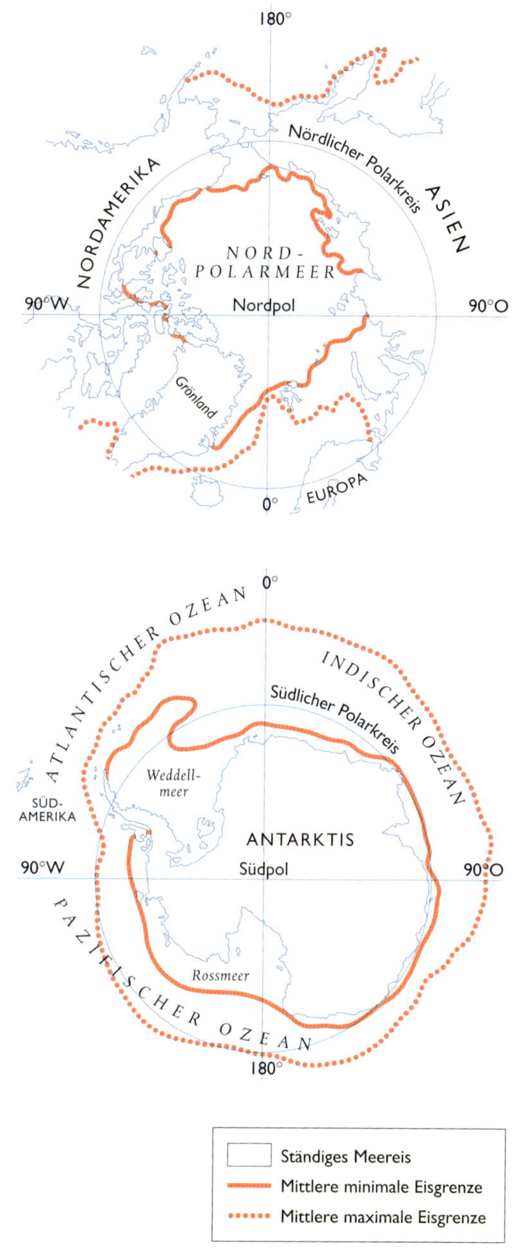

1

IN DER KÄLTE

Wer sich einmal auf das Abenteuer einlässt, in die Arktis oder Antarktis zu reisen, findet in der Regel seine Erwartungen erfüllt: Eis, wohin man schaut, und Temperaturen unter dem Gefrierpunkt. Die meisten Besucher der Polarregionen kommen im Sommer, wobei auch dann warme Kleidung unverzichtbar ist. Ein Aufenthalt im Winter empfiehlt sich kaum, da man die meiste Zeit in geheizten Gebäuden verbringen würde.

Temperaturen

Im Polarsommer können die Unterschiede der Lufttemperatur zwischen Tag und Nacht erheblich sein. Doch auf die Temperaturen der Polarmeere hat die Sonne nur geringen Einfluss. In gemäßigten und sogar tropischen Breiten erwärmt die Sommersonne nach und nach das Wasser, sodass es zu Herbstbeginn deutlich wärmer ist als im Frühling. In den Polarregionen schmilzt die restliche Sonneneinstrahlung, die nicht reflektiert wird, zunächst das Meereis. Hat sich die Eisdecke mit der Zeit aufgelöst, ist das Jahr bereits so weit fortgeschritten, dass die verbleibende Strahlung einen derart kalten Wasserkörper kaum mehr erwärmen kann. Zwar friert die Meeresoberfläche im Herbst zu und schmilzt wieder im Frühling, doch die tatsächliche Temperaturveränderung im Wasser ist minimal.

Die Antarktis ist nicht überall gleich kalt. In der Hochebene, oberhalb des Meeresspiegels und in höheren Breitengraden gelegen, ist es erbarmungslos kalt mit durchschnittlichen Temperaturen von minus 40 Grad Celsius im Sommer und minus 70 Grad Celsius im Winter. Hier regnet oder schneit es sehr selten, und wegen der extremen Kälte ist die Luftfeuchtigkeit sehr gering. Die Hochebene ist eine Eiswüste, in der praktisch nichts überlebt. Im Norden am Rande des Kontinents herrschen im Vergleich dazu geradezu „tropische" Verhältnisse. An der Küste gibt es milde Sommer mit Durchschnittstemperaturen von 0 Grad Celsius, am Tag kann das Thermometer gelegentlich sogar auf 5 Grad Celsius oder mehr steigen. Und im Winter wird es selten kälter als minus 30 Grad Celsius.

Hier fällt mehr Regen, und die Winde sind stärker. Kalte dichte Luft, die sich zunächst über die Hochebene wälzt, strömt immer schneller werdend in Form von Fallwinden die Gletscher hinab. Diese Winde kommen plötzlich und mit entsetzlicher Wucht auf, und sie polieren das Eis. Trifft diese Luft auf die Küste, mischt sie sich mit der warmen Meeresluft und bildet so einen Sturmgürtel, der den ganzen Kontinent umgibt.

Die Arktis dagegen weist mit einem gefrorenen Meer, der Eiskappe Grönlands, den skandinavischen Wäldern und der sibirischen Tundra eine weitaus größere klimatische Vielfalt auf. Grönland ist sozusagen das arktische Gegenstück zur Hochebene der Antarktis. Es liegt hoch, ist kalt und hat Gletscher, die sich ins Meer erstrecken. Doch Grönland bedeckt nur ein Zehntel der nördlichen Polarregion und übt daher weniger Einfluss auf das Klima aus. Das Nordpolarmeer ist im Winter in der Regel wärmer und im Sommer kälter als die benachbarten Landmassen, gleichwohl ändern sich die Wassertemperaturen kaum. So wie die kälteste Region der Antarktis hoch oben auf dem Plateau und weit abgeschieden vom Meer liegt, so befinden sich die kältesten Regionen der Arktis auf der Eiskappe von Grönland und in Sibirien, also ebenfalls weit weg vom Meer und seinen klimatischen Auswirkungen.

Die kälteste jemals gemessene Lufttemperatur wurde in der Antarktis in der russischen Station Wostok aufgezeichnet: In einem Winter fiel das Thermometer auf minus 89,2 Grad Celsius.

2

1. Eisbären sind durch ihren Pelz, ihre Haut und die darunter liegende Fettschicht so gut gegen die Kälte geschützt, dass sie gezwungen sind, die meiste Zeit langsam dahinzutrotten, um eine Überhitzung zu vermeiden.

2. In beiden Polargebieten erstrecken sich Gletscher bis ins Meer. Allerdings sind die arktischen kürzer und schmaler als die der Antarktis.

Links: Das wie ein vielteiliges Mosaik wirkende arktische Packeis bietet einigen Robbenarten mit ihren Jungen Zuflucht vor Eisbären, die den Weg über solches Terrain scheuen.

2. Auf dem festen Meereis von Kap Washington in der Antarktis legen Kaiserpinguine ihre Eier ab und ziehen die Küken groß.

2

Gefrorenes Meer

Sowohl in der Arktis als auch der Antarktis liegen die Wassertemperaturen etwas unterhalb der Null-Grad-Grenze. Das Wasser gefriert bei minus 1,8 Grad Celsius, wobei der Großteil des Salzes aufgelöst in den darunter liegenden Wasserschichten verbleibt. Zunächst bilden sich sechseckige Kristalle, die an die Oberfläche driften. Bei ruhiger Wetterlage verbinden sich diese Kristalle zu einer Masse von öliger Konsistenz, dem so genannten Eisbrei. Die Kombination von Eisbrei an der Oberfläche und den sechseckigen Kristallen darunter ergibt eine dickliche Eissuppe. Bei zunehmender Abkühlung verbindet sich das Eis zu einer festeren, flachen Schicht, die zerbricht und sich mit der Dünung bewegt, sodass kleine Platten entstehen, die man als Pfannkuchen-Eis bezeichnet. Durch die ständige Wasserbewegung stoßen diese Platten aneinander, wobei ihre Ränder zu kleinen Rücken aufgeworfen werden. Nach und nach friert auch die Suppe zwischen diesen Platten. Unter dieser dünnen Eisschicht friert es weiter: Hält die Kälte an, kann das Meereis in nur 24 Stunden 20 Zentimeter dick werden, eine Woche später kann es schon doppelt so dick sein. Gegen Ende des Winters ist die jährliche Eisdecke normalerweise 1 bis 2 Meter dick.

Große Wellen, die sich mit den Winden entwickeln, brechen das feste Meereis in große Eisschollen, die das Packeis bilden. An manchen Stellen friert das Packeis wieder fest zusammen, an anderen, wo Meeresströmungen für Bewegung sorgen, bildet es eine sich permanent verschiebende Eisfläche. Für einige Tiere stellt das Packeis einen Zufluchtsort dar, wo sie vor Raubtieren sicher sind.

Eis in Bewegung

Großen Einfluss auf das Leben aller Tiere in den beiden Polarmeeren haben zweifelsohne die jahreszeitlich bedingte Eisbildung und die Eisschmelze. Mit sinkenden Temperaturen im März beginnt das Südpolarmeer zunächst in den Buchten an der Küste und dann immer weiter den Norden hinauf zuzufrieren. Die Eisgrenze rückt den ganzen Winter hindurch mit eindrucksvollen 4 Kilometern pro Tag erbarmungslos vor. Auf dem Höhepunkt im September liegt die Eisgrenze 600–3000 Kilometer von der Küste entfernt im offenen Meer. Die von Eis bedeckte Fläche ist mit 22 Millionen Quadratkilometern mehr als doppelt so groß wie der gesamte antarktische Kontinent. Im Frühling und Sommer bricht die Eisdecke auf und schmilzt. Allerdings nicht gänzlich: Etwa 4 Millionen Quadratkilometer Eis bleiben bestehen und bedecken die südlichsten Meeresarme und Buchten.

Das Wachstum des arktischen Meereises ist ebenso beeindruckend. Auf dem Höhepunkt überzieht es eine Gesamtfläche von 14 Millionen Quadratkilometern. Etwa 6,6 Millionen Quadratkilometer des Nordpolarmeeres (also 47 Prozent) sind das ganze Jahr über zugefroren. Diese permanente Eisdecke schmilzt und wächst jedes Jahr nur wenig. Ist das Klima ausgeglichen, bleibt die immer währende Eisdecke bis zu 8 Meter dick. Zur Zeit besteht die Sorge, dass die globale Erwärmung unseres Planeten dieses Gleichgewicht verändert und dass die immer währende Eisdecke mancherorts komplett schmilzt.

Das Eis auf dem Nordpolarmeer wird von Meeresströmungen in der Tiefe sowie an der Oberfläche in Bewegung gehalten. Dieser transpolare Driftstrom bewegt sich in südwestliche Richtung. Das Wasser strömt von Sibirien nach Ostgrönland, wo ein Teil nach Süden aus dem Nordpolarmeer hinausgeführt wird, 4 Millionen Megatonnen Treibeis mit sich führend. Die Hauptströmung läuft um Grönland herum, am Archipel Nordkanadas und Alaskas entlang und zurück nach Sibirien. Diese Eisbewegung wurde erstmals 1893 entdeckt, als sich der norwegische Polarforscher Fridtjof Nansen in einem eigens für eine Driftfahrt konstruierten Schiff, der *Fram*, im Eis vor den Neusibirischen Inseln polwärts treiben ließ.

EISMASCHINEN DER NATUR

Die antarktische Eiskappe bindet mit 30 Millionen Kubikkilometern nahezu 70 Prozent des Süßwassers auf der Erde. Sie bedeckt 98 Prozent des Kontinents und weist stellenweise eine Dicke von fast 5 Kilometern auf. Zum Vergleich: Die Eiskappe von Grönland bindet lediglich 2,5 Millionen Kubikkilometer Wasser.

2. Aus der Vorderseite der Gletscher brechen riesige Eisbrocken. Hier ist ein Stück aus dem Mertz-Gletscher herausgebrochen und bildet einen flachen Tafel-Eisberg.

1. Das Eis der antarktischen Hochebene bewegt sich in Form riesiger Gletscher aufs Meer zu. Der Reeves-Gletscher in Victorialand ist im Mündungsbereich von zahlreichen Spalten durchzogen.

Eis herstellen

Wasser verdunstet an der Oberfläche der Meere und wird in die Atmosphäre hochgetragen. Unter Einwirkung der hier herrschenden kälteren Temperaturen bilden sich um Staubpartikel winzige Eiskristalle. Kommen weitere Wassermoleküle hinzu, entstehen Schneeflocken. Schnee fällt durch die niedriger gelegene Atmosphäre und bleibt bei entsprechend kalten Temperaturen am Boden liegen.

Die Antarktis jedoch ist derart kalt, dass sie auch besonders trocken ist. Die Luft kann einfach kein Wasser in irgendeiner Form transportieren. Auf dem gesamten Kontinent fällt jedes Jahr durchschnittlich 12 bis 15 Zentimeter Niederschlag (meist Schnee). Im Landesinneren ist es mit Abstand am kältesten, mancherorts fallen lediglich 20 Millimeter Schnee. Die Schneeflocken werden vom Wind verweht, wobei die zarten Arme der Kristalle abbrechen. Da sie dem Wind nun weniger Angriffsfläche bieten, kann er die Kristalle nicht weitertragen. Sie bleiben am Boden und verbinden sich nach und nach miteinander.

Häuft sich Schnee auf Schnee, so übt das Gewicht der oberen Schicht Druck aus, was zu einer höheren Dichte führt. In 100 Metern Tiefe werden Luftblasen zwischen den Kristallen eingeschlossen, das Eis wirkt hier entsprechend blasenförmig. In 1200 Metern Tiefe und mehr wird die Luft in die Kristalle gepresst. Hier ist das Eis sehr hart.

In Bewegung

Das Eis im unteren Bereich der antarktischen Eiskappe ist schätzungsweise 250 000 Jahre alt. Doch selbst dieses Eis ist in Bewegung, wenn auch nur geringfügig. Die untere Eisschicht ist am Felsboden angefroren und behindert so die Schicht darüber an ihrer Gleitbewegung. Wie ein Päckchen Karten, das man mit der aufgelegten Hand über einen Tisch verteilt, bewegen sich die Schichten im Eis in unterschiedlichem Maß, die oberen schneller als die unteren. Das Eis strömt von den hoch gelegenen Stellen des Kontinents zu seinen Rändern nach unten und beschleunigt so von ein paar dürftigen Zentimetern auf 200 Meter pro Jahr. In Form von Gletschern können seine Ausläufer sogar Geschwindigkeiten von 2 Kilometern im Jahr erreichen.

3

Gletscher bewegen sich sehr schnell. Unter dem ungeheuren Druck des Eises und aufgrund der Wärme, die durch die Reibung gegen den Fels entsteht, schmilzt die unterste Eisschicht. Die so entstehenden Wasserströme wirken wie Schmiere. So können ganze Gletscherkörper in einem Stück hinabgleiten.

Eisberge

Wo die Eisdecke und die Gletscher ins Meer münden, lösen sich große Eisstücke. Tatsächlich brechen jedes Jahr 1450 Kubikkilometer des antarktischen Eises in Form von Eisbergen weg, was dem jährlichen Frischwasserbedarf der halben Weltbevölkerung entspricht. Tafel-Eisberge können 200 bis 300 Meter in die Tiefe reichen und viele Kilometer breit sein. Driften sie nach Norden, lösen sie sich langsam auf. Zuerst brechen sie an Schwachstellen wie alten Gletscherspalten. Hebt sich ihr Schwerpunkt, werden sie instabil und vollziehen einen langsamen Überschlag, der damit enden kann, dass am Ende die Unterseite des Berges oben liegt. Mit der Zeit zerbricht der Berg unter dem Einfluss von Sonne, Wind und Wellen in immer kleinere Teile.

Wegen der in großen Tafelbergen gebundenen riesigen Süßwassermengen stellte man Überlegungen an, ob man diese nicht nutzen könne. Es wäre zwar technisch kein Problem, einen solchen Koloss über eine größere Distanz zu schleppen, doch bis man einen entsprechenden Zielort erreichen würde, wäre mindestens der halbe Berg weggeschmolzen. Darüber hinaus gestaltet sich die eigentliche Süßwassergewinnung als schwierig, da Eisberge aufgrund ihres großen Tiefgangs kaum in Ufernähe gebracht werden können.

3. Wenn Eisberge auf die See hinausdriften, sind sie den Launen von Wind, Wetter und Strömungen ausgesetzt. Durch die allmähliche Erosion können fantastische Eisskulpturen entstehen.

ZUM THEMA

5.1 Die Polarregionen
Fels und Eis, S. 215
In der Kälte, S. 218

1

1. Walrösser sind durch ihre dicke Haut und die Fettschicht so gut gegen die Kälte geschützt, dass sie das ganze Jahr über im Eis verbringen können. Im Winter halten sie sich in Regionen mit offenem Wasser auf, um zum Atmen auftauchen zu können.

2. Eisbärweibchen gebären 30 Zentimeter große Junge in Winterhöhlen unter dem Schnee. Dank der isolierenden Schicht aus Schnee und der von der Mutter abgestrahlten Wärme liegt die Temperatur dort um 10 bis 20 Grad Celsius höher als draußen.

MIT DEM EIS LEBEN

Fauna und Flora der Polarregionen weisen eine geringere Artenvielfalt auf als die meisten anderen Lebensräume auf der Erde. Das strenge Regiment von Kälte und Meereis hat nur wenigen Pflanzen- und Tiergruppen eine erfolgreiche Besiedlung dieser Gebiete gestattet. So leben beispielsweise weder Reptilien noch Amphibien an Land. Zudem gibt es in der Antarktis keine Landsäuger, keine Süßwasserfische und nur sehr wenige Pflanzen. Lediglich 4 Prozent der Antarktis ermöglichen überhaupt das Vorhandensein von Lebensformen, wobei es sich in der Hauptsache um Mikroben, Spinnen, Insekten, Flechten und Moose handelt. Schmilzt das Eis im Frühling, kommt es zu einem Ausbruch an biologischer Produktivität, der Zugvögel, Robben und Wale anzieht, die den Sommer hier verbringen, um das Nahrungsvorkommen im Meer zu nutzen.

Anpassung an die Kälte

Tiere, die einen Teil des Jahres oder auch immer in eisigen Regionen leben, müssen sich auf irgendeine Weise den dort herrschenden klimatischen Bedingungen anpassen. Am leichtesten sind natürlich morphologische Anpassungen zu erkennen. Hat ein Tier einen großen Körper, verringert sich die Oberfläche gemessen an seiner Masse, wodurch der Wärmeverlust durch die Haut sinkt. Die rundliche Gestalt eines Walrosses oder einer Weddell-Robbe sind hierfür gute Beispiele. Pelz und Fettschicht schützen vor Kälte. Wale verfügen nur über eine Fettschicht, während die Weddell-Robbe, die im Süden der Antarktis überwintert, außerdem ein kurzes Haarkleid trägt. Die Eisbären im Norden haben große, pelzige Tatzen, die zum einen verhindern, dass zu viel Wärme an den Schnee abgegeben wird, und zum anderen dafür sorgen, dass das Körpergewicht bei ihren Wanderungen über Schnee und Eis so verteilt wird, dass sie nicht einbrechen.

Andere Tiere haben Anpassungen im Inneren ihres Körpers entwickelt. So funktionieren Enzyme am besten innerhalb eines eingeschränkten Temperaturbereichs. In antarktischen Krebsen entdeckte man Enzyme, die erst bei ungewöhnlich niedrigen Temperaturen aktiviert werden. Tiere und Pflanzen verfügen außerdem bisweilen über einen biologischen Gefrierschutz in ihrem Gewebe. Das gilt zum Beispiel für alle antarktischen Fische. Bei Fischen in der Arktis hingegen findet man ihn seltener, wobei ihn einige dort heimische Arten wiederum nur im Winter einsetzen.

Weitere Möglichkeiten, den harten Bedingungen ihres Lebensraums zu trotzen, bieten Anpassungen im Verhalten. Neugeborene

2

3

Walrossbabys wären auf dem Meereis nicht überlebensfähig, wenn ihre Mütter sie nicht vor der Kälte schützen würden. Kaiserpinguinmännchen könnten die schneidenden Winde und Temperaturen von minus 50 Grad Celsius nicht aushalten, wenn sie nicht eng zusammenrücken würden. Und in der Arktis verbringen Eisbärweibchen den Winter in Höhlen, wo sie ihre Jungen gebären.

Die meisten Tiere schützen sich jedoch vor der extremen Kälte, indem sie die eisigen Regionen verlassen. Viele Tiere wie Vögel und Wale wandern im Winter von der Antarktis aus nach Norden. Auch die Arktis wird Jahr für Jahr von Tieren aufgesucht, die dort nur vorübergehend bleiben. Diese Pendler verbringen lediglich die Sommermonate in den kalten Gebieten, wo sie ihre verbrauchten Reserven auffüllen. Den Winter über halten sie sich dann in den weniger produktiven Gewässern der Tropen auf.

3. Schneesturmvögel sieht man normalerweise über Packeis oder in der Nähe von Eisbergen fliegen. Zum Brüten suchen sie jedoch bis zu 180 Kilometer entfernte Felszinnen auf.

Leben mit Meereis

Da das Polarmeer den Großteil des Jahres mit Eis bedeckt ist, liegt die Vermutung nahe, dass die dortige Produktivitätsrate sehr niedrig ist. Doch das stimmt nicht. Das Nordpolarmeer wird von flachen Kontinentalschelfs begrenzt, von Flüssen gespeist und von Strömungen durchmischt. Im Frühling beginnt das Phytoplankton in außerordentlicher Geschwindigkeit zu erblühen, auch wenn die Blüte nicht von langer Dauer ist. Die Produktivität im Südpolarmeer ist sogar noch höher.

Selbst mitten im südlichen Meereis gibt es Leben. In winzigen salzigen Kanälen zwischen den Eiskristallen überleben Bakterien, Pilze, Protozoen, kleine Krebse, Strudelwürmer und vor allem mikroskopisch kleine Pflanzen, so genannte Diatomeen, den Winter. Diatomeen sind braun, weshalb die Unterseite des Eises ihre Farbe verändert, wenn sie besonders reichlich vorkommen. Diese Pflanzen sind zur Photosynthese fähig und wachsen auch bei schwachem Lichteinfall, weshalb ihre jährliche Blüte bereits im späten Winter bzw. beginnenden Frühjahr einsetzt. Sie leben von den im Wasser gespeicherten Nährstoffen und können sich so rasch vermehren, dass sie auf der Unterseite des Meereises den Lichteinfall blockieren und so das Wasser darunter in ein tiefes Schwarz tauchen.

Im Winter ernähren sich die in den salzigen Kanälen im Meereis lebenden wirbellosen Tiere von Diatomeen. Wenn die Sonne zurückkehrt, wird das System zu neuem Wachstum angeregt. Schmilzt das Eis, beginnen diese Meeresalgen zu blühen. Diatomeen sind folglich für die Produktivität des Südpolarmeeres von eminenter Bedeutung, weil sie die Wachstumsperiode beträchtlich verlängern.

Die gefrorene See stellt einen festen Untergrund dar, auf dem sich Pinguine ausruhen, Eisbären Robben jagen und Walrösser ihre Jungen zur Welt bringen. In der Arktis vergrößert das Meereis zudem den Aktionsradius vieler Tiere, die normalerweise an Land leben. Und die meisten Polarrobben sind abhängig vom Meereis, weil sie sich hier erholen, aufwärmen und ihre Jungen gebären.

Unter dem Eis leben

Eis ist ein unbarmherziger Bestandteil der Natur. Wenn das Meer Ende Herbst zufriert

1

1. Krabbenfresserrobben suchen das Eis zum Ausruhen und zur Aufzucht der Jungen auf. Mit einer Gesamtpopulation, die auf 30 Millionen Tiere geschätzt wird, sind sie die weltweit am meisten vorkommende Robbenart.

2. Wenn die Temperatur unter den Gefrierpunkt sinkt, bildet sich auf dem Meeresboden Anker-Eis. Bedingt durch den entstehenden Auftrieb, bricht es schließlich los und steigt mit allen daran hängenden Pflanzen und Tieren nach oben.

2

und die harten vereisten Flächen ans Ufer stoßen, überleben die wenigsten der hier angesiedelten Tiere. Das Meereis schabt und höhlt mit jeder Flut die Küstenlinie bis zu einer Tiefe von über 10 Metern aus, entwurzelt Kelp und erdrückt all jene Tiere, die wie Entenmuscheln nicht entkommen können. Eisberge reichen noch tiefer, ihre Kiele meißeln den Meeresboden in der Antarktis bis zu einer Tiefe von 300 Metern auf. So ist es nicht verwunderlich, dass man an den Polarküsten keine großen Ansammlungen von Muscheln, Algen oder Napfschnecken findet, wie es an den Ufern gemäßigter Breiten der Fall ist.

Gleichwohl sind Napfschnecken in der Antarktis weit verbreitet. Im Sommer halten sie sich vorzugsweise in seichten Gewässern auf, wo sie sich von schnell wachsenden Algen ernähren. Im Winter ziehen sie sich unter das Meereis zurück und suchen in Rissen und unter Überhängen Zuflucht. Dort hüllen sie sich in einen Gefrierschutz-Schleim ein, unter dem ihr Gewebe unversehrt bleibt. Strandschnecken in der Arktis haben eine andere Strategie gegen das Erfrieren entwickelt: Sie dehydrieren vor Beginn des Winters und können so bei Temperaturen bis zu minus 15 Grad Celsius überleben.

Unterhalb der Küstenlinie gestaltet sich das Leben weniger riskant, weshalb die Anzahl der hier lebenden Arten entsprechend größer ist. Die Arktis ist charakterisiert durch seichte, verschlickte oder geröllige Kontinentalschelfs, die mancherorts äußerst reich an wirbellosen Tieren sind. Muscheln kommen am häufigsten vor, daneben Flohkrebse, Krabben, Seesterne und andere Tiere in großer Zahl. Von diesen Lebewesen ernähren sich wiederum viele der hierher kommenden Räuber: Tatsächlich werden jedes Jahr gut 100 Millionen Tonnen pelagischer und benthischer Tiere von marinen Säugern im Beringmeer verzehrt.

Insgesamt gesehen weist die den Meeresboden bewohnende Gemeinschaft des Südpolarmeeres eine größere Artenvielfalt auf als die des Nordpolarmeeres. Während die arktischen Tiere eng mit denen des Atlantiks und Pazifiks verwandt sind, kommen die in der Antarktis heimischen Arten aufgrund der langen Isolation des Kontinents allein dort vor. Wenn auch die Produktivitätsrate unterhalb der Eisdecke nicht sonderlich hoch ist, existieren hier zahlreiche unterschiedliche Tiere. Zu ihnen gehören Seesterne, Schnurwürmer, Krebse und Fische, die den Meeresboden abfressen. In einer tieferen Zone leben Weichkorallen, Hydroidpolypen und Seeanemonen und noch tiefer Schwämme, von denen einige Hunderte von Jahren alt werden können.

5.2 TIERE IN DER ANTARKTIS

Die meisten Besucher der Antarktis sind überwältigt vom Anblick sich auftürmender Eisberge, von den Gletschern und den unendlichen Weiten gefrorener Wildnis. Doch für viele liegt auch ein besonderer Reiz in der Möglichkeit, die hier lebenden Tiere zu beobachten. Pinguine, die ihre Küken füttern, und zwischen Eisschollen auftauchende Wale zählen zweifelsohne zu den Favoriten. Doch auch die Robben, Albatrosse und andere Vögel rufen immer wieder Bewunderung hervor. Es gibt keinen Besucher, der nicht vom Reichtum der Fauna überrascht wäre. Und alle hier heimischen Tiere verdienen unseren Respekt für ihre Fähigkeit, im mörderischen Klima der Antarktis zu überleben. Sie sind nicht nur gegen die Kälte gewappnet, sondern haben auch Strategien entwickelt, um Jahr für Jahr die beiden größten Herausforderungen ihrer Umwelt zu bewältigen: die Schmelze und das Gefrieren des Meereises.

IM FRÜHLING

Den dunklen, bitterkalten Winter zu überleben und fähig zu sein, die nur vorübergehend im Frühling und Sommer vorhandenen Nahrungsquellen optimal zu nutzen, erfordert besondere Anpassungen. Verhalten und Stoffwechsel der Tiere müssen darauf ausgerichtet sein, die kargen Monate zu überstehen und von den guten zu profitieren. Selbst Krill, der Grundbaustein der antarktischen Nahrungskette, ist diesem alljährlichen Wechsel ausgesetzt.

Hauptnahrungsmittel Krill

Als Krill bezeichnet man eine Gruppe garnelenähnlicher Krebse, von denen es auf der ganzen Welt 85 Arten gibt. In den antarktischen Gewässern sind elf Arten verbreitet, doch nur eine, *Euphausia superba*, stellt den Schlüssel zum Ökosystem des Meeres dar. Dieses 4 bis 6 Zentimeter lange Tier ist das entscheidende Glied in einer einfachen Nahrungskette, die vom winzigen Phytoplankton bis zu den meisten antarktischen Walen, Robben und Vögeln, einschließlich der Pinguine, reicht. Infolge des vielseitigen und wechselhaften Lebenswandels zwischen Tiefsee, offenem und Polarmeer fallen Schätzungen über die Populationsgröße äußerst unterschiedlich aus. Nach jüngsten, auf akustischen Untersuchungen basierenden Erkenntnissen beträgt das Gesamtgewicht von Krill im Südpolarmeer 100 bis 500 Millionen Tonnen.

Große Krillschwärme verbringen den Winter unter dem antarktischen Meereis. Die Jungtiere ernähren sich hier in ihrer Kinderstube von den Diatomeen, die im Eis leben. Auch Adulttiere können sich während der Wintermonate unter dem Eis aufhalten, doch müssen sie eine Reihe von Veränderungen durchlaufen, um zu überleben. Sie sind auf Fettreserven, die sie den ganzen Sommer über aufbauen, angewiesen. Denn jetzt fressen sie nur 5 Prozent der sonstigen Menge, weil sie ihre Stoffwechselrate um die Hälfte oder ein Drittel des Sommerniveaus senken. Sie entwickeln sich körperlich sogar so weit zurück, dass sie Jungtieren ähneln. Die meisten Krebse müssen sich häuten, um größer zu werden, da ihr Gehäuse sie beim Wachsen einschränkt, doch Krill scheint sich im Winter zu häuten, um kleiner zu werden. Die Tiere fressen sogar ihre eigenen Schalen, obwohl diese wahrscheinlich kaum Nährwerte bieten.

Mit der Rückkehr des Frühlings, wenn wieder ausreichend Licht für die Photosynthese vorhanden ist, beginnen die Diatomeen zu blühen, an denen sich der Krill nun richtig satt fressen kann. Krill setzt seine modifizierten Gliedmaßen zum Futtersammeln, Aussortieren und zur Nahrungsaufnahme ein. Sechs Paar Gliedmaßen werden ausgeworfen und bilden eine Art Korb, um Wasser durch kleine Laschen in diesem Korb zu drücken. Zarte Bürsten auf den Gliedmaßen fangen die Nahrung ab, die dann zum Maul geführt wird.

1. Krill bildet die Basis der Nahrungskette in der Antarktis. Im Sommer sammelt er sich in riesigen Schwärmen, die die Meeresoberfläche rot färben.

Entgegen ihrem Namen ernähren sich Krabbenfresserrobben vorzugsweise von Krill, den sie mit ihren ineinander greifenden Zähnen aus dem Wasser seihen.

IM SOMMER

Es dauert eine Weile, bis die Sonnenstrahlen die Kälte der Antarktis durchdringen, doch wenn es einmal so weit ist und sich das Eis zurückzieht, erwachen die Gewässer um den Kontinent zu neuem Leben. Seeschwalben und Sturmvögel tauchen nach Futter, Wale stoßen explosionsartig Luft aus, wenn sie zum Atemholen auftauchen, und Pinguingruppen „tümmeln" auf der Suche nach Krill.

Felsennester

Abgesehen von den Kaiserpinguinen nisten alle Pinguine auf dem nackten Boden. Die Adeliepinguine, die auf Cape Royds auf dem Ross-Eisschelf nisten, stellt dies vor Probleme. Zwei Drittel der antarktischen Küste sind von Gletschern oder Eiskliffen blockiert, und die wenigen freiliegenden Felsen sind häufig abschüssig. Die sanfter abfallenden Felsen und Strände sind oft bis weit in den Frühling von einer undurchdringlichen winterlichen Schneeschicht bedeckt. Es ist daher nicht verwunderlich, dass die Adeliekolonien über die Peripherie des Kontinents verteilt sind – die eine kleiner, die andere größer, je nach verfügbarem Platz und je nach den Bedingungen des nahe gelegenen Meeres. Denn abgesehen vom nackten Felsen brauchen sie auch einen leichten Zugang zum Wasser sowie eine verlässliche Versorgung mit Krill und Fischlarven, wenn sie ihre Küken großziehen.

Adeliepinguine erreichen Ende Oktober ihre Nistplätze. Für manche ist der Aufstieg auf eine Felseninsel recht einfach. Die weiter südlich Nistenden müssen dagegen eine lange Strecke über die noch gefrorene See zurücklegen, wo wesentlich kältere Temperaturen herrschen und der Sommer kürzer ist. Adeliepaare sind einander oft treu und kehren Jahr für Jahr mit demselben Partner in dasselbe Nest zum Brüten zurück.

Jedes Paar sammelt zum Nestbau ein paar Kiesel und verteidigt den Nistplatz mit Vehemenz. Während der Balz und Paarungszeit kehren weder Männchen noch Weibchen zum Fressen ins Meer zurück. In den letzten beiden Novemberwochen legt das Weibchen zwei Eier. Dann beginnt eine fünfwöchige Brutzeit, bei der das Männchen die erste Wache übernimmt. Das Weibchen begibt sich zur Nahrungsaufnahme für zwei Wochen ins Meer und kehrt dann wieder zum Nest zurück, um seinen Partner abzulösen, der seit einem Monat oder auch länger nichts mehr gefressen hat. Danach verkürzt sich der Wachrhythmus, jedes Adulttier bleibt jetzt nur noch zwei oder drei Tage fern. Trotz beißender Winde und heftiger Kältewellen sind die Eier wohl behütet. Ihre Temperatur weicht nur um wenige Grade von der des Adulttieres ab.

AUFGEWÄRMTES NEST

Ein gravierendes Problem für Zügel-, Esels- und Adeliepinguine besteht im Mangel an eis- und schneefreien Böden zum Nisten. Der Sommer in der Antarktis ist kalt, und diese Vögel sind gezwungen, zu balzen, sich zu paaren, Eier zu legen, sie auszubrüten und ihre Küken aufzuziehen, solange das Meer eisfrei und reichlich Krill vorhanden ist. Darüber hinaus müssen die Küken noch vor Wintereinbruch flügge werden und in der Lage sein, sich selbst zu ernähren.

Der Großteil der Zügelpinguine brütet auf den Südlichen Sandwich-, den Südlichen Shetland- und Südlichen Orkneyinseln sowie auf der antarktischen Halbinsel. Die größte Kolonie befindet sich auf Zavodovski, einer der südlichen Sandwichinseln (siehe rechts), wo schätzungsweise eine Million Paare brüten. Die Insel erfreut sich aus zwei Gründen großer Beliebtheit: Zum einen sind die sie umgebenden Gewässer besonders reich an Krill, zum anderen bleiben die Abhänge auf der aktiven Vulkaninsel schneefrei. Für die Zügelpinguine bedeutet dies, dass sie früh brüten können. So werden ihre Küken schneller flügge und haben mehr Zeit, um vor Einbruch des Winters Fett anzusetzen.

Beim Schlüpfen sind die Küken sehr klein und anfällig für die Kälte, doch bereits gegen Ende der zweiten Woche können sie ihre Körpertemperatur aufrechterhalten, und beginnen umherzuziehen. In der dritten Woche sammeln sie sich in Gruppen, während ihre Eltern zur Nahrungssuche das Nest verlassen. Gegen Ende der vierten Woche entwickeln sie ihr Erwachsenengefieder. Anfang Februar, nach einer Wachstumsperiode von fast acht Wochen, sind die Adelieküken flügge.

Große Besucher

Offenes Wasser und reiche Krillvorkommen sind für Wale ebenso wichtig wie für Pinguine. Sechs verschiedene Walarten – Buckel-, Glatt-, Blau-, Finn-, Sei- und Zwergwale – suchen die Antarktis zum Krillfressen auf. Bei ihnen handelt es sich um so genannte Bartenwale, die mit ihren herabhängenden Bartenplatten aus einem hornähnlichen Material (Keratin) Krill aus dem Wasser seihen. Die meisten von ihnen verbringen den Winter in tropischen Gewässern, wo sie ihre Kälber gebären, bevor sie sich erneut paaren. In den nährstoffarmen und warmen Tropen finden die Wale kaum Nahrung, weshalb sie in dieser Zeit an Gewicht verlieren. Mit der Rückkehr in kältere Gewässer, besonders in das krillreiche Südpolarmeer, endet ihre Fastenzeit.

Buckelwale sind wahrscheinlich die am häufigsten gesichteten Wale an der antarktischen Halbinsel. Treiben dichte Krillschwärme an der Wasseroberfläche, öffnen die Buckelwale einfach ihr tiefes Maul und nehmen gewaltige Mengen an Wasser und Krill auf. Das Wasser läuft über den oberen Rand ihres Mauls, während der Krill in den Bürsten der Barten hängen bleibt.

Sind die Krillschwärme weniger dicht, gestaltet sich die Nahrungsaufnahme für die Wale schwieriger. Dann tauchen sie in Paaren steil hinunter, richten dabei ihre Schwanzfluken gen Himmel und schwimmen ein oder zwei Minuten lang spiralförmig in die Tiefe. Dabei entweichen Luftblasen aus ihren Atemlöchern. In diesem aufsteigenden Blasenvorhang sammelt sich Krill, den die Wale mit weit geöffnetem Maul abschöpfen. Durch die Kontraktion ihrer ausgedehnten Rachenfalten und das Anheben der kräftigen Zunge drücken sie das Wasser aus ihrem Maul. Anschließend wird der zurückgebliebene Krill hinuntergeschluckt.

Bartenwale wurden auch schon dabei beobachtet, wie sie ihren Schwanz als Behelfssegel einsetzten. Sie hielten ihn hoch in den Wind, um sich so durch das Wasser treiben zu lassen. Nach der intensiven, drei bis vier Monate dauernden Nahrungsaufnahme im antarktischen Sommer machen sich die Wale wieder nach Norden auf.

1

1. Schwertwale nutzen die Kanäle und Lücken im Packeis, um Pinguine und Robben zu jagen.

SÜDGEORGIEN

Von den im Südpolarmeer verstreuten Inseln liegen einige näher am antarktischen Kontinent und stehen zumindest für einen Teil des Jahres unter seinem eisigen Einfluss. Andere befinden sich außerhalb seiner Reichweite, weisen ein nahezu gemäßigtes Klima auf und sind frei von permanten Eisdecken und großen Gletschern. Dazwischen liegen die subantarktischen Inseln. Da es im Südpolarmeer nur wenige freiliegende Landmassen gibt, die Gewässer jedoch sehr reich sind, wimmelt es auf den subantarktischen Inseln von Tieren, die zudem das Klima (minus 10 Grad Celsius im Winter, bis zu 20 Grad Celsius im Sommer) zu schätzen wissen.

2

2. Schwarzbrauenalbatrosse nisten vorzugsweise hoch oben auf den Kliffen subantarktischer Inseln, wo sie jeweils ein Küken aufziehen.

1

1. Goldschopfpinguine legen zwei Eier, doch das erste wird selten erfolgreich ausgebrütet.

Reiches Vogelleben

Auf den Stränden, den grasbedeckten Hängen und Kliffen von Südgeorgien sammeln sich zahllose Vögel. Pinguine, Sturmvögel, Walvögel, Sturmtaucher und Albatrosse finden hier ihre Nistplätze und bilden riesige Kolonien. Während die meisten Vögel windgeschützte Orte bevorzugen, suchen Albatrosse nach Kliffen, weil sie die hier vorherrschenden Winde zum Fliegen benötigen. Am beeindruckendsten von ihnen sind die Wanderalbatrosse, die größten Flugvögel der Welt. Mit einer Spannweite von 3,5 Metern segeln sie auf der Suche nach Nahrung über das gesamte Südpolarmeer. Alle Albatrosse nutzen zum Flug die Aufwinde der Wellen, doch keiner tut dies auf so Aufsehen erregende Weise wie der Wanderalbatros. Mit Leichtigkeit gleitet dieser Vogel über das stürmische Meer, wobei er Geschwindigkeiten von bis zu 90 km/h erreicht. Ohne kostbare Energie zu verschwenden, kann er so wochenlang an einem Stück riesige Entfernungen hinter sich legen.

Küstenbesetzer

Die Küsten Südgeorgiens sind dicht besiedelt von Robben und Pinguinen. Kleinere Pinguine, wie die Goldschopfpinguine, nisten in riesigen, ohrenbetäubend lauten Kolonien an Felsabhängen. Südgeorgien weist mit etwa 5,5 Millionen Brutpaaren die bei weitem größte Population auf. Die Tatsache, dass Goldschopfpinguine auf ihrer Suche nach Nahrung in der Regel keine weiten Strecken zurücklegen und dabei wenig Energie verschwenden, deutet bereits darauf hin, das die südgeorgischen Gewässer ein reiches Krillangebot bereithalten. Goldschopfpinguine begeben sich zur Nahrungsaufnahme vorzugsweise nachts auf Beutefang, wenn sich der Krill in Nähe der Wasseroberfläche aufhält. Gelegentliche Tagestauchgänge führen die Pinguine in Tiefen von 20 bis 80 Metern, nachts dagegen tauchen sie selten tiefer als 20 Meter.

Die großen, vornehm aussehenden Königspinguine, die stehend fast 1 Meter groß sind, ähneln sehr den Kaiserpinguinen, wiegen

3

jedoch nur 10 bis 15 Kilogramm, also weniger als die Hälfte ihrer südlichen Artgenossen. Königspinguine ernähren sich von Tintenfisch und, in geringerem Ausmaß, von Fisch. Man findet sie nur auf Inseln in eisfreien Gewässern vor, da das Großziehen ihrer braunen, flaumigen Küken ein Jahr dauert. Folglich ist es für sie überlebenswichtig, dass sie das ganze Jahr freien Zugang zu ihren Nistständen haben.

Sommergäste

In den Sommermonaten sind viele Strände Südgeorgiens von Robben bevölkert. See-Elefanten und Pelzrobben kehren in die geschützten Buchten zurück, um zu Tausenden ihre Jungen großzuziehen. Während See-Elefanten allein aufgrund ihrer ungeheuren Größe einschüchternd wirken, verteidigen Pelzrobben ihre Weibchen und den Nachwuchs äußerst aggressiv gegen jeden Eindringling.

Wie Goldschopfpinguine ernähren sich Pelzrobben zwischen Abend- und Morgendämmerung von Krill, der nachts in den oberen Wasserzonen treibt. In der fast viermonatigen Brutpflegeperiode verlassen die Weibchen zur Nahrungsaufnahme ihre Jungen für drei bis vier Tage. Über 10 Prozent der sich in dieser Zeit selbst überlassenen Jungen werden in den überbevölkerten Kolonien zu Tode gedrückt. Wenn sie größer werden, spielen die Jungen in Gruppen und lernen in geschützten Wasserbereichen zu schwimmen, was hier sicherer zu sein scheint als auf offener See, wo gelegentlich ein Seeleopard lauert.

3. Königspinguine leben in riesigen Kolonien. Ein Brutzyklus dauert 14 bis 16 Monate, weshalb es innerhalb einer Kolonie unterschiedlich weit entwickelte Küken gibt.

ZUM THEMA

2.3 Fortpflanzung an der Küste
Seevögelstädte, S. 92
Im Freien, S. 95
Rückkehr der Säuger, S. 97

5.1 Die Polarregionen
Leben mit Meereis, S. 226

6.1 Das offene Meer
Luftlandedivisionen, S. 270

Begrenztes Angebot

Der britische Entdecker James Cook erforschte auf seinen Schiffsreisen in den 1770er Jahren Teile des Südpolarmeeres und schrieb über die riesigen Robben- und Walpopulationen, die er dort vorfand. Zu dieser Zeit waren die Bestände der arktischen Robben durch britische und amerikanische Robbenfänger bereits arg dezimiert worden, weshalb man nach neuen Jagdgründen suchte. Die Robbenfänger machten sich die Informationen Cooks zunutze und segelten südwärts. Zunächst jagte man die südlichen Pelzrobben, die bis 1822 nahezu ausgerottet waren. Dann konzentrierte man sich auf See-Elefanten, aus deren Haut festes Leder hergestellt werden konnte und deren Fett ein so klares und wertvolles Öl wie das von Walen ergab. Schließlich wurden auch die Pinguine des Öles wegen abgeschlachtet. Ende des 19. Jahrhunderts waren die Robben- und Pinguinpopulationen der subantarktischen Inseln stark dezimiert. Nun fanden sich auch die arktischen Walfänger im Südpolarmeer ein, wo es infolge dessen zu einem explosionsartigen Wachstum der Walfangindustrie kam. Allein in der Saison 1912/13 wurden nahezu 11 000 Wale erlegt und verarbeitet. Den Gipfel des Walfangbooms stellte die Jagdsaison 1937/38 dar, als 46 000 Tiere getötet wurden. 1965 waren diesem rücksichtslosen Vorgehen insgesamt 175 000 Blau-, Buckel-, Glatt-, Finn-, Sei- und Pottwale zum Opfer gefallen.

Der drastische Rückgang der Wale hatte Auswirkungen auf die Entwicklung anderer Tierpopulationen im Südpolarmeer. Durch die Dezimierung der großen Meeressäuger stand nunmehr ein auf 70 bis 150 Millionen Tonnen geschätzter Überschuss an Krill zur Verfügung, woraufhin sich die Bestände der Pelzrobben, die einst als ausgestorben galten, wieder erholten. Heute leben allein an den Stränden Südgeorgiens über 3 Millionen Tiere. Auch Adelie-, Zügel- und Eselspinguine sowie Krabbenfresserrobben profitierten von diesem überreichen Krillvorkommen.

Den kommerziellen Walfang hatte lediglich 1 Prozent der ursprünglichen Blau-, Glatt- und Buckelwalpopulationen überlebt. Man hoffte, dass der Krillüberschuss zu einer baldigen Erholung der Tierbestände führen würde. Doch dies ist ein langwieriger Prozess, da sich Wale nur alle zwei bis drei Jahre fortpflanzen. Darüber hinaus verlangsamt der stärker gewordene Konkurrenzkampf mit anderen Tierarten, die sich ebenfalls von Krill ernähren, die erhoffte Entwicklung. Andererseits reagierten die überlebenden Wale positiv auf das reichlich vorhandene Nahrungsangebot. Das Alter der Geschlechtsreife bei Blau-, Finn-, Sei- und Zwergwalen ist erheblich niedriger, als es in der Vergangenheit einmal war.

ANZAHL DER IN SÜDGEORGIEN VON 1904 BIS 2000 GEFANGENEN WALE

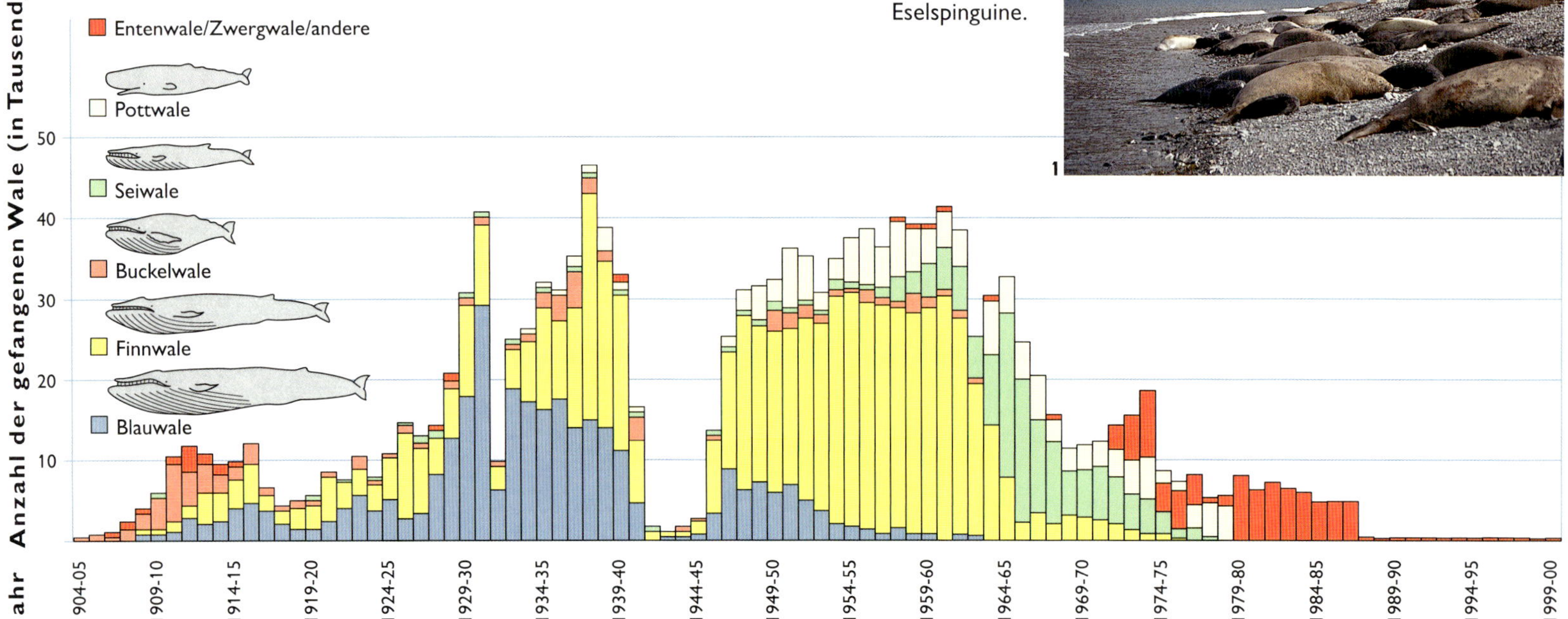

1 1. Die verwaisten Walfangstationen in Südgeorgien sind heute unter anderem Heimat für See-Elefanten und Eselspinguine.

DUNKLE HERBSTTAGE

Im März hat sich das Meereis weitestgehend zurückgezogen. Doch nun werden die Nächte dunkler, und die Temperaturen sinken von Tag zu Tag. Schnee bleibt jetzt am Boden liegen, anstatt zu schmelzen, und das Meer beginnt erneut zu frieren. Wenn es auf den Winter zugeht, wird es in der Antarktis still.

Geschmeidige Raubtiere

Seeleoparden gehören wahrscheinlich zu den von allen Robbenarten am meisten gefürchteten Raubtieren. Die über 3 Meter langen und äußerst geschmeidig anmutenden Seeleoparden besitzen einen überproportional großen Kopf sowie einen kräftigen Unterkiefer. Seeleoparden sind Opportunisten, die jede Beute packen, derer sie habhaft werden können. Pinguine, junge Robben, Vögel und Fische zählen zu ihren bevorzugten Opfern. Gleichwohl bestehen für den mit beeindruckenden Zahnreihen gut bewaffneten Räuber erstaunliche 40 bis 45 Prozent seiner Nahrung aus Krill, den er mit seinen ineinander greifenden Zähnen, ähnlich wie die Krabbenfresserrobben, fängt.

Seeleoparden leben die meiste Zeit am Rande des Packeises. Manche patrouillieren aber auch in den Gewässern nahe der Brutplätze von Pinguinen in der Hoffnung, im seichten Wasser ein Adulttier fangen zu können. Doch erwachsene Pinguine sind in der Regel erfahren und warten entweder am Ufer oder im offenen Meer, bis nichts mehr auf die Anwesenheit von Seeleoparden hindeutet. Dennoch fallen im Sommer, wenn die Pinguineltern häufig zur Fütterung ihres heranwachsenden Kükens zwischen Wasser und Brutplatz hin- und herpendeln müssen, immer wieder auch Adulttiere den Seeleoparden zum Opfer. Verborgen im trüben Wasser, taucht der Räuber plötzlich und mit hoher Geschwindigkeit auf und ergreift seine Beute.

2

Pinguinhaut ist zäh, weshalb Seeleoparden ihre Beute vor dem Fressen häuten – ein blutiges Prozedere, bei dem der Pinguin an der Wasseroberfläche hin- und hergeschlagen wird.

Gefährdete Küken

Im Spätsommer und zu Beginn des Herbstes sammeln sich Seeleoparden in der Nähe von Pinguin-Nistplätzen und warten auf die flügge werdenden Küken. Zu dieser Zeit füttern die erwachsenen Pinguine ihre Küken näher am Ufer und führen sie sogar an den Rand des Wassers. Es kommt auch vor, dass Adulttiere zur Fütterung nicht mehr zurückkehren, weshalb die hungrigen Küken den Nistplatz verlassen und sich zur Nahrungssuche selbst ins Meer wagen. Unsicher drängeln sie sich am Rand des Wassers, in dem die Seeleoparden geduldig wartend hin- und hergleiten. So manches Pinguinküken, dass sich in

3

2. Seeleoparden lauern in den Gewässern unerfahrenen Pinguinküken auf, die eine leichte Beute darstellen.

3. Adeliepinguinküken, die zu schwach sind oder den Schutz der Kükengruppe verlassen, fallen nicht selten Riesensturmvögeln zum Opfer.

dieser Situation vertrauensvoll ins Wasser begibt, wird zur leichten Beute für die Räuber.

Doch der Blutzoll ist geringer, als man meinen könnte. Eine Adeliekolonie mit 200 000 Paaren verliert in einer Saison schätzungsweise 1 200 Küken durch Seeleoparden. Im gleichen Jahr fallen jedoch zuvor bereits 4800 Adulttiere den marinen Räubern zum Opfer. Wenn die Küken flügge werden, sind die Seeleoparden also weitestgehend gesättigt. Häufig spielen die Jäger deshalb mit ihrer Beute nur noch Katz und Maus, ohne sie zu fressen. Die jungen Pinguine sterben dann häufig vor Erschöpfung oder ertrinken.

Die auf den Meeresboden gesunkenen Pinguinkadaver wiederum ziehen Aasfresser an. An erster Stelle steht der riesige *Glyptonotus antarcticus*, ein gut bewaffneter Krebs, der bis zu 20 Zentimeter lang wird. Niedrige Temperaturen und eine spärliche Nahrungsversorgung können bei wirbellosen Tieren zu einem verlangsamten Wachstum sowie zu Gigantismus führen. Einige dieser Geschöpfe sind tatsächlich extrem groß.

Langsamer, aber in weit größerer Anzahl machen sich meterlange Schnurwürmer über den Kadaver her, den sie geradezu „riechen". Ein paar Tage später ist alles, was von dem Pinguinkadaver noch zu erkennen ist, eine verstrickte Würmermasse.

Überwintern der Arten

Während sich andere Robben mit dem Packeis nach und nach Richtung Norden begeben und so den harten Herbstfrost meiden, bleiben Weddell-Robben das ganze Jahr über in südlichen Regionen. Um sich vor der schlimmsten Kälte und den heftigen Stürmen zu schützen und ausreichend Nahrung zu finden, verbringen sie einen Großteil des Winters im Wasser. Wie alle Säuger brauchen sie Luft zum Atmen, weshalb sie, sobald das Meer zu frieren beginnt, nach Rissen im Eis suchen. Doch mit den im Laufe der Zeit sinkenden Temperaturen drohen selbst diese Risse zuzufrieren, weshalb die Wedell-Robben gezwungen sind, ihre Luftlöcher mit den Schneide- und Eckzähnen offen zu halten. Diese Tätigkeit fordert jedoch über die Jahre hinweg ihren Tribut: Ihre Zähne nutzen sich ab, und das Zahnfleisch ist übersät mit Abszessen.

Gleichwohl sind Wedell-Robben an ein Leben unter dem Eis hervorragend angepasst. Sie haben schmale Köpfe, rundliche, speckige, etwa 3 Meter lange Körper und große Augen, um unter dem Eis sowie in den tiefer gelegenen Jagdgründen sehen zu können. Weddell-Robben ernähren sich von Fisch und Tintenfisch, den sie in Tiefen von 200 bis 400 Metern finden. Bisweilen führt sie die Nahrungssuche auch in Tiefen von bis zu 700 Metern. Diese Tauchgänge dauern in der Regel nur 5 bis 25 Minuten. In weiter oben gelegenen Meereszonen können sie jedoch auch eine Stunde unter Wasser bleiben.

Die Weibchen sind im Winter trächtig und gebären im Frühling auf dem Meereis. Da sie hier keine Räuber zu fürchten haben, lassen Weddell-Robben ihre Jungen allein, wenn sie sich zur Nahrungssuche ins Wasser begeben. Bei ihrer Geburt wiegen die Jungen 25 bis 30 Kilogramm. Nach sechs bis acht Wochen Fütterung mit fetthaltiger Milch haben sie ihr Gewicht bereits vervierfacht.

Sind die Weibchen erneut paarungsbereit, halten sich die Männchen vorzugsweise in der Nähe der Atemlöcher auf, um hier auf Brautschau zu gehen. Unter dem Eis stecken die Männchen Territorien ab. Aus dem Trillern, Stöhnen und Johlen, mit dem die Männchen auf sich aufmerksam machen, entsteht ein langgezogenes, schwermütiges Rufen, das weit über die antarktischen Eisflächen hallt.

1. Links: Weddell-Robben gebären 25 bis 30 Kilogramm schwere Junge. Nach nur sechs bis acht Wochen, in denen die Robbenbabys mit fetthaltiger Milch gesäugt werden, haben sie ihr Gewicht vervierfacht.

2. Schnurwürmer und Seesterne entsorgen als Aasfresser am Meeresboden verwesende Pinguinkadaver und Robbenkot.

Nächste Doppelseite: Wenn ihre Eltern zur Nahrungsaufnahme im Meer sind, kommen Kaiserpinguinküken in Gruppen zusammen und kuscheln sich zum Schutz vor der Kälte eng aneinander.

2

KAISERPINGUINE

Mit über 1 Meter Größe und einem Gewicht von 30 bis 40 Kilogramm sind Kaiserpinguine höchst beeindruckende Vögel. Doch nicht nur ihr Erscheinungsbild ist imposant. Respekt verlangt vor allem die Tatsache ab, dass sie die einzigen Vögel sind, die in der Antarktis überwintern. Wenn die See im Herbst zu frieren beginnt, machen sich alle anderen auf den Weg nach Norden. Kaiserpinguine hingegen ziehen nach Süden und verlassen das Meer, sobald das Eis stark genug ist, um ihr Gewicht zu tragen.

1. Die Kolonien der Kaiserpinguine liegen in der Regel weit entfernt vom offenen Wasser, um zu verhindern, dass der zurückweichende Eisrand die Tiere erreicht, bevor die Küken flügge sind.

Eisige Nester

Im April und Mai wandern die Kaiserpinguine über das frische Eis zu ihren angestammten Nistplätzen, die vor den ärgsten Winden geschützt sind und im besten Fall einen einfachen Zugang zum offenen Wasser gewähren. Nach der Ankunft gehen sie während einer drei bis fünf Wochen dauernden, höchst lärmigen Balzzeit auf Partnersuche. In dieser Zeit lernt das Paar auch, die Rufe des jeweiligen Partners wiederzuerkennen. Ende Mai oder Anfang Juni legt das Weibchen ein großes, über 12 Zentimeter großes Ei, das vom Männchen unter einer Falte seiner Bauchhaut in den kommenden Monaten warm gehalten

1

2

3

wird. Das Weibchen begibt sich zur Nahrungsaufnahme sofort wieder zurück ins Meer und lässt sich zwei Monate lang nicht mehr blicken.

Entbehrungen

Vor den Kaiserpinguinmännchen, die bereits während der Balzzeit 25 Prozent ihres Körpergewichts verloren haben, liegt nun eine 65 Tage währende Fastenzeit. Ihre Federn und die darunter liegende Fettschicht gewährleisten die Aufrechterhaltung ihrer Körperwärme selbst bei Temperaturen unter minus 20 Grad Celsius und Stürmen mit 200 km/h Geschwindigkeit. Um Energie zu sparen, schmiegen sich die Tiere zum Wärmen aneinander und setzen nur ein Sechstel ihres Körpers den eiskalten Winden aus.

Die Weibchen kehren zurück, wenn das Küken schlüpft. Die zeitliche Abstimmung ist entscheidend, denn das Männchen kann das Küken lediglich ein- oder zweimal mit seinem Kropfinhalt ernähren. Kommt das Weibchen zu spät, hat das Männchen keine andere Wahl, als das Küken allein zu lassen und sich ins Meer zu begeben, um selbst zu fressen. Drei Monate ohne Nahrung und der Verlust von 40 Prozent seines Körpergewichts dulden keinen weiteren Aufschub.

Zeit der Reife

Nach ihrer Ankunft in der Kolonie übernimmt das Weibchen das winzige Küken und kuschelt es unter ihr Federkleid. Das Männchen macht sich dann auf ins Meer, wo es sich satt frisst und von den vergangenen Strapazen erholt. In den drei bis fünf Wochen seiner Abwesenheit kümmert sich nun das Weibchen allein um das Küken und füttert es mit hochgewürgter Nahrung. Mit der Ankunft des Frühlings und dem Schmelzen des Eises wird der Weg zum Meer bzw. zur Kolonie zunehmend kürzer, und so wechseln sich die Eltern bei der Kükenbetreuung häufiger ab. Nach nur fünf bis sechs Wochen sammeln sich die Küken in Gruppen und schmiegen sich zum Schutz gegen die Kälte aneinander, was den beiden Adulttieren erlaubt, gleichzeitig im Meer auf Nahrungssuche zu gehen. Ende Dezember oder Anfang Januar sind die Jungen schließlich flügge und stürzen sich kühn ins Wasser.

2. Kaiserpinguinküken werden in den ersten beiden Monaten nach dem Schlüpfen in der Brutfalte ihrer Eltern gefüttert und warm gehalten.

3. Da an den Eiskanten häufig Seeleoparden lauern, überwinden Pinguine das Hindernis mit einem Luftsprung.

ZUM THEMA

2.3 Fortpflanzung an der Küste
Seevögelstädte, S. 92

5.2 Tiere in der Antarktis
Flugunfähig, S. 231

5.3 TIERE IN DER ARKTIS

Die Arktis ist wie die Antarktis eine Eismaschine: Ohne Unterbrechung produziert sie Eisberge und Schollen, die in die benachbarten Meere abdriften. Doch im Gegensatz zur Antarktis ist die Arktis kein isolierter, von Wasser umgebener Kontinent, sondern ein gefrorenes Meer, umgeben von Kontinenten. Das hat für die dort heimische Tierwelt weit reichende Folgen. Über Tausende von Jahren haben die Raubtiere der angrenzenden Landmassen gelernt, die gefrorene See im Winter und im Frühjahr als zusätzliches Jagdrevier zu nutzen. So ist das Verhalten der Tiere in der Arktis maßgeblich davon bestimmt, eine Begegnung mit diesen Feinden zu vermeiden. Nahezu alle Beutetiere sind wachsam, vorsichtig und schreckhaft. Nur die riesigen Grönlandwale haben nichts zu fürchten – selbst das größte Raubtier der Arktis nicht, den Eisbären. Zählt man allerdings auch den Menschen zu den Raubtieren, dann sind sogar Grönlandwale in Gefahr.

RÄUBER AUF EIS

Der Eisbär ist zweifelsohne der Hauptträuber auf dem arktischen Meereis. Doch auch Wölfe wagen sich zur Jagd auf Robbenbabys aufs Eis hinaus. Polarfüchse stellen ebenfalls eine Bedrohung dar. Im Frühling wittern sie die neugeborenen Jungen der Ringelrobben, doch können sie in deren Höhlen nur eindringen, wenn die Schneedecke nicht zu dick ist. In manchen Teilen der Arktis, wie in der Beaufortsee, sind die Füchse aufgrund des milderen Klimas erfolgreicher. Hier fallen ihnen 26 Prozent der Robbenjungen zum Opfer. Füchse spüren aber vor allem Bären nach, um sich über die Reste der von ihnen erlegten Beute herzumachen.

Sichere Brutpflege

Eisbären sind, was ihre Beute betrifft, nicht wählerisch, weshalb arktische Tiere verschiedene Strategien entwickelt haben, ihnen aus dem Weg zu gehen. Sattelrobben, deren Junge einst zu Tausenden wegen ihres weißen Pelzes abgeschlachtet wurden, gebären auf instabi-

1

1. Polarfüchse folgen Eisbären in der Hoffnung auf die Reste der von ihnen erlegten Beute.

lem Packeis auf der Atlantikseite der Arktis, da sie hier zu Beginn des Frühlings seltener auf jagende Bären treffen. Die weißen Pelze der Robbenbabys sind zudem eine ausgezeichnete Tarnung im Schnee. Darüber hinaus betreiben Sattelrobben eine sehr kurze Brutpflege. Ihre Jungen erhalten eine außergewöhnlich nahrhafte Milch mit 45-prozentigem Fettgehalt. Nach nur zwölf Tagen und der Verdreifachung seines Geburtsgewichtes auf 35 Kilogramm ist das Junge selbstständig.

Alle arktischen Robbenbabys tragen zu Beginn ihrer Entwicklung ein weißes, weiches Geburtsfell oder Flaumhaar. Flaumhaar bietet den jungen Robben jedoch nur bei Trockenheit einen Wärmeschutz. Da sie sehr früh schwimmen lernen, sind sie also auf andere Strategien angewiesen, um sich warm zu halten. Wenn sie das erste Mal ins Wasser gleiten, haben die meisten Jungen bereits genügend Fett angesetzt, das sie gegen die Kälte isoliert. Das Klappmützenbaby ist hierin am schnellsten: Es entwickelt noch in der Gebärmutter eine embryonale Fettschicht.

Auch Klappmützen betreiben ihre Brutpflege auf dem gefährlichen Packeis, um Eisbären aus dem Weg zu gehen, doch sind ihre Jungen noch schneller unabhängig als die der Sattelrobben. Nach nur vier Tagen Verpflegung mit einer Milch, die über 60 Prozent Fett enthält, hat ein Klappmützenjunges sein Gewicht verdoppelt und wird von der Mutter verlassen. Dies ist die kürzeste bei einem Säugetier bekannte Säugezeit.

In der Brutpflegeperiode bewachen die Klappmützenmännchen ihre Partnerin und verteidigen sie gegen Rivalen. Wird ein Männchen herausgefordert, bläht es einen Hautsack auf seinem Kopf zu einer „Klappmütze" mit zwei Höckern auf. Noch beeindruckender ist sein Anblick, wenn es um ein Weibchen wirbt, mit dem es sich paaren will, oder einen Rivalen abschreckt, indem es seine Nasenscheidewand so weit aufbläht, bis sie wie ein großer roter Ballon hervortritt. Diesen schüttelt es dann auf und ab und produziert so ein klopfendes Geräusch. Hat das Weibchen sein Junges verlassen, paart es sich mit dem wartenden Männchen, bevor es davonschwimmt, um sich wieder der Nahrungsaufnahme zu widmen.

1

1. Sattelrobbenbabys werden mit weißem Fell geboren, um im Schnee gut getarnt zu sein. Zudem kommen sie auf driftendem Packeis zur Welt, wo die Gefahr geringer ist, dass sie von Bären, Füchsen oder Wölfen erbeutet werden.

2. Ringelrobben, so genannt wegen ihres gemusterten Haarkleids, sind die Lieblingsbeute von Eisbären, die jedoch lieber unerfahrene Junge jagen als erwachsene Tiere wie das hier abgebildete.

Ringelrobben

Weiter nördlich, wo das Meereis im Frühling stabil und mit dem Land fest verbunden ist, bringen Ringelrobben ihre Jungen zur Welt. Da hier die Gefahr, das Junge zwischen treibenden Eisschollen zu verlieren, nicht existiert, ist die Säugeperiode mit sechs bis sieben Wochen wesentlich länger. Dafür ist hier das Risiko, die Neugeborenen durch Eisbären oder Füchse zu verlieren, größer. Um diese Gefahr zu verringern, gebären die Ringelrobben ihre Jungen in kleinen Höhlen entlang von Druckfalten unter dem Eis. Von Schnee bedeckt, erstrecken sie sich im Frühling als mäandernde Kämme kilometerlang über das feste Meereis. Die geringe Größe der Ringelrobben (bei Geburt wiegen sie 4 bis 5, ausgewachsene Tiere nur 65 Kilogramm) ist für Tiere in kalten Klimazonen einerseits ungewöhnlich. Andererseits haben sie so die Möglichkeit, sich in den Schutz der natürlichen „Keller“ unter dem Schnee zu begeben. Hier liegt die Temperatur zwischen 0 und 2 Grad Celsius, während sie draußen auf bis zu minus 30 Grad Celsius sinken kann.

Ringelrobben sind das arktische Pendant zu den antarktischen Weddell-Robben. Beide ziehen ihren Nachwuchs auf festem Meereis groß. Und doch gibt es einen entscheidenden Unterschied: Ringelrobben leben mit der ständigen Bedrohung durch Eisbären, weshalb sie auch mehrere und über ein weites Gebiet verteilte Atemlöcher nutzen, da die Gefahr, an einem häufig aufgesuchten Loch von einem Eisbären überrascht zu werden, zu groß wäre. Zudem lernen Ringelrobben bereits während des Säugens zu schwimmen und verbringen die Hälfte ihrer Zeit im Wasser. Auch wenn sie sich in der Regel an der Wasseroberfläche aufhalten, hat man schon Ringelrobbenjunge beobachtet, die bis zu 90 Meter tief tauchten und zwölf Minuten unter Wasser blieben.

2

MENSCHEN IN DER ARKTIS

Von Alaska bis Grönland und über den Norden Europas bis zur Tschuktschensee verteilt leben 23 verschiedene Bevölkerungsgruppen. Einige sind Landbewohner und in ihrer wirtschaftlichen Existenz auf Rentier- oder Karibuherden angewiesen. Andere sind als Küstenbewohner vom Meer abhängig. All diese Völker, die heute als Inuit und nicht mehr als Eskimos (eigentlich „Rohfleischesser") bezeichnet werden, haben sich auf bewundernswerte Weise an die harten Bedingungen der Arktis angepasst.

1

Ursprünge

Die Geschichte der Menschen in der Arktis ist von drei großen Völker- und Kulturwellen geprägt. Als Erste kamen vor 20 000 Jahren die Paläoeskimos über die Landbrücke von Beringland, um den arktischen Teil des nordamerikanischen Kontinents zu besiedeln. Dieses Volk breitete sich langsam ostwärts nach Grönland aus. Die zweite Welle vor etwa 3000 bis 2500 Jahren führte zur Entwicklung der so genannten Dorset-Kultur, deren Völker sich an den Küsten Grönlands und Kanadas sammelten. Neue Werkzeuge wurden erfunden, einschließlich der ersten Steinlampen. Die Dorset-Menschen waren wahrscheinlich die Ersten, die Iglus bauten und die Technik des Harpunierens von Robben an ihren Atemlöchern entwickelten.

Eine dritte Welle erreichte schließlich Alaska. Diese so genannten Thule-Inuits benutzten zusammengenähte Tierhäute beim Bau ihrer Boote, die ihnen die Jagd auf große Meeressäuger, insbesondere von Walen, auf dem offenen Meer gestatteten. Die Ursache für ihre Wanderung nach Osten über Kanada und nach Grönland ist unbekannt. Möglicherweise war sie eine Folge des wärmer werdenden Klimas, das ein Schmelzen des Eises mit sich brachte und den Walen erlaubte, sich über größere Regionen zu verbreiten – mit den Thule-Inuit im Gefolge. Die Thule-Inuit lebten in großen Dörfern. Es mangelte ihnen weder im Winter noch im Sommer an Nahrung, und ihre Behausungen aus Walknochen, Erdschollen und Häuten boten einen soliden Schutz vor der Kälte. Doch im Laufe des 16. Jahrhunderts starb die Thule-Kultur aus, möglicherweise aufgrund von Klimaveränderungen, Krankheiten und den Walfangaktivitäten der Europäer. Die von ihnen abstammenden Inuit waren weit weniger zivilisiert; die Sicherung ihrer Existenz an Land wie auf See gestaltete sich weitaus mühsamer.

2

1. Ein Iglu zum Schutz gegen die Elemente errichten zu können ist in der Arktis immer noch von Vorteil, auch wenn die Jäger heute meist Zelte benutzen.

2. Haut, Fett und Fleisch von Belugawalen werden getrocknet und als Vorräte für die Wintermonate gelagert.

3

Überleben

Die Inuit waren sehr genügsam und nahmen kaum nachhaltigen Einfluss auf das Ökosystem. Wurde Nahrung knapp, luden sie ihre wenigen Besitztümer auf einen zum Teil aus gefrorenem Fisch hergestellten Schlitten und wanderten weiter. Die offenen, mit Tierhäuten bezogenen Kanus, die so genannten Umiaks, waren zum Transport von Gütern ebenso nützlich wie zur Waljagd. Im Winter lebten sie in Iglus, die in weniger als einer Stunde errichtet und mit einem Robbenölofen auf 10 Grad Celsius erwärmt werden konnten.

Die Inuit lebten von der Jagd. Mit ihren leichten Kajaks, die aus einem Gerüst aus Knochen und Treibholz bestanden, mit Riemen aus Walrosshaut zusammengebunden und mit Robbenhaut überzogen waren, konnten sich die Jäger lautlos den auf Eisschollen schlafenden Robben nähern. War die See zugefroren, wurden Hunde dazu eingesetzt, die von Schnee bedeckten Atemlöcher der Robben oder auch Eisbären aufzuspüren. Mit den erlegten Tieren deckten sie jedoch nicht nur ihren Nahrungsbedarf, sondern sie lieferten auch die Rohstoffe für Wärme, Licht, Bekleidung, Werkzeuge und Waffen. Noch heute tragen Inuit vorzugsweise Stiefel aus Robbenhaut, die viel wärmer sind als Schuhwerk aus synthetischem Material.

Zwar jagen die Inuit nach wie vor, doch ihre Methoden haben sich geändert. Ausgestattet mit motorisierten Schlitten, kleinen Booten mit Außenbordmotoren und Schnellfeuerwaffen, ist die Erfolgsquote der Jäger weit höher als je zuvor. Und im Zuge des zunehmenden Bevölkerungswachstums in der Arktis entsteht so ein wachsender und in mancher Hinsicht Besorgnis erregender Einfluss auf das marine Leben.

3. Zwar halten die Inuit nach wie vor Hunderudel, doch sie werden meistens nur noch dazu gebraucht, Touristen zur Eisbärjagd aufs Eis hinauszubringen. Mittlerweile haben Motorschlitten die Hunde als Transportmittel ersetzt.

ZUM THEMA

5.1 Die Polarregionen
Arktisches Meer, S. 216
In der Kälte, S. 218

DIE JAGD

Von April bis Juli ernähren sich Eisbären fast ausnahmslos von Ringelrobben. In diesen Monaten müssen die weißen Raubtiere jene Energie speichern, von der sie in den kargen Sommermonaten zehren werden. Und so verbringen sie zu Beginn der Jagdzeit viele Stunden damit, jene Druckfalten zu finden, in denen sich die Robbenjungen versteckt halten.

Unstillbarer Appetit

Der Winter, insbesondere die Monate Dezember und Januar, wenn sich das Wetter von seiner grimmigsten Seite zeigt, bedeutet für Eisbären eine Zeit voller Entbehrungen. Um sich vor der schneidenden Kälte der Stürme zu schützen, legen sie sich in Bodensenken oder suchen Zuflucht hinter einer wie auch immer gearteten Deckung. Die trächtigen Weibchen ziehen sich für die Dauer von vier Monaten in Winterhöhlen zurück. In dieser Zeit nehmen sie keinerlei Nahrung zu sich. Im März oder Anfang April, wenn ihre Jungen drei Monate alt sind, verlassen sie ihre Höhlen. Die Eisbärweibchen haben zu diesem Zeitpunkt ein Drittel oder mehr ihres Körpergewichts verloren. Etwa zwei Wochen bleiben sie noch in der Nähe ihrer Höhlen, sodass sich die Jungen, in der Regel Zwillinge, an die Welt draußen gewöhnen können. Schließlich wagen sie sich hinaus auf das Meereis, angeführt von ihrer Mutter, die nun unbedingt Nahrung zu sich nehmen muss.

Das Timing ist perfekt. Wenn die Weibchen zu jagen beginnen, setzen die Ringelrobbenjungen eine nahrhafte Fettschicht an.

Trotz aller Vorsichtsmaßnahmen gelingt es vielen Ringelrobben nicht, den Raubtieren mit ihrem erstaunlich scharfen Geruchssinn zu entrinnen. Ein Eisbär kann eine unter dem Schnee versteckte Robbe auf eine Entfernung von zwei Kilometern riechen. Nähert er sich ihrem Aufenthaltsort, beginnt er in der Hoffnung auf ein entlarvendes Geräusch zu lauschen. Wachsam und angespannt schleicht der Bär weiter, wobei er seine riesigen Tatzen äußerst behutsam auf den Schnee setzt, um sich nicht zu verraten. Plötzlich setzt er zu einem mächtigen Sprung an, verlagert sein ganzes Gewicht auf die Vorderpfoten und durchbricht den Schnee, um in die darunter liegende Höhle einzudringen. Ist der erste Vorstoß erfolglos, stellt sich der Bär auf seine Hinterbeine und stampft wieder und wieder in den Schnee. Dem Robbenbaby steht nur ein

1

1. Ringelrobbenbabys verbergen sich in Höhlen unter dem Schnee. Eisbären müssen sich vorsichtig anschleichen, denn wenn sie bemerkt werden, fliehen die Jungen durch ein Loch in die darunter liegende See.

2. Ein Bärenweibchen mit Jungen muss eine erfolgreiche Jägerin sein. Versagt sie, kann sie keine Milch mehr geben, und ihr Nachwuchs verhungert.

2

Fluchtloch ins Wasser zur Verfügung. Wird dies durch den ersten Angriff blockiert, hat es keine Überlebenschance.

Die Erfolgsquote der Bären hängt von den Schneebedingungen ab. Ist er weich und einfach zu durchbrechen, kann einer von drei Versuchen zum Erfolg führen. Bei weniger günstigen Bedingungen gelingt nur jeder zwanzigste Versuch. Wenn die Ringelrobbenjungen mit dem Fortschreiten des Frühlings Milch in Fett umwandeln, werden sie als Nahrungsquelle immer wertvoller. Sie bestehen nunmehr zu 50 bis 75 Prozent aus Fett. Eisbären jagen die Robbenjungen, bis das Eis im Sommer aufbricht. Bis dahin haben die Bärenweibchen ihre Reserven wieder aufgefüllt und sind bereit für die nun kommenden kargeren Monate.

Sommerschmelze

Im Juni setzt in der Arktis ein merklicher Wandel ein: Die ein bis zwei Monate zuvor noch feste Eisdecke beginnt aufzubrechen. Die Wärme der Mittagssonne lässt Schmelztümpel entstehen, die immer größer werden und zusammenfließen. Starke Winde können nun große Eisschollen losbrechen, die ins offene Wasser abdriften und sich schnell auflösen.

So bedeutend der Krill für die Antarktis ist, so wichtig sind Ruderfußkrebse für die Arktis. Sie tauchen zu Millionen auf, sobald die Sommersonne eine Blüte des Phytoplanktons auslöst, von dem sie sich ernähren. Es gibt 4 Hauptarten von Ruderfußkrebsen. Für die Nahrungskette spielt jedoch *Calanus hyperboreus* die wichtigste Rolle. Der drei Jahre währende Lebenszyklus beginnt mit der einjährigen Entwicklung vom Ei zur Jungtierform. Im nächsten Jahr wird fast das Adultstadium erreicht, und im dritten Jahr vollzieht sich der Prozess der Geschlechtsreife und des Laichens. Im Winter halten sich die Ruderfußkrebse in einer Tiefe von 300 Metern auf. Dann steigen sie auf, um den Sommer zwischen 100 Metern und der Wasseroberfläche zu verbringen, wo für die Photosynthese des Phytoplanktons ausreichend Licht vorhanden ist.

An jenen Orten, wo sich Ruderfußkrebse in großer Konzentration sammeln, finden sich auch jene Tiere ein, die von ihnen leben. Vögel wie die Nördlichen Sturmvögel ziehen nach Norden, um sich den Sommer über von Zooplankton zu ernähren und um ihre Küken

Belugawale, Grönlandwale und Narwale haben keine Rückenflosse, weshalb sie ohne Verletzungsgefahr unter dem Eis tauchen können.

aufzuziehen. Arktische Vögel, die das ganze Jahr über in höheren Breiten bleiben, sind eher von anderen Nahrungsquellen abhängig. Die Dickschnabellumme ist ein kräftiger Vogel, der im Sommer arktische Krebse frisst, die er jedoch erst erbeuten kann, wenn sich das Eis zurückgezogen hat. Zu anderen Zeiten im Jahr ernährt er sich abwechslungsreicher: von Tintenfischen, Krebsen und am Meeresboden lebenden Fischen. Insgesamt gibt es 50 arktische Seevogelarten, zu denen Seeschwalben, Eissturmvögel und Kormorane gehören, 14 Alk-, Trottellummen- und Tordalkarten sowie 10 Möwen- und Raubmöwenarten. Diese Vögel brüten im Juni und Juli geschützt vor hungrigen Bären auf den Kliffen, die das Nordpolarmeer säumen.

Wanderung nach Norden

Wie in der Antarktis finden sich auch in der Arktis mit der Eisschmelze zahlreiche Tiere ein. Einige ernähren sich ausschließlich von Ruderfußkrebsen, andere von Fischen. Belugawale, auch Weißwale genannt, sowie Narwale, die den Winter über im offenen Meer verbringen, folgen im Frühling und Sommer dem zurückweichenden Eis, um zu ihren den Winter über unberührt gebliebenen Nahrungsplätzen zu gelangen. Über Eisrisse und -kanäle dringen sie immer weiter in die zum Teil noch gefrorenen Meeresarme vor.

Es existieren mindestens 5 voneinander getrennte Belugawal-Populationen, deren Wanderrouten und Ernährungsweise je nach Aufenthaltsort variieren. Eine dieser Populationen überwintert in der Nähe der Tschuktschen-Halbinsel, folgt dem Eis hoch in die Beaufortsee und verbringt den Juli im Mackenzie-Delta. Die Männchen reisen dann 1000 Kilometer ostwärts, um sich den August über in einem tiefen Graben im kanadischen Archipel satt zu fressen. Hier tauchen sie 550 Meter tief, um entweder arktische Krebse oder Grön-

1. Dickschnabellummen nisten hoch oben auf den arktischen Kliffen, wo sie vor Eisbären und Polarfüchsen sicher sind.

2. Belugawale nutzen natürliche Kanäle im Eis, um zu ihren sommerlichen Nahrungsgründen zu ziehen.

1

land-Kabeljau zu fangen. Weibchen und junge Belugawale, die kleiner sind und daher über eine geringere Lungenkapazität verfügen, suchen andere Nahrungsgründe auf, in denen die Wassertiefe nur 200 bis 450 Meter beträgt.

Der einzige Bartenwal, der als echter arktischer Wal im Norden bleibt, ist der Grönlandwal. Im Winter halten sich diese Tiere in weitestgehend eisfreien Regionen auf, doch bereits Anfang April, noch bevor sich die Eisschichten aufzulösen beginnen, ziehen sie zu ihren sommerlichen Nahrungsplätzen, indem sie Kanäle durch das noch gefrorene Meereis brechen. Grönlandwale wandern in losen Gruppen und halten durch leises Klagen oder auch Kreischen Kontakt miteinander. Bei der Suche nach der besten Route durch das Eis arbeiten sie als Team zusammen. Diese etwa 80 bis 100 Tonnen schweren Wale ernähren sich von winzigen Ruderfußkrebsen und anderen Zooplanktonarten.

2

GIGANTISCHER ZAHN

Alle Narwalmännchen (gelegentlich auch Weibchen) haben einen langen spiralförmigen Stoßzahn, der aus dem Oberkiefer herauswächst. Narwale mit zwei Zähnen sind äußerst selten. Bei einem einjährigen Wal besitzt der Stoßzahn die Größe eines Fingers. Bis das Tier acht oder neun Jahre später die Geschlechtsreife erreicht, wächst er nur langsam. Doch dann nimmt das Wachstum rapide zu: Ein Narwal-Stoßzahn kann bis zu 2 Meter lang werden und 6 bis 9 Kilogramm wiegen.

Eine Funktion konnte dieser sonderbaren Konstruktion bisher nicht zugeordnet werden. Im Sommer kreuzen die Männchen bisweilen ihre Stoßzähne (siehe rechts). Zu ernsthaften Kämpfen kommt es dabei aber nicht. Möglicherweise prüfen die Wale die Kräfte der potenziellen Rivalen, um in der Paarungszeit im Frühling keine Energien verschwenden zu müssen. Gleichwohl sind die Stoßzähne von einem Drittel der Männchen gebrochen, und Narben rund um ihren Kopf könnten von Kämpfen herrühren. Andererseits ist das Elfenbein am Ende der Stoßzähne unterschiedlich glatt geschliffen, was auf eine andere Funktion schließen lässt.

Eisbärenweibchen gebären in Winterhöhlen. Ihre Jungen wiegen etwa 500 Gramm und sind die ersten 30 Tage blind.

GLÜCKLICHE ZEIT

Im Juli ist das Eis nahezu geschmolzen. Seevögel, Ringelrobben, Sattelrobben, Bartrobben, Walrösser, Belugawale, Narwale, Grönlandwale und andere Tiere haben nun freien Zugang zu ihren Nahrungsgründen. Grönlandwale und Arktische Dorsche ernähren sich von dem reichhaltigen Angebot an Zooplankton. Von den Fischen wiederum leben Robben und andere Wale. Zu dieser Jahreszeit haben es jedoch die gefährlichsten Raubtiere der Arktis, die Eisbären, besonders schwer.

Eisfreier Sommer

Die von den Eisbären als Beutetiere bevorzugten Ringelrobben profitieren im Sommer von der Möglichkeit, die Vorteile des offenen Wassers nutzen zu können. Die Bären bleiben in der Nähe des wenigen noch vorhandenen Eises, da sie nur hier in der Lage sind, Robben, die sich auf Eisschollen liegend sonnen, zu erbeuten. Da die Eisdecke jedoch um diese Jahreszeit aufgebrochen und von vielen Kanälen durchzogen ist, sind die Bären gezwungen, sich ihrer Beute im Wasser schwimmend zu nähern. Gelingt es ihnen, sich auf diese Weise unbemerkt an ein Opfer heranzumachen, ist die Wahrscheinlichkeit, dass sie ihre Jagd erfolgreich abschließen, relativ hoch. Doch je mehr sich das Eis mit fortschreitender Jahreszeit auflöst, desto seltener gelingt es ihnen, Beute zu machen.

Hat sich das Eis weitestgehend zurückgezogen, müssen die Bären an Land schwimmen. Sie sind hervorragende Schwimmer und setzen ihre großen Vordertatzen sehr effektiv

1

1. Wenn das Eis im Sommer weitestgehend geschmolzen ist, sind Eisbären bisweilen gezwungen, weite Strecken schwimmend zurückzulegen. Dabei setzen diese ausgezeichneten Schwimmer ihre gewaltigen Vordertatzen als Paddel ein.

2. Im Spätsommer sammeln sich Pazifische Walrösser in riesigen Herden auf den Inseln in der Nähe ihrer seichten Nahrungsgründe.

als Paddel ein. Auf diese Weise können sie stundenlang schwimmen. Einzelne Tiere wurden schon mehr als 100 Kilometer vom Ufer entfernt gesichtet. Die Aussichten, im offenen Wasser erfolgreich Robben zu jagen, sind jedoch gering. In der Nähe des Ufers wurden sie auch schon beim Tauchen nach Kelp beobachtet, der als Nährstoffquelle allerdings wenig Energie liefert.

Für die weiter im Süden lebenden Eisbären, die den Sommer an Land verbringen, beginnt nun eine Zeit der Entbehrungen. Einige ziehen landeinwärts und ernähren sich von Beeren, andere halten an der Küste, zum Beispiel unterhalb von Trottellummenkolonien, Ausschau nach Aas. Bis es Anfang November wieder kälter wird und sich erneut Eis zu bilden beginnt, leiden die Bären mit ihrem dichten Pelz zudem unter den sommerlichen Temperaturen. Um eine Überhitzung zu vermeiden, versuchen sie möglichst wenig Energie zu verbrauchen und den Aktionsradius auf ein Minimum zu reduzieren.

Walrösser, die weiter südlich leben, sammeln sich im Sommer gern in Gruppen auf den Sandstränden der arktischen Buchten. Ihre zwar nur dünn behaarte, aber dicke und faltige Haut sowie die kälteisolierende Fettschicht erlauben es ihnen, in seichteren Gewässern ganzjährig am Meeresboden Nahrung zu suchen. Die Schnurrbarthaare und die fleischige Schnauze, mit der sie den Grund aufwühlen, sind mit Sinnesorganen ausgestattet, die bei der Nahrungssuche und -aufnahme eine bedeutende Rolle spielen. Walrösser ernähren sich hauptsächlich von Klaff- oder auch Herzmuscheln, die sie aus ihren Schalen heraussaugen. Auf dem Speiseplan Pazifischer Walrösser können zu anderen Jahreszeiten aber auch durchaus Ringelrobben stehen.

2

1

1. Arktische Seeschwalben brüten im Sommer in der Arktis und fliegen dann 12 000 Kilometer südwärts, um den Sommer in den antarktischen Gewässern zu verbringen.

2. Ein junger Grönlandwal taucht auf, um an einem Loch, das von starken Gezeitenströmen offen gehalten wird, zu atmen.

3. Belugawale halten ihr Atemloch durch ständige Bewegung eisfrei. Zusammengedrängt in solch einer kleinen Öffnung, stellen sie eine leichte Beute für Eisbären dar.

Der Frost

Seevögel, Robben und Wale genießen die eisfreien Monate und das reichhaltige Nahrungsangebot in vollen Zügen, doch die vergleichsweise unbeschwerte Zeit dauert nicht allzu lange an. Im September kommen bereits die ersten Stürme auf. In dieser Zeit spielt sich in den Kolonien der Trottellummen ein außerordentliches Schauspiel ab. Denn noch bevor sie flügge sind, springen die Jungvögel in einem Akt völliger Furchtlosigkeit von den Brutfelsen ins Meer. Begleitet von einem Elternvogel, schwimmen sie sodann ins offene Meer.

Die Arktis beginnt sich nun langsam von einer anderen Seite zu zeigen: Es wird deutlich kühler, am Himmel tauchen schneebeladene Wolken auf, und die Tage werden merklich kürzer. Die Eisbären, die den Spätsommer und Herbst noch an Land verbracht haben, sammeln sich jetzt an den Küstenstreifen und warten darauf, dass das Meer zufriert. In Churchill findet sich die südlichste Bärenpopulation auf einer Landzunge ein. Die Männchen üben sich in Scheinkämpfen, um ihre Kräfte zu prüfen und eine Art Rangfolge zu etablieren.

Friert das Meer schließlich zu, gehen die Bären auf Jagd. Da sich das Eis jedoch jedes Jahr unter dem Einfluss der Meeresströmungen auf gänzlich neue Weise bildet, können die Eisbären ihre Erfahrungen aus dem Vorjahr nicht nutzen. So müssen sie bisweilen Tausende von Kilometern auf ihrer Suche nach Nahrung zurücklegen. Orientierung bieten ihnen allerdings jene Risse im Eis, wie sie in der Nähe der Küste oder in Regionen, in denen das Meer nicht völlig zufriert, zu finden sind. Ringelrobben tauchen vorzugsweise an eben diesen Rissen zum Atmen auf.

Polynjas

Offene, von Eis umgebene und bis zu mehrere Tausend Quadratkilometer große Wasserflächen in den Polarmeeren nennt man Polynjas. Abgesehen von kleinen Polynjas, die in außergewöhnlich kalten Jahren für einige Monate zufrieren können, entstehen sie in der Regel jedes Jahr aufs Neue und bleiben eisfrei.

Man unterscheidet dabei zwischen windererzeugten und den durch wärmere Auftriebswasser thermisch bedingten Polynjas. Sie werden nicht nur von Vögeln und Säugern, die im Norden überwintern, genutzt, sondern spielen auch für die Produktivitätsrate in der Nahrungskette eine entscheidende Rolle. Die Vorzüge einer solchen eisfreien Fläche für die Tierwelt liegen auf der Hand: Das offene Wasser bietet die Möglichkeit, nach Tauchgängen unter dem Eis Luft zu holen, die ruhige Wasseroberfläche und die umgebende Eisfläche laden dazu ein, sich auszuruhen, und die Algen, die sich in dem dünnen Eis im Randbereich der Polynjas befinden, stellen die Grundlage für ein reichhaltiges Nahrungsnetz dar.

In der Arktis gibt es einige immer wiederkehrende Polynjas in verschiedenen Formen und Größen. Die größte heißt Northwater und liegt in der Baffinbai zwischen Grönland und der östlichen Seite des Kanadischen Archipels. Wie wichtig Northwater für das marine Leben ist, lässt sich an den mehreren Millionen Seevögeln ermessen, die auf den nahe gelegenen Kliffen nisten. Auch andere Polynjas in der Arktis sichern die Existenz von Vogelkolonien, doch keine in der Größenordnung wie Northwater. Um ihre Küken ernähren zu können, darf die Distanz zu den Wasserflächen nicht zu groß sein, damit sie zur Nahrungsaufnahme von den Vögeln täglich aufgesucht werden können.

Doch nicht nur Seevögel fühlen sich von Polynjas angezogen. Als Walfänger Anfang des 19. Jahrhunderts die Arktis erreichten, peilten sie Wasserflächen wie Northwater gezielt an, weil hier auch die begehrten Grönlandwale überwinterten.

Vor noch nicht allzu langer Zeit entdeckte

2

Belugawale der westlichen Arktis verlassen die Beaufortsee, wenn sie im Herbst zu gefrieren beginnt, und wandern über 1200 Kilometer, um den Winter im Beringmeer zu verbringen.

man, dass die Populationsdichte von Ringelrobben in der Nähe von Polynjas doppelt so hoch ist wie in Gebieten ohne derartige Wasserflächen. Und wo Ringelrobben sind, lassen auch Eisbären nicht lange auf sich warten. Darüber hinaus führt die geringere biologische Produktivität in Regionen ohne bedeutende Polynjas, wie in der Beaufortsee, dazu, dass die Tiere später geschlechtsreif werden. So pflanzen sich Eisbärweibchen hier erst mit fünf Jahren das erste Mal fort, also ein Jahr später als die weiter östlich lebenden Bären.

In der Arktis, die über weite Teile ständig zugefroren ist und wo dickes mehrjähriges Eis die ins Wasser eindringende Lichtmenge derart verringert, dass die biologische Produktivität nur äußerst gering ist, gibt es folglich vor allem im Bereich des Kontinentalschelfs, wo der Nährstoffzustrom höher ist und die Nährstoffmischung durch Wasserströme gewährleistet wird, Regionen mit einer sehr hohen Produktivität. Hier, und insbesondere in den Polynjas, die nie zufrieren, können marine Lebenwesen in großer Zahl und Vielfalt vorkommen.

3

6

DAS OFFENE MEER

6.1 DAS WEITE BLAUE MEER

Das offene Meer ist unermesslich groß. Es bedeckt ein Gebiet von 361 Millionen Quadratkilometern – über 70 Prozent der Gesamtoberfläche unseres Planeten. Allein der Pazifische Ozean erstreckt sich von Osten nach Westen über 20 000 Kilometer und enthält 50 Prozent des gesamten Wassers der Welt. Indischer, Atlantischer und Pazifischer Ozean weisen ein Gesamtvolumen von 1340 Millionen Kubikkilometern und eine Durchschnittstiefe von 3730 Metern auf. Allein die warmen oberen 200 Meter mit ihrer Vielzahl an marinen Lebensformen haben ein Volumen von über 72 Millionen Kubikkilometern. Ein Großteil dieses warmen Wassers befindet sich in den tropischen und subtropischen Regionen. Und obwohl es vergleichsweise arm an Nährstoffen und Plankton ist, leben hier einige der außergewöhnlichsten Geschöpfe unseres Planeten. Viele von ihnen wandern innerhalb weniger Wochen Tausende von Kilometern, um sich zu paaren oder Nahrung zu suchen.

Vorhergehende Seite: Spinner-Delphine bilden Schulen, die aus mehr als 1000 Tieren bestehen können. Mit ihrem Schnattern erzeugen sie eine laute und vielstimmige Geräuschkulisse.

HORIZONTE AM MEER

Wer an einem klaren Tag über den Pazifischen Ozean fliegt, gewinnt einen unmittelbaren Eindruck von seiner unermesslichen Weite. Aus 10 000 Metern Höhe wirkt das bis an den gekrümmten Horizont reichende und in der Sonne glänzende Wasser spiegelglatt. Nur hin und wieder deuten entfernte Flecken auf das Vorhandensein kleiner Inseln. Viele Stunden lang taucht keine größere Landmasse in der scheinbaren Unendlichkeit der pazifischen Wassermassen auf. Einzige Abwechslung bieten das fantastische Farbenspiel eines Sonnenauf- oder -untergangs sowie die über den Ozean ziehenden Wolken großer Wettersysteme.

Unter den Wogen

Im Wasser reicht die Sicht bis in eine Tiefe von etwa 30 Metern. In etwas tieferen Zonen erscheint alles grau, da hier die roten Anteile des Lichts herausgefiltert sind. Noch tiefer wirkt das Wasser blauschwarz, ohne jede Topographie und ohne offensichtliche Anzeichen von Leben. Allein die Wasseroberfläche scheint ständig in Bewegung zu sein. Doch bei genauerem Hinsehen ist auch das Wasser in den tieferen Regionen ein vitaler Lebensraum.

Die größte wissenschaftlich registrierte Welle war 34 Meter hoch und bewegte sich mit einer Geschwindigkeit von 102 km/h.

1. Der unendliche Horizont des offenen Meeres. Eine grenzenlose Wasserwüste, unter deren Oberfläche sich gleichwohl vielfältige Lebensformen verbergen.

Die Haut des Meeres

Die unermessliche Welt des offenen Meeres nennt man das Pelagial. Es besteht aus vielen horizontal und vertikal verlaufenden Bereichen, deren Grenzen wie Barrieren wirken und innerhalb derer sich Nährstoffe und Plankton in unterschiedlicher Dichte konzentrieren können. Wo das Nahrungsangebot besonders reichhaltig ist, finden sich zahlreiche Hochseejäger ein. Die größte und sichtbarste Barriere stellt zweifelsohne die Meeresoberfläche dar.

Die oberen Meter des Meeres, die so genannte Neustonschicht, sind biologisch und chemisch gesehen von anderer Qualität als die übrigen Wassermassen. Diese Schicht ist vergleichsweise nährstoffreich, da ein Großteil des chemischen Abfalls, den das Plankton in tieferen Gewässerzonen ausscheidet, an die Oberfläche steigt und sich dort konzentriert. Doch auch größere Organismen leisten nach ihrem Ableben ihren Beitrag zur Oberflächenchemie, da die Öle und chemischen Stoffe, die von ihren verwesenden Körpern am Meeresboden freigesetzt werden, ebenfalls hochsteigen. Diese chemisch angereicherte Umgebung bietet Bakterien, einzelligen Protozoen und mikroskopischen Algen, aber auch größeren Tieren einen idealen Lebensraum. Die Gemeinschaft der Mikroorganismen, die in dieser obersten Wasserschicht lebt, bezeichnet man als Neuston.

Meeresschichten

Unterhalb der obersten Meeresschicht folgen weitere Zonen, deren jeweiliger Wassergehalt stark differiert. Die oberen 100 bis 200 Meter Wasser, die vom Licht und der Wärme der Sonne profitieren, sind warm, gut durchmischt und treiben praktisch über den kälteren, dichteren Wasserzonen.

Unter dieser Oberflächenschicht liegt die kältere und dichtere Mittelschicht, die ab einer Tiefe von etwa 1000 Metern übergeht in die Tiefenschicht mit extrem schwerem und kaltem Wasser. Nur wenige Tiere fühlen sich in diesen verschiedenen Wasserzonen gleichermaßen wohl, da die physikalischen und chemischen Unterschiede für ihre Physiologie beachtliche Hindernisse darstellen.

Physikalische Hindernisse

Das Wasser in den unterschiedlichen Meeresschichten wird durch Thermokline (▷ S. 160) voneinander getrennt. In tropischen Meeren kann die Oberflächenschicht bis zu 25 Grad Celsius warm sein, während die Temperatur des obersten Bereichs der darunter liegenden Mittelschicht gerade einmal 11 Grad Celsius beträgt. Die Hauptthermokline des Meeres befindet sich in der Mittelzone. Darunter wird

TIEFSEETAUCHER

Etwa 5 Meter lang und 4 Tonnen schwer ist der See-Elefant (siehe rechts), keine Schönheit, aber der Champion unter den tauchenden Meeressäugern. Zweimal pro Jahr kommt er an Land, einmal zur Fortpflanzung und einmal, um sein Haarkleid zu wechseln. Die übrigen 250 Tage des Jahres verbringt er auf See. Auf dem Weg zwischen seinen Nahrungsgründen im Pazifik und den Paarungsplätzen legt er 21 000 Kilometer zurück. So bemerkenswert allein diese Leistung bereits ist, so verblasst sie doch angesichts der Tauchkünste des See-Elefanten. Dieser Bewohner des offenen Meeres taucht in Tiefen von bis zu 1500 Metern und bleibt bis zu zwei Stunden unter Wasser. Die Sauerstoffversorgung wird über eine große Menge Blut gewährleistet, das Pigmente zur Erhöhung der Sauerstoffkapazität enthält. Zusätzlich wird der Stoffwechsel fast auf den Schlafzustand heruntergefahren und die Herzschlagfrequenz auf gerade einmal sechs Schläge pro Minute gesenkt. Trotz der so erzeugten Trägheit ist der See-Elefant in der Lage, Fische und Tintenschnecken zu jagen. Scheinbar ohne jemals zu schlafen, verbringt er 90 Prozent der Zeit unter Wasser!

1

das Wasser mit etwa 5 Grad Celsius oder weniger sehr viel kälter. Diese Thermokline löst sich selten auf, und für die meisten marinen Lebensformen stellt sie ein unüberwindbares Hindernis dar, weil sie physisch nicht in der Lage sind, abrupte Temperaturveränderungen auszugleichen. Sie trennt somit die im oberen Gewässer lebenden Organismen des Meeres von denen in der Tiefe. Wer von der einen Wasserschicht in die andere wechseln will, muss spezielle Anpassungen entwickelt haben.

In der Mittelschicht existiert aber noch eine weitere Grenze, unterhalb derer der Sauerstoffgehalt rasch abnimmt. Nur sehr wenige Organismen aus den Oberflächengewässern können in den kalten und sauerstoffarmen tieferen Zonen überleben.

Sinkende Lebenskraft

Alles, was schwerer als Wasser ist, sinkt aufgrund der Schwerkraft Richtung Meeresboden. Auch abgestorbene Organismen und Nährstoffe nehmen diesen Weg durch die Thermokline in die tiefen Wasserzonen. Würde es sich bei Ozeanen um statische Systeme handeln, wären diese Nahrungsquellen für die Lebewesen in der Oberflächenschicht für immer verloren. Doch Ozeane sind keine statischen Systeme. Sowohl in den Polar- als auch in den Meeren der gemäßigten Breiten sinkt das durch die Winterkälte immer dichter werdende Oberflächenwasser in einem „Overturn" genannten Prozess in die Tiefe und drängt nährstoffreiches Wasser vom Boden nach oben. Auch Winterstürme sorgen für eine Durchmischung der Wasserschichten und stellen so gemeinsam mit dem Overturn sicher, dass die Weltmeere im hohen Norden und tiefen Süden einen hohen Nährstoffgehalt aufweisen, was wiederum erst die Entwicklung großer Planktonpopulationen in den Sommermonaten ermöglicht.

1. Fächerfische sind geschickte Räuber in der Oberflächenschicht tropischer Meere. Sie können ihre Rückenflosse zu einem breiten Segel aufrichten, mit dessen Hilfe sie ihre Beute zusammentreiben.

DAS OFFENE MEER

Angesichts der Tatsache, dass ein Großteil des gesamten Wasservolumens auf unserem Planeten auf die vergleichsweise nährstoffarmen Gewässer der tropischen Regionen entfällt, überrascht die große Zahl und Mannigfaltigkeit mariner Lebewesen. Viele der in den Weltmeeren beheimateten Tiere sind von der Natur mit der Fähigkeit ausgestattet, auf der Suche nach Nahrung lange Strecken zurücklegen zu können. Das offene Meer ist aber nicht nur Heimat vieler ausgesprochen schöner Geschöpfe, sondern auch zahlreicher unbarmherziger Raubfische.

Raubfische in der Vertikale

Winde und Strömungen sind für den gesamten Ozean von Bedeutung, doch im offenen Meer, wo Nahrung in der Regel nur dünn gesät ist, können sie für viele Tiere lebenswichtig sein. So sind Warmwasserströme zwar arm an Nährstoffen und Plankton, doch für tropische Arten können sie eine sichere Passage in kühlere Gewässer darstellen, in denen das Nahrungsvorkommen größer ist. Kalte Meeresströme wiederum sind reich an Nährstoffen und ziehen eine dementsprechend große Anzahl hungriger Lebewesen an.

Im offenen Meer leben einige der effizientesten Raubfische. Und da es hier keine Möglichkeiten gibt, sich zu verbergen, hat die potenzielle Beute Abwehrstrategien entwickelt. Viele Fische sind gut getarnt (s. rechts), doch der vielleicht erfolgreichste Weg, den marinen Räubern aus dem Weg zu gehen, besteht darin, auf den Einbruch der Dunkelheit zu warten, bevor man sich zur Nahrungsaufnahme an die Oberfläche wagt. Diese so genannte Vertikalwanderung stellt eine der größten Massenbewegungen auf der Erde überhaupt dar.

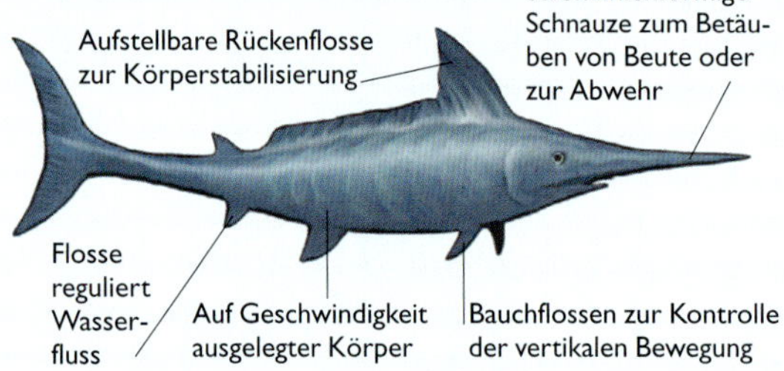

Marine Raubfische wie der Schwertfisch legen auf der Suche nach Beute, oft Tausende von Kilometern zurück. Folglich sind ihre Körper in hydrodynamischer Hinsicht äußerst effizient gebaut.

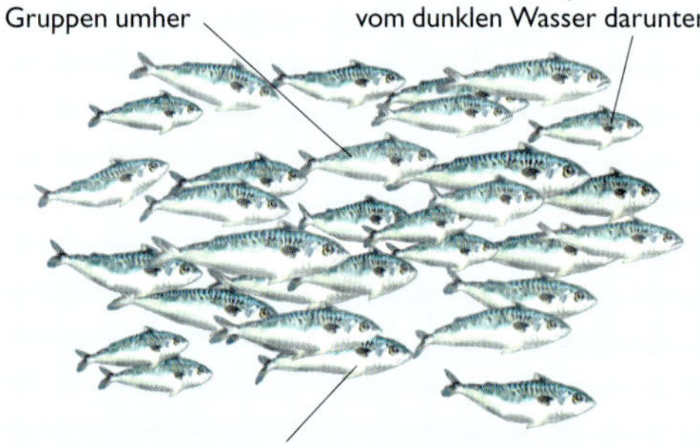

Die meisten der im sonnendurchfluteten Wasser lebenden Fische haben dunkle Ober- und helle Unterseiten. Dies dient von oben wie von unten gleichermaßen der Tarnung.

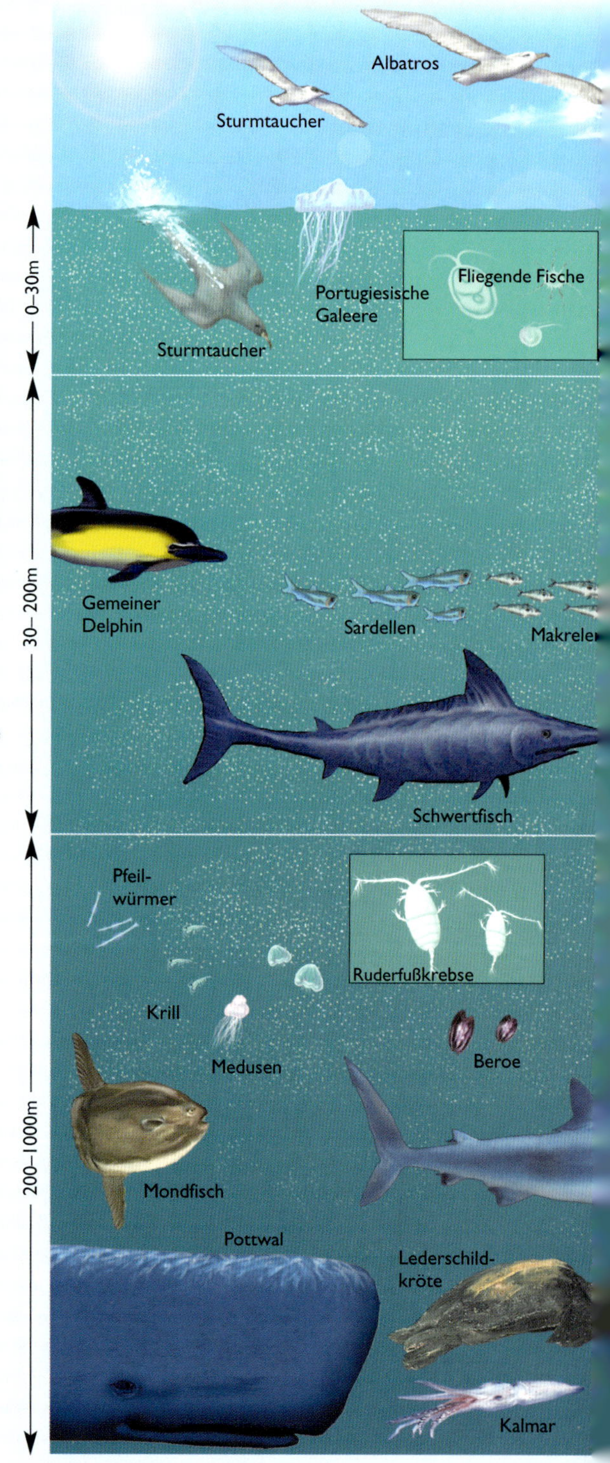

NACHT

Jede Nacht unternehmen Millionen von Tieren die größte Massenwanderung auf Erden, indem sie sich auf der Suche nach Nahrung aus der Restlichtzone (200 bis 1000 Meter) nach oben in die reicheren, tagsüber sonnendurchfluteten Gewässer (euphotische Zone) begeben. Nachts wimmelt es in den oberen 30 Metern von Plankton. Bei Dämmerung ziehen dieselben Tiere wieder zurück in die Restlichtzone, um sich den marinen Raubfischen zu entziehen.

Das Ausmaß der Vertikalwanderung ist je nach Art unterschiedlich. Plankton wandert jede Nacht wahrscheinlich nur 10 bis 20 Meter, während größere Tiere bis zu 1000 Meter zurücklegen. Laternenfische reisen sogar aus 1700 Metern Tiefe bis auf 100 Meter hinauf und ziehen sich bei Tagesanbruch wieder zurück.

VERTEILUNG MARINER LEBENSFORMEN

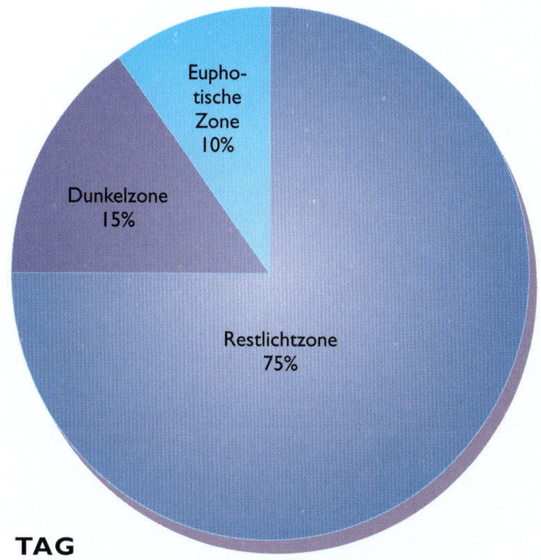

TAG

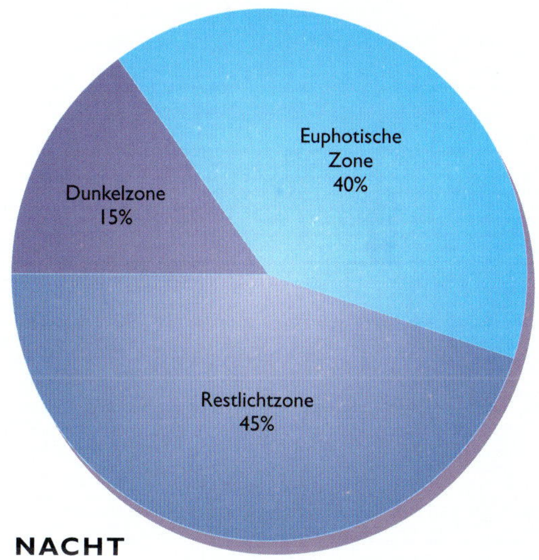

NACHT

Tagsüber befinden sich nur 10 Prozent der marinen Lebewesen in der euphotischen Zone. Die meisten Tiere bleiben in der Restlichtzone, wo sie von den marinen Raubfischen der oberen Wasserschichten nicht entdeckt werden. Nachts jedoch vervierfacht sich die Anzahl der Tiere in der euphotischen Zone infolge der massenhaften Vertikalwanderung.

1

DIE DURCHSCHNITTLICHEN MEERESTEMPERATUREN

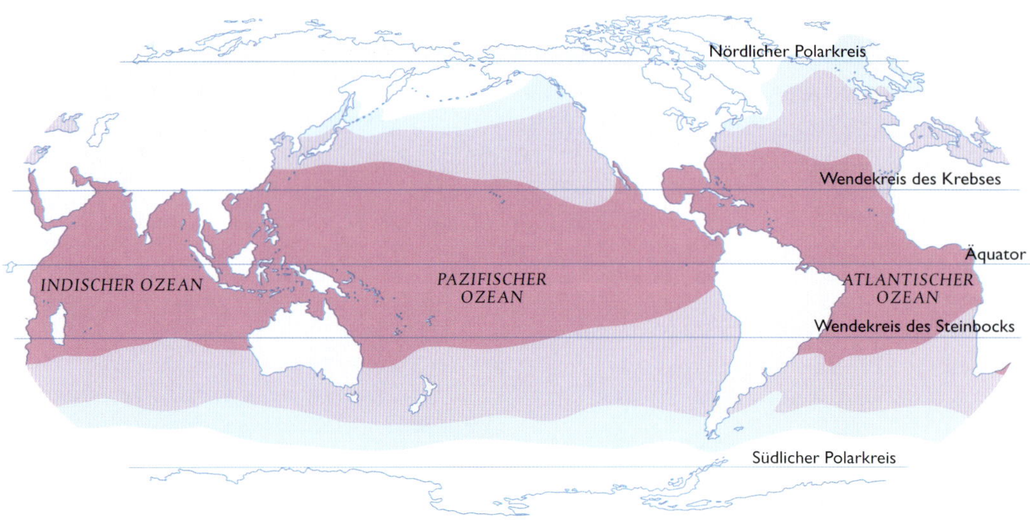

2

Ein Thunfisch legte von Japan bis zur Baja California eine Entfernung von 10 800 Kilometern zurück.

MEERESFLÜSSE

Die weltweiten Windsysteme und die Corioliskraft führen sowohl auf der nördlichen als auch auf der südlichen Erdhalbkugel in der Oberflächenschicht des Wassers zu ungeheuren Strömungskreisen warmen oder kalten Wassers (▷ S. 36). Diese Strömungen lassen Wasser und Nährstoffe durch die Meere zirkulieren. Die durch abrupte Wechsel der physikalischen sowie chemischen Eigenschaften des Wassers voneinander abgegrenzten Zonen bieten unterschiedlichen marinen Lebensformen eine Heimat.

Warmwasserströme

Die klaren warmen Ströme, die aus tropischen Gewässern durch die Passatwinde aus den Gebieten des Äquators angetrieben werden, weisen einen geringen Nährstoff- und Planktongehalt auf. So auch der mit einer Geschwindigkeit von 6,5 km/h recht schnell fließende Golfstrom, der von der Karibik aus entlang der Küste der Vereinigten Staaten von Amerika und dann ostwärts über den Nordatlantik nach Nordeuropa verläuft. 150 Millionen Kubikmeter Wasser, das bis zu 11 Grad Celsius wärmer als das übrige Meer sein kann, bewegen sich pro Sekunde durch den Atlantik.

Dieses warme Wasser ist eine „Autobahn", auf der Arten aus den tropischen und subtropischen Oberflächenschichten nordwärts in gemäßigte Meere gelangen können. Auch wenn im Strom selbst vergleichsweise wenig Nahrung vorkommt, können angepasste Raubfische wie der Thunfisch Beutezüge in kältere Gewässer wagen, wo wesentlich mehr Nahrung vorhanden ist. Einige der am dichtesten besiedelten Nahrungsgebiete befinden sich in kälteren Gewässern an den Grenzen des Stromes selbst. Dort konzentriert sich das Plankton und zieht Planktonfresser und deren Jäger an.

3

Kaltwasserströme

Teile der Meeresströmungen fließen von den äußersten Polarregionen auf den Äquator zu. Charakteristisch für diese Kaltwasserströme ist ihre hohe Nährstoffkonzentration und die hohe Dichte des Wassers. Die Strömungsgeschwindigkeit ist mit gerade einmal 1,8 km/h eher gering. Der Humboldtstrom fließt von der Antarktis aus entlang der Pazifikküste von Chile aus nach Norden und trägt nährstoffreiches Wasser bis weit in die Subtropen, wo das Sonnenlicht intensiver ist, weshalb das Phytoplankton dort in großer Dichte gedeihen kann. Der einzige einschränkende Faktor besteht in der niedrigeren Temperatur des Wassers, doch sind sogar tropische Fische in der Lage, von den mitgeführten Nährstoffreichtümern zu profitieren. Die Auswirkungen des Humboldtstroms sind noch im Norden Panamas spürbar. Hier sammeln sich elegante Fächerfische und ernähren sich von den großen Sardellenschwärmen, die dem Plankton nach Norden folgen. Bisweilen ermöglichen die Nährstoffe des Humboldtstroms solch dichte Planktonblüten, dass sich das tropische Meer hellgrün oder sogar rot färbt.

1. Thunfische sind für ihr Nomadendasein gut ausgerüstet. Sie sind in der Lage, unterhalb der Thermokline in Tiefen von über 1000 Metern zu jagen und zwischen den Tropen und den Meeren gemäßigter Breiten Tausende von Kilometern zurückzulegen.

2. Die Oberflächentemperaturen der Meere werden nicht nur vom Klima beeinflusst. Meeresströmungen schieben Zungen warmen und kalten Wassers nach Norden und Süden.

3. Der größte Meeresfisch, der Walhai, nimmt gewaltige Reisen auf sich, um in Regionen mit dichtem Planktonvorkommen zu gelangen.

LUFTLANDEDIVISIONEN

Albatrosse zählen zu den größten Räubern des Meeres. Das Geheimnis ihres Erfolges liegt in ihren eleganten Schwingen, die sie zu den effizientesten Fliegern der Welt machen. Mit vollendeter Leichtigkeit legen sie enorme Entfernungen zurück. Tag und Nacht gleiten sie auf der Suche nach Beute oder Aas über die Wellen. Einige können sogar bis zu 7 Meter tief ins Wasser tauchen und dort schwimmend auf Beutefang gehen – und ihr dicker, gekrümmter Schnabel ist eine gefährliche Jagdwaffe.

2

2. Albatrosse kehren zum Brüten nach Südgeorgien zurück. Bei der Brutpflege wechseln sie einander ab. Ihre Nahrungssuche führt sie bis an die brasilianische Küste.

1

1. Ein Graukopfalbatros greift sich Beute von der Meeresoberfläche.

Wellenreiter

Albatrosse haben eine Spannweite von 2 bis 3 Metern. Ihre Flügel sind sehr dünn und so gebaut, dass sie nur einen geringen Luftwiderstand bieten. Als perfekte Segler nutzen Albatrosse die Kraft des Windes, indem sie sich von der vor einer Welle hergeschobenen Luft in die Höhe tragen lassen. Dann sinken sie auf ihrem Gleitflug allmählich wieder zum Wasser hinab. An einem kritischen Punkt steigen sie erneut auf eine Flughöhe von 10 bis 15 Metern. Bei dieser sehr effizienten Flugweise sind nur wenige Flügelschläge nötig. Albatrosse legen bis zu 90 Prozent ihrer Flugstrecken segelnd und mit einer Durchschnittsgeschwindigkeit von 55 km/h zurück. Über kurze Distanzen können sie jedoch auch bis zu 90 km/h erreichen.

Albatrosse fliegen Tag und Nacht, bis zu elf Stunden ohne Pause, und schlafen nachts auf dem Meer schwimmend. Auf diese Weise überbrücken sie enorme Entfernungen. So konnte man dokumentieren, dass ein Vogel 33 000 Kilometer in nur 71 Tagen zurücklegte. Die Vollbringung derartiger Leistungen dient nur einem Zweck: der Nahrungsaufnahme. Wenn sie irgendwo Beute machen können, spüren die Vögel sie auf.

Luftangriff

Alle Albatrosarten sind auf die Jagd über dem offenen Meer spezialisiert. Bevorzugte Beute sind Tintenfische, weshalb manche Arten ihre Jagd auch nachts fortsetzen, wenn die Tintenfische an der Oberfläche schwimmen. Werden Fischschwärme von Delphinen an die Oberfläche getrieben, stürzen sich Albatrosse gerne in das Seevögelgewühl an der Wasseroberfläche und drängen sich mit halb geöffneten Schwingen rücksichtslos ins Zentrum des Geschehens. Mit ihrer beträchtlichen Größe und ihrem Gewicht von bis zu 8,5 Kilogramm

3

beherrschen sie in der Regel recht schnell den Kampf um die leichte Beute. Albatrosse können jedoch auch aus der Luft Beute machen. Dazu fliegen sie nahe an der Oberfläche und schnappen mit dem Schnabel die Opfer einfach aus dem Wasser. Krill fressen sie auf dem Wasser schwimmend.

Gefahr für die Riesen

Die Gewohnheit der Albatrosse, nach Tintenfisch oder Aas zu tauchen, birgt aber auch Gefahren. Fischereiflotten werfen zum Fang von beispielsweise Thunfisch bis zu 20 Kilometer lange so genannte Langleinen aus, an denen sich im Abstand weniger Meter fortlaufend Angelhaken mit Ködern befinden. Allzu oft schnappen auch Albatrosse zu und fallen auf diese Weise den Haken zum Opfer.

4

3. Albatrosse weisen die größte Spannweite aller Seevögel auf. Auf ihrer Suche nach Nahrung verbringen sie 90 Prozent im Segelflug und legen dabei Hunderte von Kilometern zurück.

4. Tausende von Albatrossen ertrinken jedes Jahr bei dem Versuch, die an den Angelhaken von Langleinen befestigten Köder zu erbeuten.

ZUM THEMA

2.3 Fortpflanzung an der Küste
Seevogelstädte, S. 92

4.2 Planktonblüte
Fischkugel, S. 178

5.2 Tiere in der Antarktis
Südgeorgien, S. 236

1

1. Ein Blauhai auf der Jagd nach Sardellen nahe der Wasseroberfläche. Diese Haie ernähren sich aber auch von Kalmaren, für die sie über 500 Meter tief tauchen.

Auftriebsregionen

Auf der nördlichen Erdhalbkugel wird die aus Norden Richtung Äquator strömende Luft von der Corioliskraft abgelenkt, sodass dieser als Nordost-Passat bezeichnete Wind aus Nordosten weht. Die auf der südlichen Erdhalbkugel aus Süden nach Norden strömende und gleichermaßen durch die Corioliskraft abgelenkte Luft nennt man Südost-Passat.

Diese äquatorialen Passatwinde treiben die nord- und südäquatorialen Wasserströme an. Die Richtung der Corioliskraft wechselt am Äquator von rechtsdrehend nach linksdrehend, was zur Folge hat, dass Oberflächenwasser mit dem Nordäquatorialstrom Richtung Norden und mit dem Südäquatorialstrom Richtung Süden bewegt wird. Auf diese Weise gelangt auch nährstoffreiches Wasser aus der Tiefe in die oberen Wasserschichten, was die biologische Produktivität in den äquatorialen oberen Wasserzonen ansteigen lässt.

Entlang jenen Küsten, an denen der Wind parallel zum Land weht, kann es bedingt durch die Corioliskraft zu einer Verdrängung warmen Oberflächenwassers kommen, das durch den Auftrieb nährstoffreichen kalten Wassers aus den Tiefen (▷ S. 33) ersetzt wird. Dies ist zum Beispiel an der namibischen Küste im südlichen Afrika der Fall.

GEBIRGE IM MEER

Raubfische legen große Entfernungen zurück, um in der Oberflächenschicht des Meeres, die durch Strömungen angereichert wird, Nahrung zu finden. Doch auch andere Faktoren beeinflussen die biologische Meeresproduktivität einer bestimmten Region. Allein der Pazifische Ozean weist mehr als 25 000 Inseln und wie alle Meere eine unterschiedliche Topographie des Meeresbodens auf. Von den Rändern der Kontinentalschelfs bis zu den abgelegensten Ausläufern des Mittelozeanischen Rückens befinden sich über den Meeresboden verteilt zahlreiche Schluchten, Bergketten, Vulkane und Hochebenen. Diese können auf den biologischen Reichtum der Oberflächenschicht des Ozeans einen tief greifenden Einfluss ausüben, selbst wenn sie viele Hundert Meter in der Tiefe liegen.

Untermeerische Berge

Sowohl die Unterwasserflanken von Inseln als auch die untermeerischen Kuppen vulkanischen Ursprungs lassen in den vorbeiziehenden Meeresströmen Wirbel entstehen. Sie bewirken den Auftrieb des tiefen, nährstoffreichen Wassers an die Oberfläche und einen Zirkularstrom um die Insel oder den Vulkan. Dieses Phänomen hat oft ein deutlich vermehrtes Vorkommen von Phytoplankton zur Folge. Darüber hinaus verändert sich durch die Verringerung der Tiefe die Planktonkonzentration im Wasser: Anstatt vertikal über mehrere Hundert Meter weit im Meerwasser verstreut zu sein, verdichtet sich das Plankton in gerade einmal ein paar Dutzend Metern Wasser, die gegen den Felsen schwappen.

Selbst wenn die Entfernung zwischen Oberfläche und Meeresboden mehrere Hundert Meter beträgt, können topographische Besonderheiten den Verlauf einer Meeresströmung beeinflussen und die Produktivität in der Oberflächenschicht erhöhen. Für Tiere, die im offenen Meer auf Beutezug gehen, sind solche Unterwassergipfel oder Inseln lebenserhaltende Oasen. Die Planktonfülle zieht große Fischschwärme an, die wiederum potenzielle Beute vieler mariner Räuber sind.

Im Gegensatz zu Schiffen werden Fische beim Wenden nicht langsamer. Ihr Wendekreis beträgt nur 10 bis 30 Prozent ihrer Körperlänge. Schiffe benötigen dagegen das Zehnfache ihrer Länge.

FLEXIBLE REPTILIEN

Lederschildkröten sind kaltblütige Reptilien, die Luft atmen und trotzdem bis zu 1300 Meter tief tauchen. Ihr Gewicht beträgt 500 bis 1000 Kilogramm. Sie wandern Tausende von Kilometern, um zu ihren Nahrungsplätzen in gemäßigten Breiten zu kommen, wo sie Gewässer mit einer sehr hohen Planktonkonzentration vorfinden. In der Nacht erstreckt sich die planktonreiche Wasserschicht über die oberen 100 Meter, doch am Tag sinkt sie bis zu einer Tiefe von 500 Metern. Die Schildkröten haben jedoch keine Mühe, in diese Bereiche vorzudringen, da ihr Körperbau an die sich ändernden Druckverhältnisse angepasst ist. Spektakulär ist aber vor allem die Geschwindigkeit, mit der sie ihre Tauchgänge absolvieren: In nur zehn Minuten können sie 500 Meter senkrecht nach unten stürzen, fressen und an die Oberfläche zurückkehren – und das bis zu fünfmal pro Stunde.

KRITISCHES KLIMA

Die meisten Meeresorganismen vertragen keine abrupten Veränderungen der Temperatur oder der chemischen Zusammensetzung des Wassers. Extreme klimatische Phänomene, die Einfluss auf die Wasserqualität haben, können zu Massensterben führen. Deshalb entziehen sich viele Lebewesen solchen gravierenden Veränderungen, indem sie Meeresregionen aufsuchen, in denen sie geeignetere Lebensbedingungen vorfinden.

Nirgendwo sind diese Zusammenhänge besser zu beobachten als in den Regionen der Polargebiete und der gemäßigten Breiten. Hier sorgen die sinkenden Temperaturen und die Stürme im Winter dafür, dass die Nährstoffe in die oberen Wasserzonen gelangen. Im Frühling und Sommer kommt es dann unter Einwirkung des Sonnenlichts zu einer erneuten Planktonblüte, die wiederum Planktonfresser und deren Räuber anzieht.

Zwar sind die klimatischen Auswirkungen in tropischen und subtropischen Meeren weniger ausgeprägt, gleichwohl beeinflussen auch sie das Hochseesystem tief greifend.

Flut

Stürme können einen positiven Effekt auf das Leben im Meer ausüben: Hochwasser, das vom Land zurückflutet, erhöht den Nährstoffgehalt des Wassers in den Meeresausläufern und führt zu einem raschen Anstieg der Planktondichte. Diese wiederum lockt Planktonfresser in großer Zahl an, in deren Gefolge sich auch jene Räuber einfinden, die sich von Planktonfressern ernähren.

Winterkälte

Im Winter beginnt die Oberflächenschicht abzukühlen. Auch wenn dieser Prozess in polaren und gemäßigten Regionen schwerwiegendere Folgen hat, so wirkt er sich doch auch in den Subtropen spürbar aus, wie das Beispiel des Kalifornischen Stroms zeigt. Dieser Kaltwasserstrom fließt die pazifische Küste Nordamerikas entlang Richtung Süden, wo er große Thunfisch-, Makrelen- und Sardinenpopulationen versorgt. Im Sommer ist die Oberflächenschicht auch für subtropische Arten wie den Gestreiften Merlin warm genug, der sich in dieser Jahreszeit nach Norden in die kalifornischen Gewässer begibt, wo er sich von den hier reichlich vorkommenden Planktonfressern ernährt. Setzt die Winterkälte ein, kühlt das Wasser dermaßen ab, dass

1

1. Ein Gestreifter Marlin auf Jagd vor der mexikanischen Küste. Da Marline warme Gewässer bevorzugen, machen sie sich, wenn es hier im Winter kälter wird, nach Süden Richtung Äquator auf.

der Merlin, der Temperaturen von 20 bis 25 Grad Celsius vorzieht, gezwungen ist, sich auf den Weg nach Süden zu machen, auch wenn dort seine bevorzugte Beute sehr viel seltener vorkommt.

Klimatische Ströme

Die Meeresströme werden vom Wind angetrieben, weshalb sich jede größere Wetterveränderung auch auf diese Ströme auswirkt. Bisweilen ändern sie sogar ihre Fließrichtung. Kein anderes langfristiges Wettermuster hat in diesem Sinne einen so tief greifenden Effekt wie El Niño (▷ S. 39).

Im westlichen Pazifik liegt ein großes Gebiet mit äußerst warmem und nährstoffarmem Wasser, das man „warm pool" nennt. Seltsamerweise geht ausgerechnet hier eine der größten Bonito-Populationen der Welt auf Nahrungssuche. Allerdings halten sich die Fische dazu im westlichen Randbereich des „warm pool" auf, wo zwei Stromsysteme mit verschiedenen Wasserqualitäten aufeinander treffen und eine Konvergenzzone entstehen lassen, in der sich Nährstoffe, Plankton und die Thunfische sammeln.

Diese Konvergenzzone bewegt sich mit dem ENSO-Zyklus vor und zurück. In El-Niño-Jahren zieht sie in östliche Richtung, im darauf folgenden La-Niña-Jahr zurück nach Westen. Diese Verschiebung erfolgt in gerade einmal sechs Monaten über eine erstaunliche Strecke von 4000 Kilometern.

2. Ein Bonitoschwarm sammelt sich, um an der Flanke eines Seebergs im aufwärts strömenden Wasser zu jagen. Der Auftrieb führt hier oft zu einer Konzentration von kleinen Fischen und Plankton.

6.2 GETRIEBEN IM MEER

Phytoplankton und Zooplankton, jene winzigen Pflanzen und Tiere, die eine so große Bedeutung für die Nahrungskette im Meer haben, können nur in den oberen Wasserschichten leben. Bereits in einer Tiefe von 500 Metern reicht der Sauerstoffgehalt für die meisten Planktonarten nicht mehr aus. Darüber hinaus sind die Pflanzen auf Licht angewiesen, weshalb sie in den Zonen unterhalb von 200 Metern, in die keine Sonnenstrahlen mehr eindringen, nicht überleben können. Um nicht zu sinken, sondern in der Nähe der Oberfläche zu bleiben, verfügt die planktonische Gemeinschaft über eine Vielzahl von morphologischen Anpassungen und Strategien. Doch ihr Leben ist voller Gefahren, denn unbarmherzige Räuber durchstreifen auf der Suche nach Nahrung ständig die planktonreichen Wasserschichten. Besonders in der Nacht, wenn zahllose Planktonfresser aus den Tiefen aufsteigen, um sich im Schutz der Dunkelheit zu sättigen, sinken ihre Überlebenschancen rapide.

MEERESPRODUKTION

Jeder in der Oberflächenschicht des Meeres lebende Organismus braucht Phytoplankton, um existieren zu können. Die Möglichkeiten für ein erfolgreiches Wachstum des Planktons sind jedoch nicht überall gleich günstig. Denn die obere Wasserschicht, die einer der reichsten Lebensräume der Erde sein kann, vermag in weiten Bereichen auch einer Wüste zu gleichen.

Nährstoffversorgung

Für das Wachstum von Phytoplankton zählen Nitrate und Phosphate zu den wichtigsten Mineralstoffen. Im Meer stammt der Großteil der Nährstoffe aus einem Recyclingprozess. Aufgelöste Nährstoffe werden von Phytoplankton in lebendes Gewebe umgewandelt. Die Phytoplankter werden von Zooplanktern verzehrt und diese wiederum vom Nekton. Mit der Zeit sterben alle diese Organismen und werden von Bakterien zersetzt, die die Nährstoffe wieder freisetzen. So geschlossen dieses System auch sein mag, so birgt es dennoch ein Problem: Ein beträchtlicher Anteil der zersetzten Materie sowie Detritus sinken durch die Thermokline in das darunter liegende Abyssal. Deshalb ist die Planktonproduktion in jenen Meeresregionen am größten, wo die Nährstoffe aus der Tiefe dem Lebenszyklus wieder zugeführt werden können. So ermöglicht beispielsweise in den Polarregionen der Kaltwasserumschlag („Overturn") eine Wiederverwertung der Nährstoffe aus den tieferen Wasserzonen, sodass dort die Produktionsrate sehr hoch ist. In Meeren gemäßigter Breiten wird die Rückgewinnung von Nährstoffen durch die Wasserdurchmischung infolge von Stürmen gewährleistet (▷ S. 160).

In subtropischen und tropischen Meeren sind die Wasserschichten stabiler, weshalb die Hauptnährstoffquellen entweder aus Auftriebszonen (▷ S. 33) stammen oder mit Wasserströmen aus reichhaltigeren Gegenden herangeführt werden. Doch im Zentrum der tropischen Meere gibt es keine Kraft, die in der Lage wäre, die Nährstoffe wieder in das System einzuspeisen. Hier kämpft das Plankton ums Überleben.

1
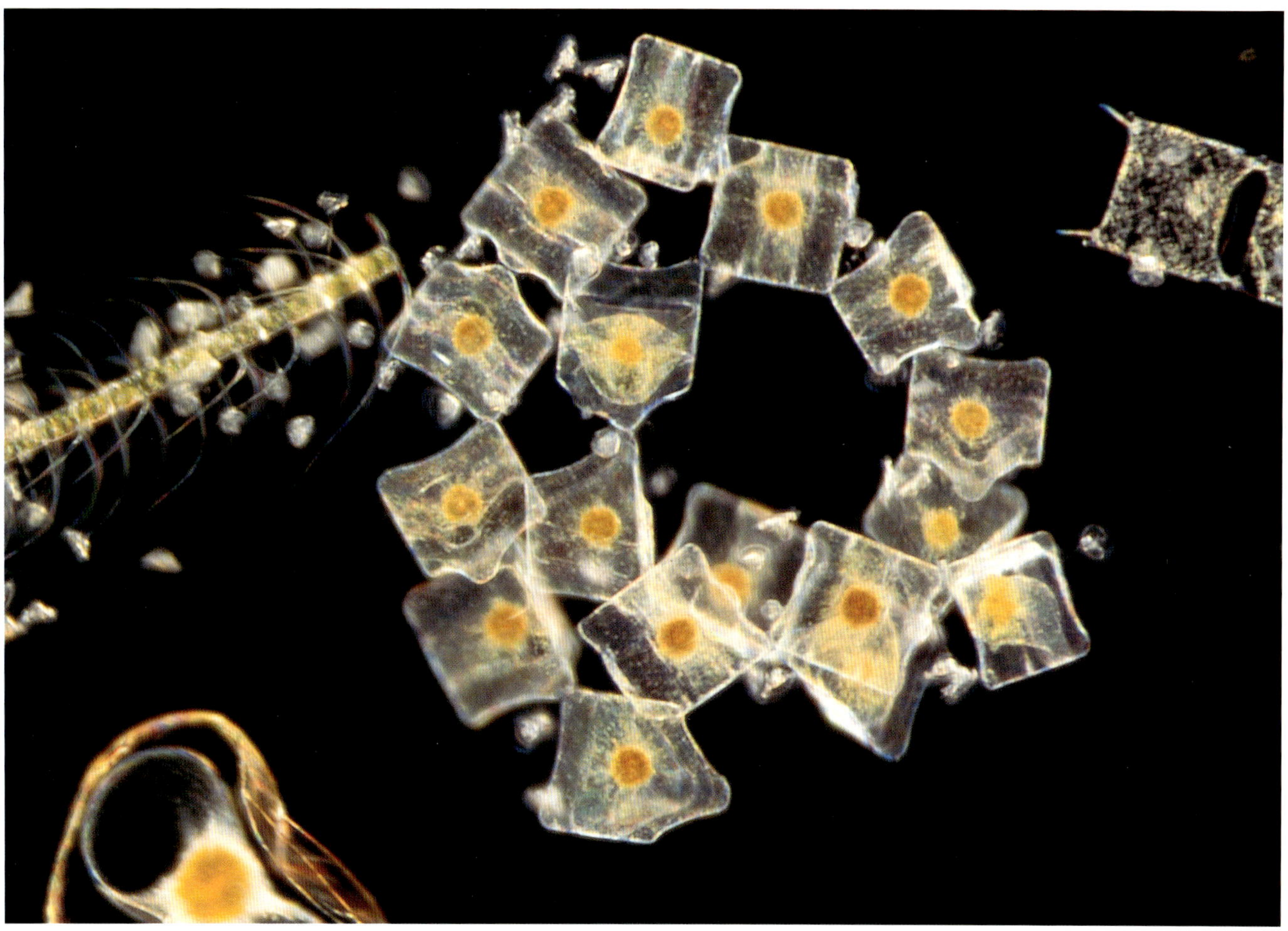

1. Diatomeen sind mikroskopisch kleine Algen, die in den sonnendurchfluteten Oberflächenschichten des Meeres leben. Sie gedeihen nur, wenn das Wasser genügend Nährstoffe enthält.

Die Schnecke *Glaucus* ernährt sich von einem der giftigsten Lebewesen des Meeres: der Portugiesischen Galeere. Sie nutzt sogar deren Nesselzellen zur eigenen Abwehr.

AN DER OBERFLÄCHE

Die meisten Tiere suchen vorzugsweise in den obersten, mit Fettsäuren, Mineralien und Metallionen angereicherten Metern des Meeres nach Nahrung. In dieser Zone ermöglicht das Sonnenlicht dem Phytoplankton und den Cyanobakterien die Photosynthese. Wo immer sich diese photosynthetisch aktiven Organismen sammeln, folgt ihnen das Zooplankton. Doch das Leben in der obersten Wasserschicht ist nicht frei von Risiken.

Verstecktes Zooplankton

Größere Planktonorganismen wie Ruderfußkrebse, die sich bei Tage an der Wasseroberfläche aufhalten, laufen Gefahr, von Räubern im hellen Licht erkannt und gefressen zu werden. Deshalb haben alle Ruderfußkrebse, die in der oberen Wasserschicht leben, transparente Körper. Außerdem weisen sie einen hohen Fettgehalt auf, was zum einen ihren Auftrieb verstärkt und zum anderen den Energieaufwand beim Schwimmen senkt. Doch diese Strategien helfen nicht gegen eine weitere Gefahr: Bei rauem Wetter wird die Meeresoberfläche zu einem regelrechten Mahlstrom.

Kinderstube an der Oberfläche

Auch wenn die Meeresoberfläche extrem unbeständig ist und unablässig von Räubern abgesucht wird, stellt sie für Eier und Larven

1

1. Die außergewöhnliche Schnecke *Glaucus* beim Fressen einer Segelqualle *Velella*. Diese Schnecken treiben an der Meeresoberfläche und greifen gerne vorbeitreibendes Plankton an.

2. Rechts: Eine Portugiesische Galeere legt ihre nesselnden Tentakel zum Beutefang aus. Dennoch riskieren es kleine Zwergfische, in ihrer Nachbarschaft zu leben. Die meisten Raubfische machen um diese Staatsqualle einen großen Bogen.

wegen der hohen Plankton- und Sauerstoffkonzentration einen günstigen Lebensraum zum Aufwachsen dar. Darüber hinaus bieten die wogenden Bewegungen an der Oberfläche kleinen Tieren ein wenig Schutz. Viele Eier können sich an der Oberfläche halten, weil die in ihnen enthaltenen Öltröpfchen genügend Auftrieb erzeugen. Larven von sowohl Küsten- als auch Hochseetieren ernähren sich dort von Ruderfußkrebsen oder fressen einander auf.

Selbst große Räuber wie die 50 Kilogramm schweren Fächerfische leben in der Oberflächenschicht. Ihre Larven sind nur einige Millimeter lang, jagen jedoch unersättlich Ruderfußkrebse und anderes Plankton.

Treibende Killer

Einige höchst spezialisierte Cnidaria-Verwandte der Quallen haben sich an ein Leben in den Meereswellen angepasst. Eine davon ist die Segelqualle *Velella velella*. Sie ist 5 bis 6 Zentimeter lang, blau gefärbt, und der ovale Körper ist strahlenförmig von Tentakeln umgeben. Eine pyramidenförmige, glasige Platte, die quer über den Schwimmkörper verläuft, dient ihr als Segel. Während die Qualle vom Wind weitergetrieben wird, hängen ihre Tentakel im Wasser und feuern auf jeden kleinen Planktonorganismus, den sie berührt, Nesselzellen ab.

Ein weiterer treibender Jäger ist das Flaggschiff der Flotte, die Portugiesische Galeere – ein transparentes, gasgefülltes Floß in ausgesprochen schönen Lila- und Blauschattierungen. Der obere Teil ihres Segels hat eine kammartige Umrandung, die sie aufpumpt oder einfallen lässt, je nachdem, wie schnell sie segeln möchte. Der tropischen Sonne ausgesetzt, muss sie ihren Körper gelegentlich wenden, um die Oberfläche zu befeuchten.

Wie bemerkenswert ihre Seglerqualitäten auch sein mögen, so zeigt die Portugiesische Galeere ihre wahre Stärke doch unter Wasser. Ihre hellvioletten Tentakel, die sich über 20 Meter in die Tiefe erstrecken, sind mit Millionen äußerst giftiger Nesselzellen bedeckt, die für kleine Fische tödliche Wirkung haben.

2

SCHLANGENANGRIFF

Sechzig Schlangenarten haben sich an ein Leben im Salzwasser angepasst. Die meisten jagen auf dem Meeresboden in Küstennähe. Die Plättchenseeschlange hat sich jedoch für eine eher pelagische Lebensweise entschieden. Dieses Tier ist von allen Seeschlangen am weitesten verbreitet. Ihr Lebensraum erstreckt sich von der Ostküste Afrikas bis zur Westküste Mittelamerikas. Sie ist höchst giftig und hat gelbe und schwarze Streifen, die andere Räuber deutlich warnen, denn nicht nur ihr Biss ist gefährlich, sondern auch die Verdauung einer solchen Schlange wäre mit Sicherheit tödlich. Wenngleich ihr Gift auch einen Menschen töten könnte, so sind ihre 1,5 Millimeter dünnen Fangzähne nicht dazu geeignet, selbst einen dünnen Tauchanzug zu durchdringen. Diese Schlange setzt ihr Gift für einen völlig anderen Zweck ein: Sie hält sich in der planktonreichen oberen Wasserschicht auf und verlässt sich auf ihre Fähigkeit, plötzliche Bewegungen, Vibrationen und chemische Gerüche im Wasser wahrzunehmen, um so Tag und Nacht kleine Fischlarven zu erbeuten.

1

NOMADEN

Der Großteil des Zooplanktons hält sich zur Nahrungsaufnahme an der Meeresoberfläche auf, da hier das Phytoplanktonvorkommen am höchsten ist. Doch diese Zone birgt auch Gefahren, weil hier größere Räuber auf der Suche nach Beute auf und ab schwimmen.

Reise in die Dunkelheit

Transparente Organismen sind im Dunkeln noch schwerer auszumachen als bei Tageslicht, weshalb große Planktonmengen nachts an die Oberfläche hinaufziehen, um vor Anbruch der Morgendämmerung wieder in Tiefen von bis zu 150 Metern und mehr zurückzukehren. Diese tägliche Vertikalwanderung (▷ S. 327) stellt die größte Massenbewegung von Lebewesen auf diesem Planeten dar.

Am späten Nachmittag, wenn die Sonne niedrig am Himmel steht und immer mehr Sonnenlicht von der Meeresoberfläche reflek-

▷ DER TEUFELSROCHEN

Angesichts seiner riesigen flügelartigen Gestalt, seines schwarzen Rückens und der beiden hornartigen Fortsetzungen der Brustflossen, die aus seinem Kopf herausragen, ist es leicht nachvollziehbar, wie der Mantarochen zu seinem Namen Teufelsrochen kam. Der größte Manta kann von einer Flügelspitze bis zur anderen 5 Meter messen und über 2 Tonnen wiegen. Und dennoch sind diese ungeheuren Rochen für Menschen ungefährlich, denn sie ernähren sich ausschließlich von Plankton und kleinen Fischen. In der Regel halten sie sich in der Nähe von untermeerischen Bergen auf. Mantas gehen sowohl bei Tageslicht auf Beutefang als auch nachts, wenn das Plankton an die Oberfläche wandert. Ist das Plankton nicht in ausreichender Dichte vorhanden, schwimmt der Manta enge Schleifen und erzeugt so einen Zirkularstrom, in dem sich seine Beute konzentriert. Zum Fressen öffnet er sein längliches, ovales Maul, zieht dabei einen Strom Wasser durch seine Kiemen und filtert so das Plankton heraus (siehe rechts).

tiert wird, dringen nur noch wenige Strahlen in die obere Wasserzone. Gierig nach Phytoplankton, das sich auch im schwindenden Licht nahe der Oberfläche noch der Photosynthese widmet, begibt sich eine große Schar herbivoren Zooplanktons, einschließlich vieler Ruderfußkrebse, in die obere Wasserschicht. Den Pflanzenfressern folgen andere Räuber: carnivore Copepoden, Staatsquallen, Krill, Larven wirbelloser Tiere, Fischlarven, Pfeilwürmer und Rippenquallen. Beim ersten Tageslicht gleitet die ganze Versammlung still ins 150 Meter darunter liegende Dunkel zurück.

Nichts verschwenden

Nährstoffe sind der Schlüssel zum Reichtum des Lebens im Ozean, weshalb die meisten Pflanzen und Tiere sie so effizient wie möglich nutzen. Leider jedoch gibt Phytoplankton wertvolle aufgelöste organische Materie durch die Zellwände ans Wasser ab. Auch die Ausscheidungen größerer Zooplankter enthalten Nährstoffe, die im Wasser verloren gehen. Um den Verlust zu begrenzen, sind die Oberflächenschichten des Meeres mit kleinen Bakterien angereichert, die sich dieser organischen Materie annehmen. Diese Bakterien wiederum werden von etwas größeren Protozoen gefressen, die ihrerseits so klein sind, dass viele Zooplankter sie nicht verzehren können. Doch es gibt andere, auf Protozoen spezialisierte Jäger.

Appendicularia

Diese kleinen Verwandten der Seescheiden und Salpen haben ein außerordentliches Bautalent: Sie können in nur wenigen Minuten ein transparentes „Haus" aus Schleim errichten. Durch Schläge mit dem Schwanz ziehen die Appendicularia einen Wasserstrahl durch ein kompliziertes Schleimnetz in dem nach einer Seite offenen Haus und sieben dabei die winzig kleinen Protozoen und Bakterien heraus. Ist das Netz irgendwann verstopft,

Nur 2 Millimeter große Plankter wandern täglich 400 Meter zur Oberfläche und wieder zurück in die Tiefe. Ein Mensch müsste im Vergleich dazu 400 Kilometer schwimmen.

2

1. Die planktonische Flügelschnecke besitzt kein hartes Gehäuse. Sie versucht sich durch ihre Transparenz vor Feinden zu schützen.

2. Eine Salpe macht sich bei Anbruch der Nacht auf den Weg zur Meeresoberfläche. Dort filtert sie Phytoplankton und Protozoen aus dem Wasser.

Ctenophoren sind die größten Tiere auf unserem Planeten, die sich nur mit Hilfe von Wimpern fortbewegen.

bauen sie ein neues Haus. Appendicularia und ihre Schleimhäuser fallen anderen Zooplanktern zum Opfer, womit die aufgelöste organische Materie ihren Weg schließlich wieder zurück in den Nahrungskreislauf findet.

Schöne Weidegänger

Zu den gallertartigen Lebensformen des Planktons gehören einige der schönsten Geschöpfe auf Erden. Noch eleganter als die Appendicularia sind die mit ihnen verwandten Salpen. Wie Jetmotoren lassen diese mehrere Zentimeter großen Lebewesen Wasser durch ihren hohlen Körper strömen und pumpen es zur Gewinnung von Phytoplankton durch ein Schleimnetz. Einige Arten bilden Kolonien, große Schwärme pulsierender Zylinder, die mehrere Meter lang werden können.

Juwelenartige Jäger

Zu den schönen Lebewesen im offenen Meer gehören zweifelsohne auch die räuberischen Ctenophoren oder Rippenquallen. Ihr gelatineartiger Körper leuchtet in Form von irisierenden Linien: Acht Reihen schlagender Paddel, so genannte Cilienkämme, flackern in allen Spektralfarben. Sie verfügen zwar nicht über Nesselzellen, dafür beherrschen sie jedoch andere sehr effektive Jagdtechniken.

Die kleine ovale Seestachelbeere windet sich in eleganter Anmut und legt zwei lange klebrige Netze zum Fangen von Ruderfußkrebsen aus. *Mnemiopsis* hat sich auf eine andere Fangart spezialisiert: Wenn sie unter sich einen Ruderfußkrebs aufspürt, nähert sie sich vorsichtig mit sanften Schlägen ihrer Cilienkämme. Ist sie nahe genug an ihrem Opfer, wirft sie einfach vier lappenartige Anhangsgebilde über den Ruderfußkrebs und verschlingt so ihre unglückselige Beute. Ihre Bewegungen sind so behutsam, dass selbst die sensiblen Copepoden Schwierigkeiten haben, ihr Herannahen zu bemerken. Einige Ctenophoren, wie die unersättliche *Beroe*, erlegen und verzehren wesentlich größere Beute, einschließlich anderer Artgenossen. Unabhängig von ihrer Nahrung folgen fast alle dieser Räuber dem wandernden Plankton und tauchen erst dann in großer Zahl an der Oberfläche auf, wenn die Sonne allmählich untergeht.

1

1. Die Rippenqualle *Beroe* ist eine unersättliche Räuberin. Strahlenförmig angeordnete Linien mit schlagenden Wimpern treiben sie auf der Jagd an. Ihr schlitzartiger Mund ist links auf dem Bild zu erkennen.

2. Rechts: Großaugenmakrelen sammeln sich in der Nähe von untermeerischen Bergen sowie Rücken und ernähren sich von Zooplankton und kleinen Fischen.

2

JAGD AUF PLANKTON

Die Oberflächenschicht der Meere enthält über 70 Millionen Kubikkilometer Wasser. Weite Bereiche davon sind reine Wasserwüste, in der nur sehr wenig oder gar kein Plankton vorkommt. Tiere, die sich von Plankton ernähren, wissen, wo und wie sie es finden können. Wenn sie es gefunden haben, müssen sie in kurzer Zeit möglichst viel fressen, bevor sie selbst zur Beute werden.

Siebende Schwärme

Die wichtigste und vielleicht auch schwerste Aufgabe besteht darin, ausreichende Planktonmengen aufzuspüren. Fischschwärme sammeln sich vor allem in der Nähe von Nährstoff-Auftrieben oder dort, wo durch das Zusammentreffen von Meeresströmungen nährstoff- und planktonreiche Zonen entstehen. Einmal dort angekommen, müssen sie zudem berücksichtigen, dass sich das Plankton aufgrund der Vertikalwanderung in ständiger Bewegung befindet. Viele schwarmbildende Fischarten, wie die Heringe in den Meeren gemäßigter Breiten (▷ S. 177), besitzen Kiemenreusen, um Plankton abzuseihen.

Viele Fischschwärme nehmen hauptsächlich am späten Abend und frühen Morgen Nahrung auf, wenn sich das Plankton in Oberflächennähe konzentriert. Bei Tageslicht laufen die Fische Gefahr, selbst von Räubern gesichtet und erbeutet zu werden, weshalb sie sich tagsüber ebenfalls in dunkle Tiefen zurückziehen. Da sie jedoch relativ viel Sauerstoff benötigen, sind sie in einigen tropischen Gewässern dazu gezwungen, oberhalb von 100 Metern zu bleiben, wo das Risiko, entdeckt zu werden, wesentlich größer ist.

Um sich den Gefahren bei Tag gar nicht erst auszusetzen, ernähren sich einige Plankton fressende Arten nur nachts. Besonders gut an diese Strategie angepasst sind die Laternenfische. Diese kleinen Fische besitzen ein sehr gutes Sehvermögen, sodass sie – der Vertikalwanderung des Planktons folgend – selbst in dunkelster Nacht ihre Beute an der Meeresoberfläche erkennen können. Scheint der Mond zu hell, riskieren nur wenige Laternenfische den Weg in die oberen Wasserzonen.

6.2

FLIEGENDE FISCHE

Fliegende Fische sind Planktonfresser, die sowohl tagsüber als auch nachts in der Oberflächenschicht Nahrung aufnehmen. Dort ist das Planktonvorkommen in der Regel ausreichend groß, doch dieser Lebensraum birgt auch Gefahren, denn am Tag sind im und auf dem Wasser ständig Räuber auf der Suche nach Beute unterwegs. Deshalb suchen einige Arten tagsüber Schutz in tieferen Gewässerzonen. Es ist also wenig verwunderlich, dass Fliegende Fische zur gesuchtesten Beute im Meer gehören. Doch als Reaktion darauf haben sie eine der bemerkenswertesten Fluchttechniken entwickelt.

Perfekte Tarnung

Es gibt insgesamt 138 Arten von Fliegenden Fischen (Exocoetidae), die in tropischen und subtropiscnen Meeren leben.. Diese Fische halten sich in kleinen Schulen vorzugsweise in den oberen 50 Zentimetern unter der Wasseroberfläche auf. Doch selbst bei Tageslicht sind sie wegen ihrer perfekten Tarnung fast gar nicht zu erkennen: Ihr weißer Bauch hebt sich von unten gesehen kaum gegen den hellen Himmel ab, von oben betrachtet verschwimmt ihr grauer Rücken optisch mit dem dunklen Wasser, und von der Seite wiederum zeichnen sich ihre bläulich-silberfarbenen Flanken nur wenig vom dunkleren Blau der unruhig reflektierenden Wasseroberfläche ab. Zusätzlichen Schutz gegen räuberische Angriffe aus der Luft bietet der Wellengang, der es ausgesprochen schwer macht, die Fliegenden Fische im Wasser zu sehen.

1

Plankton sichten

Für die Suche nach Plankton sind die Fliegenden Fische bestens ausgestattet. Die Anordnung ihrer großen Augen eröffnet ihnen ein Sichtfeld rund um ihren Körper, vor allem aber nach vorne und nach oben, weshalb sie besonders gut das sich gegen die Wasseroberfläche abhebende Plankton erspähen können. Obgleich sie tagaktiv sind, ermöglicht ihnen ihr Sehvermögen auch nächtliche Beutezüge, besonders wenn der Mond hell scheint, sodass sie zudem von der Vertikalwanderung des Planktons profitieren können.

Die große Flucht

Trotz ihrer ausgesprochen guten Tarnung zählen Fliegende Fische zur bevorzugten Beute der schnellsten und gierigsten marinen Räuber: Goldmakrele, Wahoo, Thunfisch und Fächerfisch. Im Falle eines Angriffs reagieren die Fliegenden Fische sofort: Im spitzen Winkel schießen sie geradewegs nach oben und

2

3

durchbrechen die Wasseroberfläche, um anschließend durch rasche Flossenschläge mit dem unteren, verlängerten Schwanzflossenlappen in den Gleitflug überzugehen. In der Regel können sie auf diese Weise gut 100 Meter weit fliegen, wobei sie zwar mehrmals auf dem Wasser aufsetzen, jedoch nicht eintauchen. Als Antriebsmittel dient nur der untere Schwanzflossenlappen. In der Luft spreizen sie die flügelartigen Brustflossen ab und verlängern so den Flug. Mit Hilfe dieser Technik können sie auch den Wind als Auftriebskraft nutzen. Mit etwas Glück landen sie schließlich außerhalb der Reichweite ihrer Angreifer. Doch allzu oft sind trotz dieser ausgefallenen Fluchtreaktion auch ihre Gegner erfolgreich, zum Beispiel Thunfische vom Wasser aus und Fregattvögel aus der Luft.

1. Beim Schwimmen legen Fliegende Fische ihre flügelartigen Brustflossen an ihren Körper an.

2. Durch seitliche Schläge mit dem unteren Schwanzflossenlappen stoßen sich Fliegende Fische in die Luft. Dann gehen sie mit weit gespreizten Brustflossen in den Gleitflug über.

3. Goldmakrelen sind schnelle und dynamische Jäger. Als Beute bevorzugen sie Fliegende Fische.

ZUM THEMA

6.4 Meeresgeburt
Treibende Kinderstuben, S. 302

1. Links: Ein Mondfisch lässt sich geduldig von Halbmondfischen die Haut reinigen und von Parasiten befreien.

2. Ein kleiner Zwergwal in der Nähe des Großen Barrierriffs. Dieser Bartenwal jagt vorzugsweise Fisch- und Krillschwärme.

2

Die größten Mäuler

Sich direkt von Plankton zu ernähren ist eine Energie sparende Fresstechnik, die bei manchen Arten zu riesenhaftem Wachstum geführt hat. Obwohl es nicht einfach ist, Plankton in warmen Meeren auszumachen, sind hier die größten Haie und Rochen der Welt heimisch. Mit bis zu 14 Metern Länge und 14 Tonnen Gewicht ist der Walhai der größte Meeresfisch, während der Mantarochen mit seinen 5 Metern Spannweite alle anderen Rochenarten in den Schatten stellt. Diese eindrucksvollen Größenverhältnisse beschränken sich nicht allein auf Fische. Wale, die auf das Seihen von Plankton und kleinem Nekton spezialisiert sind, erreichen ebenfalls in kurzer Zeit riesige Ausmaße: Finnwale können 80 Tonnen schwer werden und Blauwale sogar mehr als 100 Tonnen.

Im Vergleich zu gemäßigten und polaren Meeren ist die Planktonversorgung in tropischen Gewässern nur über weit kürzere Zeiträume gesichert. Bestimmte Meeresregionen können zum Beispiel durch klimatische Einwirkungen kurzfristig zu einem idealen Lebensraum für Plankton werden, vielleicht für einen Monat, vielleicht für noch kürzere Zeit. Um in warmen Meeren zu überleben, ist es für Planktonfresser entscheidend, reichhaltige Vorkommen lokalisieren zu können und auf effiziente Weise dorthin zu gelangen.

Bartenwale sind stromlinienförmige, elegante Schwimmer. Der Seiwal beispielsweise, mit bis zu 14 Metern Länge vergleichsweise klein, schwimmt sehr schnell und gewandt und ist in der Lage, große Entfernungen Energie sparend zurückzulegen.

Nur nicht wählerisch sein

Seihen ist nicht die einzige von Planktonfressern eingesetzte Methode, um Nahrung aufzunehmen. Viele Seevögel, wie Sturmschwalben, Sturmtaucher und Albatrosse, überfliegen auf der Suche nach größeren Planktonvorkommen wie zum Beispiel Krill die Meere. Manche von ihnen fressen sogar auch nachts, wenn der Mond hell am Himmel steht. Auf dem Wasser schwimmend picken sie mit ihrem Schnabel das Plankton von der Wasseroberfläche.

Die massige Lederschildkröte hingegen verfolgt Plankton bis weit hinunter in die Tiefe. Doch der wahrscheinlich seltsamste Planktonfresser von allen ist der Mondfisch. Mit bis zu 2000 Kilogramm Gewicht und über 3 Metern Länge ist er der größte aller Knochenfische. Sein merkwürdiger scheibenförmiger Körper ist mit einer harten, weißen, grau gefleckten und schleimigen Haut überzogen. Trotz seines seltsamen Erscheinungsbildes mit seinen segelartig abstehenden Flossen ist der Mondfisch ein guter Jäger. Er folgt gelatineartigem Plankton in große Tiefen, um dann in die oberen sonnendurchfluteten Wasserzonen zurückzukehren, wo ihm die Wärme hilft, die Nahrung leichter zu verdauen.

Da in weiten Bereichen des Meeres Nahrung sehr oft nur eingeschränkt zur Verfügung steht und zudem häufig über ungeheuer große Regionen verstreut ist, zahlt es sich nicht aus, allzu wählerisch zu sein. Selbst Thunfisch, der zu den beweglichsten Meeresjägern gehört, frisst Plankton. Im Tageslicht schwimmt der Großaugenthun sogar unter die Thermokline, um in der Tiefe Plankton zu finden. Im offenen Meer zu überleben bedeutet, sich unablässig anzupassen.

6.3 MEERESJÄGER

Zu den marinen Räubern gehören einige der besten „Schwimmmaschinen" der Erde. Säuger wie Fische haben sich mit ihrem stromlinienförmigen Körperbau für die permanente Suche und Jagd nach Beute hervorragend angepasst. Manche tragen Schwanzflossen, die dünn wie Krummsäbel oder an den Enden gerillt sind, um die Antriebskraft zu erhöhen. Die hydrodynamisch perfekt geformten Flossen verleihen wie Flügel ein Maximum an Auftrieb und Manövrierfähigkeit. Einige Fische falten ihre Flossen zur Verbesserung der Stromlinienförmigkeit in schlitzförmige Kerben an den Flanken und klappen sie nur für Wendemanöver oder zur Drosselung des Tempos heraus. Diese Räuber haben so ziemlich jede Technik entwickelt, die ihnen auf der Jagd behilflich sein kann. Ihre Sensorensysteme sind so empfindlich, dass viele am Tag ebenso wie in der Nacht jagen und Beute bis in Tiefen von mehreren Hundert Metern verfolgen können.

KILLERBAUPLÄNE

Im offenen Meer haben Beutetiere kaum eine Chance, sich zu verbergen. Dennoch ist für die marinen Räuber die Jagd keineswegs ein einfaches Unterfangen. Ihre potenziellen Opfer flüchten sich bisweilen einfach in die Unendlichkeit des offenen Meeres. Zudem ist die Sicht unter Wasser oft äußerst eingeschränkt; selbst in klarem Wasser können Tiere mit einem guten Sehvermögen nicht weiter als 30 Meter sehen. Darüber hinaus wechseln die Bedingungen für ein Gedeihen des Planktons, das die Voraussetzung für die Anwesenheit von Beute ist, oft unvorhersehbar. Die Jagdgründe der Räuber unterliegen also permanenten Veränderungen.

Auch die schwankenden physikalischen und chemischen Bedingungen des Wassers schränken die operativen Möglichkeiten der marinen Räuber ein. Die meisten können sich nicht lange im tiefen Wasser aufhalten, da hier der Sauerstoffgehalt sehr niedrig ist. Auch ein plötzliches Absinken der Temperatur oder des Salzgehaltes vertragen die wenigsten Jäger. Und zu guter Letzt ist der Konkurrenzkampf um die nur in beschränktem Maß vorhandene Beute recht groß. Jagen ist also ein schwieriges Geschäft, bei dem oft Taktik und Bauweise über Leben und Tod entscheiden.

Sensoren

Um Beute in einem schier unendlich großen Raum wie dem offenen Meer erfolgreich aufzuspüren, bedarf es verschiedener sensorischer Systeme. Alle Fische reagieren höchst empfindlich auf chemische Veränderungen,

Haie können sogar schwache elektrische Impulse, die bei den Muskelkontraktionen von Fischen entstehen, wahrnehmen.

2

1

1. Ein Makohai gleitet mühelos zur Oberfläche. Dieser Furcht erregende Räuber jagt schnelle Beute – selbst Thunfische und Seglerfische sind vor ihm nicht sicher.

2. Das dolchartige Gebiss eines Makohais. Die Zähne am äußeren Rand des Kiefers brechen im Laufe der Zeit ab, werden aber durch nachwachsende Zahnreihen ersetzt.

besitzen gut entwickelte Geruchsorgane und Geschmacksknospen. Beutetiere ziehen im Wasser eine lange Spur aus Proteinen, Fäkalien und Schleim hinter sich her. Kreuzen Räuber das Kielwasser ihrer Beute, können sie selbst feinste Nuancen identifizieren.

Darüber hinaus verursachen Fische mit jeder Schwimmbewegung Wasservibrationen, die von den Räubern über so genannte Seitenlinienorgane wahrgenommen werden. Bei diesem System handelt es sich um ein Netzwerk dünner Kanäle in der Haut, die sich über die gesamte Körperlänge erstrecken und mit Sensorenzellen überzogen sind. Schnell schwimmende Beute erzeugt auch Geräusche, die von den Jägern ebenfalls über die Seitenlinienorgane bzw. über die hinter den Augen liegenden inneren Ohren registriert werden.

Haie und Rochen verfügen zudem über ein weiteres sensorisches System, das äußerst präzise arbeitet. Die so genannten Lorenzini'schen Ampullen nehmen schwache elektrische Impulse wahr, wie sie durch Muskelkontraktionen ihrer Beute erzeugt werden. Haben sie sich mittels ihrer Ortungssysteme ihren Opfern erst einmal genähert, können sie je nach Tageszeit und Wassertiefe für den eigentlichen Angriff auf Sicht umschalten.

Zielsicherheit

Um sich als mariner Räuber im Überlebenskampf erfolgreich durchzusetzen, bedarf es der Fähigkeit, Beute zielsicher aufzuspüren, sie schneller als Konkurrenten anzusteuern und sie effektiv zur Strecke zu bringen. Einige Meeresjäger sind Spezialisten, die es nur auf bestimmte Tiere abgesehen haben, andere sind und bei der Auswahl nicht sehr wählerisch, womit sie ihre Überlebenschancen erhöhen.

Weitere Unterschiede bestehen in den Vorlieben für bestimmte Tageszeiten bzw. Lichtverhältnisse. Die meisten Räuber, die Plankton fressende Fische bevorzugen, jagen in den Oberflächengewässern am Tag und auf Sicht. Andere gehen lieber nachts oder in tiefen Gewässern auf Beutezug. Für den Jagderfolg ist zudem die Fähigkeit ausschlaggebend, von den Beutetieren möglichst lange unentdeckt zu bleiben. Im offenen Meer wechselt je nach Blickrichtung die Hintergrundfarbe. Schaut man nach oben, sieht man die weiße, spiegelgleiche Oberfläche; nach unten dagegen blickt man in das Blauschwarz der Tiefe, während zu den Seiten variantenreiche Blau- oder Grüntöne vorherrschen. Die Tarnung der meisten marinen Räuber ist auf die unterschiedlichen Farben ihrer Umgebung abgestimmt: Ihre dunklen Rücken heben sich von oben gesehen von der Dunkelheit der Tiefe ebenso wenig ab wie ihre hellen Bäuche von unten gesehen gegen die weiße Oberfläche.

KÜHLE BLAUHAIE

Blauhaie besitzen kein körpereigenes System zur Regulierung der Bluttemperatur. Gleichwohl jagen sie mit Vorliebe Kalmare und Hochseekraken, die sich mit der Vertikalwanderung immer wieder in die kalten Wasserzonen weit unter der Thermokline zurückziehen. Doch auch Blauhaie können über 600 Meter tief tauchen und sogar Temperaturen von nur 7 Grad Celsius ertragen. Allerdings dürfen sie sich nicht lange in solchen Tiefen aufhalten, weil sie sonst derart auskühlen würden, dass sie wesentlich langsamer als ihre Beute wären. Stattdessen schwimmen sie zwischen Oberfläche und Tiefe hin und her. Bis zu zwei Stunden bleiben sie in der Kälte, bevor sie sich für 30 Minuten zum Aufwärmen wieder in die oberen Wasserschichten aufmachen. Nach Sonnenuntergang müssen die Blauhaie weit weniger tief tauchen als tagsüber, da sich ihre Beutetiere mit der Vertikalwanderung nachts bis in die oberen 100 Meter vorwagen. Trotzdem pendeln die Blauhaie immer wieder zwischen Oberfläche und tieferen Wasserschichten hin und her. Da sie in erster Linie nach Geruch jagen, verbessern sie so ihre Chancen, die horizontal verlaufenden Duftspuren aufzunehmen, die sie schließlich zu ihren Beutetieren führen.

1

Schnelligkeit

Oftmals liegen zwischen den Jagdgründen große Entfernungen. Marine Räuber müssen also effiziente Schwimmer sein, die bei geringem Energieverbrauch Tausende von Kilometern zurücklegen können. Doch darüber hinaus verlangen die blitzschnellen Fluchtmanöver ihrer Beutetiere entsprechende Fähigkeiten wie schnellen Richtungswechsel sowie hohe Sprintgeschwindigkeiten. Die Seglerfische, eine elf Hochseefischarten zählende Gruppe, vereinigen all diese Eigenschaften in sich. Zu dieser Gruppe gehören der Fächerfisch, der Speerfisch und der riesige Marlin.

Die meisten marinen Räuber weisen einen hydrodynamisch perfekten Körperbau auf. Die großen Fische haben in der Regel torpedoförmige Körper mit einer glatten Haut und dicken, steifen Flossen. Kleine Kiele und Flossen am Schwanz dirigieren den Wasserfluss und verringern den Widerstand auf ein Minimum. Ihr Schwanz ist schmal und sichelförmig und sorgt für maximale Kraft bei minimalem Einsatz.

1. Der speerartige Nasenknochen eines Marlin ist eine beeindruckende Waffe. Die Form erhöht vermutlich die Stromlinienförmigkeit des Körpers und verhilft dem Fisch auf diese Weise zu einer extremen Beschleunigung.

HINTERHALT

Die einfachste Art zu jagen besteht darin, in einem Hinterhalt zu warten, bis sich Beute nähert. Im offenen Meer kann dies eine äußerst effiziente Jagdtechnik sein – vorausgesetzt, der Räuber weiß, wo er sich auf die Lauer legen muss.

Untermeerische Berge

Da Berge häufig günstige Lebensbedingungen für Plankton aufweisen, üben sie eine enorme Anziehung auf Plankton fressende Fische aus, die sich bisweilen in großen Schwärmen an jener Seite des Bergs sammeln, wo nährstoffreiches Wasser nach oben strömt. Kreolen-Lippfische treiben im Schutz der Felswände Richtung Oberfläche, wo bereits Makrelenartige im Wasser auf der Suche nach Nahrung patrouillieren. Weiter draußen kreuzen Bonitos in Erwartung der Abenddämmerung und des Beginns der Vertikalwanderung unermüdlich auf und ab.

All diese Fische ziehen größere marine Räuber an. Schwärme von Gelbflossenthunfisch-Jungtieren verbringen viele Monate damit, die Gegend nach leichter Beute wie Sardellen abzusuchen. Der Schwarze Marlin kommt zeitweise an den Berg und hält Ausschau nach unachtsamen Rifffischen. Selbst Delphine legen hier auf ihren weiten Reisen eine Pause ein. Fischkonzentrationen, wie sie an Bergen vorkommen, bieten willkommene Gelegenheiten zum Beutefang.

Rettungsflöße

Im offenen Meer, weit entfernt von den untermeerischen Bergen, gestaltet es sich wesentlich schwieriger, Beute auszumachen. Doch hin und wieder treiben Baumstämme oder Seetang, die von der Küste abgetrieben wurden, im Wasser. Und nicht zuletzt hinterlassen auch die Menschen in Form von Autoreifen, Fischernetzen, Fässern, Kisten oder Containern ihre Spuren.

Doch so seltsam es scheinen mag: Nicht nur das natürliche Treibgut, sondern auch die auf den ersten Blick fragwürdigen menschlichen Hinterlassenschaften haben für manche Meeresbewohner noch ihr Gutes. So bieten sie Larven und Jungfischen, die im offenen Meer aufwachsen, einen willkommenen Schutz zum Beispiel vor Seevögeln.

Welche Tiere unter solchen Rettungsflößen aus Abfall leben, hängt von der Temperatur des Wassers ab, durch das sie treiben. In den Tropen sind die Bewohner in der Regel Drückerfische, Stachelmakrelen und Sardinen. Doch in den Weiten des Meeres stellen diese Rettungsflöße nicht nur Schutzräume dar: Für marine Räuber sind es auch gern gesehene

1

2

„Versorgungsinseln", die sie gezielt zur Nahrungsaufnahme ansteuern.

Tatsächlich begleiten verschiedene Räuberarten sogar mehrere Kilometer lang ein einzelnes Stück Treibgut. Eine solche Verfolgergruppe kann aus zahllosen Fischen bestehen, einschließlich junger Thunfische und größerer Räuber wie Haien. Der elegante silberfarbene Wahoo, der einem Barrakuda nicht unähnlich ist und bis zu 50 Kilogramm wiegen kann, ist ein meisterhafter Treibgutjäger, genauso wie die auffällig gefärbte Goldmakrele. Beide unternehmen zwar auch Streifzüge ins Blaue, um beispielsweise Ausschau nach Fliegenden Fischen zu halten, doch gleiten sie immer wieder zurück zu ihrer Treibgutinsel. Sie greifen in der Regel nur zur Fresszeit der Planktonfresser an, also in der Morgen- oder Abenddämmerung. Dann gelingt es Wahoo und Goldmakrele am ehesten, unaufmerksame Opfer zu überraschen.

Tramper

Die möglicherweise cleverste Technik besteht darin, es einem größeren Tier zu überlassen, die Beute zur Strecke zu bringen. Der Gestreifte Lotsenfisch verfährt auf diese Weise. Im Windschatten von Haien oder Schildkröten wartet er darauf, dass der Wirt Beute macht und frisst. In diesem Moment scheren sie aus und schnappen nach im Wasser treibenden Brocken. Noch perfektere Vertreter dieser Kunst sind die Schiffshalter. Sie besitzen einen speziellen Sauger auf dem Kopf, mit dem sie sich an einem Wirt festhalten. Die unterschiedlichen Schiffshalterarten bevorzugen jeweils andere Wirte: Die großen weißen Schiffshalter reisen auf Mantarochen, kleine weiße Schiffshalter oder Schwertfischsauger hängen sich an Seglerfische, und elegant gestreifte Arten begleiten gerne Haie. Wenn nötig, lösen sie sich von ihrem Wirt, um zu fressen.

★ Der größte Weiße Hai, der jemals gemessen wurde, war 6 Meter lang und 3 Tonnen schwer.

3

1. Rainbow Runner sind mittelgroße pelagische Fische, die zumeist in der Nähe von Treibgut jagen. Dabei sind sie so erfolgreich, dass ihnen Haie folgen, um in ihrem Kielwasser die verletzten Opfer aufzugreifen.

2. Hochseedrückerfische unter einem losgerissenen Schleppnetz. Im Schutz von derartigem Treibgut sammeln sich bisweilen sehr viele Fische.

3. Zwei Schiffshalter reiten auf einem dahingleitenden Manta.

1

PATROUILLEN

Treibgutinseln und untermeerische Berge sind im Grunde nur Stecknadelköpfe in den unendlichen Weiten des Meeres. Davon abgesehen, sind es vor allem die unterschiedlichen Wasserzonen, die Lebensformen jeglicher Art anziehen: die Thermokline in der Tiefe, die Grenzbereiche zwischen Wasserströmen und dem sie umgebenden Meer, die Konvergenzen zwischen Strömungen und Auftriebszonen. All diese Bereiche werden von großen Räubern, die im Alleingang auf Beutefang gehen, angesteuert, da sie hier am ehesten mit Nahrung rechnen können.

Seglerfische

Diese kräftigen Fische sind berühmt für ihren speerartig zugespitzten Oberkiefer, der über 1 Meter lang werden kann. Es gibt elf Segler-

GESTREIFTE MUSKETIERE

Der Gestreifte Marlin (siehe rechts) erreicht ein Gewicht von über 200 Kilogramm und jagt in den oberen Schichten der tropischen und subtropischen Gewässer. Für Seglerfische ungewöhnlich, jagen sie nicht immer im Alleingang, sondern schließen sich auch zu Gruppen von etwa 30 Tieren zusammen, um die Beute zu stellen. Mit konstanten 3 Stundenkilometern treibt eine solche Gruppe zum Beispiel einen fliehenden Makrelenschwarm an die Oberfläche. Die Beute bildet zur Abwehr eine große Kugel (▷ S. 178) aus einzelnen Fischen, wird aber von den gemächlich unter ihnen kreisenden Marlinen daran gehindert, in geschütztere Zonen abzutauchen. Einige der Marline stoßen gleichzeitig in die Fischkugel vor, wobei an ihren Flanken fluoreszierende Streifen und ultraviolette Flecken aufleuchten. Diese Farbsignale scheinen ihnen dabei zu helfen, einander zu sehen und Zusammenstöße zu vermeiden. Doch haben die Farben noch einen raffinierteren Nutzen: Makrelenaugen reagieren besonders empfindlich auf Ultraviolett, weshalb sie sich durch die Farbstreifen verwirren lassen und so leichter zu fangen sind.

fischarten, von denen die größte der Blaue Marlin ist, der über 900 Kilogramm wiegen kann. Er hält sich zumeist in den tropischen Oberflächengewässern über der Thermokline auf, auch wenn er sich gelegentlich hinunter in kältere Wasserzonen wagt. Der Blaue Marlin jagt hauptsächlich auf Sicht in den frühen und späten Tageslichtstunden, kann aber auch nachts an der Wasseroberfläche auf Beutefang gehen. Seine Ernährung ist abwechslungsreich und besteht aus Kalmaren, Fischen und sogar großen planktonischen Krustazeen. Was den Zweck des speerartigen Oberkiefers anbelangt, herrscht Uneinigkeit. Wahrscheinlich dient er gleichermaßen der Abwehr, der Stromlinienförmigkeit sowie der Jagd.

Der schwerste Speer gehört aber einem den Seglerfischen nicht verwandten Räuber: dem Schwertfisch, der ein Gewicht von bis zu 500 Kilogramm erreichen kann und speziell für die Jagd in tiefen Gewässern angepasst ist. Schwertfische nutzen ihr „Schwert" zur Abwehr von Feinden, wahrscheinlich aber auch, um im Meeresboden zu graben und Beute aufzuscheuchen. Mit ihren großen Augen können sie auch bei schwachen Lichtverhältnissen gut sehen, und die Kälte unterhalb der Thermokline gleichen sie durch einen hohen Fettgehalt und großen Körperdurchmesser aus. Wie viele Hochseefischarten reduzieren sie zudem den Wärmeverlust durch ein spezielles Blut-Gegenstromsystem: Von der Haut zum Herzen zurückführende Venen verlaufen parallel zu den warmen Arterien, weshalb sich venöses Blut beim Rückfluss zum Herzen zunehmend erwärmt. Schwertfische besitzen außerdem einen zusätzlich erwärmten Muskel hinter den Augen und dem Gehirn, um diese lebenswichtigen Organe so warm und aktiv wie möglich zu halten.

Haie im offenen Meer

Wie Schwertfische fressen auch Hammerhaie Tintenfische, doch haben sie eine bemerkenswerte Art, diese aufzuspüren. Die Haie reagieren empfindlich auf Magnetfelder. Da der Meeresboden von schwach magnetischen Schichten durchzogen ist, können die Haie mit Hilfe ihrer Lorenzini'schen Ampullen (▷ S. 290) wahrscheinlich den „Magnetstraßen" auf direktem Weg zu ihrer Beute folgen. Der Makohai kann über 600 Kilogramm wiegen und ist wohl der schnellste Hai des Meeres. Sein Gebiss besteht aus dolchähnlichen Zähnen, mit denen selbst Schwertfisch zur leichten Beute wird: Zunächst beißt der Makohai den Schwanz des Schwertfisches ab, danach seinen speerartigen Kieferfortsatz. Anschließend kann er die reichhaltige Mahlzeit verspeisen, ohne einen Gegenangriff befürchten zu müssen.

2

1. Der Schwertfisch ist ein äußerst kräftiger Räuber der tiefen Gewässer, der seinen Kieferfortsatz wahrscheinlich dazu benutzt, Beute aus dem Meeresboden zu graben.

2. Eine Schule von Hammerhaien sammelt sich am Rande eines untermeerischen Berges. In der Nacht werden sie sich verteilen und auf der Jagd nach Tintenfisch weit ins Meer hinausziehen.

1

2

GRUPPENJAGD

Im Alleingang zu jagen hat einen großen Nachteil: Die Chancen, Beute zu entdecken, sind vergleichsweise gering. Folglich arbeiten viele marine Räuber in Teams. Mit den sensorischen Fähigkeiten einer aus mehreren Tieren bestehenden Gruppe lässt sich ein größeres Gebiet durchsuchen. Solange genügend Nahrung für alle Mitglieder der Gruppe vorhanden ist, kann die Teamarbeit die Effizienz der Jagd enorm steigern.

Thunfischschwärme

Bestimmte Thunfischarten können respektable Größen erreichen. So vermag der Gelbflossenthunfisch über 150 Kilogramm zu wiegen, der Gewöhnliche Thunfisch sogar mehr als 500 Kilogramm. Solche Riesen haben relativ wenige Feinde. Und dennoch sind Thunfische schwarmbildende Tiere.

Der Gelbflossenthunfisch erhöht die Effizienz seiner Jagd durch ein Schwimm-und-Gleit-System. Der Schwarm schwimmt mit ruhigen Bewegungen hinauf an die Oberfläche, dann gleiten die einzelnen Tiere mit geöffneten Brustflossen mehrere Minuten lang nach unten und sinken bis auf 150 Meter ab. Mit dieser Technik können sie nicht nur ein weites Gebiet absuchen, sondern auch in beachtliche Tiefen vordringen. Der gleitende Sinkvorgang hält außerdem den Energieverbrauch gering.

Alle Thunfische besitzen das Blut-Gegenstromsystem, das ihnen erlaubt, ihre Körpertemperatur oberhalb der sie umgebenden Gewässertemperatur zu halten (▷ S. 295). So können die Gelbflossenthunfische ihre Jagd auch in kältere Wasserzonen unterhalb von 150 Metern ausdehnen. Der Gewöhnliche Thunfisch verfügt über das fortgeschrittenste Gegenstromsystem, sodass er als einziger Thunfisch auch weit draußen im kalten

3

1. Gelbflossenthunfische haben einen perfekten stromlinienförmigen Körperbau. Ihre Kiemenkörbe sind zur Verringerung des Widerstands unbeweglich, weshalb sie ständig mit weit geöffnetem Maul schwimmen, um Wasser durch ihre Kiemen zu spülen.

2. Ein großer Thunfischschwarm jagt kleine Köderfische mit einer derartigen Schnelligkeit, dass die Beutetiere förmlich durch die Wasseroberfläche platzen.

3. Eine riesige Delphinschule zieht durchs Meer. Ist zu wenig Nahrung vorhanden, teilen sich die Tiere zum Jagen in kleinere Gruppen auf.

Meer gemäßigter Breiten, wo die biologische Produktivität am höchsten ist, jagen kann.

Säuger

Meeressäuger sind die erfolgreichsten Jäger im Pelagial. Als Warmbluter und ausgestattet mit einer ausreichenden Isolation, können sie tief unter die Thermokline tauchen. Auch wenn sie Luft einatmen müssen, sind sie immun gegen die Auswirkungen des Sauerstoffmangels in tieferen Wasserschichten, da sie über eine „bordeigene" und erneuerbare Sauerstoffversorgung verfügen.

Delphine besitzen ein äußerst fein abgestimmtes Sonarsystem, das winzige Geräuschechos aus großen Entfernungen auswerten kann. In Gruppen nebeneinander herschwimmend, erweitern sie die Bandbreite des sonaren Suchstrahls enorm. Zudem sind sie in der Lage, ihre Beute in koordinierten Formationen anzugreifen.

Delphine arbeiten im Team und treiben ihre Beute zur Wasseroberfläche. Dort zwingen sie ihre Opfer durch rasche Ausfälle, lautes Schnalzen, aufspritzendes Wasser und Wänden aus Blasen zur Bildung einer immer dichter werdenden Kugel. Anschließend ist es ein Leichtes, aus dieser Kugel einzelne Fische herauszuschnappen.

Delphine sind derart effizient beim Aufspüren ihrer Beute, dass andere Räuber ihnen einfach folgen, was nicht sonderlich schwer ist, denn das Geräusch ihres unablässigen Pfeifens kann man über weite Distanzen hören. Haie, Thunfische und Bonitos heften sich unter Wasser an ihre Fersen, während Sturmtaucher und andere Meeresvögel aus der Luft an den Beutezügen teilnehmen.

Der Gewöhnliche Thunfisch kann seine Körpertemperatur sogar in 7 Grad kaltem Wasser auf 25 Grad halten.

6.3

ECHOJÄGER

Delphine weisen hoch entwickelte soziale Verhaltensmuster auf und kommunizieren mit Hilfe eines komplizierten Systems aus Schnatter- und Quietschlauten, die z. T. jenseits der Frequenzbereiche des menschlichen Gehörs liegen. Die 32 Delphinarten sind in den Meeren der ganzen Welt heimisch, von den Polarmeeren bis in die Tropen. Auch wenn viele Delphine neugierig sind und manche sogar mit Menschen spielen, so darf dies nicht darüber hinwegtäuschen, dass es sich bei diesen Zahnwalen um unerbittliche und sehr effiziente Jäger handelt. Zu ihren Waffen gehören Sonar, Geschwindigkeit, Intelligenz und Zusammenarbeit.

1

Extravaganter Lebensstil

Delphine sind die vielleicht vitalsten Meerestiere überhaupt. Die meisten leben in sozial organisierten Gruppen, die aus einigen wenigen bis zu mehreren Tausend Tieren bestehen können. Wie alle Säugetiere weisen sie eine hohe Stoffwechselrate auf, was im Meer von besonderer Bedeutung ist, da die Aufrechterhaltung der Bluttemperatur hier ein sehr Energie raubender Prozess sein kann. Gleichwohl haben fast alle Delphine Zeit und Energie zum Spielen: Die Bugwelle eines Schiffs lädt zum Surfen ein und ein vorbeitreibendes Algenstück zu komplizierten Balanceakten. Wann immer sie Lust dazu verspüren, springen sie mehrere Meter hoch in die Luft, oft mit anderen Artgenossen gleichzeitig.

Viele Delphine sind polygam, weshalb in den meisten Gruppen fast immer irgendwo ein heftiges sexuelles Treiben ausbricht. Die entscheidende Frage aber ist: Wie finden Delphine genügend Nahrung, um so große Gruppen mit einem so extravaganten Verhalten am Leben zu erhalten?

2

Massenkontrolle

Die Größe der Zahnwalschulen hängt in erster Linie von der Nahrungsgrundlage ab. Die meisten, vor allem Kalmare jagenden Wale leben in ziemlich kleinen Gruppen. Kalmare sind keine besonders nahrhafte Beute, und bisweilen kommen sie selbst in Tiefen, wo ansonsten eine höhere Populationsdichte vorherrscht, in vergleichsweise geringer Anzahl vor. Grindwale, Kleine Schwertwale und Rundkopfdelphine verzehren jedoch alle relativ große Kalmarmengen und bilden daher eher kleine Gruppen.

Bei Delphinen, die nicht nur Kalmare und Tintenfische, sondern vor allem Fischschwär-

3

1. Ein Spinner-Delphin führt sein Markenzeichen, den Drehsprung, vor. Bislang ist nicht erwiesen, ob die Tiere mit dieser Akrobatik einen bestimmten Zweck verfolgen.

2. Atlantische Fleckendelphine sammeln sich in riesigen Gruppen, jagen jedoch in kleineren Einheiten.

3. Ein Fleckendelphin durchpflügt die Wasseroberfläche mit der diesen Tieren eigenen, unvergleichlichen Eleganz.

me jagen, sehen die Voraussetzungen zur Bildung größerer Gruppen besser aus, denn Fische sind eine sehr nährstoffreiche Nahrung, die genügend Energie liefert, um eine größere Anzahl von Tieren zu sättigen. Folglich schließt sich eine sehr viel größere Zahl von Gemeinen Delphinen, Fleckendelphinen und Spinner-Delphinen zu einer Gruppe zusammen.

Gruppendynamik

Gruppen aus Hunderten oder sogar Tausenden von Delphinen bleiben nicht notwendigerweise permanent zusammen. Innerhalb solch großer Populationen gibt es einige kleinere, eher unbeständige Familienverbände. Und bis zu hundert Einzeltiere scheren immer wieder zu Jagdausflügen aus. Da sie in der Lage sind, sich über beachtliche Entfernungen zu verständigen, haben sie zu einem späteren Zeitpunkt keine Schwierigkeiten, den Kontakt zur großen Gruppe wiederherzustellen. Ein Grund für die Rückkehr kann der bessere Schutz vor Haien oder Kleinen Schwertwalen sein. Das Delphinleben ist also geteilt in Zeiten intensiver Jagdaktivität, die oft in kleinen Gruppen stattfindet, sowie in Zeiten großer sozialer Zusammenkünfte über viele Stunden hinweg, in denen die Delphine spielen, sich ausruhen und fortpflanzen können.

ZUM THEMA

6.3 Meeresjäger
Säuger, S. 297

6.4 Meeresgeburt
Delphinfreundlich gefangen, S. 306
Zahnwale, S. 309

6.4 MEERESGEBURT

Der immerwährende Zyklus von Leben und Tod beherrscht auch die Tierwelt in den Meeren. Vom Augenblick der Geburt an bewegen sich die dort heimischen Lebewesen in einer Umgebung voller Gefahren. Um als Art bestehen zu bleiben, ist die erfolgreiche Fortpflanzung eine der vordringlichsten Aufgaben. Doch das ist in den riesigen Weiten des offenen Wassers nicht immer einfach. Es gibt viele unterschiedliche Möglichkeiten, Nachwuchs zu zeugen und großzuziehen. So bekommen manche Tierarten nur einen Nachkömmling, um den sie sich mehrere Monate lang voll elterlicher Sorge kümmern. Das andere Extrem besteht in der Produktion von vielen Millionen Eiern, die unbeaufsichtigt in die Wildnis der Meere entlassen werden. Doch selbst die einfachste Fortpflanzungsmethode erfordert bei ihrem Vollzug Sorgfalt, damit wenigstens ein Teil des Nachwuchses im offenen Meer das Erwachsenenalter erreicht.

MASSENLAICHEN

Das Paarungsritual von Fischen wie dem Gelbflossenthunfisch ist kurz und heftig. Sobald die Weibchen Wolken winziger Eier ins Wasser abgeben, bedecken die Männchen die Eier mit Sperma. Die ganze Aktion dauert nur wenige Minuten. Millionen befruchteter Eier driften nun frei im Wasser. Das Ablaichen innerhalb kürzester Zeit ist typisch für viele pelagische Fische. Sie wenden keine Energie für eine direkte elterliche Fürsorge auf, sondern lassen ihren Nachwuchs einfach im Meer treiben, wo Nahrung nur in eingeschränktem Maß vorhanden ist und die Eier potenzielle Beute für zahlreiche Jäger sind. Da weniger als ein Ei von einer Million das Erwachsenenalter erreicht, müssen ungeheure Mengen an Eiern produziert werden, um das Überleben der Art zu gewährleisten.

Im Meer ausgesetzt

Gleichwohl unternehmen Adultfische große Anstrengungen, um für den Erfolg ihres Nachwuchses zu sorgen. Manchmal verlassen die erwachsenen Tiere reiche Nahrungsgründe und legen viele Tausend Kilometer zurück, um in geeigneten Gewässern laichen zu können. Von großen Thunfischen weiß man beispielsweise, dass sie den gesamten Pazifischen Ozean durchquert haben. Vom Gewöhnlichen Thunfisch im Atlantik, der sich zur Nahrungsaufnahme weit nördlich in Neuschottland in Kanada aufhält, nimmt man an, dass er zur Fortpflanzung in den Golf von Mexiko wandert. Es gibt aber auch Indizien, die dafür sprechen, dass sich viele Tiere entlang dem südlichen Rand des Golfstroms weit hinaus in den offenen Atlantik begeben. Sie suchen warmes tropisches Wasser mit hohem Salzgehalt in Strömungsgrenzgebieten auf. Die angrenzenden Strömungen garantieren ein ausreichendes Planktonvorkommen, von dem sich ihre Larven, sobald sie geschlüpft sind, ernähren können.

Zu Beginn sind die Thunfischlarven winzig. Ihre Körper enthalten wie die Eier, aus denen sie schlüpfen, kleine Öltröpfchen, die dafür sorgen, dass sie in dem salzigen Wasser oben treiben. Von Anfang an sind es unersättliche Jäger. Am frühen Morgen und späten Abend, wenn die Planktondichte zunimmt, ernähren sie sich von Copepoden.

1

1. Fischeier in verschiedenen Stadien der Embryonalentwicklung. Die kleinen glänzenden Hüllen in den Eiern sind Öltröpfchen, dank derer sie an der Oberfläche schwimmen.

Die Larven wachsen mit erstaunlicher Geschwindigkeit heran und erreichen binnen eines Jahres ein Gewicht von mehreren Kilogramm. Ein mittelgroßes, gerade einmal dreijähriges Adulttier kann über 100 Kilogramm schwer sein. Doch viele heranwachsende Thunfische fallen marinen Räubern zum Opfer. Denjenigen, die schließlich das Erwachsenenalter erreichen, droht sodann eine neue Gefahr: Fischtrawler fangen jedes Jahr mehrere Millionen Tonnen Thunfisch, um die Nachfrage der Konsumenten zu befriedigen.

Treibende Kinderstuben

Der Fliegende Fisch ist ein weiterer höchst fruchtbarer, massenlaichender Fisch. Er kommt im Atlantik sowie in der Karibik vor. Wie Thunfische sammeln sich diese Fische an zur Fortpflanzung ausgewählten Orten, doch sie achten sorgsamer auf die Verbreitung ihrer Eier als die großen Freiwasservermehrer. Wenige Kilometer vor den Küsten der karibischen Inseln treffen sie zu gleicher Zeit in großer Zahl ein, wenn die Planktonpopulation in die Höhe schnellt und so die Nahrungsversorgung für die Larven gesichert ist. Die Erwachsenen legen ihre Eier an Treibgutinseln ab, die zum Beispiel aus Sargasso-Tang bestehen, der über Wasserströme aus der Sargassosee, die südlich der Bermudas liegt, in die Karibik gelangt. Früh im Jahr versammeln sich die Fliegenden Fische zu Tausenden um diese Tangstücke oder anderes Treibgut.

Die Weibchen legen Stränge aus hellorangefarbenen Eiern und winden sie als dichtes Netz um die Algen. Anschließend verströmen die Männchen Wolken von Sperma. Das Treiben kann so hektisch sein, dass der Tang mit den Eiern geradezu verklumpt und in die Tiefen sinkt. Wenn das Tangfloß jedoch flott bleibt, entwickeln sich die Eier in einer vergleichsweise sicheren Umgebung.

1. Die Eier von Fliegenden Fischen entwickeln sich, von Fasern gehalten, in Sargasso-Tang. Die schwarzen Augen der kleinen Tiere sind bereits deutlich zu erkennen.

2. Rechts: Der Sargasso-Fisch hat sich optisch perfekt an seinen Lebensraum im treibenden Sargasso-Tang angepasst.

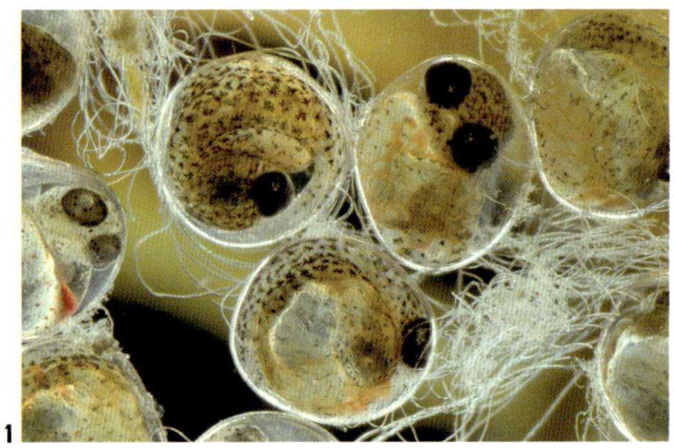

1

WANDERNDE AALE

Der Europäische Aal weist einen außergewöhnlichen Lebenszyklus auf. Zwischen dem 4. und 18. Lebensjahr lebt er in Süßwasserflüssen und Seen und führt ein zölibatäres Dasein. Ist er erwachsen, begibt er sich mit dem Wasserlauf ins Meer. Wenn nötig, gleitet er zu diesem Zweck sogar über Land. Nachdem er sich bemerkenswert schnell an das Leben im Salzwasser gewöhnt hat, lässt er sich mit dem Äquatorialstrom 6000 Kilometer weit bis in die Sargassosee treiben. Hier trifft er in der kalten Tiefe von 700 Metern mit Tausenden anderer Aale zusammen und laicht. Die erwachsenen Aale sterben im Anschluss an diesen kräftezehrenden Akt. Die winzigen Larven wachsen langsam heran und gelangen innerhalb von drei Jahren mit dem Golfstrom wieder zurück in den Atlantik. Im 4. Lebensjahr begeben sich Tausende junger Glasaale (siehe rechts) auf ihren anstrengenden Weg die europäischen Flussläufe hinauf, um die folgenden Jahre im Süßwasser zu verbringen.

Die meisten Kalmare leben nur ein bis drei Jahre und sterben, sobald sie sich fortgepflanzt haben.

AUSGESTOSSENE

Die Gefahr, dass womöglich der gesamte Nachwuchs Räubern zum Opfer fällt, kann gesenkt werden, indem eine kleinere Anzahl von Eiern in einer etwas sorgfältiger ausgewählten Kinderstube abgelegt werden. Auch wenn sich die Jungen dort ohne elterliche Fürsorge entwickeln müssen, sind ihre Überlebenschancen größer.

Der Todestanz

Kalmare gehen beim Ablegen der Eier sehr sorgsam vor. Auch wenn die einzelnen Arten in unterschiedlichen Wassertiefen und an verschiedenen Standorten laichen, so zeigen sie doch alle das gleiche Fortpflanzungsverhalten. Zahlreiche Kalmare, die fortpflanzungsbereit sind, sammeln sich an einem ausgewählten Ort. Während die Paare zusammen schwimmen, verändert sich plötzlich auf drastische Weise die Farbe ihrer Haut. Die Weibchen werden von den Männchen mit einer geradezu chirurgischen Genauigkeit befruchtet: Mit ihren langen Armen lassen sie ein Spermapaket zu ihren Partnerinnen wandern. Die festen, gummiartigen Eier werden dann als Klumpen oder Stränge auf den Meeresboden gelegt. Viele Adulttiere sterben nach der Eiablage. In manchen Fällen bleiben die Männchen bei den Eiern, um sie vor Räubern zu schützen. Doch auch sie sterben, sobald der Nachwuchs geschlüpft ist. Zwar überlebt auf diese Weise ein Großteil der Eier, doch viele Kalmare erreichen niemals das Erwachsenenalter.

1. Kalmare legen Klumpen weißer Eier auf dem seichten Meeresboden ab. Die Tentakel der Männchen leuchten rot auf, wenn sie sich mit den Weibchen paaren.

2. Rechte Seite oben: Ein Katzenhai schlüpft aus seinem festen Eigehäuse. Viele Haie und Rochen können bereits in diesem Entwicklungsstadium Jagd auf kleine Beute machen.

1

LEBENDGEBURT

Um die Überlebenschancen einer neuen Generation zu erhöhen, gebären einige im offenen Meer heimische Tierarten lebende Junge. So ist garantiert, dass sich die Embryos vergleichsweise sicher in einem voll ausgewachsenen Weibchen entwickeln und zum Zeitpunkt ihrer Geburt bereits ein Stadium erreicht haben, in dem sie vor den Gefahren ihrer natürlichen Umgebung besser geschützt sind.

Jungtiere aussetzen

Die Aufzucht der Jungen bedeutet harte Arbeit. Für die meisten Tiere ist das Leben im offenen Meer zu gefährlich, um auch noch Energie für die Elternschaft aufzuwenden. Sie geben ihrem Nachwuchs die besten Startchancen zum Zeitpunkt der Geburt und ziehen dann weiter, um ihr eigenes Überleben sicherzustellen.

Viele Seeschlangen (▷ S. 279) gebären lebende Junge, die vergleichsweise groß sind. Im Durchschnitt werden sieben Jungtiere geboren, die vom Moment der Geburt an unabhängige, auf sich selbst gestellte Einzelwesen sind.

Die meisten Hochseehaie, einschließlich des Makohais und auch alle Rochen, entwickeln die Eier im Inneren ihres Körpers. Oft produziert das Muttertier noch zusätzliche, aber unfruchtbare Eier, von denen sich die heranwachsenden Embryos in der Gebärmutter ernähren. In manchen Fällen kommt es sogar zum Geschwistermord, sodass lediglich zwei Junge geboren werden. ▷▷

2

FISCH GESUCHT

Menschen essen gerne Fisch, insbesondere pelagische Riesen wie Schwertfisch, Thunfisch, Goldmakrelen und sogar Hai. (Das Bild rechts zeigt Thunfische.) Auf der ganzen Welt werden jedes Jahr 90 Millionen Tonnen Fisch gefangen, wobei die Fischereiflotten eine höchstmögliche Befischungsrate bei gleichzeitiger Stabilität des Bestandes zu erreichen versuchen. Meeresbiologen stehen jedoch erst am Anfang iher Forschungen, die Aufschluss über die Lebensweise der betroffenen Fische geben sollen, d. h. wie sie wandern und sich vermehren und unter welchen Bedingungen sich die Fischpopulationen wie entwickeln. Die Befischungsrate basiert daher häufig lediglich auf Schätzungen, die sich oft als falsch erweisen.

Die Überfischung der Meere erfordert das Suchen nach neuen Wegen, um die enorme Nachfrage nach Fisch zu befriedigen. So werden Versuche unternommen, pelagische Fische in Gefangenschaft zu halten, was jedoch nicht unproblematisch ist. In ihren planktonischen Stadien sind sie so empfindlich, dass bereits das Stoßen an eine Tankwand fatale Folgen haben kann. Gleichwohl gibt es in Florida bereits wirtschaftlich konkurrenzfähige Farmen, die Goldmakrelen und Gelbflossenthunfische in Gefangenschaft züchten. Es scheint also durchaus möglich, Hochseefisch zu konsumieren, ohne ihn deswegen ausrotten zu müssen.

DELPHINFREUNDLICH GEFANGEN

Delphine sind wie Haie unbeabsichtigte Opfer des kommerziellen Fischfangs. Insbesondere beim Fischen auf Gelbflossenthunfisch, dessen Fleisch weltweit zum beliebtesten Sandwich-Belag gehört, geraten sie als unerwünschter Beifang immer wieder in die Netze der Fischereiflotten. Die verendenden Tiere werden einfach zurück ins Meer geworfen. Der massenhafte Tod von Delphinen führte zu einem Aufschrei in der Öffentlichkeit und zu der Forderung, dieser ebenso grausamen wie sinnlosen Tötung ein Ende zu bereiten. Fortan wurde „delphinfreundlich gefangener" Thunfisch angeboten – doch wie delphinfreundlich ist er wirklich?

2

1

1. Thunfisch wird mit einem kreisförmig zusammengezogenen Netz gefangen. Stahlkabel ziehen den Netzboden zusammen und versperren so die einzige Fluchtmöglichkeit.

2. Ein Mannschaftsmitglied eines Fischerbootes taucht, um per Hand Delphine zu befreien, die in ein Thunfischnetz geraten sind.

Thunfischvorlieben

Gelbflossenthunfisch führt abhängig von seinem Alter drei unterschiedliche Lebensweisen. Jungtiere von weniger als einem halben Meter Länge sammeln sich an der Oberfläche an Treibgutinseln und begeben sich tagsüber in tiefere Gewässerzonen. Etwas größere Thunfische schwimmen in Schwärmen frei umher, vollziehen aber ebenfalls eine kleine Vertikalwanderung. Die ausgewachsenen Thunfische folgen in großen Schwärmen Delphinen, vermutlich in der Hoffnung, auf diese relativ einfache Weise Nahrung zu finden.

Der Protest und die Folgen

Ausgewachsene Thunfische sind für die Fischereiflotten kommerziell am wertvollsten. Der einfachste Weg, sie zu fangen, besteht darin, nach Delphinschulen Ausschau zu halten. Hat man eine gesichtet, werden die Delphine von Hochgeschwindigkeitsbooten gejagt. Währenddessen umkreist ein Fischereischiff die Schule. Über das Heck des Schiffs wird ein 1,5 Kilometer langes Netz, das 200 Meter tief reicht, kreisförmig um die Schule ausgebracht. Der Boden des Netzes wird geschlossen. So fängt man die Delphine ebenso wie die ihnen folgenden Thunfische. Diese so genannte Purse-Seine-Technik war 1986 für die Tötung von gut 133 000 Delphinen im östlichen Pazifik verantwortlich. Nach lautstarken Protesten in der Öffentlichkeit belegte die US-amerikanische Regierung diese Form der Fischerei mit einem Moratorium. Daraufhin erfanden Fisch verarbeitende Firmen den „delphinfreundlichen" Thunfisch, der gefangen wird, ohne dass gleichzeitig Delphine in die Netze geraten.

3

Dilemma

Dank dieser Maßnahmen sank zwar die Zahl der getöteten Delphine, doch stattdessen enden nun andere Hochseefische als Beifang: Zehntausende von z. B. Haien, Wahoos und Goldmakrelen werden auf diese Weise getötet. Und nicht weniger dramatisch wirkt sich für die Thunfischpopulationen die Tatsache aus, dass auch kleinere Thunfische gefangen werden, die sich noch nicht vermehren konnten.

Das Moratorium gegen die Purse-Seine-Technik wurde inzwischen aufgehoben, da die technischen Verbesserungen zur Folge haben, dass pro Jahr nur noch ca. 2500 Delphine dieser Fangmethode zum Opfer fallen. Statistisch gesehen wird also bei drei Netzauswürfen nur noch ein Delphin getötet.

Populationen

Jedes Jahr sterben heute schätzungsweise 0,1 Prozent der Delphinpopulation im östlichen Pazifik beim Thunfischfang. Da sich Delphine mit einer Rate von 2 Prozent pro Jahr vermehren, sind die Verluste also verschwindend gering. Doch niemand weiß, welche Verluste andere Arten bei den so genannten „delphinfreundlichen“ Thunfischfängen erleiden. Sie sind zweifelsohne sehr hoch, insbesondere unter Haien, was in Anbetracht der extrem niedrigen Fortpflanzungsrate dieser Fische letztlich zu ihrem Aussterben führen kann. Menschen mit einer kulinarischen Vorliebe für Thunfisch sollten sich fragen, ob es gerechtfertigt ist, dass jedes Jahr Zehntausende Tiere als Beifang völlig sinnlos ihr Leben lassen müssen. Wie viel ist ein Thunfisch-Sandwich wirklich wert?

3. Beifang von Haien in einem so genannten „delphinfreundlichen“ Netz. Nur die Flossen finden Verwertung, während die oft noch lebenden Tierkörper einfach über Bord geworfen werden.

ZUM THEMA

6.3 Meeresjäger
Thunfischschwärme, S. 296
Echojäger, S. 298

6.4 Meeresgeburt
Im Meer ausgesetzt, S. 301
Fisch gesucht, S. 305

Haikiefer beißen mit einer Kraft von drei Tonnen pro Quadratzentimeter zu. Dies entspricht dem Gewicht von drei Rolls Royce auf dem Daumennagel eines Menschen.

1

2

1. Getrocknete Haifischflossen, aus denen die gleichnamige Suppe hergestellt wird, erzielen einen hohen Preis.

2. Ein Zitronenhai gebärt ein lebendes Junges, das durch eine Art Nabelschnur in der Gebärmutter ernährt wurde.

3. Ein Buckelwalweibchen und sein Kalb. Wie alle Säuger versorgt auch diese Walmutter ihr Junges mit nährstoffreicher Milch.

Übernächste Doppelseite: Ein großer Tümmler und sein Kalb. Schon Neugeborene müssen in der Lage sein, mit ihren schnell schwimmenden Müttern mitzuhalten.

Einige wenige Haie ernähren ihre Jungen wie Säugetiere mittels einer Art Plazenta. Blauhaie vermehren sich auf diese Weise und gebären nach zwölf Monaten Tragzeit bis zu 50 kleine Haie. Es handelt sich dabei um die vielleicht fortschrittlichste Fortpflanzungsmethode bei Fischen, denn die Jungen sind von Geburt an voll ausgebildete Miniaturräuber, die ihr Leben an der Spitze der Nahrungskette beginnen. Dieses System hat jedoch zwei ernsthafte Nachteile. Im Vergleich zum Eierlegen der Knochenfische ist die Fortpflanzungsrate sehr gering, und die Jungen wachsen extrem langsam heran: Ein Hai ist erst mit zehn bis zwanzig Jahren geschlechtsreif. Jedes Jahr sterben jedoch bis zu einer Million Tiere, um die Nachfrage nach Haifischflossensuppe zu befriedigen. Im dem Ausmaß, wie Haie den Fischereiflotten zum Opfer fallen, können sie sich nicht vermehren.

Sorge für den Nachwuchs

Die besten Überlebenschancen für die Folgegeneration gewährleistet das System der elterlichen Fürsorge. Säuger haben die Wirksamkeit dieser Methode maximiert, indem sie nur ein einzelnes Jungtier großziehen. Cetacea, wie Wale, Delphine und Schweinswale, erfüllen diese schwierige Aufgabe unter oft sehr unwirtlichen Bedingungen.

Bartenwale

Viele Bartenwale legen mehrere Tausend Kilometer zurück, um von ihren bevorzugten Nahrungsgründen zu den Paarungsplätzen zu gelangen. Der Grauwal zieht vom Beringmeer zur Fortpflanzung in die warmen Küstengewässer der Baja California und wieder zurück – insgesamt eine Reise von 18 000 Kilome-

3

tern, während der er sich grundsätzlich in Landnähe hält. Viele andere Arten, wie der Blauwal, begeben sich auf ihren jährlichen Wanderungen weiter hinaus aufs offene Meer.

Buckelwale ernähren sich in den plankton- und fischreichen Gewässern der gemäßigten Breiten und der Polarmeere. Doch die Wale gehen nur in kleinen Gruppen auf Nahrungssuche. Bei einer zu hohen Populationsdichte würde sich die Nahrungsversorgung als unzureichend erweisen, weshalb sich die Tiere über viele Tausend Kilometer verteilen.

Mit Beginn der Fortpflanzungszeit – auf der nördlichen Erdhalbkugel von Januar bis März, auf der südlichen Erdhalbkugel von Juli bis Oktober – legen die Buckelwale zu ihren Paarungsplätzen in den Tropen, wie beispielsweise Hawaii und Tonga, mehrere Tausend Kilometer zurück. Dort kommen sie in riesigen Scharen zusammen, was die Möglichkeiten zur Weitergabe ihrer Gene enorm erhöht.

Die Weibchen tragen ihre Embryos 12 Monate lang aus, bis sie geburtsbereit sind. Es hat verschiedene Vorteile, in den tropischen Meeren zu gebären: Die Kälber sind bei der Geburt noch nicht ausreichend mit einer vor Kälte schützenden Fettschicht ausgestattet. Das warme Wasser der Tropen gleicht die mangelnde Isolierung aus. Zudem unterstützt der hohe Salzgehalt des Wassers den Auftrieb der Neugeborenen.

Die Ernährung wird durch die Muttermilch sichergestellt, die so reichhaltig ist, dass die Neugeborenen ihr Gewicht in den ersten zwölf Lebensmonaten verachtfachen. Die Muttertiere investieren derart viel Energie in die Aufzucht des Nachwuchses, dass sie in den folgenden beiden Jahren kein weiteres Kalb großziehen können.

Zahnwale

Wie ihre Verwandten lassen auch Zahnwale und Delphine ihrem Nachwuchs ein großes Maß an Fürsorge angedeihen. Je nach Art tragen sie ihre Jungen 10 bis 16 Monate lang aus. Die Jungtiere werden bis zu einem Alter von zwei Jahren gesäugt. Die wenigsten Arten unternehmen allerdings wie die Bartenwale größere Wanderungen zwischen Nahrungsgründen und Paarungsplätzen, da ihre Energiespeicher nicht groß genug sind.

Da sie im Meer geboren werden, müssen die Jungen von Anfang an in der Gruppe mitschwimmen. Da sie noch nicht selbst für ihre Nahrung zu sorgen brauchen, bleiben sie einfach ganz nahe am Körper der Mutter. Der Sog des Adulttiers ermöglicht es dem Jungtier, mit einem minimalen Energieaufwand mitzuhalten.

7

DIE TIEFSEE

7.1 DIE RESTLICHTZONE

Die Tiefsee ist der mit Abstand größte Lebensraum auf der Erde. Sie nimmt fast 80 Prozent des Raumvolumens ein, im Gegensatz zum Land mit nur 0,5 Prozent. Und doch ist sie der am wenigsten bekannte Teil unserer Welt. Es waren mehr Menschen im All als in den Tiefen des Abyssals. Die enormen Druckverhältnisse machen eine Erforschung extrem schwierig, und bis vor gar nicht langer Zeit ging man davon aus, dass die Tiefsee weitestgehend verödet sei. Mittlerweile haben wir gerade einmal weniger als 1 Prozent dieses Lebensraumes erforscht. Wir stehen also erst am Anfang, einen Eindruck von der enormen Vielzahl und Vielfalt an Lebensformen dort unten zu bekommen. Unsere Reise in die Tiefsee beginnt bei 150 Metern unter der Oberfläche, wo zur Photosynthese nicht mehr ausreichend Licht vorhanden ist. Hier beginnt die Restlichtzone – eine düstere Welt, in der die Tiere ein permanentes Versteckspiel treiben.

Vorhergehende Seite: Der Fangzahn ist ein aggressiver Räuber der Tiefsee und zählt zu den Meeresbewohnern, die im Verhältnis zur Körpergröße die größten Zähne besitzen.

IN DER DÜSTERNIS

Ein Pottwal nimmt für über eine Stunde seinen letzten Atemzug. Er ist im Begriff, die warmen, sonnendurchfluteten Oberflächengewässer zu verlassen, um auf der Suche nach Tintenfisch 1000 Meter hinunter in die Tiefsee zu tauchen. Nur Pottwale und einige Zahnwale sind zu solch beachtlichen Tauchgängen imstande. Selbst mit Ausrüstung wagen sich die wenigsten Menschen tiefer als 30 Meter. Bestenfalls in kleinen, speziellen U-Booten mit drei bis vier Mann Besatzung können wir den Walen folgen. Auf der ganzen Welt gibt es nur eine Handvoll derartiger U-Boote, die in 1000 Meter Tiefe vorzudringen vermögen. Doch mit keinem von ihnen würde man den Grund des Marianengrabens erreichen, der mit 11 022 Metern die tiefste Stelle des Meeres darstellt.

Das Problem ist der Druck. Setzt ein Wal an der Meeresoberfläche zu einem Tauchgang an, beträgt der Druck nur 1 Atmosphäre, was 1 Kilogramm pro Quadratzentimeter entspricht. Erreicht er eine Tiefe von 1000 Metern, hat sich der Druck um das Hundertfache erhöht. Die Lungen des Wales sind dann flach zusammengedrückt und enthalten nur noch

1. Pottwale gehören zu den am tiefsten tauchenden Säugern. Bei über einstündigen Tauchgängen erreichen sie eine Tiefe von mindestens 1000 Metern.

1

1

kann. Eine weitere völlig durchsichtige Lebensform der Restlichtzone ist das monströs anmutende Krebstier *Phronima*, das so Furcht erregend aussieht, dass es als Inspiration für die Hauptfigur in dem 1979 entstandenen Film *Alien* diente. Wie sein Nachkomme in Hollywood ist auch *Phronima* ein Parasit: Sie eignet sich den Körper einer Salpe an, um darin zu leben und ihre Jungen großzuziehen. Ganz anders als ein normales Krebstier aussehend, hat sie zwei riesige Augen auf einem hammerförmigen Kopf und verfügt über eine Reihe von Waffen zum Angreifen ihrer Beute, was ihr das Aussehen eines durchsichtigen Schweizer Taschenmessers verleiht.

Doch die furchterregendsten Waffen in der Restlichtzone sind wahrscheinlich die rotierenden, rasiermesserscharfen Zahnreihen auf den Rüsseln der Heteropoden. Auch wenn diese Tiere zu den Schnecken gehören, ist es ihnen gelungen, sich fast unsichtbar zu machen. Selbst ihr Außengehäuse ist transparent. Sogar die höchstentwickelten wirbellosen Tiere – Kalmare und Kraken – sind nahezu durchsichtig. Wo komplizierte Organe wie die Augen es unmöglich machen, sich unsichtbar zu machen, lösen die Tiere ihren Umriss mit einer reflektierenden Silberschicht auf.

Das Gallertnetz

Hin und wieder, wenn eine Rippenqualle oder Meduse durch die Zwischenschichten gleitet, leuchtet in der Dunkelheit ein farbenfrohes Feuerwerk auf. Rippenquallen, Medusen und Staatsquallen stellen einen bedeutenden Teil des Ökosystems der Restlichtzone dar.

Rippenquallen oder Ctenophoren verdanken ihren Namen den kammartigen Reihen von Flimmerplättchen, die über die gesamte Länge ihres Körpers angeordnet sind. Diese bestehen aus miteinander verschmolzenen Gruppen von Fasern (Cilien), die in synchronen Wellenbewegungen schlagen und die

2

Die größten Staatsquallen werden 40 Meter lang, womit sie zu den längsten Tieren der Erde gehören.

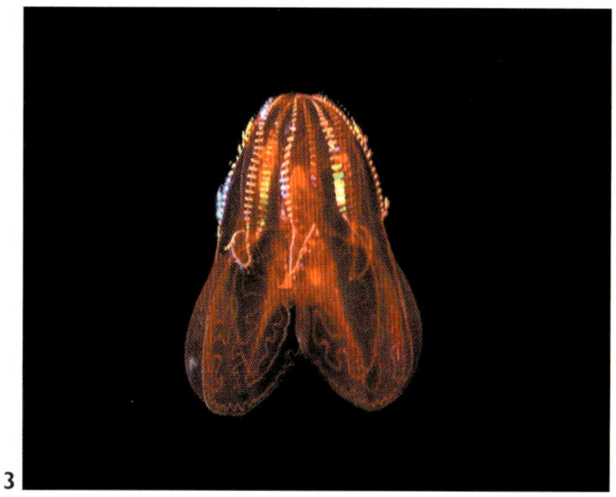
3

Tiere auf diese Weise durch das Wasser vorantreiben. Im Licht der U-Boot-Strahler erzeugen diese schlagenden Cilienreihen geradezu eine Explosion von Regenbogenfarben.

Die sanften Bewegungen und die faszinierende Schönheit der Rippenquallen täuschen über ihr aggressives Naturell hinweg. Tatsächlich sind die meisten von ihnen äußerst effiziente Jäger, die sich von Garnelen, Fischen und anderen Quallen ernähren. Viele Ctenophoren legen ein zartes Netz klebriger Tentakel aus, in dem sie ihre Beute fangen. Die Art *Beroe* ist auf das Fressen anderer gallertartiger Tiere spezialisiert, die sie mit ihrem breiten Mund aussaugt.

Doch besonders beeindruckend sind die Staatsquallen. Sie überziehen das Meer mit einem Netz aus Hunderten schlanker Tentakel, die mit tödlichen Nesselzellen überzogen sind. Mit ihnen machen sie Jagd auf Fische, Garnelen und andere Quallen.

Das Faszinierende an Staatsquallen ist, dass sie aus einer komplexen Kolonie vieler Einzeltiere (Siphonophore) bestehen. Wie bei einem Bienenvolk haben die Individuen unterschiedliche Funktionen. Einige stehen an der Spitze der Kolonie und bilden eine pulsierende Glocke, die die Siphonophore im Wasser antreibt. Andere sind für die Vermehrung oder den Beutefang zuständig. Im Gegensatz zu Bienen sind die Einzeltiere in einer Siphonophore jedoch miteinander verbunden. Es herrscht noch Unsicherheit darüber, ob sie nun als komplizierte Kolonie miteinander verbundener Individuen oder als eine Art „Superorganismus" betrachtet werden sollte. Das komplizierte Fressverhalten, das vor kurzem bei einigen Staatsquallen beobachtet wurde, scheint die Annahme eines „Superorganismus" mit einem Nervensystem, an dem alle Tiere partizipieren, zu rechtfertigen.

1. Der Tiefseetintenfisch *Vitronella* hat einen nahezu transparenten Körper, dank dem er in der Restlichtzone praktisch unsichtbar ist.

2. Staatsquallen sind in Kolonien lebende Nesseltiere, die bis zu 40 Meter lang werden können. Sie besitzen Hunderte von Tentakeln, die mit tödlichen Nesselzellen überzogen sind.

3. Im Scheinwerferlicht eines U-Boots erzeugen die schlagenden Cilien dieser Tiefseerippenqualle ein feuerwerkartiges Farbspektakel.

DIE TIEFE

Die Tiefsee das faszinierendste aller Meereshabitate. Sie beginnt ca. 200 Meter unterhalb der Oberfläche und erstreckt sich über die Restlichtzone (200–1000 Meter) und die Dunkelzone (1 000–5000 Meter) bis zum Meeresboden. Es ist eine finstere Welt, bewohnt von unheimlich aussehenden Kreaturen, die sich dem Überleben in dieser unwirtlichen Umgebung angepasst haben. Der Mensch hat bisher nur einen Bruchteil dieses schier unermesslichen Lebensraumes erforscht, doch allmählich gewinnen wir immer mehr Kenntnisse.

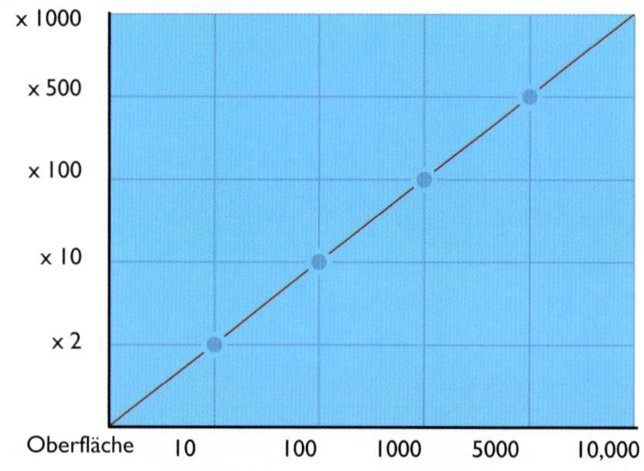

Die Druckzunahme ist an der Wasseroberfläche beachtlich größer (von der Oberfläche bis auf 10 Meter verdoppelt sich der Druck) als in der Tiefsee.

Leben unter Druck

1000 Meter unter der Meeresoberfläche ist der Druck hundertmal höher als an der Oberfläche. Doch die hier lebenden Geschöpfe sind mit Wasser gefüllt, und da Flüssigkeiten nicht komprimierbar sind, können sie hier problemlos existieren. Lebewesen in der Tiefsee müssen sehr effizient im Aufspüren und Verwerten von Nahrung sein. Einige Nährstoffe von verwesenden Organismen sinken aus den oberen Gewässerzonen nach unten, was zur Befriedigung der Nachfrage allerdings nicht ausreicht. Viele Tiefseefische besitzen überproportional große Zähne, um Beute fassen und fressen zu können. Viele Tiere sind auch in der Lage, Licht auszustrahlen (Biolumineszenz). Auf diese Weise können sie Beute sichten und Räuber verwirren.

Der Meeresboden weist über weite Bereiche keine besonderen Merkmale auf. An den Randzonen der tektonischen Platten jedoch findet man tiefe Gräben, Höhenrücken und Unterwasservulkane, an denen aufgeheiztes Meerwasser in Form hydrothermaler Quellen in die Höhe schießt. Diese mineralienreichen Quellen stellen einzigartige Oasen des Lebens in der Dunkelheit der Tiefsee dar.

3

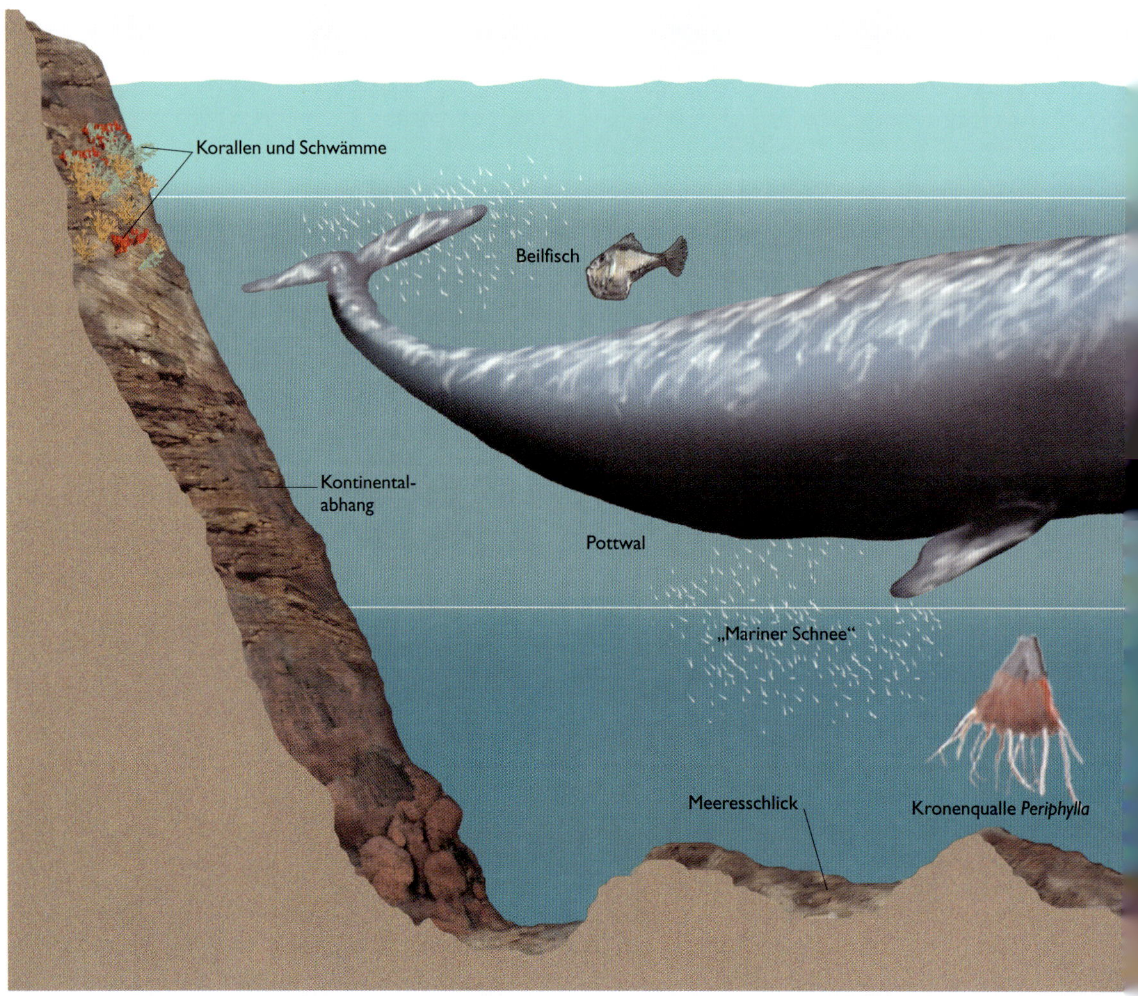

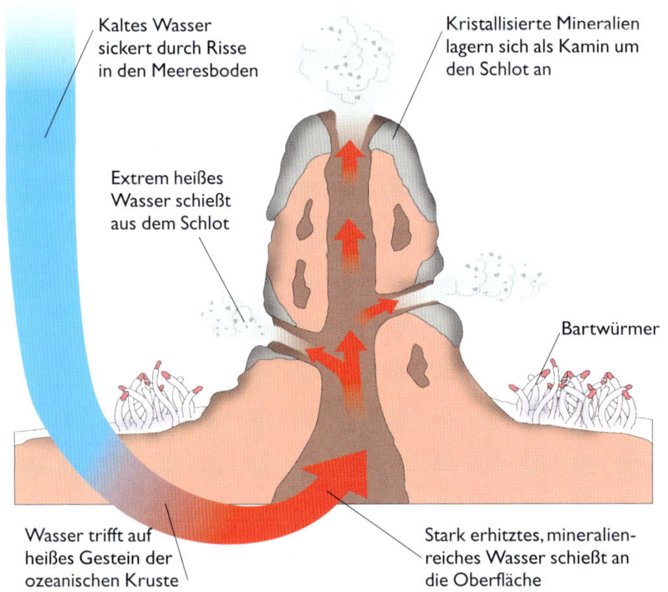

1

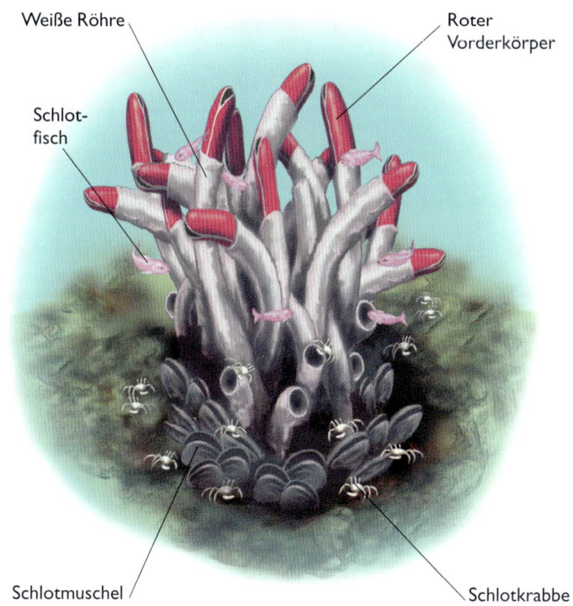

1. Hydrothermalquellen entstehen durch vulkanische Aktivitäten. Aus ihren schwarzen Schloten setzen sie sehr heißes, mineralienreiches Wasser in das Meer frei. Sie gehören zu den wenigen Habitaten, in denen Leben nicht von Sonnenenergie abhängig ist, und beherbergen zahlreiche Tierarten.
2. Rund um die Schlote sind bis zu 2 Meter lange Bartwürmer angesiedelt, umgeben von Weichtieren, Krabben und Fischen.

3. Lebewesen in der Restlichtzone sind oft transparent oder silbrig reflektierend und damit für etwaige Räuber optisch nur sehr schwer auszumachen. Viele besitzen ein ausgezeichnetes Sehvermögen zum Aufspüren von Beute.

Lebewesen in der Dunkelzone sind in der Regel schwarz oder dunkelrot, sehen häufig grotesk aus und verfügen nur über ein sehr schlechtes Sehvermögen. Die meisten produzieren Licht (Biolumineszenz), um Beute anzuziehen, sich mit Artgenossen zu verständigen oder Räuber zu verwirren.

Über 90 Prozent der Tiere, die in den Zwischenschichten der Tiefsee leben, können Licht ausstrahlen (Biolumineszenz).

1. *Winteria* besitzt außergewöhnliche Röhrenaugen, mit denen der Fisch nach oben blickend die Umrisse potenzieller Beute ausmachen kann.

2. Beilfische haben sehr flache Körper und silberfarben reflektierende Flanken.

3. Beilfische besitzen am Bauch Zellen, die Licht erzeugen, dessen Farbe mit der des von der Oberfläche einfallenden Lichts übereinstimmt.

VERSTECKSPIEL

Das Überleben in der Restlichtzone ist in hohem Maß eine Angelegenheit von Sehen oder Gesehen werden. Zwischen Räubern und ihrer Beute herrscht permanenter Krieg. Und jeder Räuber weiß, dass da draußen immer noch ein größerer lauert, der ihn jederzeit selbst fressen kann. Aufgrund der mangelhaften Lichtverhältnisse müssen die Tiere über gut funktionierende Sinne zum Aufspüren ihrer Beute verfügen. Ein ausgeprägtes Sehvermögen ist besonders wichtig, und viele Tiere in der Restlichtzone besitzen tatsächlich beeindruckende Augen. Zu den spektakulärsten gehören die aus dem Kopf ragenden Röhrenaugen von *Winteria*, die das Licht aus einer bestimmten Richtung bündeln und ein sehr scharfes Bild entstehen lassen.

Viele Fische in der Restlichtzone haben Röhrenaugen, die nach oben gerichtet sind, um mit Hilfe der Restmengen von Licht die Umrisse ihrer Beute ausmachen zu können. Das Problem bei Röhrenaugen ist, dass sie weniger gut für die laterale (zur Seite gerichtet) Sicht geeignet sind. Um diesen Mangel zu kompensieren, haben manche dieser Fische sehr große Netzhäute, mit denen sie zur Seite und nach unten schauen können. Anpassungen ähnlich den Röhrenaugen wurden auch bei einer Krake und einigen Garnelen entdeckt. Der Tiefseetintenfisch *Histioteuthis* besitzt ein Auge, das größer als das andere ist. Man nimmt an, dass dieser Tintenfisch im Wasser schwimmend mit dem einen Auge hinauf zur Oberfläche blickt, während er sich mit dem kleinen Auge nach unten absichert.

Im Düsteren verbergen

Um sich dem scharfen Blick der Räuber zu entziehen, haben die Tiere in der Restlichtzone verschiedene Strategien entwickelt. Zu ihnen gehört die bereits erwähnte Transparenz, doch diese ist nicht für jede Körperbauweise geeignet. Wer sich nicht unsichtbar machen kann, muss auf andere Tricks zurückgreifen. Die Aalmutter zum Beispiel reagiert auf die Bedrohung durch Räuber, indem sie ihren Schwanz zum Maul führt und wie ein Kringel völlig bewegungslos viele Minuten lang durchs Wasser treibt, bevor sie plötzlich davonschießt, sobald sich der Räuber entfernt hat. Man nimmt an, dass die Aalmutter in Kringelstellung wie eine Meduse aussieht, die ein Räuber lieber meidet.

1

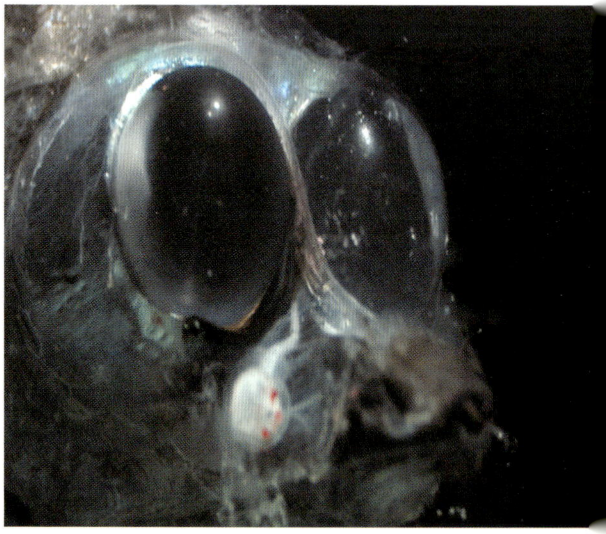

Eine völlig andere Strategie verfolgen die Beilfische. Um sich vor potentiellen Jägern zu verbergen, ist ihr Körper flach wie eine Oblate und mit einer silbrig reflektierenden Schicht überzogen. Gleich einem Wolkenkratzer aus Glas, der sich gegen den Himmel optisch fast auflöst, wenn sich in seinen Fenstern die Wolkenmuster spiegeln, werfen die reflektierenden Flanken des Beilfisches wie winzige Spiegel das blaue Restlicht zurück. Doch damit nicht genug: Entlang seinem Bauch besitzt der Beilfisch eine Reihe spezieller Zellen (Photophoren), mit denen er Licht erzeugen kann, das mit dem durch die Oberfläche dringenden Licht übereinstimmt – eine weitere sehr wirkungsvolle Strategie in dem Bemühen, die Silhouette des eigenen Körpers fast unsichtbar zu machen.

Einer der merkwürdigsten Tiefseefische setzt ebenfalls Biolumineszenz als Tarnbeleuchtung ein. *Opisthoproctus* verfügt hinter seinem Anus über eine große Drüse mit Leuchtbakterien. Sein Bauch ist abgeflacht, sodass er wie die Unterseite eines alten Dampfbügeleisens aussieht. Das Licht aus der Analdrüse wird an spezielle Zellen am abgeflachten Bauch des Fisches weitergeleitet. Der genaue Zweck des breiten, glänzenden Bauchs ist nicht ganz klar, doch er ist sicher hilfreich dabei, den Umriss von *Opisthoproctus* von unten betrachtet zu verbergen.

Eine Vielzahl anderer Fische, Garnelen und Tintenfische nutzt ebenfalls die Photophoren zum Tarnen. Doch das ständige Wettrüsten zwischen Räubern und Beute hat dazu geführt, dass einige Räuber riesige Augen mit speziellen gelben Linsen entwickelt haben, mit denen sie in der Lage sind, zwischen dem Licht der Oberfläche und dem von Photophoren zu unterscheiden. Selbst die raffinierteste Tarnung fliegt eben irgendwann auf.

2

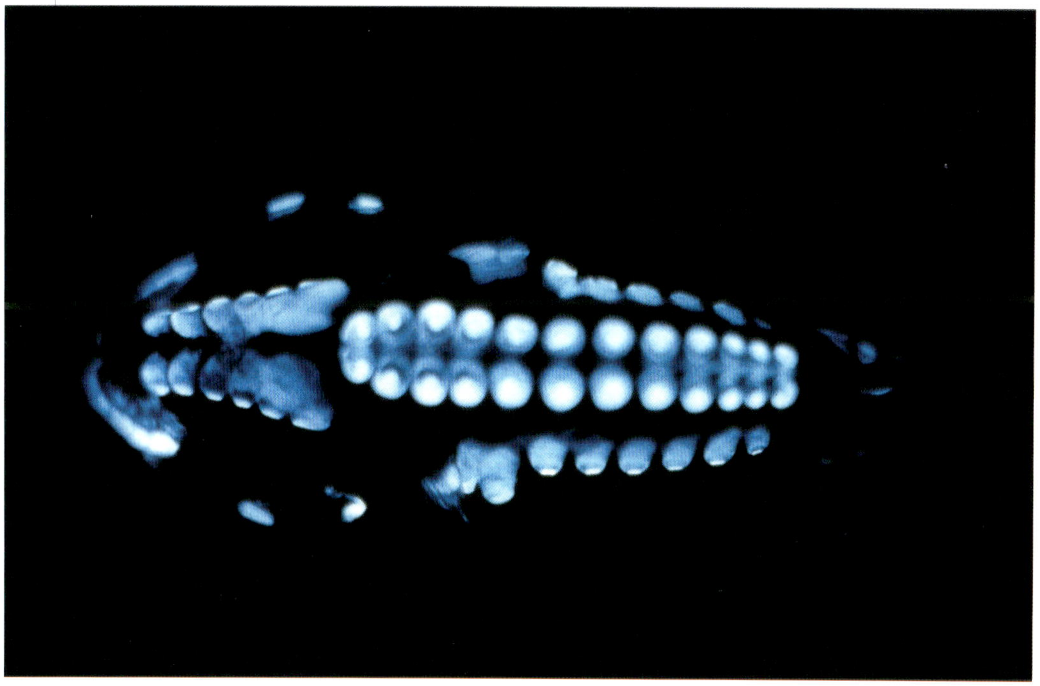
3

Von den insgesamt etwa 12 000 Meeresfischarten leben nur etwa 2000 in der Tiefsee.

SUCHE NACH NAHRUNG

Der chronische Nahrungsmangel ist das größte Problem, mit dem alle Tiere in der Restlichtzone konfrontiert sind. Jegliche Energie kommt aus der sonnendurchfluteten euphotischen Zone, wo Photosynthese möglich ist und Pflanzen wachsen können. Doch lediglich 20 Prozent der in dieser Zone gespeicherten Energie gelangt in die darunter liegende Restlichtzone, was für die hier lebenden Tiere dramatische Auswirkungen hat. So sind die Fische zum Beispiel eher klein, was sie allerdings durch wirklich Grauen erregende Erscheinungsformen ausgleichen. Ein gutes Beispiel dafür ist der Viperfisch *Chauliodus*, der über eine Reihe nadelförmiger Zähne verfügt, die so lang sind, dass sie nicht in sein Maul hineinpassen. Stattdessen ragen die unteren Zähne geradewegs nach oben bis zu den Augen des Fisches. Zudem sitzen sie in einem extrem beweglichen Kiefer, der das Maul des Viperfischs zu einer furchtbaren Waffe macht.

1

1. Viele Fische der Restlichtzone haben Mäuler, die mit beeindruckenden Zahnreihen ausgestattet sind. Angesichts des geringen Nahrungsangebots können sie hinsichtlich der Beute nicht sonderlich wählerisch sein.

2. Pteropoden oder Meerschmetterlinge sind kleine Schnecken, die ihren Fuß zu einem „Flügelpaar" modifiziert haben, das sie zur Fortbewegung nutzen.

Die bevorzugte Jagdstrategie vieler Fische der Restlichtzone besteht darin, einfach auf die Beute zu warten und möglichst wenig Energie mit unnötigem Umherschwimmen auf der Suche nach möglichen Opfern zu verschwenden. Mit dieser Methode überlebt jedoch nur, wer in der Lage ist, praktisch alles, was an seinem Maul vorbeischwimmt, zu fressen, gleich welcher Größe. Und dazu braucht man einen großen, dehnbaren Kiefer mit enormen Zähnen.

Ein weiterer beeindruckender Räuber der Restlichtzone ist *Barracudina*, ein dünner, schnittiger Fisch mit spitzer Schnauze und kräftigen Zähnen. Dieser Fisch treibt senkrecht im Wasser und schaut geradewegs hoch zur Oberfläche, um die Umrisse möglicher Beute auszuspähen. Ein weiterer eleganter Räuber ist der lange und gewandte Schnepfenaal. Sein schnabelähnliches Maul besteht aus zwei leicht voneinander weggebogenen Kiefern. Jede Schnabelhälfte ist mit winzigen, hakenartigen Zähnen überzogen, mit denen der Schnepfenaal die langen Antennen von Garnelen packt, auf die er geduldig wartet.

Vertikalwanderung

Nicht alle in der Restlichtzone lebenden Tiere warten in aller Ruhe darauf, dass ihnen die Beute direkt vors Maul schwimmt. Jede Nacht ziehen viele von ihnen auf der Suche nach Nahrung im Schutz der Dunkelheit hinauf in die reichhaltigeren sonnendurchfluteten Gewässerzonen und kehren tagsüber wieder in die Tiefen zurück.

Das ganze Ausmaß dieser Vertikalwanderung wurde erst nach dem Zweiten Weltkrieg bekannt, als man zunehmend Sonarsysteme einsetzte. Bei der Untersuchung des Meeresbodens mittels Sonar registrierten die Forscher unerwarteterweise ein zweites Echo, das aus Tiefen um die 400 Meter zurückschallte. Nachts schien dieses Echo sogar aus noch

2

sehr viel geringeren Tiefen zu stammen, und in Vollmondnächten kam es näher, wenn der Mond sich hinter Wolken verzog. Was auch immer das Echo verursachte, es war offensichtlich sehr lichtempfindlich. Was das Sonarsystem als Echostreuschicht aufzeichnete, waren die Tiere der Vertikalwanderung. Schließlich benutzten die Wissenschaftler zur Untersuchung der Anzahl und Vielfalt der für den Widerhall des Echosonars verantwortlichen Tiere Netze. Auf diese Weise fand man heraus, dass zu ihnen Krill, Garnelen, Copepoden, Quallen und Kalmare gehören, doch die Haupterzeuger dieser Echostreuschicht sind offensichtlich Fische, insbesondere Laternenfische und Borstenmünder.

Die zwischen 5 und 15 Zentimeter großen Laternenfische haben einen großen Kopf und große runde Augen. Ihr Name nimmt Bezug auf die Licht erzeugenden Photophoren entlang dem Kopf, dem Bauch und der Flanken. Borstenmünder sind genauso groß wie Laternenfische und nach ihren den Mund ausfüllenden winzigen bürstenartigen Zähnen benannt. Diese beiden Fischarten kommen in der Restlichtzone am häufigsten vor, und man nimmt an, dass das Sonarecho zum Großteil aus dem Widerhall ihrer Schwimmblasen besteht. Wahrscheinlich sind Borstenmünder die am häufigsten vorkommenden Meeresfische überhaupt.

Das Ausmaß der Vertikalwanderung ist je nach beteiligten Arten unterschiedlich. Das kleinste, weniger als 1 Millimeter messende Plankton bewegt sich wahrscheinlich jede Nacht nur 10 bis 20 Meter nach oben. Großes Plankton legt 100 bis 300 Meter zurück, während größere Tiere sogar 1000 Meter pro Nacht zurücklegen. Ein echter Champion der Vertikalwanderung ist der Laternenfisch *Ceratoscopelus warmingii*, der jede Nacht eine dreistündige Reise aus 1700 Metern Tiefe bis auf 100 Meter an die Oberfläche unternimmt.

Warum wenden Laternenfische und all die anderen Teilnehmer der nächtlichen Wanderungen so viel Energie für die beschwerliche Reise auf? Niemand kann diese Frage befriedigend beantworten, doch besonders auf herbivore Tiere wird der Reichtum pflanzlicher Nahrung in der euphotischen Schicht eine besondere Anziehungskraft ausüben. Und allen Nicht-Vegetariern bleibt nichts anderes übrig, als ihrer Beute in die oberen Gewässerzonen zu folgen. Wovon auch immer sie sich ernähren, alle Vertikalwanderer gehen ein Risiko ein, denn in den oberen Wasserschichten ist die Dichte an Räubern weit höher. Da die meisten Räuber hier jedoch auf Sicht jagen, begeben sich die Vertikalwanderer nur im Schutz der Dunkelheit nach oben. Schon Mondlicht kann gefährlich sein. In der Morgendämmerung kehren sie in die Sicherheit der Düsternis zurück. Die Vertikalwanderung ist für alle Organismen in der Tiefsee lebensentscheidend. Auf diese Weise gelangt jeden Tag der Oberfläche entnommene frische Energie über die Nahrungskette nach unten bis in die tiefsten Zonen des Meeresbodens.

1

2

1. Laternenfische sind nach den über ihren Körper verteilten, Licht erzeugenden Photophoren benannt.

2. Diese transparente Schnecke hat ihr Gehäuse bis auf einen Rest nahezu völlig verloren. An den Enden ihrer Rüssel befinden sich Zähne, mit denen sie ihre Beute tötet.

3. Rechts: Das Papierboot Argonauta ist nach dem schönen papierartigen Gehäuse des Weibchens benannt, in dem sie auch ihre Eier trägt.

7.2 DIE DUNKELZONE

Unterhalb von 1000 Metern beginnt eine Wasserzone, in der ewige Dunkelheit herrscht, da hier kein einziger Sonnenstrahl mehr eindringt. Der Druck ist über tausendmal höher als an der Oberfläche und die Temperatur mit durchschnittlichen 1 bis 2 Grad Celsius bemerkenswert gleich bleibend. Die Dunkelzone ist der bei weitem größte Lebensraum auf der Erde, der drei Viertel des gesamten flüssigen Wassers auf unserem Planeten enthält. Doch über diese Welt wissen wir so gut wie nichts. Die enormen Druckverhältnisse haben zur Folge, dass nahezu alle Tiere, die aus diesen Tiefen gefangen werden, mit ihrer Ankunft an der Oberfläche sterben. Die dort heimischen Tiere weisen darüber hinaus die merkwürdigsten Körperformen auf – sie sind wahre Ungeheuer der Tiefe, gebaut, um in einer Welt der Finsternis zu überleben, in der es kaum Nahrung gibt.

1

LEBEN IN DER DUNKELZONE

Begibt sich ein U-Boot von der Restlichtzone in die Dunkelzone, werden die flüchtigen Anzeichen von Leben immer seltener. Das verwundert auch nicht, da hier unten nur noch sehr wenige Organismen existieren können. Da kein natürliches Licht in diese Tiefen vordringt, ist die Tarnung mittels Transparenz oder Farbschattierungen wertlos. Stattdessen sind die Tiere hier normalerweise schwarz oder rot. Die Scharlachgarnele zum Beispiel hat die Farbe von Blut, ist aber nur in weißem Licht sichtbar. In der Dunkelzone, in der es kein rotes Licht gibt, erscheinen diese Garnelen schwarz und sind optisch nicht auszumachen.

Die meisten Fische hier unten sind von schwarzer Farbe. Und viele von ihnen kann man als ausgesprochen hässlich bezeichnen. Besonders monströs sehen die Anglerfische aus. Die meisten von ihnen sind mit weniger als 10 Zentimetern Länge sehr klein, doch sie besitzen Furcht erregende Gebisse und unverhältnismäßig große Köpfe. Die auch Seeteufel genannten Anglerfische zählen nicht nur zu den groteskesten, sondern auch zu den faszinierendsten Meeresfischen.

Nahrungsmangel

Nur 5 Prozent der Energie, die in den sonnendurchfluteten Küstengewässern erzeugt wird, gelangt hinab in die Dunkelzone. Die Nahrungsgrundlage ist hier also mehr als dürftig. Die Tiere können sich nicht einmal wie jene der Restlichtzone der Vertikalwanderung

1. Das Rot dieser Scharlachgarnele ist in einer dunklen Welt, in der rotes Licht schwarz erscheint, eine perfekte Tarnung.

anschließen, da die reichhaltigen Oberflächengewässer einfach zu weit entfernt und die Druckveränderungen zu stark sind. Die Tiere der Dunkelzone können nichts anderes tun, als darauf zu warten, dass die Nahrung zu ihnen herunterkommt.

Fische wie die Tiefseeangler sind meist träge und schwerfällig, haben eine schlaffe Muskulatur und weiche Skelette, und fast allen fehlt eine Schwimmblase. Sie scheinen vor allem dafür konstruiert zu sein, beim Warten auf die nächste vorbeiziehende Mahlzeit so wenig Energie wie möglich zu verbrauchen. Tatsächlich ist der Körperbau dieser Fische darauf abgestimmt, die Nahrung in der Dunkelheit lokalisieren und abfangen zu können. Sehvermögen ist mangels natürlichen Lichts in dieser Tiefe nicht sehr hilfreich, und so haben die meisten Fische in der Tat sehr kleine Augen. Im Ausgleich dazu sind viele von ihnen in der Lage, die kleinsten Vibrationen im Wasser wahrzunehmen. Einige Fische haben einen dünnen, gertenartigen Körper, den sie so gerade wie möglich zu halten versuchen. Entlang ihren Flanken verlaufen auf winzige Vibrationen empfindlich reagierende Zelllinien. Wenn sie ihren Körper spannen, verwandeln sie sich in Antennen, fähig zur Aufnahme der feinsten Signale. Der Fangzahn verfügt nicht nur über beeindruckende Zähne (daher sein treffender Name), sein Körper ist zudem noch pockennarbig von Poren überzogen, mit denen er die Bewegungen seiner Beute registriert. Doch die ultimativen Abhörstationen in der Dunkelheit sind vermutlich die gespenstig aussehenden „Hairy Angler“, die mit unzähligen langen Antennen das Wasser auf Signale überprüfen.

Da Nahrung in der Dunkelzone selten ist und nur zufällig zur Verfügung steht, müssen die hier lebenden Fische in der Lage sein, alles, was an ihnen vorbeitreibt, zu fressen, wie groß es auch sei. Deshalb haben Tiefseeangler ein riesiges Maul, kräftige Zähne und einen sehr dehnbaren Magen. Doch die Fische mit dem größten Maul sind die Pelikanaale, die man in 2000 Metern oder sogar in noch größeren Tiefen findet. Ihr Körper besteht nahezu ausschließlich aus Maul, mit lose verankerten und höchst dehnbaren Kiefern, die es ihnen gestatten, Beute von mindestens derselben Größe wie sie selbst zu fressen. Senkrecht im Wasser schwebend, warten die dünnen und Aalen ähnelnden Tiere auf Beute. Kommt ein Opfer nahe genug heran, öffnet sich das Maul wie ein riesiger Regenschirm und verschlingt das begehrte Mahl.

1. Links: Der „Hairy Angler“ ist überzogen mit Antennen, die kleinste Bewegungen im Wasser wahrnehmen. Dank seines dehnbaren Magens kann er sehr große Beute verzehren.

2. Wie viele Fische in der Dunkelzone sind Anglerfische schwarz oder dunkelbraun. Die kraftlosen Muskeln und weichen Skelette passen zu ihrer trägen, energiesparenden Lebensweise.

Nächste Doppelseite: Der Körper des Pelikanaals besteht fast ausschließlich aus einem gewaltigen Maul, das ihn zusammen mit einem sehr dehnbaren Magen in die Lage versetzt, Beute zu fressen, die mindestens genauso groß ist wie er selbst.

2

Abendessen

Nicht alle Fische in der Dunkelzone bevorzugen die Methode, darauf zu warten, dass die Nahrung von selbst zu ihnen kommt.

1

2

3

1. Anglerfische locken mit ihrer leuchtenden Angel, einer speziellen Rückenflosse, Beute an.

2. An der Angel eines Anglerfisches erzeugen Bakterien ein biolumineszentes Leuchten.

3. Der Anglerfisch *Thaumatichthys* trägt seine Angel am Gaumen des mit scharfen Zähnen umrandeten Mauls.

4. Rechte Seite oben: Viele Anglerfische haben von ihrem Kinn herabhängende Barteln mit leuchtenden Angeln an den Enden. Ob auch sie zum Anlocken von Beute benutzt werden, ist bislang unbekannt.

Viele haben schlaue Strategien entwickelt, ▷▷ Beute aktiv anzuziehen. Meister darin sind die Anglerfische, benannt nach ihrer Art des „Angelns" mit einem leuchtenden Köder. Jede Art besitzt eine modifizierte Rückenflosse, die wie eine Rute aus ihrem Kopf nach oben ragt. Am Ende der Rute befindet sich ein Köder voller in Symbiose lebender Bakterien, die ein biolumineszentes Leuchten produzieren. Der Köder ist oft mit Fäden oder Verzweigungen ausgestattet, die ebenfalls im Dunkeln leuchten. Der Anglerfisch hängt den Köder vor sein Maul, und da jedes Licht in einer Welt der Dunkelheit fasziniert, muss er nicht allzu lange warten, bis sich neugierige Beute nähert. Das ist der Moment, in dem der Anglerfisch seine überraschte Beute mit seinem gewaltigen Maul und rasiermesserscharfen Zähnen ergreift und verschlingt.

Peitschennasenangler haben eine Angelrute, die aus einer Stelle direkt oberhalb des Maules herausragt und in manchen Fällen um das Vier- oder Fünffache länger als der Fisch selbst sein kann. *Thaumatichthys*, wörtlich „Wunderfisch", eine weitere Gruppe von Anglerfischen, tragen ihre Angelrute am Gaumen ihres Mauls, das mit langen scharfen Zähnen versehen ist. Gibt es einen besseren Ort, um Beute anzuziehen, als das Maul selbst?

Die Anglerfische der Gattung *Linophryne* (wörtlich „Kröte, die mit einem Netz fischt") sind mit ihren zwei unterschiedlichen Leuchtsystemen einzigartig. Zusätzlich zur üblichen Angelrute am Kopf verfügen sie über eine außergewöhnliche Bartel am Kinn, die ebenfalls ein Licht erzeugt. Bei manchen Arten besteht diese Bartel aus mehreren verästelten Fäden, die wie ein leuchtender Hängekorb aussehen.

LICHT IM DUNKEL

Da es in der Dunkelzone absolut kein Sonnenlicht gibt, erzeugen die meisten hier lebenden Tiere ihr eigenes Licht. Dieses Biolicht wird normalerweise von den Tieren selbst produziert, doch nutzen manche Tiere, wie die Anglerfische, auch symbiotisch in ihrem Körper lebende Bakterien als Leuchtquelle.

Anglerfische sind jedoch nicht die einzigen Tiefseefische, die ihre Beute mit Hilfe von Licht anziehen. In den dunkleren Bereichen der Restlichtzone lebt eine Schauder erregende Gruppe von Räubern, die man Drachenfische nennt. Diese kleinen, aber gespenstisch anmutenden Fische besitzen einen großen gepanzerten Kopf und ein Maul voll scharfer Zähne. Zudem hängen von ihrem Kinn Barteln gerab, die an den Enden leuchten. Diese Barteln kommen in allen Formen und Größen vor und bestehen häufig aus zahlreichen verzweigten Fäden, die dem Wurzelsystem einer Pflanze ähneln. Ein 15 Zentimeter langer Drachenfisch verfügt über eine dünne Bartel, die über 2 Meter lang werden kann. Es wird allerdings immer noch darüber spekuliert, wie diese Fische ihre Angeln genau nutzen.

Drachenfische verlassen sich nicht nur auf leuchtende Barteln, um ihre Beute zu fangen. Viele von ihnen haben auch ein großes Licht erzeugendes Organ (Photophore) hinter den Augen, das wie ein Spotlight funktioniert. Da sie für Tiefseeverhältnisse recht muskulöse Tiere sind, können Drachenfische mittels dieses eingebauten Lichtstrahls aktiv auf Beutefang gehen.

Praktisch jedes in tiefen Gewässern biolumineszent erzeugte Licht ist blau oder blaugrün, da die Wellenlängen dieser Farben das Wasser am besten durchdringen und von den meisten Tiefseetieren wahrgenommen werden. Gleichwohl verfügen einige wenige Arten, wie der Drachenfisch *Melanstomias*, über die Fähigkeit, rotes Licht zu erzeugen. Vergleichbar mit den vom Militär verwendeten Nacht-

4

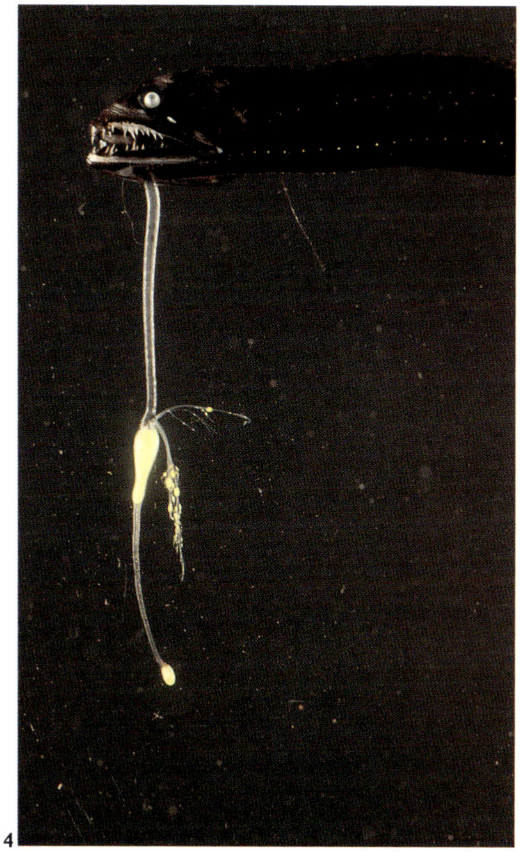

BIOLUMINESZENZ ERZEUGEN

Biolumineszenz, d. h. die Lichtausstrahlung durch lebende Organismen, entsteht mittels eines Oxidationsprozesses: Bei Vorhandensein des katalysatorischen Enzyms Luziferase oxidiert das Substrat Luziferin. Tiere sind in der Lage, genau zu entscheiden, wann sie Licht erzeugen, indem sie kontrollieren, wann Luziferin und Luziferase in Licht erzeugenden Zellen (Photophoren) zusammengeführt werden. Bei vielen Fischen, Krebsen und Kalmaren sind diese Photophoren mit Reflektoren, Lichtleitern oder Filtern verbunden, die das Licht je nach Erfordernis konzentrieren und leiten können. Fast das gesamte Luziferin erzeugt blaues Licht – wie bei der rechts abgebildeten *Periphylla* –, das Wasser gut durchdringt, doch manche Arten produzieren auch gelbes, grünes oder rotes Licht. Die meisten Tiere der Tiefsee können ihr Luziferin selbst erzeugen. Andere wie die Anglerfische hingegen erhalten es von Bakterien, die in ihren Leuchtorganen gedeihen. Wie diese wertvollen Bakterien von einer Generation zur nächsten weitergegeben werden, bleibt ein Geheimnis.

sichtgeräten, kann nur der Fisch selbst das von ihm produzierte Licht sehen und damit arglose Beute anleuchten, während er selbst unerkannt bleibt. Womöglich dient das rote Licht aber auch als geheimes Kommunikationssignal, das nur für andere Drachenfische sichtbar ist.

Fluchtlicht

Im ständigen Kampf zwischen Räubern und Beute wird die Biolumineszenz in der Dunkelzone auch von Tieren eingesetzt, die verhindern wollen, gefressen zu werden. Entweder dient das Aufleuchten der Alarmierung anderer Artgenossen oder es soll die Jäger verwirren. Ruderfußkrebse blitzen auf, wenn sie angegriffen werden. Ihr optischer Hilfeschrei mag andere Ruderfußkrebse warnen, vielleicht lockt sein Licht sogar die Jäger des Angreifers an. Einige Copepodenarten setzen Biolumineszenzpäckchen außerhalb ihres Körpers frei, die in der Dunkelheit wie winzige Feuerwerke explodieren. Manchmal erfolgt die Lichtexplosion erst so verspätet, dass der Copepode, der sie ausgelöst hat, bereits weit vom Ort des Geschehens entfernt ist. Der verwirrte Räuber indes jagt dem Blitz hinterher, nur um enttäuscht festzustellen, dass seine vermeintliche Beute schon längst in die Dunkelheit entschwunden ist.

Andere Lebewesen bedienen sich ähnlich raffinierter Techniken. Einige Garnelenarten spucken eine glitzernde Flüssigkeit aus, wenn man sich ihnen nähert, was den Räuber nicht nur verwirrt, sondern ihn auch für seine eigenen Feinde sichtbar macht. Der Kalmar *Heterotheutis* schießt ebenfalls eine biolumineszente Masse in Form einer Wolke ins Wasser.

1. Der Drachenfisch *Melanstomias* erzeugt mit einem Spezialorgan unterhalb seines Auges rotes Licht, das er als Spotlight einsetzt, um seine Beute in der Dunkelheit zu beleuchten.

2. Wenn sie von einem Räuber angegriffen wird, leuchtet die Tiefseequalle *Atolla* wie ein Feuerrad auf – ein spektakuläres biolumineszentes Schauspiel.

1

Doch es sind die Tiefseequallen, die das beeindruckendste Feuerwerk darbieten. Sobald sie ein Räuber berührt, durchfahren biolumineszente Wellen und Pulsschläge ihren Körper. Die Meduse *Periphylla* lässt die gesamte Glocke in einer Lichtwelle aufglühen, die bis zu den Tentakelspitzen nach unten verläuft. Die rote *Atolla* wiederum leuchtet wie ein Feuerrad auf. Und die *Colobonema* lässt nicht nur ihren ganzen Körper aufblitzen, sondern stößt auch einige ihrer glitzernden Tentakel ab – ein Opfer, das die Aufmerksamkeit des Räubers auf sich zieht, während die Qualle entkommt.

Auch wenn die meisten Tiere der Tiefe Licht erzeugen können, nutzen sie es doch nur sehr zurückhaltend. Quallen zum Beispiel leuchten nur in einer Art „Räuberalarm-Reaktion" auf. Indem sie Licht erzeugen, können sie jene Räuber alarmieren, die wiederum den sie bedrohenden Jäger als Beute bevorzugen. Mit der Räuberalarm-Theorie korrespondiert die Minenfeld-Theorie. Ihr zufolge versuchen viele Tiere bewegungslos im Wasser zu treiben, um jede Lichtreaktion und damit das Anziehen von Räubern zu vermeiden.

Nur etwa 5 Prozent der in der sonnendurchfluteten euphotischen Zone erzeugten Nahrung gelangt hinunter in die Dunkelzone.

2

SPEKTAKULÄRE TIEFSEE-CEPHALOPODEN

Die Tiefsee-Cephalopoden – Kalmare und Kraken – besaßen lange Zeit einen geheimnisumwitterten Ruf. Erst vor kurzem hat man mit Hilfe von ferngesteuerten Kameras und U-Booten begonnen, ihre Verbreitung und ihr natürliches Verhalten intensiver zu erforschen. Die in einer Tiefe von bis zu 5 000 Metern vorkommenden Cephalopoden gehören zu den merkwürdigsten Meerestieren. Nautilus ist ein lebendes Fossil, der letzte Vertreter einer Tiergruppe, die einst das Meer beherrschte. *Vampyroteuthis* gleicht einer Furcht einflößenden Kreuzung aus Tintenfisch und Krake, und der Riesenkalmar ist das größte wirbellose Tier der Erde.

2

2. *Vampyroteuthis* – wörtlich „Vampirtintenfisch aus der Hölle" – wird als Art zwischen Kalmar und Krake eingeordnet.

1

1. Nautilus ist der einzige Cephalopode, der sein hartes Außengehäuse behalten hat.

Nautilus

Während andere Cephalopoden das harte und für Weichtiere typische Außengehäuse verloren haben, besitzt der Nautilus nach wie vor ein großes, schweres und gekammertes Gehäuse. Nur die letzte Kammer wird vom Weichkörper bewohnt, alle anderen sind mit Gas gefüllt und ermöglichen so Auftrieb und Beweglichkeit. Diese Bauweise versetzte die Nautiloiden und ihre Verwandten in die Lage, die Meere 200 Millionen Jahre lang zu beherrschen. Mit der Entwicklung der Schwimmblase machten die Fische ihnen allerdings ernsthafte Konkurrenz, sodass die meisten Nautiloiden ausstarben. Allein der Nautilus hat überlebt. Der in 500 Metern Tiefe lebende Kopffüßer scheint in erster Linie Aas zu fressen und sich die meiste Zeit „schlafend" am Meeresboden aufzuhalten, um Energie zu sparen.

Vampyroteuthis

Der „Vampirtintenfisch aus der Hölle", *Vampyroteuthis*, ist etwa fußballgroß, besitzt einen dunkelroten Körper und bedrohlich dreinschauende Augen, die in Proportion zur Körpergröße die größten Augen im Tierreich darstellen. *Vampyroteuthis* ist irgendwo zwischen Krake und Kalmar angesiedelt: Er hat acht Arme, die durch einen Hautschirm miteinander verbunden sind, doch innerhalb dieses Netzes befinden sich zwei weitere dünne Arme, die den Tentakeln eines Kalmars ähneln. Am entgegengesetzten Ende des Körpers befinden sich zwei kleine Flossen. Da er in der Dunkelheit in etwa 1 000 Metern Tiefe lebt, ist der *Vampyroteuthis* völlig von Licht erzeugenden Photophoren überzogen. Hinter den Flossen liegen sogar zwei besonders große Photophoren mit Hautlappen, die wie Augenlider funktionieren und das Licht an- und ausschalten können. Das wirklich Überraschende bei diesem Tier wurde erst deutlich, als man es mit einer ferngesteuerten Kamera in seinem natürlichen Lebensraum beobachtete. *Vampyroteuthis* ist weitaus schneller, als sein Körperbau vermuten lassen würde. Außer-

4

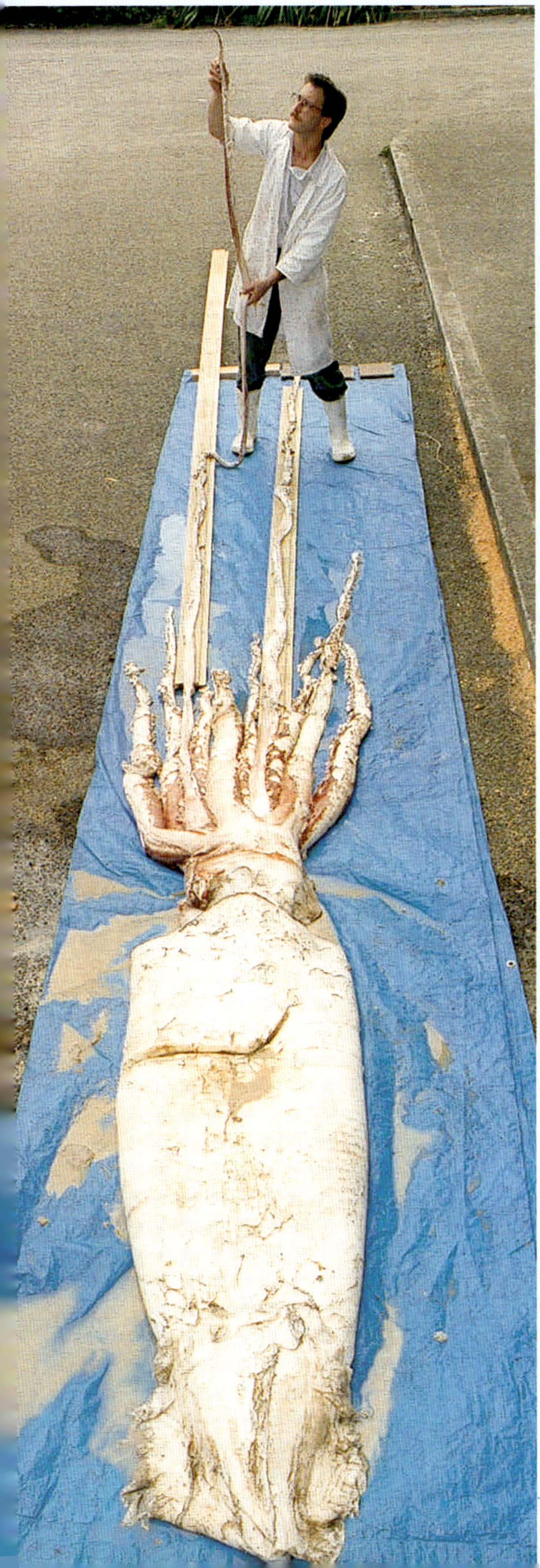

dem besitzt er die Fähigkeit, sein Inneres nach außen zu kehren, indem er die Arme über seine Hülle zurückwirft und die Saugnäpfe nach außen stülpt. Doch niemand hat bisher eine Erklärung für dieses seltsame Verhalten gefunden.

Riesenkalmar

Mit mindestens 15 Metern Länge und über 1 Tonne Gewicht ist der Riesenkalmar das mit Abstand größte Tier ohne Rückgrat. Bislang konnte jedoch noch kein lebendes Exemplar beobachtet werden. Unser gesamtes Wissen über den Riesenkalmar stammt von toten Exemplaren, die sich in Fischernetzen verfangen hatten oder an Strände gespült wurden, insbesondere in Neuseeland und Neufundland. Die tellergroßen Augen lassen vermuten, dass der Kalmar am Grunde der Restlichtzone (▷ S. 314) lebt, wo er noch auf Sicht jagen kann. Die riesigen Augen könnten allerdings auch der Suche nach biolumineszenter Beute in größeren Tiefen dienen.

3

3. Mit über 15 Metern Länge ist der Riesenkalmar das bei weitem größte wirbellose Tier. Doch bisher konnte man noch kein Exemplar lebend beobachten.

4. Der Tiefseekalmar *Histioteuthis* besitzt ein Auge, das größer ist als das andere. Mit ihm schaut er auf der Suche nach Beute Richtung Wasseroberfläche.

ZUM THEMA

6.4 Meeresgeburt
Der Todestanz, S. 304

7.1 Die Restlichtzone
Leben in der Restlichtzone, S. 317
Versteckspiel, S. 324

7.2 Die Dunkelzone
Biolumineszenz erzeugen, S. 337
Fluchtlicht, S. 338

FORTPFLANZUNG

In der weiten Ödnis der Dunkelzone Nahrung zu finden ist nicht das einzige Problem, mit dem die hier lebenden Tiere konfrontiert sind. In der so dünn besiedelten Tiefenzone ist es auch kein einfaches Unterfangen, einen Partner zur Fortpflanzung zu finden. Eine mögliche Anpassung besteht im Zwitterdasein. Und tatsächlich besitzen viele Arten sowohl männliche wie weibliche Keimdrüsen. Andere wiederum verlassen sich auf die Anziehungskraft ihrer Biolumineszenz, die nicht nur artspezifisch, sondern auch geschlechtsspezifisch ausgerichtet sein kann. Raubfische, die ihre leuchtenden Angeln normalerweise zum Anlocken von Beute nutzen, können diese Lichter auch als Signale für potenzielle Partner einsetzen. Anglerfische beispielsweise verwenden ihre Angeln für eine der außergewöhnlichsten Fortpflanzungsweisen der Natur. Anglerfischmännchen sehen völlig anders als ihre Partnerinnen aus. Sie sind wesentlich kleiner, erzielen manchmal nur ein Zehntel der Größe des Weibchens, und im Gegensatz zu ihren fetten, trägen Partnerinnen besitzen sie muskulöse Körper zum aktiven Schwimmen. Viele Jahre lang hielten Meeresbiologen Anglerfischmännchen und -weibchen für völlig verschiedene Arten. Was kaum verwunderlich ist, hatte man doch bis dahin noch kein lebendes Exemplar beobachten können. Der Forschung standen lediglich tote, oft durch die enormen Druckveränderungen und den Fangvorgang schwer beschädigte Exemplare zur Verfügung. 1922 veröffentlichte ein isländischer Biologe seine Beschreibung eines großen Anglerfischweibchens, an dessen Bauch zwei kleine Fische hingen. Er ging davon aus, dass es sich um Jungtiere handelte, die irgendwie an ihrer Mutter befestigt waren. Drei Jahre später sezierte ein weiterer Biologe einen der kleinen Fische und identifizierte ihn als ein Männchen der gleichen Art. Damit war das Rätsel gelöst.

Vom Moment der Geburt an haben Anglerfischmännchen keine andere Aufgabe, als ein Weibchen ausfindig zu machen. Sie besitzen nicht einmal eine Angel, was vermuten lässt, dass sie wahrscheinlich nie selbst aktiv Nahrung aufnehmen. Stattdessen haben sie zwei große Augen, die wahrscheinlich dazu dienen, die aufblitzende Angel des Weibchens auszuspähen. Darüber hinaus verfügen sie über ein großes Organ vor ihren Augen, mit dem sie Chemikalien wittern können, die das Weibchen freisetzt, um das Männchen anzulocken. Hat das Männchen eine Partnerin gefunden, beißt es sich an ihrem Bauch fest. Nach und nach werden Männchen und Weibchen eins, bis schließlich das weibliche Kreislaufsystem die Versorgung beider Geschlechter übernimmt. Das Männchen entwickelt sich zu einem völligen Anhangsgebilde des Weibchens: Es muss nie wieder nach einer Partnerin suchen, und im Gegenzug stehen dem Weibchen die männlichen Samendrüsen zur Verfügung, die es jederzeit mit Sperma versorgen können. Forscher fanden bereits ein Anglerfischweibchen mit fast 500 Millionen Eiern in ihren Eileitern. Einige davon werden zu einem bestimmten Zeitpunkt freigesetzt und müssen sofort mit dem Sperma des Männchens befruchtet werden. Um einen koordinierten Ablauf zu gewährleisten, steuern die Sexualhormone des Weibchens auch die des Männchens. Sind die Eier befruchtet, treiben sie mit Hilfe großer Öltröpfchen in ihrem Innern an die Meeresoberfläche. Viele Monate lang können die Anglerfischjungtiere nun in der euphotischen Zone das reichhaltige Nahrungsangebot auskosten. Wenn sie schließlich groß genug sind, sinken sie zurück in die Dunkelzone.

1
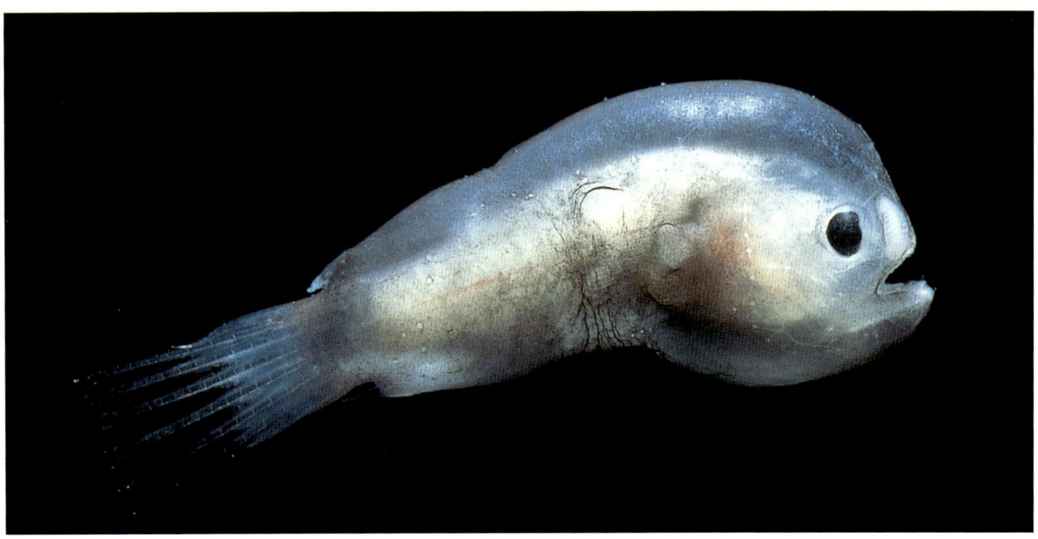

1. Anglerfischmännchen sind weitaus kleiner als ihre Partnerinnen. Mit dem weißen, vor ihren Augen liegenden Organ spüren sie chemische Stoffe auf, die von den Weibchen freigesetzt werden, um sie anzulocken.

2. Rechts: Ein Anglerfischweibchen mit zwei Männchen, die fest mit ihm verbunden sind. Das weibliche Kreislaufsystem übernimmt die Versorgung beider Geschlechter. Im Gegenzug kann das Weibchen jederzeit über das Sperma des Männchens verfügen.

7.3 DER MEERESBODEN IN DER TIEFE

Die am Meeresboden heimischen Tiere sind den gleichen Bedingungen ausgesetzt wie alle anderen Lebewesen der Tiefsee: Es gibt kein Sonnenlicht, die Wassertemperatur ist niedrig, der Druck hoch und die Nahrungsversorgung knapp. Zudem sind die meisten Arten entweder ständig an den Boden als Standort gebunden oder sie bleiben zumindest in seiner Nähe. Mit wenigen Ausnahmen sind alle von der Nahrung abhängig, die von der Oberfläche hinabsinkt. Für jene 80 Prozent des Meeresbodens, die tiefer als 3000 Meter liegen, können diese Versorgungswege sehr lang sein. Mehr als alle anderen Faktoren ist es diese Nahrungsknappheit, die Körperbau und Lebensweise der Tiere am Meeresboden bestimmt hat. Seit Beginn der Unterschungen in den 1960er Jahren wächst unser Wissen über die Tiefe zunehmend. Doch der bei weitem größte Teil der 300 Millionen Quadratkilometer Tiefseeboden liegt noch unerforscht vor uns.

LEBEN AM GRUND

Die Ankunft mit einem U-Boot auf dem Tiefseeboden ist aufregend und beängstigend zugleich. Große Umsicht ist geboten, um das Unterwasservehikel nicht zu beschädigen. Man empfindet den großen Wunsch, das Boot zu verlassen, um sich umzuschauen, doch der enorme Druck macht das natürlich unmöglich. Auch wenn das Wasser in diesen Tiefen kristallklar ist, so kann man doch nur sehen, was der Lichtkegel der U-Boot-Lampen dem Auge offenbart. So haben Tiefseeforscher bisher erst weniger als 1 Prozent des Meeresbodens gesehen. Wir wissen in der Tat mehr über die Mondoberfläche als über die Oberfläche unseres eigenen Planeten.

Auch wenn der Tiefseeboden einige der größten und spektakulärsten geologischen Besonderheiten zu bieten hat, so ist er doch in weiten Bereichen vergleichsweise flach, langweilig und scheinbar unbelebt. Bei näherem Hinsehen stellt man allerdings bald fest, dass er mit Spuren tierischen Lebens bedeckt ist. Immer wieder entdeckt man kleine vulkanartige Aufwerfungen, umgeben von einer Reihe von Löchern, oder eine Sternform aus kleinen Gräben mit einem höhlenartigen Eingang in der Mitte. Fährten führen kreuz und quer in jede Richtung über den Meeresboden. Es gibt also scheinbar jede Menge Lebewesen hier unten, auch wenn sie sich meist verborgen halten.

60 Prozent des Meeres liegen tiefer als 1500 Meter. Doch es gibt weltweit nur sehr wenige U-Boote, die tiefer als 1000 Meter tauchen können.

1

1. Diese Tiefseeanemone wird über 10 Zentimeter groß, was ihr dabei hilft, vorbeitreibende Nahrung abzufangen.

DIE TOPOGRAPHIE DES TIEFSEEBODENS

Der Tiefseeboden macht 60 Prozent der Erdoberfläche aus. Er weist die höchsten Gipfel und die längste Gebirgskette der Welt auf. Alle größeren Landmassen der Erde sind von verhältnismäßig seichten, bis zu 200 Metern tiefen Gewässern umgeben. Der unter dem Meeresspiegel liegende Randbereich der Kontinente, der so genannte Schelf, erstreckt sich im Durchschnitt über eine Länge von 65 Kilometern von der Küste aus ins Meer. An der pazifischen Küste Südamerikas jedoch dehnt sich der Schelf nur 1 Kilometer aus, in Sibirien wiederum etwa 750 Kilometer. Dort, wo der Schelf in die Tiefsee abfällt, beginnt der Kontinentalabhang.

1. Verlauf des Meeresbodens vom Kontinentalschelf über den Kontinentalabhang bis hin zur Abyssalebene.

DER TIEFSEEBODEN

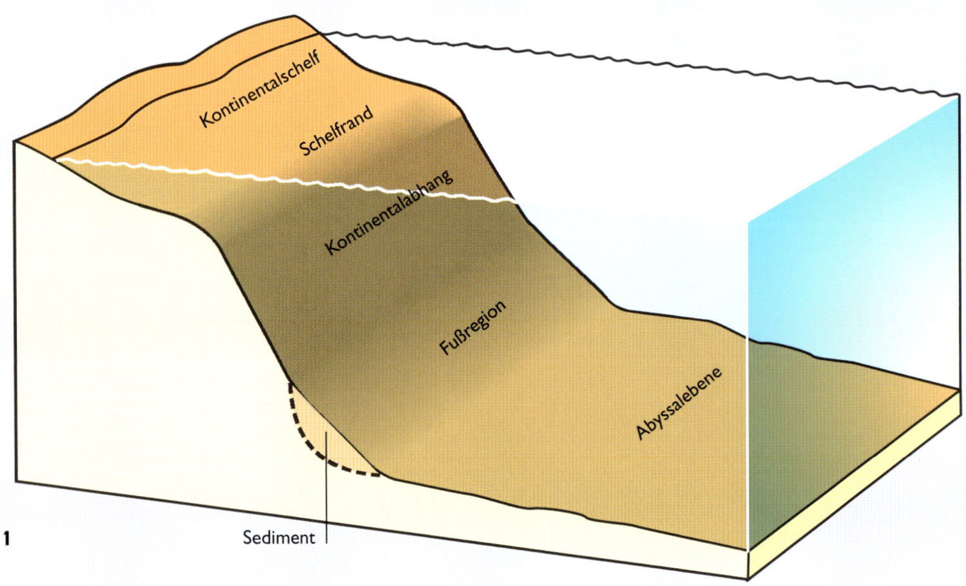

1

Der Kontinentalabhang

Der größte Teil eines Kontinentalabhangs hat ein Gefälle, das in etwa dem eines sanften Hügels entspricht. Die Oberfläche des Abhangs ist in der Regel gleichförmig, weist jedoch an manchen Stellen steile Terrassen und tiefe Schluchten auf. Weite Bereiche sind mit Sediment bedeckt, das entweder von Flüssen oder Wind ins Meer getragen wurde oder aus den Überresten zahlloser Meerestiere und -pflanzen besteht. In einer Tiefe von über 3000 Metern nimmt das Gefälle des Abhangs deutlich ab. In dieser Fußregion befindet sich ein dicker Sedimentkeil aus Ablagerungen, die allmählich den Abhang hinuntergerutscht sind. Kontinentalabhang und Fußregion erstrecken sich von der Küste aus im Durchschnitt über 240 Kilometer ins Meer hinein.

Die Abyssalebene

In einer Tiefe von etwa 4000 Metern beginnt die so genannte Abyssalebene. Weltweit gibt es nur einige wenige bemannte U-Boote, mit denen man in diese Tiefen vordringen kann, weshalb bislang lediglich ein Bruchteil der Abyssalebene erforscht wurde. Ihre Oberfläche ist nicht gleichmäßig geformt. Mancherorts erheben sich Vulkane vom Meeresboden. Wo diese Vulkane über der Meeresoberfläche herausragen, bilden sie Inseln wie die Hawaii-Inseln. Reichen sie bis knapp unter die Oberfläche, nennt man die inaktiven Vulkane untermeerische Berge. In den leeren Weiten des offenen Meeres stellen Seeberge Oasen dar, die von vielen Ozeanbewohnern wie Thun- und Schwertfischen aufgesucht werden. In anderen Regionen fällt der Meeresboden plötzlich in tiefe Gräben mit Wassertiefen von 10 000 bis 11 000 Metern ab. Der tiefste Punkt ist die Challengertiefe des Marianengrabens im westlichen Pazifik.

2

2. Der Mittelozeanische Rücken erstreckt sich über eine Gesamtlänge von 60 000 Kilometern und durchzieht als unterseeische Gebirgskette alle größeren Meere.

Mittelozeanischer Rücken

Die Abyssalebenen sind durch ein riesiges Gebirgssystem, den Mittelozeanischen Rücken, unterbrochen. Hier steigt aus der Tiefe der Erde geschmolzenes Gestein auf und verteilt sich zur Bildung neuen Meeresbodens, die mit etwa derselben Geschwindigkeit fortschreitet, wie unsere Fingernägel wachsen.

Allein schon die Größe des Mittelozeanischen Rückens ist beträchtlich: Bis zu 3000 Meter hoch und über 60 000 Kilometer lang, durchzieht er alle größeren Meere mit Ausnahme des Nordpazifiks. Keine der Gebirgsketten und kein Gipfel an Land kommt an diese riesigen Ausmaße heran. Bisher haben die Strahler von U-Booten nur wenige Hundert Meter dieser gewaltigen Strukturen ausleuchten können.

QUERSCHNITT DES MITTELOZEANISCHEN RÜCKENS

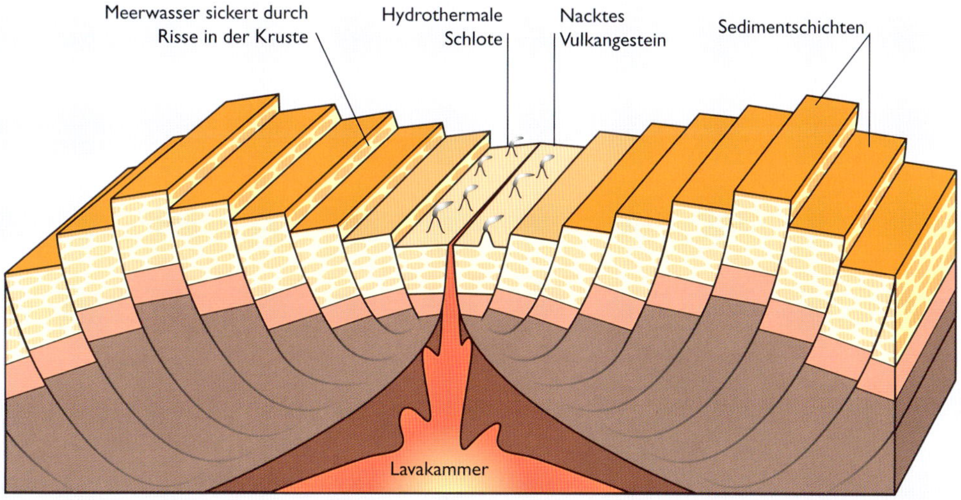

3

3. Querschnitt durch den Mittelozeanischen Rücken. Meerwasser sickert durch Gesteinssprünge und wird von dem Gestein in der ozeanischen Kruste erhitzt. Dann schießt es als Hydrothermalquelle an die Oberfläche.

ZUM THEMA

1.1 Wasserwelt
Mittelozeanischer Rücken, S. 24
Blicke aufs Meer, S. 27

7.1 Die Restlichtzone
In der Düsternis, S. 315

7.2 Die Dunkelzone
Leben in der Dunkelzone, S. 331

7.3 Meeresboden in der Tiefe
Leben am Grund, S. 345
Leben an Felsabhängen, S. 354

7.4 Leben ohne Sonne
Hydrothermalquellen, S. 361

LEBEN IM SCHLAMM

In den 1980er Jahren verbrachte ein Team von Tiefseebiologen zwei Jahre damit, dem Tiefseeboden vor der Ostküste der Vereinigten Staaten Hunderte von Schlammproben zu entnehmen. In einem Gebiet von nur 54 Quadratkilometern identifizierten sie 90 677 Einzeltiere, die 798 Arten angehörten. Fast 60 Prozent von ihnen waren der Wissenschaft unbekannt. Statistisch gesehen müsste demnach pro Quadratkilometer noch zu erforschenden Tiefseebodens eine neue Art entdeckt werden, insgesamt also 100 Millionen. Diese Zahl ist zwar wissenschaftlich umstritten, doch nur wenige Forscher würden der Vermutung widersprechen, dass sich dort unten noch mindestens eine Million unbekannte Tiere befinden. Zieht man in Betracht, dass bisher nur etwa 230 000 marine Arten identifiziert wurden – gerade einmal 9 Prozent der 1,5 Millionen bekannten Arten des gesamten Planeten –, so gibt es in der Tiefsee zweifelsohne noch viele Entdeckungen zu machen.

Die meisten Tiere im Tiefseeschlamm sind nur wenige Millimeter groß. Die bei weitem am zahlreichsten vertretenen sind die Foraminiferen und ihre Verwandten. Ihr Gesamtgewicht übertrifft wahrscheinlich das aller anderen Tiere im Sediment. Diese Einzeller weiden Bakterien und andere winzige Teile organischer Materie und bauen sich komplizierte kleine Behausungen aus organischem und anorganischem Material sowie aus Kalk. Die am häufigsten vertretenen mehrzelligen Tiere sind die Nematoden oder Fadenwürmer, die in der Tiefsee in Größen von ein paar Zehntelmillimetern bis hin zu 1 Zentimeter oder mehr vorkommen. Die Bandbreite ihrer Lebensformen reicht von Bakterienfressern bis hin zu aggressiven Jägern, die sich darauf spezialisiert haben, die Säfte aus ihrer Beute herauszusaugen. Andere typische Tiefseetiere sind die Isopoden, die uns als Landasseln vertraut sind und die in allen Formen und Größen vorkommen. Zu den Mitgliedern der Nahrungskette im Schlamm zählen des Weiteren winzige räuberische Borstenwürmer sowie zahlreiche kleine Muscheln. Letzere sind Verwandte der strudelnden Flachwassermuscheln, doch im Gegensatz zu ihnen sammeln die Tiefseearten Nahrung von der Schlammoberfläche; manche sind sogar spezialisierte Jäger geworden. Zu den vielleicht seltsamsten Tiefseemuscheln gehören jene Arten, die von Holz leben. Die Rümpfe gesunkener Schiffe

1. Foraminiferen, die am zahlreichsten vertretenen Lebewesen im Tiefseeboden, bauen sich aus dem Schlamm, Stücken von Tiergehäusen und Kalk vielfältige Behausungen.

2. Seegurken ziehen über den Tiefseeboden und saugen dabei Sediment auf, aus dem sie die organischen Inhaltsstoffe herausfiltern.

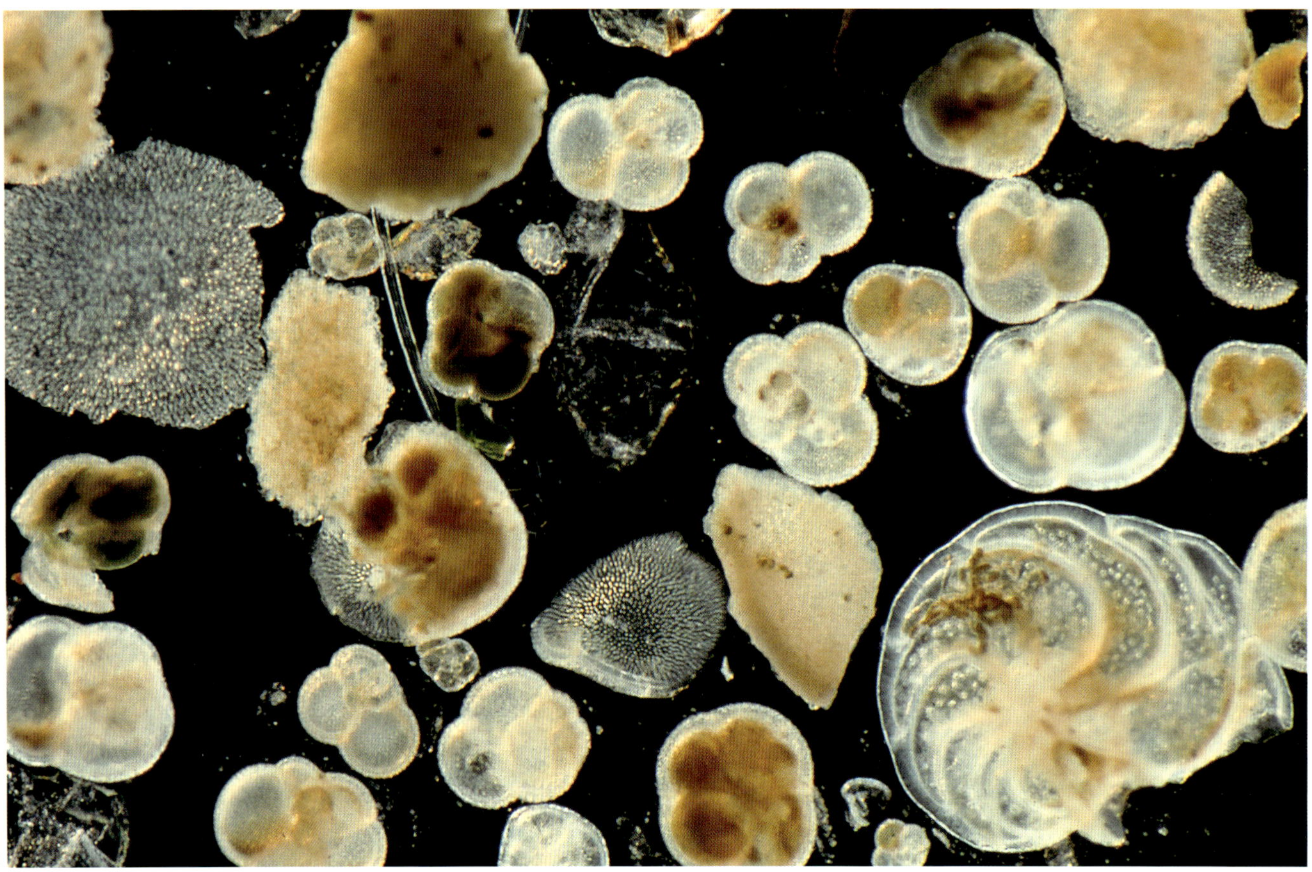
1

boten sicherlich einst ausreichend Nahrung. Doch was fraßen sie, bevor der Mensch die Bühne betrat? Die einzige vergleichbare Nahrungsquelle sind Bäume, die von der Küste ins Meer geschwemmt werden und schließlich in die Tiefen sinken.

Manna vom Himmel

Mit wenigen Ausnahmen sind alle Tiere auf dem Tiefseeboden von herabfallender Nahrung aus der sonnendurchfluteten Meeresoberfläche abhängig. Dieser „marine Schnee" besteht zumeist aus Partikeln toter Pflanzen oder Tiere sowie ihrer Fäkalien. Ein Großteil wird allerdings von Tieren in den Zwischenschichten abgefangen und gefressen. Die Menge, die schließlich den Meeresgrund erreicht, ist recht spärlich. Doch während die ▷▷

2

BESTATTUNGSUNTERNEHMER DER TIEFE

Der größte Teil der Nahrung aus den oberen Wasserschichten fällt in Form kleiner Partikel auf den Tiefseeboden. Gelegentlich stirbt jedoch ein größeres Tier – ein Fisch, ein Delphin oder sogar ein Wal – und sinkt ebenfalls auf den Grund. 1998 beobachteten Biologen die Plünderung eines Walkadavers. Die Ersten, die sich an Ort und Stelle einfanden, waren die Amphipoden, nur wenige Zentimeter lange Krebse, die scharfe „Zähne" haben, die sie in das Fleisch graben. Diesen folgten Tiefseefische, von denen viele spezialisierte Aasfresser mit einem scharfen Geruchssinn sind. Dann kamen die Schlafhaie, die gewaltige Stücke aus dem Kadaver herausbissen. Nach der ersten Welle von Gästen stellte sich eine Gruppe langsamerer Aasfresser ein: Schlangensterne, Borstenwürmer und Krabben plünderten den Wal langsam aus und hinterließen nur noch ein weißes Skelett (siehe rechts). Nun erschien eine weitere Gruppe von Bestattungsunternehmern: Würmer, Pilger- und andere Muscheln sowie Bakterien, die imstande sind, die stark sulfidhaltigen Knochen zu zerlegen. Einige dieser Tiere findet man auch an den Hydrothermalquellen (▷ S. 361), was zu der Annahme verleitet, dass Walskelette als Aufenthaltsorte für die Larven von Tieren dienen könnten, die von einer Quelle zur anderen ziehen.

Tiere in den Zwischenschichten die Nahrung aktiv schnappen müssen, können die Lebewesen auf dem Meeresboden in aller Ruhe darauf warten, bis sie bei ihnen eintrifft. Zu diesen Tieren gehören beispielsweise die Seegurken, von denen viele der Spuren im schlammigen Grund stammen. Seegurken sind Stachelhäuter und die auf dem Tiefseeboden dominante Tiergruppe, zu der Seesterne, Seeigel und Schlangensterne gehören. Seegurken gibt es in Größenordnungen von 1 Zentimeter Länge bis hin zu fußballgroßen Riesen. Sie ernähren sich, indem sie über den Meeresboden krabbeln und das Sediment aufsaugen, um seine organischen Inhaltsstoffe herauszufiltern. Wie die in seichten Gewässern heimischen Arten gleichen viele der Tiefseevarianten langen, fetten Würsten. Doch manche haben auch eine außergewöhnliche Gestalt mit langen Tentakeln, die wie Beine aussehen, oder sie verfügen über große segelähnliche Gerüste, die von ihrem Rücken aufragen. Die besonders spektakuläre Seegurke *Enypniastes* besitzt an der Vorder- und Rückseite ihres Körpers netzartige Schwimmgerüste und kann, was für diese große bodenlebende Familie ungewöhnlich ist, tatsächlich den Meeresboden verlassen und bis zu 1000 Meter hoch schwimmen. Diese Wanderungen dienen wahrscheinlich dem Erschließen neuer Nahrungsgründe, vielleicht will *Enypniastes* damit aber auch nur Räubern aus dem Weg gehen. Ihre rote Haut ist von Hunderten winziger, ein goldfarbenes Licht erzeugender Körnchen bedeckt, die zur Abwehr eingesetzt werden: Wird die Seegurke angegriffen, löst sich ihre Haut und klebt an dem Angreifer, der im Dunkeln gefährlich leuchtend zurückgelassen wird.

Schlangensterne und Seeigel sind ebenso typische Bewohner des Tiefseebodens, und ihre Anzahl geht auch in kleinen Gebieten manchmal in die Millionen. Schlangensterne findet man in allen Meeren und bis in eine Tiefe von 7000 Metern. Sie besitzen fünf lange, schlanke Arme, die an einer Scheibe sitzen, in der sich ihr Maul befindet. Ihre Arme setzen sie dazu ein, um über den Meeresboden zu streichen, bisweilen strecken sie sie jedoch auch hoch ins Wasser, um vorbeitreibende Partikel zu fangen. Die Seeigel der Tiefsee kommen in vielen Variationen der stacheligen Grundbauart vor. Einige haben lange, bonbonrosa gestreifte Stacheln. Andere besitzen biegsame Stacheln, an denen ein winziger runder Körper hängt. Die meisten

Vorhergehende Doppelseite: Dieses Medusenhaupt hat sich auf eine Tiefseekoralle gelegt, wo es sich in der Wasserströmung befindet und seine langen Arme besser dazu einsetzen kann, vorbeitreibende Nahrungspartikel einzufangen.

1. Der Borstenwurm *Biremas* ist für seine Tiergruppe einzigartig, da er zur Nahrungssuche und um Räubern auszuweichen auf dem Tiefseeboden von Ort zu Ort schwimmen kann.

2. Die hängende Seefeder gehört demselben Stamm wie die Quallen an. Diese Tiefseeart reckt sich hoch in die Wasserströmung über dem Meeresboden, um Nahrung aufzunehmen.

1

von ihnen sind Allesfresser. Oft bewegen sie sich in Gruppen fort, was dem Auffinden von Nahrung, aber auch der Vermehrung dienlich sein kann. Wie überall in der Tiefsee kann die geringe Populationsdichte auf dem Meeresboden die Partnersuche schwierig gestalten. Sich in Gruppen zu bewegen hat den Vorteil, dass ein potenzieller Partner nie weit entfernt ist.

Der permanente Zwang, auf dem Meeresboden Nahrung zu finden, hat sich im Körperbau und in der Lebensweise vieler der hier heimischen Tiere niedergeschlagen. Eine der außergewöhnlichsten Anpassungen an diesen anspruchsvollen Lebensraum hat der Borstenwurm *Biremas* vollzogen, der einer Gruppe angehört, die in Röhren im Sediment lebt. *Biremas* jedoch lebt draußen auf dem Meeresboden. Wird er von einem Räuber gestört oder muss er sich auf die Suche nach Nahrung machen, kann er plötzlich abheben und schwimmen, angetrieben von einem Tentakelbüschel, das sein Maul umgibt. Das ist für einen Wurm, den man normalerweise in einer Röhre lebend erwarten würde, ein höchst ungewöhnliches Verhalten.

Viele Tiere des Tiefseebodens besitzen nicht die Fähigkeit, sich aktiv auf Nahrungssuche zu begeben. Schwämme, Seeanemonen, Seefedern und Röhrenwürmer haben eine sesshafte Lebensweise, die sie dazu zwingt, darauf zu warten, dass die Nahrung an ihnen vorbeitreibt. In einer energiearmen Welt ist dies eine Energie sparende und sinnvolle Strategie, die sich auf dem Meeresboden viele Male unabhängig voneinander herausgebildet hat. Um ihre Chancen zu erhöhen, vorbeiziehende Beute zu fangen, sind die Tiere auf dem Tiefseeboden in der Regel größer als ihre Verwandten in flacheren Gewässern. Eine Seeanemone hat beispielsweise einen 10 Zentimeter langen „Stiel“, um ihre Tentakel möglichst hoch ins Wasser hängen zu können.

2

LEBEN AN FELSABHÄNGEN

In weiten Bereichen ist der Meeresboden völlig flach oder sanft gewellt. In manchen Regionen steigt er jedoch auch steil an. Kleine Felserhebungen, aber auch Berge von mehreren Tausend Metern Höhe können von ihm aufragen. Manchmal stürzen aber auch dramatische Schluchten geradewegs mehrere Tausend Meter in die Tiefe. Die Challengertiefe des Marianengrabens im Pazifik ist mit 11 000 Metern die tiefste Stelle der Erde.

Wo das Gefälle steil ist, stehen Tiefseetiere neuen Herausforderungen gegenüber. Mariner Schnee kann sich nicht absetzen, sondern sinkt weiter hinunter auf den flachen Meeresboden. Andererseits dienen Felsvorsprünge als ideale Ausgangspunkte zum Einfangen von der in Strömungen vorbeitreibenden Nahrung. Aufgrund dieser Bedingungen sehen viele Tiefseelebewesen weniger wie Tiere, sondern eher wie Pflanzen aus. Seelilien oder gestielte Haarsterne, die wie aufs Licht zustrebende Blumen wirken, sind in Wirklichkeit Echinodermaten. Doch sie haben einen langen Stiel und einen Schirm aus Armen entwickelt, um vorbeiziehende Beute zu fangen. In der Strömung legen sie ihre Arme wie einen Parabolfächer aus, sodass sich winzige Nahrungspartikel im dicken Schleim, der sich über ihre ganze Länge verteilt, verfangen.

Korallen sind eine weitere Tiergruppe mit einem pflanzenähnlichen Körpergerüst. In seichten Gewässern versuchen sie möglichst viel Sonnenlicht zu absorbieren, um das Wachstum der sie bewohnenden Algen zu fördern, die ihre Nahrungsquelle darstellen. In der Dunkelheit der Tiefsee müssen sie jedoch selbst für ihre Nahrung sorgen und sind deshalb wie die Crinoiden darauf angelegt, im Wasser schwebende Partikel zu fangen. Die Gorgonien oder Hornkorallen zum Beispiel wachsen in Form spektakulärer Büsche oder langer korkenzieherartiger Stängel, die nach Nahrung fischend in die Strömung ragen. Manchmal klettern Schlangensterne auf Gorgonien, um zum Fischen in

1

1. Dass es in der Tiefsee Korallenriffe gibt, wird bezweifelt. Doch vor kurzem entdeckten Meeresbiologen ein „Riff" dieser weißen *Lophelia*, die sich über 200 Meter ausdehnte.

2. Rechts: Die Champignonkoralle bildet große Polypen, was sie in die Lage versetzt, eine Vielzahl verschiedenartiger Beute zu fangen.

1

eine günstigere Position zu gelangen. Zu den Weichkorallen der Tiefe gehört die schöne Champignonkoralle, die aus der Entfernung wie ein rosafarbener Pilz aussieht, aus dem rote „Minipalmen" herauswachsen.

Diese „Minipalmen" sind in Wirklichkeit große Polypen – die größten aller Meereskorallen –, die zum Beutefang mit einem Aufgebot langer Tentakel ausgestattet sind. Auch wenn es in der Tiefsee nicht jene weit reichenden Gebiete riffbildender Korallen gibt, wie sie für die seichten tropischen Meere typisch sind, so entdeckten Biologen dennoch kürzlich vor der Küste Norwegens in 300 Metern Tiefe ein Riff der Kaltwasserkoralle *Lophelia*, das sich über 30 Meter in die Höhe und über fast 200 Meter in die Breite erstreckte.

Die Nahrungsknappheit am Tiefseeboden hatte weit reichende Auswirkungen auf den Körperbau und das Fressverhalten vieler Tiere. In seichten Gewässern bevorzugen Seesterne Schnecken, die sich nur langsam bewegen. In der Tiefsee vor den Bahamas jedoch verhält sich der hellrote Seestern *Novodinea* eher wie ein Filtrierer und ist ein aggressiver Jäger. Er streckt seine Arme, die mit winzigen Zangen besetzt sind, ins Wasser hoch, um vorbeiziehende Beute abzufangen. Doch die vielleicht dramatischste Anpassung an das Leben in der Tiefsee kann man an dem Manteltier *Megalodicopia* beobachten. Die meisten Manteltiere sehen wie kleine transparente, am Boden hängende Kugeln aus. Saugröhren an der Seite ihres Körpers ziehen Wasser ein, stoßen es wieder aus und filtern dabei Nahrungspartikel heraus. *Megalodicopia* ist unter den Manteltieren deswegen einzigartig, weil sie ein Fleischfresser ist. Die Saugröhre hat sich zur Bildung beeindruckender „Kiefer" gewaltig vergrößert und verstärkt. Wie ein Boxhandschuh auf einem Stängel öffnet und schließt *Megalodicopia* diese Kiefer, um jede Beute, die in Reichweite kommt, zu ergreifen.

FISCHE DES TIEFSEEBODENS

Die am Tiefseegrund lebenden, in der Regel braunen oder schwarzen Fische sehen vollkommen anders aus als jene der darüber liegenden Gewässer. Vorbei ist es mit den zarten Gestalten der Restlichtzone und den bizarren Angeln der Dunkelzone. Meeresbodenfische sind normalerweise größere, muskulöse Tiere mit großem Kopf und langem Schwanz. Den Tiefenrekord eines Tiefseefisches hält *Abyssobrotula galathea*, gefunden am Grund des Puerto-Rico-Grabens in gut 8400 Metern Tiefe.

Insgesamt etwa 1500 verschiedene Meeresbodenarten wurden bisher identifiziert. Die Rattenschwanzfische kommen am häufigsten vor. Man findet sie ab einer Tiefe von 250 Metern bis hinunter zum Boden der tiefsten Gräben, wobei sie mit ihrem großen Kopf und dem langen, spitz zulaufenden Schwanz eher wie überdimensionierte Kaulquappen aussehen. Rattenschwänze sind jene Fische, die man oft von U-Booten aus sieht. Sie haben eine sehr charakteristische Fortbewegungsart: Die Schnauze nach unten gegen die Strömung gesenkt, schieben sie sich mit erhobenem Schwanz vorwärts. Da sie über Schwimmblasen verfügen, können sie in Ruhelage schweben und sich frei hinauf- und hinabbewegen. Um Energie zu sparen, bewegen sie sich jedoch in der Regel langsam.

Da das Nahrungsangebot recht spärlich ist, ernähren sich die etwa 200 verschiedenen Rattenschwanzarten ganz unterschiedlich. Einige leben von Tieren, die über dem Meeresboden schwimmen, während andere mit ihrer verhärteten, spitz zulaufenden Schnauze und dem herabhängenden Maul das Sediment des Meeresbodens auf der Suche nach kleinen Wirbellosen durchpflügen. Spezielle Fortsätze auf den inneren Kiemenbögen dienen als Siebe, um die Nahrung herauszufiltern. Viele Rattenschwanzarten besitzen ein Licht erzeugendes Organ nahe dem Anus mit einer Linse und Spiegeln, um den Strahl zu dirigieren. Wozu genau dieses Licht benutzt wird, ist immer noch ein Geheimnis. Eine Theorie lau-

2

1. *Megalodicopia* ist als Fleischfresser einzigartig unter den Manteltieren. Eine ihrer Saugröhren hat sich zur Bildung zweier „Kiefer" vergrößert und verstärkt.

2. Rattenschwanzfische sammeln sich an einem Delphinkadaver. Diese Aasfresser sind die am häufigsten vorkommenden Fische am Meeresboden, die sogar am Grund der tiefsten Seegräben leben.

tet, dass es als Scheinwerfer bei der Nahrungssuche eingesetzt wird.

Während Rattenschwänze aktive Jäger sind, lassen andere Fische des Tiefseebodens ein passives Fressverhalten erkennen. Viele sparen Energie, indem sie darauf warten, dass sich die Nahrung bei ihnen von allein einfindet. Hilfreich ist, dass sie keine Schwimmblase besitzen und so auf den Grund sinken, sobald sie aufhören zu schwimmen. Der elegante Dreistelzenfisch, so benannt, weil seine Flossenstrahlen zu einem dreifüßigen Gerüst verlängert sind, ragt völlig bewegungslos in die Strömung und wartet darauf, nach jeder vorbeiziehenden Beute schnappen zu können. Sein Sehvermögen ist gering, stattdessen reagiert er auf die kleinsten Vibrationen im Wasser. Manche Arten haben lange, ausgedehnte Flossen auf ihrem Kopf, die sie wie Radioantennen vor sich hertragen, um die Bewegungen potenzieller Nahrung zu registrieren.

Ein weiteres faszinierendes Merkmal des Dreistelzenfisches ist die Tatsache, dass jedes Tier sowohl männliche wie weibliche Geschlechtsorgane besitzt. Nun ist Zwittertum in der Natur nichts Ungewöhnliches. Normalerweise reifen die beiden Organsysteme zu verschiedenen Zeiten heran, und ein Einzeltier wird sich selten selbst befruchten. Bei Dreistelzenfischen hingegen werden die Samendrüsen und Eileiter gleichzeitig aktiv. Da es am Tiefseeboden nur wenige verfügbare potenzielle Partner gibt, stellt dieses System für all jene Fische, die keine Partner finden, sicher eine effektive Reproduktionsmöglichkeit dar.

Tiefseehaie

Haie gehören zu den Knorpelfischen, zu denen man auch Rochen und Echte Rochen zählt. Mitglieder dieser Gruppe haben keine Schwimmblase, erhalten jedoch Auftrieb

1. Die Dreistelzenfische sind nach ihren speziell angepassten Flossenstrahlen benannt, die ein dreifüßiges Gerüst bilden, auf dem die Fische geduldig auf vorbeiziehende Beute warten.

2. Grauhaie sind lebende Fossilien. Seit 150 Millionen Jahren leben sie unverändert in bis zu 2500 Meter tiefen Gewässern.

3. Chimären oder Seeratten sind enge Verwandte der Haie. Sie werden bis zu 1 Meter lang. Mit ihren großen Augen können sie wahrscheinlich Biolumineszenz wahrnehmen.

3

durch ihre ölhaltige Leber. Einer der größten Fische in der Tiefsee ist der Schlaf- oder Grönlandhai, der 7 Meter lang werden kann und in bis zu 2000 Metern Tiefe lebt. Nur die Riesenhaie, Walhaie und großen Weißen Haie der seichteren Gewässer werden noch größer, doch die meisten der in etwa 350 Metern Tiefe lebenden Haie, die einen langen, dünnen Körper haben, sind mit knapp 1 Meter Länge wesentlich kleiner. Tatsächlich ist der kleinste von allen, der Zwerghai, eine Tiefseeart. Er wird kaum länger als 25 Zentimeter und lebt in 500 Metern Tiefe. Seine gesamte Bauchfläche ist von Photophoren bedeckt, die wahrscheinlich Licht erzeugen, um seinen Umriss von unten betrachtet optisch aufzulösen.

So klein die meisten Tiefseehaie sind, so merkwürdig sind sie bisweilen auch. Der Zigarrenhai beispielsweise beißt große, kreisförmige Fleischstücke aus größeren Tieren wie Schwertfischen oder sogar Walen heraus. Die vielleicht seltsamsten von allen Tiefseehaien sind die Nasen- oder Koboldhaie. Ihr Körper, normalerweise 3 bis 4 Meter lang, besteht zum Großteil aus dem Schwanz, und über ihrem Oberkiefer ragt eine lange Schaufel heraus. Vielleicht ist dieser Fortsatz wie die Kopflappen der Hammerhaie mit sensorischen Rezeptoren ausgestattet, er könnte aber auch dazu benutzt werden, das Sediment am Grund aufzuwühlen.

Scheibenbäuche leben in großen Tiefen und haben eine kleine Saugscheibe unter dem Kopf, die ihnen möglicherweise dabei hilft, am Grund zu bleiben.

7.4 LEBEN OHNE SONNE

Bis zum Jahre 1977 glaubte man, dass Sonnenlicht die Grundlage für jede Nahrungskette auf der Erde darstelle. Ohne Sonnenlicht kann keine Photosynthese stattfinden, keine Pflanze wachsen und letztlich kein Tier existieren. Doch in jenem Jahr machte man in der Tiefsee eine Entdeckung, die unser Verständnis von den Grenzen des Lebens auf der Erde in Frage stellte. Geologen erforschten seinerzeit den Mittelozeanischen Rücken vor den Galapagosinseln und suchten nach vulkanischer Aktivität auf dem in über 2000 Meter Tiefe liegenden Meeresboden. Sie fanden, wonach sie suchten: Hydrothermalquellen. Erstaunt waren sie jedoch über die zugleich entdeckte Fülle an Leben sowie über die Erkenntnis, dass die bemerkenswerte Artenvielfalt offensichtlich unabhängig von Sonnenenergie entstanden war. Seitdem fand man ähnliche Lebensgemeinschaften an Hydrothermalquellen auf der ganzen Welt.

HYDROTHERMAL-QUELLEN

Der Mittelozeanische Rücken zieht sich über eine Gesamtlänge von 60 000 Kilometern quer durch die Ozeane der Welt (▷ S. 24, 347). Dieses größte geologische System auf unserem Planeten ist an manchen Stellen 80 Kilometer breit und ragt bis zu 3 Kilometer vom Meeresboden auf. Kein Mensch wird jemals das ganze Ausmaß dieser spektakulären Unterwasserlandschaft erblicken, da die Lichter der Unterseeboote nur kleine Bereiche ausleuchten können.

An diesem Rücken entsteht neuer Meeresboden, der als geschmolzenes Gestein aus der Tiefe im Erdinneren aufsteigt. Meerwasser sickert durch Risse und Sprünge, die im neu gebildeten Meeresboden im Zuge der Härtung entstanden. In einer Tiefe von 1 Kilometer unterhalb des Meeresbodens trifft das Wasser auf die heißen Felsen der ozeanischen Kruste und wird auf hohe Temperaturen erhitzt, worauf es als Hydrothermalquelle zurück an die Oberfläche schießt. Bei manchen Quellfeldern ist das Wasser so heiß wie geschmolzenes Blei – erstaunliche 350 bis 400 Grad Celsius. Normalerweise würde Wasser bei dieser Temperatur verdampfen, doch unter dem hohen Druck in der Tiefsee bleibt es flüssig.

★ Der größte je entdeckte „Black Smoker", Godzilla, ist 45 Meter hoch und hat einen Durchmesser von 12 Metern.

1

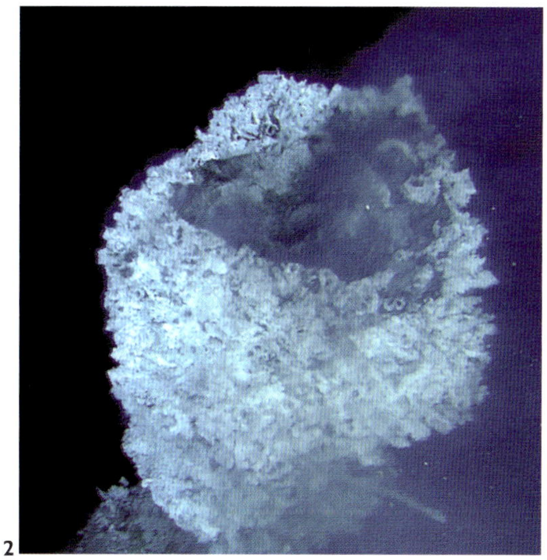
2

1. Ein „Black Smoker". Hoch erhitztes Wasser, schwarz gefärbt durch Mineralien aus der inneren Erdkruste, schießt aus einer Hydrothermalquelle.

2. Das aus den Quellen tretende Wasser ist so heiß wie geschmolzenes Blei. Unter dem hohen Druck der Tiefsee bleibt es flüssig und verwandelt sich nicht in Dampf.

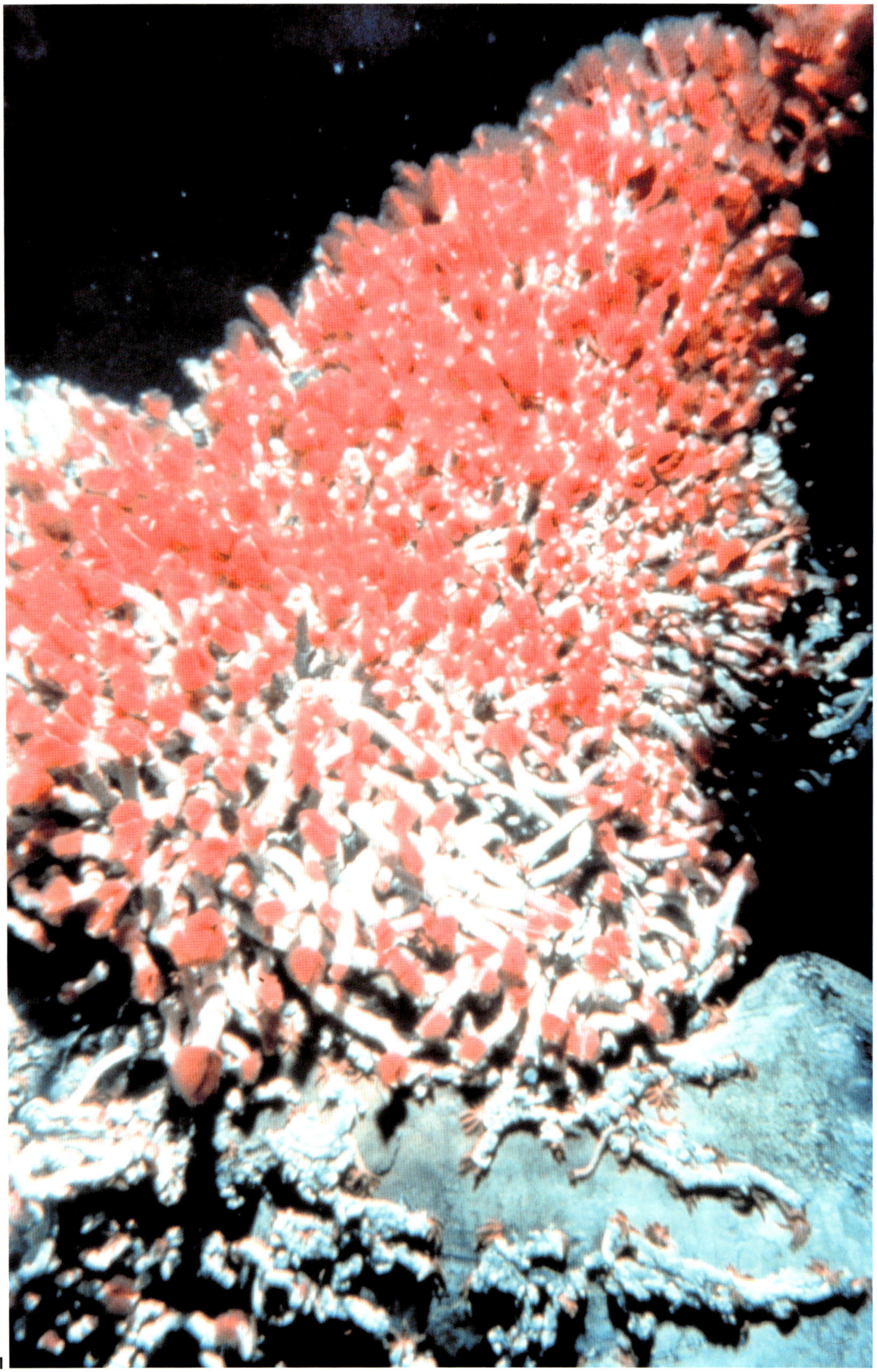
1

Das mit Mineralien angereicherte Wasser quillt in trübe gefärbten Wolken aus den Quellen und wird folgerichtig „Black Smoker" oder „White Smoker" genannt. Die Mineralien kristallisieren, sobald sie mit dem kalten Seewasser zusammentreffen, und lagern sich in Form von Schloten um die Quellen herum an. Diese Schlote können enorme Größen erreichen. Und auch wenn man sich in Anbetracht der toxischen Gase und der explosionsartig austretenden dunklen und hellen Wasserwolken kaum einen unwirtlicheren Ort für die Existenz von Leben vorstellen kann, stößt man ausgerechnet hier auf eine unerwartete Fülle und Artenvielfalt.

Lebendige Hydrothermalquellen

Die bis zur Entdeckung der Hydrothermalquellen geltende Gleichung war einfach: Je tiefer das Meer, desto weniger Leben. In der Abyssalebene des Meeres bei Tiefen von 4000 Metern und darunter findet man tausendmal weniger Leben als im seichten Meer. Da der Mittelozeanische Rücken von der Abyssalebene aus aufragt, erwartete jeder, dass auch er größtenteils unbelebt sein würde. Doch 1979, als Biologen schließlich die Quellen untersuchten, die Geologen zwei Jahre zuvor entdeckt hatten, trauten sie ihren eigenen Augen nicht. Dicht gedrängt um einige Schlote herrschte eine Dichte und Vielfalt an tierischem Leben, die alles übertraf, was in den üppigsten tropischen Dschungeln oder an einem blühenden Korallenriff jemals gefunden worden war. Die meisten Organismen hatte man noch nie zuvor gesehen, einige schienen aus völlig neuen Tiergruppen zu stammen. Diese Oasen des Lebens wurden von spektakulären, bis zu 2 Meter langen, armdicken Bartwürmern dominiert. An der Spitze ihrer weißen Röhre befanden sich blutrote Strukturen, die wie Kiemen aussahen. Das Ende dieses Stängels war von Hunderten von Muscheln verkrustet, alle wesentlich größer als die winzigen Muscheln in anderen Regionen der Tiefsee. Hunderte weißer Krabben krabbelten zwischen den Bartwürmern herum, und seltsame rosafarbene Fische ernährten sich von dicken Amphipodenschwärmen. Die Bandbreite von bis dahin unbekannten Arten war außergewöhnlich.

Brennstoff für das System

Zunächst hatte niemand eine Vorstellung, was die Energie zur Versorgung dieser Fülle an Leben lieferte. In diesen Tiefen gibt es kein Sonnenlicht, und die winzigen Nahrungsmengen, die ihren Weg von der Oberfläche bis hierher finden, können niemals ausreichen, um ein dermaßen umfangreiches System zu ernähren. Das Geheimnis wurde noch größer, als man die ersten Bartwürmer im Labor sezierte. Sie besaßen weder Maul noch Anus oder Gedärme. Die Biologen nannten sie *Riftia* und ordneten sie in eine neue Gruppe ein: die Vestimentifera. Doch woher erhielten die *Riftia* die Energie, um zu solcher Größe und in solcher Zahl heranzuwachsen? 1977 erhielt man einen ersten Hinweis zur Beantwortung dieser Frage, als Geologen Wasserproben aus den Hydrothermalquellen untersuchten: Sie stanken nach verfaulten Eiern, also Schwefelwasserstoff. Das herausschießende Wasser war offensichtlich mit Sulfiden angereichert, die aus dem darunter liegenden heißen Gestein stammten. Für die meisten Tiere ist Schwefelwasserstoff eine höchst toxische Substanz, doch die *Riftia* trugen keinen Schaden davon.

Bei der genaueren Untersuchung der ▷▷

1. Die Tiergemeinschaften an den Hydrothermalquellen im Pazifik werden sichtbar von den roten Tentakeln des Bartwurms *Riftia* dominiert.

2. Seit die Lebensgemeinschaften an den hydrothermalen Quellen in den 1970er Jahren entdeckt wurden, konnte etwa alle zehn Tage eine neue Art beschrieben werden.

3. Die Tentakelkrone des Bartwurms transportiert Sulfide und Sauerstoff zu den Bakterien in seiner Röhre.

2

3

DIE ERFORSCHUNG DES ABYSSALS

Die Rückkehr der *HMS Challenger* nach England im Jahre 1876 nach ihrer dreieinhalb Jahre langen Reise rund um die Erde war vermutlich die Geburtsstunde der Tiefseebiologie. Bis dahin hatte man geglaubt, dass die Bedingungen in der Tiefsee für die Existenz von Leben zu rau seien. Doch die Wissenschaftler der *Challenger* kamen mit über 400 neuen Arten zurück, einschließlich des ersten Anglerfischs. Die Expedition setzte Maßstäbe für die Erforschung der Tiefsee. Weitere Expeditionen folgten. Und alle bestätigten die Erkenntnis der ersten: Die Tiefsee ist wesentlich reicher an Leben, als man je erwartet hätte.

1

2

1. Dr. William Beebe entsteigt seiner Bathysphäre, in der er sich bis in 805 Meter Tiefe vorwagte. Er war der erste Mensch, der Tiefseetiere in ihrem natürlichen Lebensraum beobachtete.

2. Else Bostelmann zeichnete, was Beebe in der Tiefe gesehen hatte. Dieses Bild zeigt eine Garnele, die zur Verwirrung ihrer Jäger eine biolumineszente Wolke freisetzt.

Dr. Beebes Bathysphäre

Bis 1930 bestand die einzige Möglichkeit, Tiere und Pflanzen der Tiefe zu untersuchen, darin, sie mit Netzen oder speziellen Löffelgeräten an Bord von Schiffen zu hieven. Doch in demselben Jahr gelang es dem amerikanischen Biologen Dr. William Beebe, erstmals Tiefseetiere in ihrem natürlichen Lebensraum zu beobachten. Sein Bathysphäre genanntes Unterseeboot war eine hohle Stahlkugel mit einem Durchmesser von etwa 1,5 Metern und vier Zentimeter dicken Wänden sowie Fenstern aus Quarzglas. An einem Kabel ins Wasser gelassen, unternahm die Kugel vor den Bermudas 32 Tauchgänge und erreichte eine maximale Tiefe von 805 Metern.

Hinunter ins tiefste Meer

Nach Beebes erfolgreichen Tauchgängen experimentierte man mit verschiedenen Bauweisen von Unterseebooten. 1947 widmete sich der Franzose Auguste Piccard, der bis dahin berühmt für seine Ballonfahrten in die Stratosphäre gewesen war, dem Bau eines so genannten Bathyskaph zur Erforschung der Tiefsee. Das Bauprinzip war seinen Ballons entlehnt: Der Gassack des Ballons wurde durch ein gasgefülltes Floß ersetzt, unter das er eine zehn Tonnen schwere Stahlkugel hängte. Mit dem Bathyskaph wurden im Atlantik und im Mittelmeer Tauchgänge bis zu einer Tiefe von 4000 Metern durchgeführt. Piccards Sohn Jacques und sein Kollege Don Walsh tauchten 1960 mit dem Bathyskaph *Trieste* bis zum Grund der Challengertiefe in elf Kilometern Tiefe im Marianengraben. Sie sind bis heute die einzigen Menschen, die diesen tiefsten Punkt im Meer erreicht haben.

Die größte Einschränkung der *Trieste* bestand darin, dass sie nicht mehr als ein Aufzug war – ausgezeichnet, um hinunter- und

3

4

3. Das U-Boot *Alvin* wird vom Woods Hole Oceanographic Institute eingesetzt und kann bis zu 4500 Meter tief tauchen.

4. In den 1950er Jahren nutzte der französische Wissenschaftler Auguste Piccard seine Erfahrungen mit Fesselballons, um den Bathyskaph zu bauen, der bis in 4000 Meter Tiefe tauchen konnte.

hinaufzukommen, doch sehr begrenzt einsetzbar für die horizontale Erkundung des Meeresbodens. 1964 ließ das Woods Hole Oceanographic Institute in den Vereinigten Staaten von Amerika *Alvin* vom Stapel, eine zwei Meter große Titankugel, die Platz für einen Piloten und zwei Beobachter hat. Auch wenn sie nicht so tief wie ihre Vorgängerin tauchen konnte, so war sie doch wesentlich mobiler, sobald sie den Meeresboden erreicht hatte.

Moderne Tiefseeforschung

Die moderne Tiefseeforschung nutzt nach wie vor Techniken, die bereits auf der *HMS Challenger* eingesetzt wurden. Doch das Instrumentarium wurde um elektronische und akustische Geräte erheblich erweitert.

Unterseeboote sind im Unterhalt sehr kostspielig, und die Ansichten der Wissenschaftler gehen auseinander, wie man sie am besten nutzen kann. Einige sind überzeugt, dass man die Tiefsee mit ferngesteuerten Fahrzeugen, die mit Kameras ausgestattet sind, effizienter studieren könne. Andere bevorzugen die Beobachtung vor Ort, weshalb nach wie vor auch bemannte Unterseeboote gebaut werden. Die *Johnson Sealink* (JSL), erbaut und eingesetzt vom Harbour Branch Oceanographic Institute in Florida, gehört zur neuesten Generation solcher Boote. Die in die Konstruktion integrierte Plexiglaskugel begrenzt die Tauchtiefe zwar auf 1000 Meter, doch dem Beobachter gewährt sie eine uneingeschränkte Sicht auf das Leben in der Tiefsee. Mittlerweile finden auch U-Boote Verwendung, die die Tiefsee selbstständig durchkreuzen und ihre Informationen an Satelliten weitergeben können, die sie wiederum an die Labors an Land schicken.

ZUM THEMA

1.1 Wasserwelt
Die Erforschung der Ozeane, S. 22

7.1 Die Restlichtzone
In der Düsternis, S. 315

7.2 Die Dunkelzone
Leben in der Dunkelzone, S. 331

7.3 Meeresboden in der Tiefe
Leben an Felsabhängen, S. 354

7.4 Leben ohne Sonne
Kalte Quellen, S. 370

1

Bartwürmer entdeckten die Wissenschaftler chemosynthetische Bakterien, die fähig sind, die Energie der Schwefelwasserstoffmoleküle zur Herstellung von organischer Materie zu nutzen, ganz ähnlich wie Pflanzen die Lichtenergie zur Photosynthese verwenden. Diese Bakterien machen über die Hälfte des Gewichts der Bartwürmer aus. Und die hellroten Strukturen an den Würmern erwiesen sich als Kiemen mit einem speziellen Blutfarbstoff, der Sulfide, Kohlendioxid und Sauerstoff bindet und sie durch den Körper bis zu den Bakterien transportiert.

Bei den meisten Tieren behindert Schwefelwasserstoff die Atmung, indem es die Bindung des Sauerstoffs am Hämoglobinmolekül blockiert. Doch die Bartwürmer sind in der Lage, diese toxischen Wirkungen zu kontrollieren,

1. Ein Knäuel *Enteropneusta*-Würmer in der Nähe einer Hydrothermalquelle im Pazifik.

2. Dieser Tiefseekrake trägt den Spitznamen Dumbo. Hautlappen zwischen den Armen und die Flossen oberhalb seiner Augen erlauben Dumbo, über dem Meeresboden zu schweben.

3. Rechts: Pompejiwürmer leben in ihren weißen Röhren am Rande der Quellfelder, wo das heraustretende heiße Wasser die Durchschnittstemperatur auf 65 Grad Celsius ansteigen lässt.

2

3

indem sie die Sauerstoff- und Sulfidmoleküle getrennt voneinander binden. Auf diese Weise verhindern sie, dass sich das Sulfid und der Sauerstoff zu einem giftigen Cocktail mischen. Bei den Muscheln fand man dieselben chemosynthetischen Bakterien wie bei den Bartwürmern. Sie kommen im östlichen Pazifik in einer außerordentlichen Dichte vor. Die weißen Riesenmuscheln können bis zu 30 Zentimeter lang werden, und drei Viertel ihres Kiemengewebes besteht aus chemosynthetischen Bakterien. Auch wenn sie einen Großteil ihrer Energie über die sulfidfixierenden Bakterien in ihren Kiemen beziehen, verfügen sie immer noch über einen voll funktionsfähigen Mund und Gedärme, um sich von anderen Bakterien zu ernähren.

Lebensvielfalt

Seit dem ersten Besuch der hydrothermalen Quellen der Galapagosinseln im Jahr 1979 wurde hier im Schnitt alle anderthalb Wochen eine neue Art beschrieben. Zwischen den riesigen Bartwürmern leben noch zahllose andere Würmer und Weichtiere, Garnelen, Krabben, Seeanemonen und sogar Fische. Eines der faszinierendsten Geschöpfe ist der Pompejiwurm, benannt nach seiner Fähigkeit, extreme Temperaturen zu überleben. Pompejiwürmer leben in weißen Röhren und ballen sich zu schneeballähnlichen Massen an den Flanken der Schlote zusammen, wo das heiße Wasser Durchschnittstemperaturen von 65 Grad Celsius erzeugt. Gelegentlich können auch Spitzentemperaturen von gut 80 Grad Celsius

An den Hydrothermalquellen wurden etwa 20 verschiedene Fischarten gesichtet, doch nur eine von ihnen ist ein ständiger Bewohner dieses Lebensraums.

Hydrothermalquellen sind nur ein paar Jahrzehnte lang aktiv. Dann versiegen sie, und alle hier angesiedelten Lebewesen sind gezwungen, weiterzuziehen.

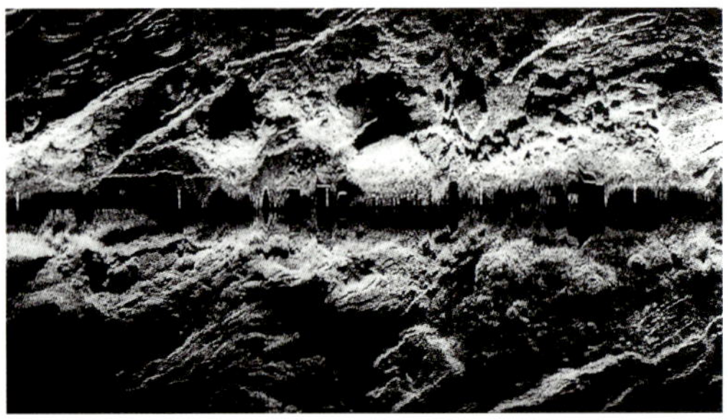

1

erzielt werden. Noch mehr verwundert die Fähigkeit, enorme Temperaturgefälle auszuhalten: Diese nur 10 Zentimeter langen Würmer halten oft ein Körperende in 60 Grad wärmeres Wasser, während das andere in kühlerem Wasser verbleibt. Kein anderer Organismus auf der Erde könnte unter diesen Bedingungen länger als ein paar Minuten überleben.

Im Anschluss an die Erforschung des im Pazifik gelegenen Mittelozeanischen Rückens begann die Suche nach Lebensgemeinschaften an hydrothermalen Quellen in anderen Ozeanen. Dabei machte man entlang dem Mittelatlantischen Rücken aufregende Entdeckungen. Die Fauna hier war einerseits bemerkenswert ähnlich, andererseits aber auch faszinierend anders als die im Pazifik. So fand man hier beispielsweise weder Bartwürmer noch Muscheln, stattdessen jedoch Tausende weißer Garnelen, die die Quellschlote wie Bienenschwärme bedeckten. Diese etwa 5 Zentimeter langen und in mehreren unterschiedlichen Arten vorkommenden Garnelen ernähren sich von Bakterien, die rund um die Quellfelder und auf ihrem eigenen Körper gedeihen. Obwohl sie völlig blind zu sein schienen, entdeckte man bei ihnen zwei Organe am Rücken, die die Struktur rudimentärer Augen aufwiesen. Was konnte der Zweck einer wenn auch eingeschränkten Sicht in dieser pechschwarzen Umgebung sein? Die Frage wurde beantwortet, als eine spezielle Schwachlichtkamera zu den Hydrothermalquellen hinuntergelassen wurde, mit deren Hilfe man feststellen konnte, dass die Schlote im Dunkel sehr schwach leuchten. Die rudimentären Augen der Garnelen helfen ihnen wahrscheinlich in der Dunkelheit, neue Quellfelder zu finden.

2

1. Sonographie eines Teils des Mittelatlantischen Rückens im Süden Islands.

2. Eine von zwei Garnelenarten, die an den pazifischen Hydrothermalquellen entdeckt wurden.

3. Rechts: An den Hydrothermalquellen des Mittelatlantischen Rückens wimmelt es von Garnelen der Art *Rimicaris*, die etwa 5 Zentimeter lang werden.

KALTE QUELLEN

Die Existenz derart üppiger Ökosysteme an Hydrothermalquellen war bereits erstaunlich genug, doch 1984 machten Tiefseebiologen, die auf dem Grund des Golfs von Mexiko arbeiteten, eine nicht weniger bemerkenswerte Entdeckung. Sie stießen auf Tiergemeinschaften, deren Artenvielfalt fast genauso groß wie die an den Hydrothermalquellen war und die ebenfalls unabhängig von der Energie der Sonne existieren konnten.

Die Felsen am Grund des Golfs sind reich an Kohlenwasserstoffen, die in bestimmten Bereichen aus dem Sediment hervorquellen und sich im Wasser verflüchtigen. An diesen „Kalten Quellen" stieß man auf neue, bislang unbekannte Ökosysteme. Als Biologen das erste Mal in einem U-Boot die „Kalten Quellen" aufsuchten, waren sie mehr als überrascht. Die Lichter des U-Boots schienen einen ruhigen See am Grunde des Meeres zu beleuchten. Der See schwappte sanft gegen etwas, das wie ein goldfarbenes Sandufer aussah. Selbstverständlich gibt es unter Wasser keine Seen, weshalb der Pilot versuchte, darauf zu landen, dabei aber feststellte, dass das Unterseeboot beim Aufsetzen auf- und niederhüpfte. Der See bestand offensichtlich aus einer Flüssigkeit, die dichter als das sie umgebende Wasser war. Die Wissenschaftler nannten die Stelle den „Brine Pool" (Soletümpel), da die Flüssigkeit sehr reich an Salz war, das aus dem darunter liegenden Gestein hervorgequollen war. Als sie den „goldfarbenen Strand" genauer unter die Lupe nahmen, stellte sich heraus, dass es sich um Tausende von Muscheln handelte, die in Gemeinschaft mit vielen anderen Tieren lebten, nicht unähnlich denen, die an Hydrothermalquellen gefunden worden waren.

Energie der Kalten Quellen

Nun begann man zu erforschen, welche Energiequelle dieses reiche Ökosystem mit Brennstoff versorgte. Bei der Untersuchung der Muschelbetten entdeckten die Biologen, dass aus den darunter liegenden Felsen ständig Methan hervorblubberte. Im Inneren der Muscheln fanden sie, wie bei den Hydrothermalquellen, chemosynthetische Bakterien, die jedoch an Stelle von Schwefelwasserstoff Methan fixierten. Diese Bakterien sorgen für die Energie einer Nahrungskette, zu der Muscheln, Würmer, Krabben, Isopoden und sogar Fische gehören. An manchen Stellen friert das Methan aufgrund der Kombination von hohem Druck und niedrigen Temperaturen zu einer festen, eisähnlichen Materie ein. Biologen entdeckten unter den Lebewesen in diesem merkwürdigen Habitat dichte Ansammlungen einer neuen Art von Polychae-

1

2

ten, die sie „Eiswürmer" tauften. Bis heute versucht man herauszufinden, wie diese Würmer unter derart giftigen Bedingungen überleben können. In der Nähe des „Brine Pools" fand man sogar große Felder einer neuen Art von röhrenbewohnenden Würmern, die sich an manchen Stellen über Hunderte von Metern erstreckten. Wie die Bartwürmer an den Hydrothermalquellen besaßen diese Tiere weder Mund noch Darm und Anus, waren jedoch voller Bakterien, die Schwefelwasserstoff fixierten. Dieses Gas quoll mit dem Methan durch die Felsen.

Bartwürmer der Kalten Quellen sind wesentlich dünnere und elegantere Tiere. Die Spitze ihrer Röhre geht in die Form frisch geöffneter Rosenknospen über. Doch es waren eher die Ähnlichkeiten als die Unterschiede, die die Biologen in Erstaunen versetzten. Als die Hydrothermalquellen-Bartwürmer entdeckt wurden, glaubte man, dass sie einzigartig seien, weshalb ein neuer Stamm für sie erschaffen wurde. Doch hier an den Kalten Quellen, mehrere Hundert Kilometer von der nächsten Hydrothermalquelle entfernt, gab es ein Tier, das eindeutig zum selben Stamm gehörte.

Mit fortschreitender Erforschung trat ein interessanter Unterschied zwischen den Bartwürmern der beiden Standorte zu Tage. Die Tiere in der Tiefsee wachsen in der Regel sehr langsam. Doch der Hydrothermalquellen-Bartwurm widerlegt mit einer sehr schnellen Wachstumsrate diese Regel. Im Gegensatz dazu wachsen die Bartwürmer an den Kalten Quellen so langsam, dass sie etwa 200 Jahre brauchen, bis sie ihre volle Größe erreicht haben. Abgesehen von in Kolonien lebenden Tieren wie Korallen, ist der Bartwurm angesichts dieser Wachstumsrate das langlebigste wirbellose Meerestier.

1. Die Muscheln an den Kalten Quellen sind voller Bakterien, die aus Methan Energie gewinnen.

2. Der „Brine Pool" im Golf von Mexiko ist von Tausenden von Muscheln umgeben.

3. Bartwürmer brauchen nicht weniger als 200 Jahre, um zu ihrer vollen Größe heranzuwachsen.

4. Bartwürmer nehmen über ihre Tentakel Sauerstoff auf. Ihre Bakterien werden mit Sulfiden aus dem Meeresboden versorgt.

3

4

Glossar

Abyssalebene Die flache Ebene, die den größten Teil des Tiefseebodens bildet. Ihre Durchschnittstiefe liegt bei 4000 Metern unterhalb der Oberfläche.

Algen Eine artenreiche und vielgestaltige Gruppe ein- bis vielzelliger, blütenloser Pflanzen, die zumeist im Wasser leben. Zur ihr zählen auch die einzelligen Pflanzen, die das **Phytoplankton** bilden.

Amphipoden Weit verbreitete Gruppe von größtenteils kleinen, krabbenähnlichen **Crustaceen**, die häufig auf dem Meeresboden leben. Die meisten Arten haben seitlich abgeflachte Körper.

Anneliden Ein Stamm wirbelloser Tiere, die auch Ringelwürmer genannt werden. Zu ihnen gehören z. B. Regenwürmer, Borstenwürmer und Egel. *Siehe auch* **Polychaeten** und **Oligochaeten**.

Antarktische Konvergenz Linie im südlichen Ozean, an der kalte antarktische Gewässer auf wärmere nördliche Gewässer treffen und unter diese hinabsinken.

Arthropoden Ein Stamm wirbelloser Tiere, zu dem u. a. Insekten, Spinnen, **Crustaceen** und verwandte Lebewesen zählen.

Ästuar Eine breite, meist geschützte Flussmündung. Das Leben in den Ästuaren wird stark beeinflusst von dem Gezeitenrhythmus, der Ablagerung von Sedimenten sowie der Durchmischung von Salz- und Süßwasser.

Bakterien (Singular **Bakterium**) Einzellige Mikroorganismen, die in allen Ökosystemen milliardenfach vorkommen. Ihre Zellen enthalten im Gegensatz zu denen von Tieren und Pflanzen keinen Zellkern.

Barteln Hautanhänge als Träger von Tast- und chemischen Sinnesorganen nahe der Mundregion vieler Fische.

Barten Vom Oberkiefer in die Mundhöhle hinabhängende große Hornplatten (auch „Walbein" genannt), mit denen Bartenwale Nahrung aus dem Wasser seihen.

Barriereriff Ein parallel zur Küste wachsendes Korallenriff, das von ihr durch ein geschütztes Meeresgebiet oder eine breite Lagune getrennt ist.

Bauchflossen Das hintere Flossenpaar von Fischen.

Becken siehe **Ozeanbecken**

Benthisch Auf dem Meeresboden lebend.

Benthos Allgemeine Bezeichnung für Organismen, die auf oder im Meeresboden leben.

Beringia Ein Gebiet, das heute unter dem Beringmeer zwischen Alaska und Russland liegt. Während der letzten Eiszeit war es trockenes Land.

Biolumineszenz Lichtausstrahlung vieler Lebewesen (z. B. Tiefseefische), die auf biochemischen Vorgängen beruht.

Biomasse Masse der durch Lebewesen anfallenden organischen Substanz in einem bestimmten Lebensraum.

Bivalvia Weichtiere mit einem Gehäuse aus zwei Schalenhälften – beispielsweise Herzmuscheln und Austern.

Blaualgen *siehe* **Cyanobakterien**

Blüte Dichtes **Plankton**wachstum im Wasser, das ihm häufig eine trübe Färbung verleiht.

Brustflossen Das vordere Flossenpaar von Fischen.

Bryozoen Kleine, in Kolonien lebende wirbellose Tiere, auch „Moostierchen" genannt, die Nahrung aus dem Wasser filtern. Jedes Einzeltier bewohnt eine winzige, kastenähnliche Kammer.

Cephalopoden Die Gruppe der **Mollusken**, zu der Sepien, Kraken und Kalmare zählen.

Chlorophyll Magnesiumhaltiger, grüner Farbstoff in Pflanzen, der die **Photosynthese** ermöglicht.

Cnidaria Ein Tierstamm, zu dem Korallen, Quallen, Seeanemonen und verwandte Lebewesen gehören. Häufig besteht ihr Lebenszyklus aus einem **Polypen**- und einem **Medusen**stadium, auch wenn nicht immer beide Stadien durchlaufen werden. Früher bekannt als **Coelenteraten**.

Coelenteraten Eine ältere Bezeichnung der **Cnidaria**, heute im Allgemeinen für eine weitere Gruppe verwendet, die sowohl die Cnidaria als auch die **Ctenophoren** umfasst.

Copelata (Appendicularia) Kleine, frei schwebende wirbellose Lebewesen, die ein langes, zartes, „Gehäuse" genanntes Gespinst aus Schleim absondern, das ihnen beim **Filtrieren** von Plankton hilft. Sie gehören zu den **Tunikaten**.

Copepoden Eine Gruppe kleiner, nur wenige Millimeter großer **Crustaceen**, die einen Großteil des **Planktons** ausmachen.

Coral Bleaching Im Korallengewebe leben mikroskopisch kleine, farbige Algen (**Zooxanthellen**). Werden diese ausgestoßen, wird die Koralle weiß.

Corioliskraft Der Effekt, durch den Winde und Strömungen, die sich normalerweise in Richtung Norden oder Süden bewegen würden, infolge der Erdrotation nach Osten oder Westen abgelenkt werden.

Crinoiden (Haarsterne) Verwandte u. a. des Seesterns (*siehe* **Echinodermaten**), die mit Hilfe ihrer langen „Arme" Nahrung aus dem Wasser filtern. Einige, wie die **Seelilien**, wachsen auf im Boden verankerten Stängeln, während andere in der Lage sind, sich über den Meeresboden zu bewegen.

Crustaceen (Krebse) Eine sehr große und artenreiche Gruppe von hauptsächlich Meerestieren mit gelenkigen Beinen. Zu Crustaceen gehören z. B. Krabben, Hummer, **Garnelen**, **Amphipoden**, Große Entenmuscheln, **Copepoden**, **Isopoden** und **Krill**.

Ctenophoren Ein Stamm einfacher Tiere mit gallertartigen Körpern und Reihen schlagender Wimperplättchen, sehr entfernt den Quallen verwandt (*siehe* **Cnidaria**). Auch als Rippen- oder Kammquallen bekannt. Sie ernähren sich von kleinem **Zooplankton**.

Cyanobakterien Einzellige, auch als Blaualgen bekannte Mikroorganismen. Obwohl den **Bakterien** in vielem ähnlich, besitzen sie wie Pflanzen die Fähigkeit zur **Photosynthese**.

Demers In der Nähe des Meeresbodens lebend.

Depositfresser Ernähren sich hauptsächlich von organischer Materie (**Detritus**), die sich in den Sedimenten am Meeresboden ablagert.

Detritus Tote und verwesende Tier- und Pflanzenteile.

Diatomeen (Kieselalgen) Einzellige **Algen**, die einen bedeutenden Teil des **Phytoplanktons** ausmachen. Jede Diatomeenzelle wird durch einen transparenten und oft reich verzierten **Kiesel**panzer geschützt.

Dinoflagellaten *siehe* **Flagellaten**

Dorsal (bei einem Tier) Rückenseitig oder am Rücken gelegen.

Echinodermaten (Stachelhäuter) Ein Stamm wirbelloser Meerestiere. Zu der Gruppe gehören u. a. Seesterne, **Crinoiden** und **Seegurken**.

Eisdecke Eine sehr ausgedehnte, dicke Eisschicht, die eine größere Landmasse bedeckt – zum Beispiel die antarktische Eisdecke. Bisweilen wird stattdessen der Begriff „Eiskappe" verwendet.

Eisschelf Ein großes Gebiet aus Treibeis, das mit dem Land verbunden ist.

Eisscholle Ein Gebiet aus Eis, das entsteht, wenn ein größeres Stück Treibeis von Stürmen aufgebrochen wird. Zusammen bilden Eisschollen **Packeis**.

El Niño Klimaanomalie im tropischen Ostpazifik. In Abständen von einigen Jahren tritt um die Weihnachtszeit eine Warmwasserströmung vor den Küsten Perus und Ecuadors auf, die eine Erhöhung der Wassertemperaturen um bis zu 12 Grad Celsius zur Folge hat. Da kein nährstoffreiches Tiefenwasser mehr zugeführt wird, erleiden insbesondere Seevögel und die Fischerei der Region schweren Schaden.

Endofauna Tiere, die in Sedimenten wie Sand oder Schlamm leben.

Erdmantel Die Schicht aus dichtem, heißem, fast 3 000 Kilometer dickem Gestein, die zwischen der Erdkruste und ihrem Kern liegt. Strömungen im Mantel, die durch die innere Hitze der Erde erzeugt werden, sind die treibenden Kräfte der **Plattentektonik**.

Euphotische Zone Die Oberflächengewässer der Meere und Ozeane, in die genügend Licht dringt, um die **Photosynthese** von Meerespflanzen wie **Phytoplankton** zu ermöglichen.

Filtrieren Ernährungsweise, bei der kleine Partikel aus dem Wasser gefiltert werden.

Flagellaten Einzellige Organismen, die sich durch eines oder mehrere mikroskopisch kleine „Härchen" (Geißeln) fortbewegen. Einige leben wie winzige Tiere (**Protozoen**), andere leisten Photosynthese und werden als **Algen** klassifiziert. Zu Letzteren gehören Dinoflagellaten, besonders wichtige Elemente des **Planktons**.

Foraminiferen Eine Gruppe einzelliger Tiere (*siehe* **Protozoen**), die zum **Plankton** zählen. Ihre hohlen, kalkhaltigen Gehäuse häufen sich in der Regel in Form von Meeressedimenten an.

Fußregion Der Bereich auf dem Meeresboden an der Grenze zwischen **Kontinentalabhang** und **Abyssalebene**, hauptsächlich aus dickem, vom benachbarten Kontinent stammendem Sedimentgestein gebildet.

Garnelen Mitglieder unterschiedlicher kleiner **Crustaceen**. Die „echten" Garnelen sind als Zehnfußkrebse enge Verwandte der Krabben und Hummer, doch bei vielen anderen Arten kann „Garnele" Bestandteil ihres Namens sein.

Gastropoden Eine große Gruppe von **Mollusken**, zu der Gehäuseschnecken, Nacktschnecken und Flügelschnecken gehören.

Gattung Der Art übergeordnete erste Klassifizierungseinheit. (Bei *Homo sapiens* ist zum Beispiel „*Homo*" der Gattungsbegriff.)

Gondwana Ein vormaliger Urkontinent auf der Südhalbkugel, der das heutige Afrika, die Antarktis, Australien, Südamerika und Indien umfasste.

Gorgonien Eine Gruppe in Kolonien lebender Tiere, die zu den **Cnidaria** gehört. Sie werden auch Horn**korallen** genannt. Die hornigen Skelette der meisten Gorgonien zerfallen nach dem Tod der Tiere und tragen daher nicht zur Riffbildung bei. Seefächer, deren Kolonien in flachen Fächerformen wachsen, zählen ebenfalls zu den Gorgonien.

Guyot Ein **Seeberg** mit abgeflachter Spitze.

Gyre Eine kreisförmig verlaufende große Meeresströmung.

Hornkorallen *siehe* **Gorgonien**

Hydroiden Eine Gruppe in Kolonien lebender Tiere, die zu den **Cnidaria** gehört und entfernt mit den Seeanemonen verwandt ist. Die Einzeltiere (**Polypen**) sind in der Regel sehr klein, und die ganze Kolonie sieht häufig wie eine Meerespflanze aus.

Hydrothermalquelle Stelle am Meeresboden, an der aufgeheiztes, mineralienreiches Wasser aus darunter liegendem Gestein in die Höhe schießt. Dort leben einzigartige Gemeinschaften von Meeresorganismen, die nicht vom Sonnenlicht abhängig sind. *Siehe auch* **Kalte Quellen**.

Isopoden (Asseln) Eine weit verbreitete Gruppe von **Crustaceen**, zu der viele marine Arten und die Landasseln gehören.

Käferschnecken (Polyplacophoren) Eine Gruppe kleiner **Mollusken**, die ein Gehäuse aus acht schützenden Platten besitzen, die entlang ihrem Rücken verlaufen.

Kalte Quellen Ein Gebiet auf dem Meeresboden, in dem energiereiche chemische Stoffe aus dem umgebenden Gestein die Grundlage einer nicht von **Photosynthese** abhängigen Nahrungskette bilden. Im Gegensatz zu **Hydrothermalquellen** werden sie nicht mit tektonischer Aktivität in Verbindung gebracht.

Kammquallen *siehe* **Ctenophoren**

Kelp Eine Gruppe großer brauner Meerespflanzen, die mittels eines **Rhizoids** am Meeresgrund verankert sind. Manche Arten können über 60 Meter lang werden.

Kiemensieb Knochenfortsätze an den Kiementrägern mancher Fische, die sie in die Lage versetzen, mit ihren Kiemen zu filtrieren.

Kontinentalabhang Der tatsächliche Kontinentalrand: das abfallende Gebiet am Meeresboden, das vom Rand des **Kontinentalschelfs** hinab zur **Fußregion** führt.

Kontinentale Kruste Der Teil der Erdkruste, der die Kontinente bildet. Sie ist dicker (im Durchschnitt 30-45 Kilometer) und hat eine geringere Dichte als die **ozeanische Kruste**.

Kontinentalschelf (Festlandsockel) Der vom Meer überspülte Saum der Kontinente bis etwa 200 Meter Tiefe. Dann gehen die Schelfe, die ca 7,5% des Meeresbodens ausmachen, in den **Kontinentalabhang** über.

Kontinentalverschiebung Die langsame Bewegung der Kontinentaltafeln, die auseinander bzw. aufeinander zu driften.

Korallen Nesseltiere, die Skelettelemente absondern, um sich zu stützen. Sie leben in der Regel in Kolonien. Die Steinkorallen bauen schwere Skelette aus Kalciumkarbonat, die schließlich zu Riffen anwachsen.

Knorpel Festes, elastisches Bindegewebe, das das Skelett stützt, Knochen oder Gelenke verbindet.

Krill Massenhaft in polarnahen Meeren auftretendes tierisches Plankton, das vor allem aus Leucht- und Ruderfußkrebsen besteht. Es dient manchen Fischen, z. B. Heringen, und vor allem Bartenwalen als Hauptnahrung.

Larve Das Jungtierstadium eines Tieres, insbesondere wenn es sich hinsichtlich Erscheinungsbild und Lebensweise von dem erwachsenen Tier unterscheidet.

Mangrove Vegetationszone im Gezeitenbereich flacher tropischer Küsten. Mangrovenbäume haben Atem- und Stelzwurzeln, die als Schlickfänger dienen.

Medusen Das frei schwimmende Stadium der **Cnidaria**. Sie können als umgedrehte **Polypen** betrachtet werden.

Mittelozeanischer Rücken Untermeerisches Gebirgssystem, das sich über 60 000 Kilometer als längstes Gebirge der Erde durch die Ozeane zieht. Die Spitzen erheben sich 1000 bis 3000 Meter über die Tiefseebecken, wobei sie teilweise die Meeresoberfläche durchstoßen und Inseln bilden. Der Mittelozeanische Rücken stellt Spreizungszonen der Erdkruste dar, an denen die Platten der Erdkruste auseinander driften. Dazwischen steigt basaltisches Material aus der Tiefe auf, das neue **ozeanische Krusten** bildet.

Mollusken (Weichtiere) Eine sehr große Gruppe wirbelloser Tiere. Sie haben weiche Körper und in der Regel Gehäuse oder Gehäuserudimente. Zu der Gruppe gehören u. a. **Gastropoden** (Schnecken), **Bivalvia** (Muscheln), **Cephalopoden** (Tintenfische) und Polyplacophoren (**Käferschnecken**).

Moostierchen *siehe* **Bryozoen**

Nekton Allgemeiner Begriff für frei schwimmende Meerestiere, die aktiv gegen die Strömung schwimmen können (*vergleiche* **Plankton**).

Nematoden Ein Stamm von Würmern, auch Fadenwürmer genannt. Viele sind mikroskopisch klein und kommen milliardenfach in verschiedenen Lebensräumen vor. Es gibt unter ihnen auch parasitäre Arten.

Nematozysten (Nesselzellen) Aufgewickelte fadenartige Gebilde, die in bestimmten Zellen von Nesseltieren (siehe **Cnidaria**) vorkommen, insbesondere in den Tentakeln. Sie „schießen heraus", sobald sie mit Beute in Berührung kommen. Einige injizieren Gift, andere sind klebrig.

Nemertini Ein Stamm von Meereswürmern, auch Schnurwürmer genannt.

Nipptiden *siehe* **Springtiden**

Nudibranchia (Nacktschnecken) Viele Arten sind farbig, um Räubern zu signalisieren, dass sie giftig sind oder nicht schmecken.

Oligochaeten Eine Gruppe von **Anneliden.** Zu ihnen gehören z. B. die Regenwürmer. Ihr Name bedeutet „Wenigborster". *Siehe auch* **Polychaeten**.

Osmose Das Hindurchdringen eines Lösungsmittels (z. B. Wasser) durch eine durchlässige Scheidewand in eine gleichartige, aber stärker konzentrierte Lösung. Viele marine Lebewesen gleichen den Salzgehalt in ihrem Körper dem des Meerwassers an, um ein Diffundieren der Flüssigkeiten zu vermeiden. In **Ästuaren** heimische Tiere laufen dagegen Gefahr, anzuschwellen und zu platzen, wenn sie in süßeres (weniger salziges) Wasser gelangen. Deshalb müssen sie entweder den Salzgehalt in ihrem Körper schnell reduzieren oder das eintretende Wasser ausstoßen.

Ozeanbecken Niedrig gelegene Region der Erde, deren Rand am Grund des **Kontinentalabhangs** liegt. Neue ozeanische Krusten entstehen im Bereich des **Mittelozeanischen Rückens**.

Ozeanische Kruste Der Teil der Erde, der die Böden der Tiefsee bildet. Sie ist dünner und dichter als die **kontinentale Kruste**.

Packeis Zusammen- und übereinander geschobene Eisschollen, die im Meer treiben (*vergleiche* **Eisschelf**).

Passatwinde Sehr beständige Winde, die auf beiden Erdhalbkugeln vom subtropischen Hochdruckgürtel zur äquatorialen Tiefdruckrinne gerichtet sind. Auf der Nordhalbkugel wehen sie als Nordostpassate, auf der Südhalbkugel als Südostpassate.

Pangäa Großer zusammenhängender Urkontinent auf der Erde, der bis ins Jungpaläozoikum oder bis zum Mesozoikum bestanden haben soll.

Pelagisch Im offenen Wasser lebend. *Vergleiche* **benthisch** und **demers.**

Photosynthese Aufbau organischer Substanzen aus anorganischen Stoffen in Pflanzen unter Mitwirkung von Sonnenlicht.

Phytoplankton Pflanzen, die zum **Plankton** gehören, zumeist mikroskopisch kleine einzellige **Algen**.

Plankton Die Gesamtheit der im Wasser frei schwebend lebenden Tiere (**Zooplankton**) und Pflanzen (**Phytoplankton**), die sich kaum oder gar nicht bewegen. Zum Zooplankton gehören z. B. Radiolarien, Flagellaten, Quallen und Krebstiere, zum Phytoplankton u. a. Dinoflagellaten, Kiesel- und Goldalgen. *Vergleiche* **Nekton**.

Platte Eine der großen, harten Einheiten, die den obersten Bereich der festen Erde bilden. Eine Platte besteht aus einem Abschnitt der Erdkruste sowie dem obersten Teil des darunter liegenden **Erdmantels**. Manche Platten, wie die Afrikanische Platte, umfassen zugleich **ozeanische** und **kontinentale Kruste**, während andere, wie die Pazifische Platte, rein ozeanisch sind.

Plattentektonik Weiterentwicklung der Theorie der **Kontinentalverschiebung** zur Erklärung von Aufbau und Entwicklung der Erde. Danach besteht der oberste Bereich der festen Erde aus sechs großen, mehr oder weniger starren Platten, zwischen die kleinere Platten eingeschaltet sind. Ihre Bewegung ist z. B. für die Kontinentaldrift, Erdbeben und die Entstehung von Tiefseegräben und Kettengebirgen verantwortlich.

Polarkreis Breitenkreis von etwa 66,5° nördlicher bzw. südlicher Breite, der die Polarzone von der gemäßigten Zone trennt.

Polychaeten Eine große Gruppe von **Anneliden**, zu der u. a. Röhrenwürmer gehören, die an einem Punkt verankert sind und **filtrieren,** aber auch frei lebende Arten. Ihr Name bedeutet „Vielborster". *Siehe auch* **Oligochaeten**.

Polynja Ein Bereich im Meer, der von Eis umgeben ist.

Polyp Das festsitzende Stadium der **Cnidaria** – zum Beispiel eine Seeanemone oder ein einzelnes **Korallen**tier. Polypen haben in der Mitte einen Hohlraum und ein mit Tentakeln bewehrtes Mundende. *Vergleiche* **Meduse**.

Produktivität Die Rate der Erzeugung von lebendem Gewebe innerhalb eines Ökosystems. Der Begriff *Primärproduktivität* bezieht sich normalerweise auf die Produktion von pflanzlichem Gewebe durch **Photosynthese**.

Protozoen Einzellige Tiere, die in großer Formenvielfalt vorkommen. Zu den Meeresprotozoen zählen die **Foraminiferen** und viele **Flagellaten**.

Pteropoden Verwandte der Schnecken, die im offenen Wasser durch wedelnde Bewegungen ihres modifizierten Fußes schwimmen können. Auch Seeschmetterlinge genannt.

Restlichtzone Die Zone in der Hochsee unterhalb der **euphotischen Zone**, in die noch geringe Lichtmengen eindringen, die jedoch nicht mehr für die **Photosynthese** ausreichen.

Rhizoid Der „Anker", mit dem eine **Alge** am Gestein befestigt ist. Er dient nicht der Absorption von Nährstoffen, weshalb er keine richtige Wurzel ist.

Riffdach Der seichte, flachste Teil eines Riffs, oft zum Teil erodiert und bei Niedrigwasser unbedeckt. In diesem Bereich leben weniger Arten als am **Riffhang**.

Riffhang Der seewärtige Rand eines Korallenriffs, der in tieferes Gewässer abfällt. Er ist in der Regel artenreich.

Rippenquallen *siehe* **Ctenophoren**

Röhrenwurm Röhren bewohnende **Polychaeten** (Borstenwürmer).

Salpen Zarte, fassförmige, frei treibende Tiere, die den Seescheiden verwandt sind (*siehe* **Tunikaten**). Sie ernähren sich durch **Filtrieren**. Einige Arten werden sehr groß.

Salzsumpf Ökosystem in gemäßigten Regionen, das sich in den höher gelegenen Bereichen von Schlickufern und Ästuaren entwickeln kann. Auf den zumeist flachen Ebenen, die von kleinen schlammigen Gezeitenflüssen durchzogen sind, wachsen Salzpflanzen.

Saumriff Ein Korallenriff nahe am Ufer.

Schelf *siehe* **Kontinentalschelf**

Schlangensterne Eine u. a. dem Seestern verwandte Tiergruppe (*siehe* **Echinodermaten**), doch mit dünneren, beweglicheren Armen.

Scyphozoen Eine Gruppe der **Cnidaria**, zu der die Quallen gehören.

Sediment Ansammlung fester Partikel, die sich aus dem Wasser abgesetzt haben. Sedimente können grobkörnig (Sand und Kies) oder fein (Silte und Tone) sein.

Seeberg Ein untermeerischer Berg, oft ein erloschener Vulkan. *Siehe auch* **Guyot**.

Seefächer *siehe* **Gorgonien**

Seefedern Eine Gruppe in Kolonien lebender Tiere, die mit den **Gorgonien** verwandt ist. Sie verankern sich in weichem Schlamm.

Seegurken Ein Gruppe normalerweise röhrenförmiger Tiere mit weichem Körper, die u. a. mit dem Seestern verwandt ist (*siehe* **Echinodermaten**). Die meisten Arten leben am Meeresboden, wo sie in großen Tiefen oft die stärkste Population bilden.

Seelilien *siehe* **Crinoiden**

Seescheiden Festsitzende **Tunikaten,** die einen durch zwei Körperöffnungen fließenden Wasserstrom zum **Filtrieren** erzeugen.

Siphonophoren (Staatsquallen) Eine Gruppe quallenartiger Tiere mit langen nesselnden Tentakeln, die zum Stamm der **Cnidaria** gehören. Die bekannteste Art ist die Portugiesische Galeere. Sie bildet wenige Zentimeter bis über 3 Meter lange, frei schwimmende Kolonien.

Springtiden Wenn Mond und Sonne mit der Erde in einer Linie stehen, bewirken ihre sich verstärkenden Kräfte hohe Hochwasser und niedrige Niedrigwasser. Diesen großen Gezeitenhub bezeichnet man als Springtide. Springtiden treten zweimal pro Mondmonat, der etwa 29 1/2 Tage dauert, auf. Das Gegenteil der Springtiden sind *Nipptiden*.

Spritzwasserzone Das Ufergebiet kurz oberhalb der Springtidenhöhe, das zumeist von Salzgischt befeuchtet wird.

Stamm Bezeichnung für die zweithöchste Kategorie der zoologischen Systematik unterhalb des Reiches.

Subduktionszone *siehe* **Tiefseegräben**

Symbiose Das Zusammenleben artverschiedener, aneinander angepasster Organismen zu beiderseitigem Nutzen. Eine symbiotische Gemeinschaft bilden z. B. **Korallen** und die in ihren Geweben lebenden Algen (**Zooxanthellen**).

Thermokline Eine beständige oder nur zeitweise vorhandene Temperaturgrenze zwischen verschiedenen Wasserschichten im Meer.

Tiefseegräben Lang gestreckte, rinnenförmige Einsenkungen des Meeresbodens mit steilen Flanken und einer Tiefe von 6 000 bis 11 000 Metern unter dem Meeresspiegel. Sie erstrecken sich meist entlang den Rändern der Ozeane (vor allem des Pazifiks) und entlang von Inselgruppen.

Tsunami So genannte „Flutwelle", auch wenn sie nichts mit den Gezeiten zu tun hat. Sie ist eine schnelle, kraftvolle Welle, die durch Seebeben hervorgerufen wird und schwere Verwüstungen anrichten kann, wenn sie eine Küstenlinie erreicht.

Tunikaten Eine Gruppe wirbelloser Tiere, die durch eine Außenhülle („Tunika") geschützt sind. Zu ihr gehören die **Seescheiden** (Ascidiacea), die **Salpen** (Thaliacea) und die Larvacea.

Ventral Bauchwärts gelegen.

Vertikalwanderung Ein täglicher Bewegungszyklus vieler **Zooplankter** und anderer Meeresbewohner. Die meisten Arten steigen in der Nacht an die Oberfläche und sinken im Laufe des Tages wieder ab.

Wendekreis des Krebses Der Breitenkreis, der 23°27' nördlich des Äquators liegt. Die Erdregion zwischen ihm und dem *Wendekreis des Steinbocks* (23°27' südlicher Breite) erhält mehr Sonnenenergie als der Rest des Planeten.

Wirbelloses Tier Ein Tier ohne Wirbelsäule.

Zooplankton Die zumeist kleinen Tiere, die zum **Plankton** gehören.

Zooxanthellen Algen, die in **Symbiose** im Gewebe von Tieren leben, insbesondere von **Korallen**.

Danksagung

Als wir die Fernsehserie *Unser blauer Planet* drehten, zu der parallel dieser Bildband erscheint, hatten wir das große Glück, weit entlegene Winkel und große Tiefen unseres Meeresplaneten kennen zu lernen. Die Kapitel des Buches spiegeln jene Folgen der Serie wider, für die wir jeweils verantwortlich waren. Die Realisierung der Serie wäre niemals möglich gewesen ohne die Hilfe von Meeresbiologen und Zoologen aus aller Welt. Leider fehlt uns hier der Raum, um all die Namen derer aufzuführen, die uns großzügig an ihrem Wissen teilhaben ließen. Ihre Forschungsarbeit und ihre Erfahrungen waren nicht nur für die Filme unverzichtbar, sondern fanden auch in weiten Teilen des Buches ihren Niederschlag. Doch wir möchten nicht nur den Wissenschaftlern danken, sondern auch den Bootskapitänen und U-Boot-Führern, die uns zahlreiche sichere Fahrten gewährten, sowie den vielen Tauchern. Ebenso sei den Assistenten vor Ort gedankt, die den Kameraleuten ihre Arbeit wesentlich erleichterten, hier ganz besonders Ben Osborne, der auch einige Fotos für dieses Buch schoss.

Letztlich liegt die Qualität jeder naturwissenschaftlichen Fernsehdokumentation buchstäblich in den Händen des Kamerateams. Unter Wasser zu filmen stellt ganz besondere Anforderungen, doch waren wir in der glücklichen Lage, mit den Besten des Metiers zu arbeiten. Viele der Standbilder, die sie nebe den Dreharbeiten schossen, illustrieren dieses Buch. Ihnen allen schulden wir einen ganz besonderen Dank.

Die Serie und das Buch wären auch nicht ohne den enormen Einsatz unseres eigenen Produktionsteams in Bristol entstanden. Während der fünf Jahre, die das Projekt bis zu seiner Vollendung brauchte, arbeiteten sie unermüdlich, um eine Fernsehserie zu machen, die unsere Weltmeere in ihrer ganzen Vielfalt zeigt. Ein Teil ihrer Recherchen sowie während der Dreharbeiten entstandene Fotos fanden ebenfalls Eingang in dieses Buch. Dafür danken wir den rechts aufgeführten Kollegen von ganzem Herzen.

Schließlich ein großes Dankeschön an das hervorragende Team von BBC Books, insbesondere an unsere unendlich geduldigeRedakteurin Rachel Copus.

KAMERATEAM
Doug Allan
John Aitchison
Doug Anderson
Simon Carroll
Rod Clarke
Peter Coleman
Bob Cranston
Mike deGruy
Leo Dickinson
Steve Downer
Goran Ehlme
Yuri Farrant
Tom Fitz
Kevin Flay
Robert Fulton
Steve Gardner
Mark Gottlieb
Florian Graner
Simon King
Richard Kirby
Ian McCarthy
Neil McDaniel
Michael Male
Charles Maxwell
Hugh Maynard
Shane Moore
Didier Noirot
Peter Parks
Andrew Penniket
Michael Pitts
Mike Potts
David Reichert
Rick Rosenthal
Matt Ruglys
Peter Scoones
David Shale
Warwick Sloss
Paul Stewart
Gavin Thurston
Richard Wollacombe
Mark Yates

PRODUKTIONSTEAM
Penny Allen
Lynn Barry
Samantha Davis
Lizzie Esden
Sue Flood
Amanda Hutchinson
Roger Jones
Hugh Pearson
John Ruthven
Jo Ruxton
Jo Sarsby
Katie Walker

POSTPRODUCTION-TEAM
SCHNITT
Tim Coope
Martin Elsbury
Alan Hoida
Jo Payne

TONMISCHUNG
Paul Cowgill
Chris Domaille
Angela Groves
Kate Hopkins
Lucy Rutherford
Graham ild
Andrew Wilson

MUSIK
George Fenton
BBC Concert Orchestra
Magdalen College Choir

Bildnachweis

Wir danken den folgenden Fotografen für die Bereitstellung und Abdruckgenehmigung der verwendeten Bilder. Wir haben uns bemüht, alle Copyright-Ansprüche zu berücksichtigen. Sollte uns dennoch ein Fehler unterlaufen sein, bitten wir dafür um Entschuldigung.

B & C Alexander S. 231 (David Rootes), 232–233 & 247; **Doug Allan** S. 80 *beide* & 234; **Ardea** S. 28–29 *rechts* (D. Parer & E. Parer-Cook), 66 (S. Roberts), 117 (Valerie Taylor), 125 (Valerie Taylor), 160 (Adrian Warren), 164–165 *rechts* (François Gohier) & 271 *oben* (Jean-Paul Ferrero); **Associated Press** S. 341 *links* & 364 *links*; **Auscape** S. 43 *unten* (Mark Spencer), 62 (Tim Acker), 105 (D. Parer & E. Parer-Cook), 110 (Jean-Paul Ferrero), 136 *links* (Mark Spencer) & 144 (Kathie Atkinson); **BBC** S. 134, 224 *alle unten*, 321 *rechts* & 324 *alle*; **BBC/OSF** S. 340 *rechts*; **BBC/HBOI** S. 258 *oben*; **BBC/WHOI** S. 361 *rechts*, 363 *beide*, 366 *beide*, 367, 368 *unten*, 370 *rechts* & 371 *beide*; **BBC Natural History Unit Picture Library** S. 11 (Ben Osborne), 19 (Peter Scoones), 25 (Doug Allan), 31 (Jürgen Freund), 39 (Pete Oxford), 46–47 *Mitte & rechts* (Doc White), 50 (Jeff Foott), 56 *oben* & 56–57 *Mitte* (Jeff Rotman), 58 (Nigel Bean), 63 (Chris Gomersall), 74 (Tom Vezo), 84–85 *rechts* (Torsten Brehm), 91 (Jürgen Freund), 96 (Klaus Nigge), 103 (Georgette Douwma), 107 *unten* (Georgette Douwma), 115 (Jürgen Freund), 118 (David Hall), 127 (Jeff Rotman), 140 *rechts* (Jürgen Freund), 150 (Jeff Foott), 151 (Jürgen Freund), 154 (Jeff Rotman), 167 *rechts* (Peter Scoones), 177 (Alan James), 188 *rechts* (Duncan McEwan), 194 *links* (Jeff Rotman), 195 (Georgette Douwma), 197 *oben* (Thomas D. Mangelsen), 204 *links* (Alan James), 237 (Tom Vezo), 240 (David Tipling), 248 (Doug Allan), 249 (Mike Salisbury), 254 (Steve Packham), 255 *oben* (Doug Allan), 256 (Martha Holmes), 271 *unten* (Peter Reese), 282 (Sinclair Stammers), 295 (Avi Klapper/Jeff Rotman Photography), 298–299 *Mitte* (Tom Walmsley), 308 *links* (Jürgen Freund), 310–311 (Jeff Rotman), 329 (David Shale) & 340 *links* (Doc White); **William Boyce** S. 164 *links*, 285 *rechts*, 292 *links*, 296 *beide*, 297, 305 *unten*, 306 *beide* & 307; **Bridgeman Art Library** S. 23 *links*; **Andy Byatt** S. 274; **Brandon D. Cole** S. 1, 182–183 & 199; **Bruce Coleman Collection** S. 33 *links* (Pacific Stock), 46 *links* (Kim Taylor), 51 (Malcom Hey), 76–77 *rechts* (Chris Gomersall), 90 *oben* (Fred Bruemmer), 94 (John Shaw), 166 (Johnny Johnson), 189, 208 *links* (Kim Taylor), 212, 218 (Johnny Johnson), 253 (Staffan Widstrand), 257 (Staffan Widstrand), 258 (Tero Niemi), 263 (Pacific Stock), 281 (Pacific Stock); **Corbis** S. 27 (© Digital image © 1996 CORBIS; original image courtesy of NASA/CORBIS); **Georgette Douwma** S. 52, 104, 107 *oben*, 119, 122, 191 *unten*, 194 *rechts*; **Steve Downer** S. 124 *rechts*; **Göran Ehlmé** S. 239 *oben*; **FLPA** S. 181 (Roger Wilmshurst) & 309 (Flip Nicklin/Minden Pictures); **Sue Flood** S. 259 *unten* & 268; **Florian Graner** S. 350–351, 354 & 359; **Robert Harding Picture Library** S. 61 (David Noton), 78 (Frans Lanting/Minden Pictures), 219 (Jim Brandenburg/Minden Pictures), 242–243 (Frans Lanting/Minden Pictures), 245 *links* (Frans Lanting/Minden Pictures), 265 (Flip Nicklin/Minden Pictures), 293 (Flip Nicklin/Minden Pictures), 327 (Flip Nicklin/Minden Pictures) & 378–379 (Flip Nicklin/Minden Pictures); **Guy Harvey** S. 294 *oben*; **P. J. Herring** S. 318–319, 325 *unten*, & 341 *rechts*; **Martha Holmes** S. 20, 221, 222 *links*, 223, 238, 244, 245 *rechts*, 250 *oben*, 251 & 259 *oben*; **Image Quest 3-D/Peter Parks** S. 171, 172, 173, 174, 277, 301, 302 *oben* & 317; **Innerspace Visions** S. 28 *links* (Doug Perrine), 57 *oben rechts* (Bruce Rasner), 132 (Michel Jozon), 179 (Amos Nachoum), 192–193 (Phillip Colla), 208 *rechts* (Marty Snyderman), 209

(Jim Knowlton), 255 *unten* (John K. B. Ford), 260 (Masa Ushioda/Seapics.com), 264 (Bob Cranston), 272 (Richard Herrmann), 273 (Doug Perrine), 284 *links* (Doug Perrine), 284–5 *Mitte* (Doc White), 286 (Mike Johnson), 287 (Doug Perrine), 289 *oben* (Doug Perrine), *unten* (Howard Hall), 290 (Bob Cranston), 291 (James D. Watt), 298 *links* (Michael S. Nolan), 299 *rechts* (James D. Watt), 305 *oben* (Mark Conlin), 308 *rechts* (Doug Perrine), 315 (Doug Perrine) & 358 *unten* (Bob Cranston); **Emma Jones** S. 357; **Neil G. McDaniel** S. 6, 188 *links*, 197 *unten*, 200, 202 *links* & 211; **George Matsumoto, MBARI** S. 320; **National Geographic Society Image Collection/Else Bostelmann** S. 364 *rechts*; **National Trust Photographic Library** S. 38 (Paul Wakefield); **Natural Image/Bob Gibbons** S. 83 unten; **Natural Visions/Heather Angel** S. 302 *unten*; **Network** S. 22 *links*; **NHPA** S. 21 (Tom & Therisa Stack), 49 *rechts* (A. N. T.), 131 (B. Jones & M. Shimlock), 142 *oben* (John Shaw), *unten* (Jean-Louis le Moigne), 147 (George Gainsburgh), 148 *links* (Norbert Wu), 157 (R. Sorenson & J. Olsen), 162 (Bill Coster), 163 (Ralph & Daphne Keller), 178 *unten* (Peter Pickford), 226 (Lady Philippa Scott), 227 (Norbert Wu), 230 (Norbert Wu), 235 (Norbert Wu), 241 (Norbert Wu), 252 (Andy Rouse), 270 *links* (Roger Tidman), 278 (Peter Parks) & 348 (Peter Parks); **NOAA Photo Library** S. 34 *links* (EDIS), 36 *links*, 362 (NURP Collection), 365 *links* (NURP Collection) & 370 *links* (NURP Collection); **Didier Noirot** S. 137, 146 & 269; **Ben Osborne** S. 33 *rechts*, 36 *rechts*, 71, 81, 89 *beide*, 92, 93, 95, 98, 236 *rechts* & 239 *unten*; **OSF** S. 44–45 *links* (Doug Allan), 45 *rechts* (Mark Jones), 64–65 (Mark Hamblin), 73 (Tui de Roy), 75 (Rodger Jackman), 76 *links* (Ted Levin/Animals Animals), 79 *oben* (G. I. Bernard), 79 *unten* (Mark Jones), 88 (David B. Fleetham), 112–113 (Kathie Atkinson), 149 (Howard Hall), 152 *beide* (Rudie Kuiter), 153 (Karen Gowlett-Holmes), 175 *links* (Peter Parks), 186–187 *rechts* (Karen Gowlett-Holmes), 196 (Norbert Wu), 202–203 (Mark Webster), 204 *rechts* (David Fox), 207 (Howard Hall), 222 *rechts* (Colin Monteath), 225 (Konrad Wothe), 229 (C. J. Gilbert), 236 *links* (Ben Osborne), 275 (Norbert Wu), 279 (Peter Parks), 280 *oben* (Richard Herrmann), 303 (Zig Leszczynski/Animals Animals), 304 (Richard Herrmann) & 321 *links* (Peter Parks); **Planet Earth** S. 2 (Gary Bell), 4–5 (Norbert Wu), 53 (Norbert Wu), 54 (Linda Dunk), 55 (Gary Bell), 57 *unten rechts* (Warren Williams), 67 *oben* (Tom Brakefield), 70 *unten* (Jim Greenfield), 87 (Darryl Torckler), 90 *unten* (Mike Brock), 97 (Peter Scoones), 99 *links* (James D. Watt), *rechts* (Paul Hobson), 106 (Pete Atkinson), 116 *oben* (Pete Atkinson), 120–121 *beide* (Ken Lucas), 180 (James D. Watt), 205 (Marty Snyderman), 206 *oben* (Mark Conlin), 210 (Andrew Mounter), 280 *unten* (Marty Snyderman), 283 (Doug Perrine), 326 (Peter David), 336 *links* (Peter David), 337 *oben* (Peter David), 343 (Peter David) & 372 (Mary Clay); **Popperfoto** S. 365 *rechts*; **David Reichert** S. 294 *unten*; **Bruce Robison** S. 334–5 & 337 *unten*; **Jan Rocha** S. 41; **Rick Rosenthal** S. 292 *rechts*; **Science Photo Library** S. 17 (NASA), 18 *oben* (Space Telescope Science Institute/NASA), 26 (NASA), 32 (NASA), 37 (Bernhard Edmaier), 40 (NASA), 48 (Claude Nuridsany & Marie Perennou), 67 *unten* (Simon Fraser), 100 (Bernhard Edmaier), 169 (Jan Hinsch), 216 (NASA), 220 (Bernhard Edmaier), 361 *links* (B. Murton, Southampton Oceanography Centre) & 368 *oben* (Institute of Oceanographic Sciences/NERC); **Peter Scoones** S. 109, 123, 129 & 175 *rechts*; **David Shale** S. 23 *rechts*, 316, 325 *oben*, 328 *rechts*, 331, 332, 333, 336 *unten rechts*, 338, 342 & 352; **Craig R. Smith** S. 349 *unten*; **Southampton Oceanography Centre** S. 328 *links*, 336 *oben rechts*, 339 & 345; **Jeremy Stafford-Deitsch** S. 130, 140 *links*, 143, 145 & 148 *rechts*; **Roger Steene** S. 124 *links*, 133, 135 & 136 *rechts*; **Still Pictures** S. 139 *rechts* (M.& C. Denis-Huot); **Stone** S. 14, 18 *unten*, 34 *rechts* & 35; **Mark Strickland/Oceanic Impressions** S. 126; **Woodfall Wild Images** S. 43 *oben* (David Woodfall), 70 *oben* (Allan Watson), 82 (David Woodfall), 83 *oben* (Steve Austin), 84 *links* (Mike Lane), 111 (Ted Mead), 116 *unten* (L. Wood), 139 *links* (Alan Watson), 141 (David Woodfall), 167 *links* (David Woodfall), 170 *oben* (Sue Scott), 176 (Sue Scott), 178 *oben* (Sue Scott), 185 (Sue Scott), 186 *links* (Sue Scott), 190 (Sue Scott), 191 *oben* (George Gornacz), 201 *links* (Sue Scott), *rechts* (Paul Kay), 206 *unten* (Adrian Dorst), 215 (Paul Nicklen), 224 *oben* (Paul Nicklen), 250 *unten* (Tony Martin) & 270 *rechts* (Inigo Everson); **Woods Hole Oceanographic Institution** S. 369; **David Wrobel** S. 312, 349 *oben*, 353, 355 & 356.

Der Stich auf Seite 22 stammt aus dem Buch „The Depths of the Ocean" von Sir John Murray & Dr. Johan Horst, London 1912.

Register

Kursiv gesetzte Zahlen verweisen auf Abbildungen.